夏省祥 于正文 著

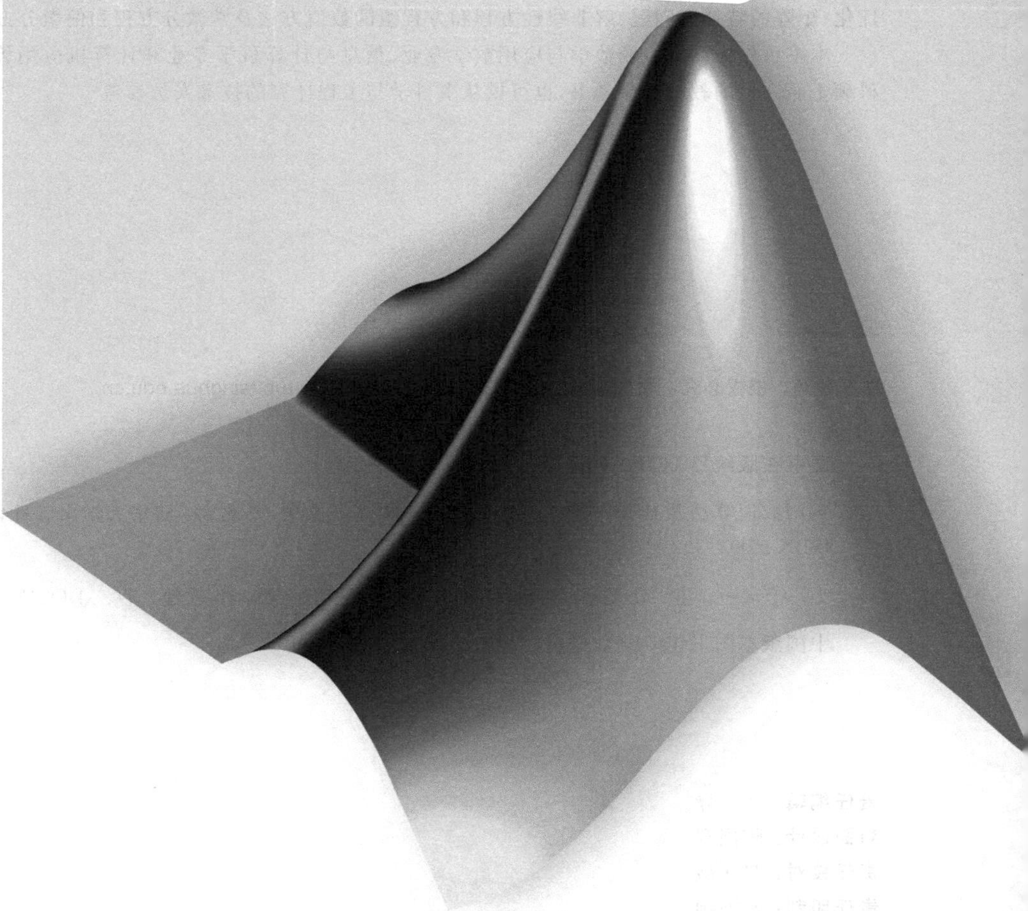

常用数值算法及其MATLAB实现

清华大学出版社
北京

内 容 简 介

本书详细介绍了求解数值问题的常用算法的算法原理及其 MATLAB 实现，偏重于算法的实现，强调例题的分析和应用。主要内容包括：线性方程组的直接解法和迭代解法、插值和函数逼近、数值积分、数值优化、矩阵的特征值问题、解非线性方程和方程组的数值方法及常微分方程和偏微分方程的数值解法。

本书可作为高等院校数学与应用数学专业、信息与计算科学专业和计算机应用等专业的本科生及工科硕士研究生的教材或参考书，也可供从事科学与工程计算的技术人员参考。

图书在版编目（CIP）数据

常用数值算法及其 MATLAB 实现/夏省祥，于正文著. --北京：清华大学出版社，2014(2024.7 重印)
ISBN 978-7-302-35334-8

Ⅰ. ①常… Ⅱ. ①夏… ②于… Ⅲ. ①数值计算－Matlab 软件 Ⅳ. ①O245

中国版本图书馆 CIP 数据核字(2014)第 021112 号

责任编辑：汪 操
封面设计：陈国熙
责任校对：赵丽敏
责任印制：曹婉颖

出版发行：清华大学出版社
网 址：https://www.tup.com.cn，https://www.wqxuetang.com
地 址：北京清华大学学研大厦 A 座 **邮 编**：100084
社 总 机：010-83470000 **邮 购**：010-62786544
投稿与读者服务：010-62776969，c-service@tup.tsinghua.edu.cn
质量反馈：010-62772015，zhiliang@tup.tsinghua.edu.cn
课件下载：https://www.tup.com.cn，010-83470275
印 装 者：北京建宏印刷有限公司
经 销：全国新华书店
开 本：185mm×260mm **印 张**：23.25 **字 数**：563 千字
版 次：2014 年 4 月第 1 版 **印 次**：2024 年 7 月第 6 次印刷
定 价：79.00 元

产品编号：052657-04

前言

FOREWORD

随着社会的发展和科学技术的进步，需要解决的问题越来越多，也越来越复杂，计算机与计算数学的关系也越来越密切，古老的计算数学发展成了一门现代意义下的新学科——科学计算。科学计算在国防、经济、天气预报、工程、航空航天工业、自然科学等领域有着广泛的应用，科学计算已和理论计算、实验并列为三大科学方法。科学计算离不开计算机，但它更离不开计算方法。美国著名的计算数学家 Babuska 曾说过："没有好的计算方法，超级计算机就是超级废铁。"人类的计算能力等于计算工具的效率与计算方法的效率的乘积，这一形象化的公式表达了硬件与计算方法对于计算能力的同等重要性。现代意义下的计算数学要研究的是在计算机上进行大规模计算的有效算法及其相应的数学理论，它是科学计算的核心。

本书详细、系统地阐述了常用的数值算法和一些现代算法的原理，并用目前最流行的三大数学软件 MATLAB，Maple 和 Mathematica 之一的 MATLAB 全部实现了这些数值算法，本书偏重于算法的实现，强调例题的分析和应用，引导读者轻松入门，深刻理解、掌握算法原理，并迅速应用。

在结构体系方面，先介绍数值算法的详细计算方法（公式）和相关概念，其次给出实现算法的 MATLAB 程序，最后给出范例。力求把最实用、最重要的知识讲清楚，把最有效的算法和最实用的程序展现给读者。每个算法后都列举了典型范例，对大多数例题采用多种数值解法（包括 MATLAB 程序包中的数值算法），并尽量用图形显示计算结果，以便直观观察和比较不同方法的计算效果。对有精确解（解析解）的问题，将数值算法求出的数值解与精确解比较，客观地评价数值算法的优劣，以便选择精度高的最佳数值算法。在编程过程中采用高效的计算方式，减少不必要的重复计算，尽量少调用函数且注重误差的传播等编程细节，并对一些算法的适用范围、优劣和误差以及参数和初始值对计算结果的影响进行了分析。帮助读者理解、掌握、改进数值算法，提高数值分析的技能和编程能力。

本书从二十多本国内外教材和十几篇国内外公开发表的论文中精选了 170 多个典型例题，并通过大量的数据结果和 150 多幅图表详细地介绍了常用的经典数值算法和一些现代算法的算法原理及其应用。所有源程序完全开放，程序全部用形式参数书写，读者只需输入参数、函数和数据等就可方便地使用它们，当然也可以根据自己的需求更改这些程序。书中的所有算法程序都在 MATLAB 7.1 中验证通过，并通过不同的算法或精确解检验了程序的正确性。

国家自然科学基金项目(项目编号:51078225)和山东省高等教育名校建设工程—山东建筑大学特色专业建设项目对本书的出版给予了资助,在此表示衷心的感谢。

由于作者水平所限,书中不妥或错误之处在所难免,恳请读者批评指正。

作　者

2014 年 2 月

目录

CONTENTS

第1章 引 论

1.1 误差的来源

在解决工程和科学问题时，会由不同的原因产生误差。首先，误差可能来自数学模型，一般情况下，数学模型无法确切地表达实际问题，这种由数学模型与实际问题之间产生的误差称为模型误差。其次，数学模型中常包含一些通过观察所得到的数据，由观测值而产生的误差称为观测误差。由于这两种误差不是科学计算过程能够避免的，因此，在科学计算中，我们重点关注如下两种误差：舍入误差和截断误差。

1.1.1 舍入误差

由于计算机硬件只支持有限位机器数的运算，因此有时不能确切地表示实数的真实值，这种误差称为舍入误差。

例 1.1 考察积分 $T(n)=\int_0^1 \frac{x^n}{x+9}\mathrm{d}x$，利用 MATLAB，求 $n=30$ 的积分值。

解 在计算之前，先估计一下积分值：$0\leqslant\int_0^1 \frac{x^n}{x+9}\mathrm{d}x\leqslant\int_0^1 x^n\,\mathrm{d}x=\frac{1}{n+1}$。在 MATLAB 命令窗口输入：

```
>>fun='x^30/(x+9)';
>>T30=int(fun,0,1)
```

则屏幕显示结果：

```
T30 =42391158275216203514294433201 * ln(2)
      +42391158275216203514294433201 * ln(5)
      -84782316550432407028588866402 * ln(3)
      -165119669408554817093356157849312132531/36969675600        (1.1)
```

利用 vpa 函数，用 16 位精度进行计算则其浮点值为

$$\int_0^1 \frac{x^n}{x+9}\mathrm{d}x=\mathrm{vpa}(\mathrm{T30},16)=-0.60\times10^{14}。$$

这显然是个错误的结果，下面分析产生错误的原因。注意到

$$T(n)+9T(n-1)=\int_0^1\frac{x^n+9x^{n-1}}{x+9}\mathrm{d}x=\int_0^1 x^{n-1}\mathrm{d}x=\frac{1}{n},\quad T(0)=\int_0^1\frac{1}{x+9}\mathrm{d}x=\ln\frac{10}{9}。$$

求解此递推关系,则有

$$T(n)=(\ln(2)+\ln(5)-2\ln(3))(-9)^n+\sum_{n_0=1}^{n}\frac{(-9)^{n-n_0}}{n_0}。\tag{1.2}$$

如果我们直接用递推方法求 $T(30)$,则得到如下结果。

```
>>T0=log(10/9);
for n=1:30
    T0=vpa(-9*T0+1/n);
end
T30=T0
T30=2034160460084.18287
```

是什么原因导致的错误呢?也许你已经猜到,是舍入误差。在运算时用到的初值是 ln(10/9)(在 MATLAB 输出中它被写成了:ln(2)+ln(5)−2ln(3)),此数在计算机中无法精确表达,如果用 32 位的精度,则计算机表示数 ln(10/9)的舍入误差大约是 2^{-32}。当我们对(1.1)式、(1.2)式进行计算时,误差将变为

```
>>err=2^(-32)*9^30
err=9.869960666451651e+018
```

利用 vpa 函数,若用 50 位精度进行计算则其浮点值为

$$\int_0^1\frac{x^n}{x+9}\mathrm{d}x=\mathrm{vpa}(\mathrm{T30},50)=0.0032359487369。$$

1.1.2 截断误差

用一个基本的表达式替换一个比较复杂的表达式时所产生的误差,称为截断误差。这一术语是从用截断泰勒级数替换一个复杂表达式的技术中衍生的。

例 1.2 对无穷泰勒级数 $e^x=1+x+\frac{x^2}{2!}+\frac{x^3}{3!}+\cdots+\frac{x^n}{n!}+\cdots$,用有限项近似表达 e^x 时的图像比较。

解 建立如下脚本文件。

```
fplot('exp(x)',[-5 5 -3 20 ],'b:+');
hold on
fplot('1+x+x.^2/2',[-5 5 -3 20 ],'r:*');
fplot('1+x+x.^2/2+x.^3/6',[-5 5 -3 20 ],'k:.');
fplot('1+x+x.^2/2+x.^3/6+x.^4/24+x.^5/120',[-5 5 -3 20 ],'g:o');
legend('e^x','TL(2,x)','TL(3,x)','TL(5,x)');
hold off
```

存为 ex1_2.m。在 MATLAB 命令窗口调用 ex1_2,则得到下面的结果(图像为图 1.1)。

用部分和 $S_N=\sum_{n=0}^{N}\frac{x^n}{n!}$ 近似代替无限和 $e^x=\sum_{n=0}^{\infty}\frac{x^n}{n!}$,所产生的理论误差为 $E_N=\sum_{n=N+1}^{\infty}\frac{x^n}{n!}$。

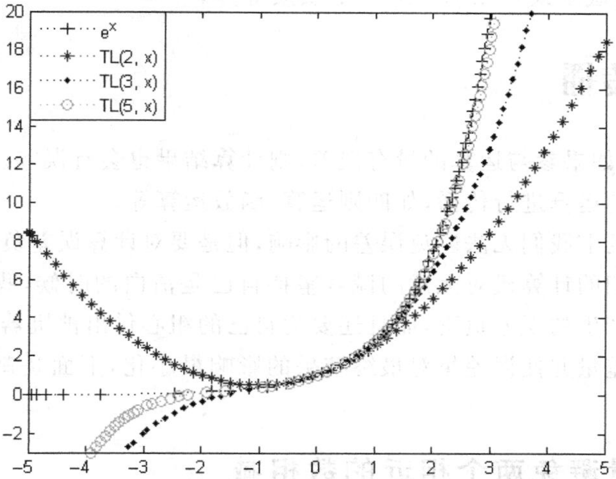

图 1.1 e^x 及其近似表达式的图形

当 x 接近于 0 时，级数收敛速度较快，此时舍入误差的实质部分包含在舍入部分的第一项中。这样就可一直求和，直到第 N 项满足

$$\frac{|\mathrm{term}_N|}{|S_N|}<\varepsilon \quad 或 \quad |\mathrm{term}_N|<\varepsilon|S_N|$$

为止，其中 ε 是我们要求的相对误差。例如，计算 e^7。

```
>>vpa(exp(7),15)
ans=1096.63315842846。
```

如果要求相对误差为 10^{-9}，则 e^7 的近似值和所要计算的项数分别为 sum=1096.633158 和 $k=30$。

```
>>term=1;
sum=term;
k=1;
while term/sum>=10^(-9)
    term=term*7/k;
    sum=sum+term;
    k=k+1;
end
sum
k
```

在 MATLAB 命令窗口执行上述代码，则有

```
sum=1.096633158318981e+003
k=30
```

当我们计算到第 30 项时，截断误差为 $\sum\limits_{n=31}^{\infty}\frac{7^n}{n!}$，约为 2.45×10^{-8}，上述级数的第一项为 $\frac{7^{31}}{31!}$，

约为 1.92×10^{-8}，是截断误差 2.45×10^{-8} 的实质部分。

1.2 误差的传播

在进行计算时，如果参与运算的量有误差，则计算结果也会有误差。参与运算的量的误差可以通过一系列的运算进行传播，如四则运算、函数运算等。

尽管在某种程度上我们无法避免误差的影响，但是要对计算误差负责的是我们自己，而不是计算机。当我们的计算机对无意的谎言坚持自己是清白的时候，我们编程者和使用者必须对所用算法而产生的误差负责，而且还要为自己的粗心付出被机器欺骗的代价。因此，我们应尽力减少误差量并使误差量对最终结果的影响最小化，下面是避免误差增大的几条原则。

1.2.1 尽量避免两个相近的数相减

如果对两个相近的数进行减法运算，将造成有效数字的严重损失，相对误差迅速增加。设 $f(x_1,x_2,\cdots,x_n)$ 是 n 元函数，则 f 最大可能的误差为

$$|\Delta f|\approx\left|\frac{\partial f}{\partial x_1}\Delta x_1\right|+\left|\frac{\partial f}{\partial x_2}\Delta x_2\right|+\cdots+\left|\frac{\partial f}{\partial x_n}\Delta x_n\right|。\tag{1.3}$$

例 1.3 若 $z=f(x,y)=x-y$，则由(1.3)式得 $|\Delta z|=\left|\frac{\partial z}{\partial x}\Delta x\right|+\left|\frac{\partial z}{\partial y}\Delta y\right|=|\Delta x|+|\Delta y|$，所以 Δz 的相对误差为

$$\left|\frac{\Delta z}{z}\right|=\frac{|\Delta x|+|\Delta y|}{|x-y|}。$$

如果 $x=3\pm0.001$，$y=3.003\pm0.001$，则 $\left|\frac{\Delta z}{z}\right|=\frac{|0.001|+|0.001|}{|3-3.003|}\approx0.6667$。

例 1.4 设 $f(x)=x(\sqrt{x+1}-\sqrt{x})$，$g(x)=\frac{x}{\sqrt{x+1}+\sqrt{x}}$，用 15 位精度计算 $f(5000)$，$g(5000)$。

解

```
>>f=inline('x*(sqrt(x+1)-sqrt(x))','x');
>>g=inline('x/(sqrt(x+1)+sqrt(x))','x');
>>vpa(f(5000),15)
ans=35.3535714690878
>>vpa(g(5000),15)
ans=35.3535714691290
```

理论上讲，$f(x)=g(x)$，由于两个相近的数 $\sqrt{5001}$ 和 $\sqrt{5000}$ 相减导致 $f(5000)$ 的精度损失。

例 1.5 设 $f(x)=\frac{1-\cos(x)}{x^2}$。

(1) 画出 $f(x)$ 在 $-5\pi\leqslant x\leqslant5\pi$ 上的图像。

(2) 验证 $\lim\limits_{x\to0}f(x)=\frac{1}{2}$。

（3）取 $x_0=11\times10^{-6}$。

（a）用 30 位精度，求 $f(x)$ 在 x_0 处的值；

（b）用 10 位精度，求 $f(x)$ 在 x_0 处的值。

解 （1）

```
>>ff=inline('(1-cos(x))/x^2');
>>fplot(ff,[-5*pi,5*pi])
```

图像为图 1.2。

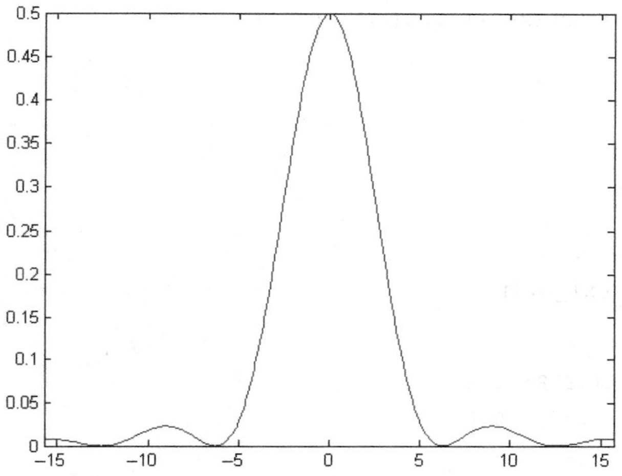

图 1.2 $f(x)$在$[-5\pi,5\pi]$上的图像

（2）将 $f(x)$定义为符号函数。

```
function y=exa1_5(x)
syms x
y=(1-cos(x))/x^2;
```

存为 exa1_5.m。

```
>>limit(exa1_5,0)
ans=1/2
```

（3）（a）

```
>>x0=vpa(11/1000000,10);
>>(1-vpa(cos(x0),30))/x0^2          %用 30 位精度计算 cos(x0)
ans=0.49999999999496
```

（b）

```
>>(1-vpa(cos(x0),10))/x0^2          %用 10 位精度计算 cos(x0)
ans=0.826446280992
```

当 x 接近于 0 时，$1-\cos(x)\approx\frac{x^2}{2}$，由于两个近似相等的数 1 和 $\cos(x)$相减，导致误差增大。

1.2.2 防止接近零的数做除数

分母接近零的数会产生大的误差或溢出，可以用数学公式化简后再计算。

例 1.6 当 $x \gg 1$ 时，计算 $f(x)=\dfrac{58}{\sqrt{x+1}-\sqrt{x}}$，可改为 $g(x)=58(\sqrt{x+1}+\sqrt{x})$ 进行计算。理论上，$f(x)=g(x)$。

解 取 $x=10^9, 10^{16}$，建立脚本文件计算 $f(x), g(x)$，得到如下结果。

```
fx=inline('58/(sqrt(x+1)-sqrt(x))');
gx=inline('58*(sqrt(x+1)+sqrt(x))');
x1=10^9;
fx1=fx(x1)
gx1=gx(x1)
x2=10^16;
fx2=fx(x2)
gx2=gx(x2)
```

存为 ex1_6.m。调用 ex1_6，有

```
>>ex1_6
fx1=3.668241513567938e+006
gx1=3.668242086712380e+006
fx2=Inf
gx2=1.160000000000000e+010
```

1.2.3 防止大数吃小数

当两个绝对值相差很大的数进行加法或减法运算时，绝对值小的数有可能被绝对值大的数“吃掉”，从而引起错误的结果。

例 1.7 用 5 位浮点数，计算

$$S = 12345 + 0.3 + 0.3 + 0.4。 \tag{1.4}$$

解 $S=0.12345\times10^5+0.000003\times10^5+0.000003\times10^5+0.000004\times10^5=12345$。
在(1.4)式中，重新排序计算得

$$S = 0.000003\times10^5+0.000003\times10^5+0.000004\times10^5+0.12345\times10^5=12346。$$

1.2.4 简化计算步骤，减少运算次数

简化计算步骤是提高程序执行速度的关键，它不仅可以节省时间，还能减少舍入误差。例如，计算 n 次多项式 $p_n(x)=a_nx^n+a_{n-1}x^{n-1}+\cdots+a_1x+a_0$ 的值时，如果先求 a_kx^k 再求和，需要 $n(n+1)/2$ 次乘法，n 次加法。如果按下式计算

$$p_n(x) = x(\cdots x(x(a_nx+a_{n-1})+a_{n-2})+\cdots+a_1)+a_0,$$

则只需要 n 次乘法，n 次加法，这就是计算多项式著名的秦九韶算法。

例 1.8 用上述两种方法计算多项式 $p_{n-1}(x)=a_nx^{n-1}+a_{n-1}x^{n-2}+\cdots+a_2x+a_1$，其中 $n=10^6$，$[a_1,a_2,\cdots,a_n]=[1,2,\cdots,10^6]$，在 $x=1.0012$ 时的值。

解 建立如下的脚本文件,并存为 ex1_8.m。

```
x0=1.00012;
t=1;
a=[1:10^6];
tic                                    %开始计时
pn=a(10^6);
for k=(10^6-1):-1:1
    pn=pn*x0+a(k);                     %按秦九韶算法计算
end
pn
ts1=toc                                %计算从上次计时到现在所用时间
tic
summ=a(1);
for k=2:10^6
    t=t*x0;
    summ=a(k)*t+summ;                  %按计算 ak*x^k 方式计算
end
summ
ts2=toc
```

在 MATLAB 命令窗口执行 ex1_8.m,则有

```
>>ex1_8
pn=1.0700e+062
ts1=0.0159
summ=1.0700e+062
ts2=0.0261
```

1.3 数值算法的稳定性

对于一个算法,如果初始数据的较小误差不会对最终结果产生较大的影响,则称此算法是数值稳定的,否则称此算法为不稳定的。衡量算法好坏的两个重要指标是稳定性和计算复杂性。计算复杂性包括时间复杂性和空间复杂性。时间复杂性即计算量:一个算法所需四则运算总次数,在实际中通常以乘、除法的次数作为算法的计算量,单位是 flop。空间复杂性即存储量。

例 1.9 设 $\boldsymbol{A},\boldsymbol{B},\boldsymbol{C},\boldsymbol{D}$ 分别是 $10\times20,20\times50,50\times1,1\times100$ 的矩阵,试按不同的算法求矩阵乘积 $\boldsymbol{E}=\boldsymbol{ABCD}$。

解 由矩阵乘法的结合律,可有如下算法:

(1) $\boldsymbol{E}=((\boldsymbol{AB})\boldsymbol{C})\boldsymbol{D}$,计算量 $N=11500$flop。

(2) $\boldsymbol{E}=\boldsymbol{A}(\boldsymbol{B}(\boldsymbol{CD}))$,计算量 $N=125000$flop。

(3) $\boldsymbol{E}=(\boldsymbol{A}(\boldsymbol{BC}))\boldsymbol{D}$,计算量 $N=2200$flop。

例 1.10 用无限精度算法结合如下 2 个方案,可递归生成序列 $\{a_n\}=\left\{\frac{1}{3^n}\right\}_{n=0}^{\infty}$。

(1)

$$x_0 = 1, x_n = \frac{1}{3}x_{n-1}, \quad n = 1,2,\cdots。 \tag{1.5}$$

(2)

$$y_0 = 1, y_1 = \frac{1}{3}, y_n = \frac{10}{3}y_{n-1} - y_{n-2}, \quad n = 2,3,\cdots。 \tag{1.6}$$

在实际计算时，如果取初值 $x_0=y_0=1, x_1=y_1=\frac{1}{3}\approx 0.33333$，分别用上述两种递归方式求序列$\{a_n\}$的近似值。

解 首先验证递推关系 $y_n=\frac{10}{3}y_{n-1}-y_{n-2}, n=2,3,\cdots$ 的通解为 $y_n=c_1\frac{1}{3^n}+c_2 3^n$。由于该递推关系的特征方程为 $x^2-\frac{10}{3}x+1=0$，它的两个根为 $x_1=\frac{1}{3}, x_2=3$，故其通解为 $y_n=c_1\frac{1}{3^n}+c_2 3^n$。当 $y_0=1, y_1=\frac{1}{3}$时，求得 $c_1=1, c_2=0$，所以 $y_n=\frac{1}{3^n}$，故(1.6)式生成序列$\{a_n\}$。当 $y_0=1, y_1=0.33333$(取5位精度)时，利用通解式重新求得 $c_1=1, c_2=-0.12500\times 10^{-5}$，记此时的递推公式(2)为：$yy_n=\frac{1}{3^n}-0.00000125\times 3^n$。用 yy_n 近似代替 a_n 的舍入误差为：$a_n-yy_n=0.12500\times 10^{-5}\times 3^n$，它随指数增长，因此，递推公式(1.6)是不稳定的。取 $x_0=1$，$x_1\approx 0.33333$ 时，记此时的递推公式(1)为：$xx_n=0.33333\times xx_{n-1}$，用 xx_n 近似代替 a_n 的舍入误差为：$a_n-xx_n=\frac{1}{3^n}-(0.33333)^n\approx(0.33333+0.33333\times 10^{-5})^n-(0.33333)^n\approx n\times(0.33333)^n\times 10^{-5}$，它是指数级减小的，因此，递推公式(1.5)是稳定的。

建立如下的脚本文件，并存为 ex1_10.m。

```
digits(5)
a(1)=1;
xx(1)=1;
yy(1)=1;
for k=2:11
    a(k)=1/3^(k-1);
    xx(k)=0.33333 * xx(k-1);
    yy(k)=1/3^(k-1)-0.12500 * 10^(-5) * 3^(k-1);
end
for k=1:11
    xxero(k)=abs(a(k)-xx(k));
    xxreler(k)=xxero(k)/a(k);
    yyero(k)=abs(a(k)-yy(k));
    yyreler(k)=yyero(k)/a(k);
end
fprintf(' 表 1.1 各序列的近似值,绝对误差和相对误差\n')
fprintf('序号   an 的值    xxn 的值    yyn 的值    xxn 的绝对误差    yyn 的绝对误差    xxn 的相对误差    yyn 的相对误差\n')
for k=1:11
```

```
    fprintf('%3d %10f %10f %10f %12f %15f %15f  %16f\n',k-1,a(k),xx(k),yy(k),xxero
    (k),yyero(k),xxreler(k),yyreler(k))
end
```

在 MATLAB 命令窗口执行 ex1_10.m,即得各序列前 11 项的近似值、绝对误差、相对误差和表 1.1。

```
>>ex1_10
```

表 1.1 各序列的近似值、绝对误差和相对误差

序号	a_n 的值	xx_n 的值	yy_n 的值	xx_n 的绝对误差	yy_n 的绝对误差	xx_n 的相对误差	yy_n 的相对误差
0	1.000000	1.000000	1.000000	0.000000	0.000000	0.000000	0.000000
1	0.333333	0.333330	0.333330	0.000003	0.000004	0.000010	0.000011
2	0.111111	0.111109	0.111100	0.000002	0.000011	0.000020	0.000101
3	0.037037	0.037036	0.037003	0.000001	0.000034	0.000030	0.000911
4	0.012346	0.012345	0.012244	0.000000	0.000101	0.000040	0.008201
5	0.004115	0.004115	0.003811	0.000000	0.000304	0.000050	0.073811
6	0.001372	0.001372	0.000460	0.000000	0.000911	0.000060	0.664301
7	0.000457	0.000457	−0.002277	0.000000	0.002734	0.000070	5.978711
8	0.000152	0.000152	−0.008049	0.000000	0.008201	0.000080	53.808401
9	0.000051	0.000051	−0.024553	0.000000	0.024604	0.000090	484.275611
10	0.000017	0.000017	−0.073794	0.000000	0.073811	0.000100	4358.480501

在数值算法的程序执行中,执行速度主要依赖于调用函数(子程序)的个数和计算量。因此,算法中尽量少调用函数、减少计算量。

例 1.11 计算 $S(M)=\sum_{k=0}^{M}\frac{\lambda^k}{k!}e^{-\lambda}$ 在 $\lambda=160, M=230$ 时的值。

解 建立如下的脚本文件,并存为 ex1_11.m。

```
lam=160; K=230;
tic
p=exp(-lam);
S=0;
for k=1:K
    p=p*lam/k; S=S+p;                    %嵌套结构
end
S
toc
S1=0;
tic
for k=1:K
    p=lam^k/factorial(k);                %调用阶乘函数
    S1=S1+p;
end
S1*exp(-lam)
```

```
toc
```

在 MATLAB 命令窗口执行 ex1_11. m,有如下结果。

```
>>ex1_11
S=1.0000
Elapsed time is 0.000270 seconds
ans=NaN
Elapsed time is 0.059042 seconds
```

注意到 $S(M)$是泊松(Poisson)概率分布函数,所以它随 M 的增大而接近于 1。M 越大,两种算法的执行时间的差距越大,嵌套结构的优势越明显。

第2章 线性方程组的解法

在科学和工程技术领域中，有很多实际问题涉及解线性方程组。在计算机上求解线性方程组常用的方法有两类：一类是直接法，另一类是迭代法。直接法是指在没有舍入误差的条件下，经过有限次四则运算而求得方程组的精确解的方法。例如，Gauss 消元法、LU 分解法、追赶法都属于直接法。在计算机上计算，不可能保证每一步的运算都是精确的，求得的一般是方程组的近似解，因此需要进行误差分析。迭代法的基本思想是按照某种规则生成向量序列$\{\boldsymbol{x}^{(k)}\}$，如果此序列收敛，则当 k 充分大时，可取 $\boldsymbol{x}^{(k)}$ 作为线性方程组的近似解。

2.1 Gauss 消顺序消去法

1. 功能

将矩阵 $\boldsymbol{A}$ 化为上三角矩阵，然后回代求解线性方程组 $\boldsymbol{Ax}=\boldsymbol{b}$。

2. 计算方法

(1) 记矩阵 $\boldsymbol{A}=(a_{ij}^{(1)})(i=1,2,\cdots,n,j=1,2,\cdots,n)$，$\boldsymbol{b}=(b_1^{(1)},b_2^{(1)},\cdots,b_n^{(1)})^{\mathrm{T}}$。

(2) 第 $k-1$ 步后的矩阵记为：$(a_{ij}^{(k)})$。第 k 步的计算为：在 $a_{kk}^{(k)},a_{k+1k}^{(k)},\cdots,a_{nk}^{(k)}$ 中寻找第一个非零元素 $a_{jk}^{(k)}$，若 $k\neq j$，则将第 k 行与第 j 行互换，若找不到非零元素，则退出。$a_{kk}^{(k)}\neq 0$，记 $l_{ik}^{(k)}=\dfrac{a_{ik}^{(k)}}{a_{kk}^{(k)}}$，第 k 行乘以 $-l_{ik}^{(k)}$，加到第 i 行$(i=k+1,\cdots,n)$。第 k 步后的矩阵的元素记为：$a_{ij}^{(k+1)}$，$\boldsymbol{b}$ 的元素记为 $b_i^{(k+1)}$。

(3) $a_{ij}^{(k+1)}$ 的计算公式为：$a_{ij}^{(k+1)}=a_{ij}^{(k)}-l_{ik}^{(k)}a_{kj}^{(k)},i,j=k+1,\cdots,n$。$(a_{ij}^{(k+1)})$与$(a_{ij}^{(k)})$的前 k 行元素相同。$b_i^{(k+1)}$ 的计算公式为：$b_i^{(k+1)}=b_i^{(k)}-l_{ik}^{(k)}b_k^{(k)},i=k+1,\cdots,n$。$\boldsymbol{b}^{(k+1)}$ 与 $\boldsymbol{b}^{(k)}$ 的前 k 个元素相同。

(4) 回代：$x_n=b_n^{(n)}/a_{nn}^{(n)},x_i=\left(b_i^{(i)}-\sum\limits_{k=i+1}^{n}a_{ik}^{(i)}x_k\right)\Big/a_{ii}^{(i)}(i=n-1,n-2,\cdots,1)$。

3. 使用说明

```
Gausseli(A,b)
```

第一个参数 **A** 为矩阵，第二个参数 ***b*** 为线性方程组的常数向量。返回线性方程组的解。

4. MATLAB 程序

```
function y=Gausseli(A,b)
[m,n]=size(A);
if m~=n
    disp('输入错误,系数矩证阵只能是方阵')
end
if n~=length(b)
    disp('输入错误,常数项的个数应与方程的个数相同')
end
for k=1:n-1
    for i=k+1:n
        A(i,k)=A(i,k)/A(k,k);
        b(i)=b(i)-A(i,k)*b(k);
        for j=k+1:n
            if A(k,k)==0
                disp('主元素为零,消去法无法继续');
                break;
            else
                A(i,j)=A(i,j)-A(i,k)*A(k,j);
            end
        end
    end
end
b(n)=b(n)/A(n,n);
for i=(n-1):-1:1
    w=0;
    for j=(i+1):n
        w=w+A(i,j)*b(j);
    end
    b(i)=(b(i)-w)/A(i,i);
end
y=b;
```

例 2.1 求解线性方程组 $\begin{cases} 6x+2y+2z=-2, \\ 2x+\dfrac{1}{3}y+\dfrac{z}{3}=1, \\ x+2y-z=0。\end{cases}$

解 建立系数矩阵 **A** 和常数向量 ***b***，$\boldsymbol{A}=\begin{bmatrix} 6 & 2 & 2 \\ 2 & \dfrac{1}{3} & \dfrac{1}{3} \\ 1 & 2 & -1 \end{bmatrix}$，$\boldsymbol{b}=\begin{bmatrix} -2 \\ 1 \\ 0 \end{bmatrix}$，然后代入程序 Gausseli 求解。

```
>>x1=Gausseli(a,b)
x1=4/3  -19/9  -26/9
```

例 2.2 求解方程组 $\begin{cases}0.002x_1+8.125x_2=-8.123,\\5.25x_1+0.75x_2=4.5。\end{cases}$

解 易知方程组的解为 $x_1=1,x_2=-1$。假设用 5 位精度的浮点数(断位)进行计算，直接消元计算得方程组的解为 $\tilde{x}_2=-0.99995,\tilde{x}_1=0.75000$。

显然 $\tilde{x}_1$ 的误差较大，为何出现这样的错误？是主元 0.002 导致了这样的错误，由于它较小并在运算中作了除数，导致误差增大。事实上，可另选主元以避免这样的问题，这就是下面讨论的列主元 Gauss 消去法。

2.2 Gauss 列主元消去法

1. 功能

将矩阵 $\boldsymbol{A}$ 化为上三角矩阵，然后回代求解线性方程组 $\boldsymbol{Ax}=\boldsymbol{b}$。

2. 计算方法

(1) 记矩阵 $\boldsymbol{A}=(a_{ij}^{(1)})(i=1,2,\cdots,n,j=1,2,\cdots,n)$，$\boldsymbol{b}=(b_1^{(1)},b_2^{(1)},\cdots,b_n^{(1)})^{\mathrm{T}}$。

(2) 第 $k-1$ 步后的矩阵记为：$(a_{ij}^{(k)})$。第 k 步的计算为：在 $a_{kk}^{(k)},a_{k+1k}^{(k)},\cdots,a_{nk}^{(k)}$ 中寻找绝对值最大的一个非零元素 $a_{jk}^{(k)}$，若 $k\neq j$，则将第 k 行与第 j 行互换，若找不到非零元素，则退出。选取主元 $a_{kk}^{(k)}\neq 0$，记 $l_{ik}^{(k)}=\dfrac{a_{ik}^{(k)}}{a_{kk}^{(k)}}$，第 k 行乘以 $-l_{ik}^{(k)}$，加到第 i 行$(i=k+1,\cdots,n)$。第 k 步后的矩阵记为：$(a_{ij}^{(k+1)})$。

(3) $a_{ij}^{(k+1)}$ 的计算公式为：$a_{ij}^{(k+1)}=a_{ij}^{(k)}-l_{ik}^{(k)}a_{kj}^{(k)},i,j=k+1,\cdots,n$。$(a_{ij}^{(k+1)})$ 与 $(a_{ij}^{(k)})$ 的前 k 行元素相同。$b_i^{(k+1)}$ 的计算公式为：$b_i^{(k+1)}=b_i^{(k)}-l_{ik}^{(k)}b_k^{(k)},i=k+1,\cdots,n$。$\boldsymbol{b}^{(k+1)}$ 与 $\boldsymbol{b}^{(k)}$ 的前 k 个元素相同。

(4) 回代：$x_n=b_n^{(n)}/a_{nn}^{(n)},x_i=\left(b_i^{(i)}-\sum\limits_{k=i+1}^{n}a_{ik}^{(i)}x_k\right)\Big/a_{ii}^{(i)}(i=n-1,n-2,\cdots,1)$。

3. 使用说明

```
Gausselimpiv(A,b,ep)
```

第一个参数 $\boldsymbol{A}$ 为矩阵，第二个参数 $\boldsymbol{b}$ 为线性方程组的常数向量，第三个参数 ep 是很小的数，当所选的主元的绝对值比 ep 小时，则退出，方程组的解取为 0，可以不输入 ep，默认 ep=2.22044605e-016。返回线性方程组的解。

4. MATLAB 程序

```
function z=Gausselimpiv(A,b,ep)
[m,n]=size(A);
if m~=n
    disp('输入错误,系数矩证阵只能是方阵')
end
if n~=length(b)
```

```
        disp('输入错误,常数项的个数应与方程的个数相同')
    end
    if nargin==2
        ep=eps;
    end
    for k=1:n-1
        p=A(k,k); I=k;
        for i=k:n
            if abs(A(i,k))>abs(p)
                p=A(i,k); I=i;
            end
        end
        if p<=ep
            z=0;
        end
        if I~=k
            for j=k:n
                w=A(k,j); A(k,j)=A(I,j); A(I,j)=w;
            end
        u=b(k); b(k)=b(I); b(I)=u;
        end
        for i=k+1:n
            A(i,k)=A(i,k)/A(k,k);
            b(i)=b(i)-A(i,k)*b(k);
            for j=k+1:n
                A(i,j)=A(i,j)-A(i,k)*A(k,j);
            end
        end
    end
    b(n)=b(n)/A(n,n);
    for i=(n-1):-1:1
        w=0;
        for j=(i+1):n
            w=w+A(i,j)*b(j);
        end
        b(i)=(b(i)-w)/A(i,i);
    end
    z=b;
```

例 2.3 利用 Gauss 列主元消去法求解方程组$\begin{cases}4x+3y+2z=5,\\-3x-2.213y+z=1.738,\\3x+y-z=1。\end{cases}$

解 建立如下脚本文件：

```
a=[4,3,2;-3,-2.213,1; 3,1,-1];
b=[5; 1.738; 1];
```

```
x3=Gausselimpiv(a,b)
```

存为 ex2_3.m,然后在命令窗口调用 ex2_3,则得计算结果。

```
>>ex2_3
x3=1.82860676009893   -2.25721352019786    2.22860676009893
```

2.3 Gauss-Jordan 消去法

1. 功能

选取列主元的 Gauss-Jordan 消去法解方程组 $\boldsymbol{Ax}=\boldsymbol{b}$,返回方程组的解。

2. 计算方法

与 2.2 节类似,对矩阵实施初等行变换。

3. 使用说明

```
GaussJor(A,b)
```

第一个参数 $\boldsymbol{A}$ 为矩阵,第二个参数 $\boldsymbol{b}$ 为线性方程组的常数向量。返回线性方程组的解。

4. MATLAB 程序

```
function z=Gaussjor(A,b)
[m,n]=size(A);
if m~=n
        disp('输入错误,系数矩证阵只能是方阵')
end
if n~=length(b)
        disp('输入错误,常数项的个数应与方程的个数相同')
end
for k=1:n
      p=A(k,k); I=k;
      for i=k:n
          if abs(A(i,k))>abs(p)
              p=A(i,k); I=i;
          end
      end
      if I~=k
          for j=k:n
              w=A(k,j);
              A(k,j)=A(I,j);
              A(I,j)=w;                    %交换第 k 行与第 I 行
          end
          u=b(k);
          b(k)=b(I); b(I)=u;
      end
      if A(k,k)~=1
```

```
            b(k)=b(k)/A(k,k);
            A(k,k:n)=A(k,k:n)/A(k,k);      %第 k 行同除 A(k,k)
            A(k,k)=1;
        end
        for i=1:n
            if i~=k
                multi=A(i,k);
                b(i)=b(i)-multi*b(k);
                for j=k:n
                    A(i,j)=A(i,j)-multi*A(k,j);
                end
            end
        end
end
A
z=b;
```

例 2.4 求解线性方程组 $\boldsymbol{Ax}=\boldsymbol{b}$,其中 $\boldsymbol{A}=\begin{bmatrix}0 & 1 & 5\\ -1 & -1 & 2\\ -2 & 0 & 5\end{bmatrix}$,$\boldsymbol{b}=\begin{bmatrix}15\\ 2\\ 16\end{bmatrix}$。

解 建立系数矩阵和常数向量,代入程序计算即得结果。

```
>>a=[0,1,5;-1,-1,2;-2,0,5];
>>b=[15; 2; 16];
>>Gaussjor(a,b)
```

运行后屏幕显示结果为

```
a=1     0     0
  0     1     0
  0     0     1
ans=-3   5   2
```

例 2.5 求解线性方程组 $\boldsymbol{Ax}=\boldsymbol{b}$,其中 $\boldsymbol{A}=\begin{bmatrix}2 & -3 & 100\\ 1 & 10 & -0.001\\ 3 & -100 & 0.01\end{bmatrix}$,$\boldsymbol{b}=\begin{bmatrix}1\\ 0\\ 0\end{bmatrix}$。

解 建立系数矩阵和常数向量,代入程序计算即得结果。

```
>>a=[2,-3,100; 1 ,10,-0.001; 3,-100,0.01];
>>b=[1; 0; 0];
>>x=Gaussjor(a,b)
```

运行后屏幕显示结果为

```
a=1     0     0
  0     1     0
  0     0     1
x=0
```

```
  0.00000100000300
  0.01000003000009
```

检验知，x 是原方程组的解。

```
>>a*x
ans=1.00000000000000
    0.00000000000000
   -0.00000000000000
```

2.4　LU分解法

1. 功能

将非退化矩阵 $\boldsymbol{A}$ 分解成单位下三角矩阵 $\boldsymbol{L}$ 与上三角矩阵 $\boldsymbol{U}$ 的乘积。即 $\boldsymbol{PA}=\boldsymbol{LU}$，其中 $\boldsymbol{P}$ 是置换矩阵。如果输入第二个参数列向量 $\boldsymbol{b}$，则用 LU 分解法求方程组 $\boldsymbol{Ax}=\boldsymbol{b}$ 的解。

2. 计算方法

(1) 采用与 Gauss 列主元消去法类似的做法，在进行分解时，先选列主元，再进行分解计算，即选主元的 Doolittle 分解法。

(2) 作 $\boldsymbol{A}$ 的 LU 分解：$\boldsymbol{PA}=\boldsymbol{LU}=\begin{pmatrix}1 & & & & \\ l_{21} & 1 & & & \\ l_{31} & l_{32} & 1 & & \\ \vdots & \vdots & & \ddots & \\ l_{n1} & l_{n2} & l_{n3} & l_{nn-1} & 1\end{pmatrix}\begin{pmatrix}u_{11} & u_{12} & u_{13} & \cdots & u_{1n} \\ & u_{22} & u_{23} & \cdots & u_{2n} \\ & & u_{33} & \cdots & u_{3n} \\ & & & \ddots & \vdots \\ & & & & u_{nn}\end{pmatrix}$。

记矩阵 $\boldsymbol{A}=(a_{ij})(i,j=1,2,\cdots,n)$。第 k 步分解时，$\boldsymbol{A},\boldsymbol{L},\boldsymbol{U}$ 的元素计算如下：

① 在 $a_{kk},a_{k+1k},\cdots,a_{nk}$ 中寻找绝对值最大的 a_{jk}，若 $j\neq k$，则将第 k 行与第 j 行互换，若找不到非零元素，则退出。记录下交换的两行。$a_{kk}\neq 0$，记 $a_{ik}=\dfrac{a_{ik}}{a_{kk}}$，第 k 行乘以 $-a_{ik}$，加到第 i 行$(k=1,\cdots,n-1)$，$a_{ij}=a_{ij}-a_{ik}a_{kj}$，$i,j=k+1,\cdots,n$。

② $\boldsymbol{L}$ 的元素 l_{ij} 取 $\boldsymbol{A}$ 的主对角线以下的相应元素 a_{ij}，$\boldsymbol{U}$ 的元素 u_{ij} 取 $\boldsymbol{A}$ 的主对角线以上（含对角线）的相应元素 a_{ij}。

(3) 如果输入第二个参数列向量 $\boldsymbol{b}$，则用 LU 分解法求方程组 $\boldsymbol{Ax}=\boldsymbol{b}$ 的解，先求 $\boldsymbol{LY}=\boldsymbol{PB}$，然后求 $\boldsymbol{Ux}=\boldsymbol{Y}$，并按顺序返回 $\boldsymbol{L},\boldsymbol{U},\boldsymbol{P}$ 和解 $\boldsymbol{x}$。

3. 使用说明

```
LUDecomp(A)
LUDecomp(A,b)
```

第一个参数为要分解的矩阵 $\boldsymbol{A}$，执行程序后，按顺序返回三个矩阵 $\boldsymbol{L},\boldsymbol{U},\boldsymbol{P}$ 使得 $\boldsymbol{PA}=\boldsymbol{LU}$。如果输入第二个参数列向量 $\boldsymbol{b}$，则用 LU 分解法求方程组 $\boldsymbol{Ax}=\boldsymbol{b}$ 的解，并按顺序返回 $\boldsymbol{L},\boldsymbol{U},\boldsymbol{P}$ 和解 $\boldsymbol{x}$。

4. MATLAB 程序

```
function [L,U,P,X]=LUDecomp(A,b)
```

```
[N,N]=size(A);
X=zeros(N,1);
Y=zeros(N,1);
C=zeros(1,N);
R=1:N;
D=ones(N,1);
for i=1:N-1
    [max1,j]=max(abs(A(i:N,i)));                    %在第 i 列选主元
    C=A(i,:);
    A(i,:)=A(j+i-1,:);                              %交换两行
    A(j+i-1,:)=C;
    d=R(i);
    R(i)=R(j+i-1);
    R(j+i-1)=d;
    if A(i,i)==0
        'A是退化矩阵,不存在 LU 分解'
        break
    end
    for k=i+1:N
        mult=A(k,i)/A(i,i);
        A(k,i)=mult;
        A(k,i+1:N)=A(k,i+1:N)-mult*A(i,i+1:N);
    end
end
L=tril(A,-1);
U=triu(A);
L=L+diag(D);
P=eye(N,N);
for j=1:N-1
    P([j R(j)],:)=P([R(j)j],:);
end
%求解 LY=Pb
if nargin==2
    Y(1)=b(R(1));
    for k=2:N
        Y(k)=b(R(k))-A(k,1:k-1)*Y(1:k-1);
    end
    %求解 UX=Y
    X(N)=Y(N)/A(N,N);
    for k=N-1:-1:1
        X(k)=(Y(k)-A(k,k+1:N)*X(k+1:N))/A(k,k);
    end
else
    X=[];
end
```

例 2.6 求矩阵 $\boldsymbol{A}=\begin{bmatrix}1 & 2 & 6\\ 4 & 8 & -1\\ -2 & 3 & 5\end{bmatrix}$ 的 LU 分解。

解 建立矩阵 $\boldsymbol{A}$,用程序 LUDecomp 将 $\boldsymbol{A}$ 分解。

```
>>A=[1,2,6; 4,8,-1;-2,3,5];
>>[L,U,P]=LUDecomp(A)
```

运行后屏幕显示结果为

```
L=1.0000    0        0
  -0.5000   1.0000   0
  0.2500    0        1.0000
U=4.0000    8.0000  -1.0000
  0         7.0000  4.5000
  0         0       6.2500
P=0    1    0
  0    0    1
  1    0    0
```

例 2.7 设 $\boldsymbol{A}=\begin{bmatrix}9.4087 & -5.2720 & -11.9160\\ -11.2053 & 12.5373 & -6.3323\\ 6.7898 & -2.0758 & 5.5332\end{bmatrix}$, $\boldsymbol{b}=\begin{bmatrix}0.3570\\ 1\\ 1.560\end{bmatrix}$,求解方程 $\boldsymbol{Ax}=\boldsymbol{b}$。

解 输入矩阵 $\boldsymbol{A}$ 和向量 $\boldsymbol{b}$,调用程序 LUDecomp。

```
>>A=[9.4087,-5.2720,-11.9160;-11.2053,12.5373,-6.3323; 6.7898,-2.0758,
5.5332];
  b=[0.3570,1,1.560]';
  [L,U,P,X]=LUDecomp(A,b)
```

运行后屏幕显示结果为(L,U,P 略)

```
X=0.30798391195918
  0.37820337936065
  0.04589124005212
```

经检验有 $\boldsymbol{AX}=\boldsymbol{b}$。

2.5 平方根法

1. 功能

将正定对称矩阵 $\boldsymbol{A}$ 分解成下三角矩阵 $\boldsymbol{L}$ 与 $\boldsymbol{L}$ 的转置的乘积,即 $\boldsymbol{A}=\boldsymbol{LL}^{\mathrm{T}}$(Cholesky 分解)。如果输入第二个参数 $\boldsymbol{b}$,则求解 $\boldsymbol{Ax}=\boldsymbol{b}$,并返回 $\boldsymbol{L}$ 和解 $\boldsymbol{x}$。

2. 计算方法

(1) 设 $\boldsymbol{A}=(a_{ij})=\boldsymbol{LL}^{\mathrm{T}}$,

$$A = LL^{\mathrm{T}} = \begin{pmatrix} l_{11} & & & & \\ l_{21} & l_{22} & & & \\ l_{31} & l_{32} & l_{33} & & \\ \vdots & \vdots & & \ddots & \\ l_{n1} & l_{n2} & l_{n3} & l_{m-1} & l_{m} \end{pmatrix} \begin{pmatrix} l_{11} & l_{21} & l_{31} & \cdots & l_{n1} \\ & l_{22} & l_{32} & \cdots & l_{n2} \\ & & l_{33} & \cdots & l_{n3} \\ & & & \ddots & \vdots \\ & & & & l_{m} \end{pmatrix}。$$

(2) L 的元素计算如下：

① $l_{11}=\sqrt{a_{11}}$；

② $l_{j1}=\dfrac{a_{j1}}{l_{11}}, j=2,\cdots,n$；

③ $l_{jj}=\left(a_{jj}-\sum\limits_{k=1}^{j-1}l_{jk}^2\right)^{\frac{1}{2}}, l_{ij}=\left(a_{ij}-\sum\limits_{k=1}^{j-1}l_{jk}l_{ik}\right)\Big/l_{jj},\quad j=2,\cdots,n, i=3,\cdots,n$。

(3) 回代求解方程。

3. 使用说明

```
LLtdecomp(A)
LLtdecomp(A,b)
```

第一个参数为要分解的矩阵 $\boldsymbol{A}$，执行程序后，返回矩阵 $\boldsymbol{L}$ 使得 $\boldsymbol{A}=\boldsymbol{L}\boldsymbol{L}^{\mathrm{T}}$。如果输入第二个参数向量(或矩阵)$\boldsymbol{b}$，执行程序后，则按顺序返回矩阵 $\boldsymbol{L}$ 和方程组 $\boldsymbol{A}\boldsymbol{x}=\boldsymbol{b}$ 的解 $\boldsymbol{x}$。

4. MATLAB 程序

```
function [L,X]=LLtdecomp(A,b)
[m,n]=size(A);
if m~=n
    display('只能输入方阵')
end
if A~=A'
    display('此分解只适用于对称矩阵')
end
L=eye(m);
D=zeros(n);
X=zeros(m,1);
Y=X;
if A(1,1)>0
    L(1,1)=sqrt(A(1,1));
else
    disp('矩阵 A 不是正定矩阵,无法进行 Cholesky 分解')
end
for i=2:m
    L(i,1)=A(i,1)/L(1,1);
end
for j=2:m
    s=A(j,j)-sum(L(j,1:j-1).*L(j,1:j-1));
    if s>0
        L(j,j)=sqrt(s);
```

```
        else
            disp('矩阵 A 不是正定矩阵,无法进行 Cholesky 分解')
        end
        for i=j+1:m
            L(i,j)=(A(i,j)-sum(L(j,1:j-1).*L(i,1:j-1)))/L(j,j);
        end
    end
    %求解 LY=b
    if nargin==2
        Y(1)=b(1)/L(1,1);
        for i=2:m
            Y(i)=(b(i)-sum(L(i,1:i-1).*Y(1:i-1)'))/L(i,i);
        end
        %求解 L'X=Y
        X(m)=Y(m)/L(m,m);
        for i=m-1:-1:1
            X(i)=(Y(i)-sum(L(i+1:m,i).*X(i+1:m)))/L(i,i);
        end
    else
        X=[];
    end
```

例 2.8 设 $\boldsymbol{A}=\begin{bmatrix}4 & -1 & 1\\ -1 & \frac{17}{4} & \frac{11}{4}\\ 1 & \frac{11}{4} & \frac{9}{2}\end{bmatrix}$,求 $\boldsymbol{A}$ 的 Cholesky 分解。

解 建立矩阵 $\boldsymbol{A}$,代入程序 LLtdecomp 即得。

```
>>A=[4,-1,1;-1,17/4,11/4;1,11/4,9/2];
  L=LLtdecomp(A)
```

运行后屏幕显示结果为

```
L=
   2.00000000000000                  0                  0
  -0.50000000000000   2.00000000000000                  0
   0.50000000000000   1.50000000000000   1.41421356237310
```

例 2.9 求解方程 $\boldsymbol{Ax}=\boldsymbol{b}$,其中 $\boldsymbol{A}=\begin{bmatrix}5 & 7 & 6 & 5\\ 7 & 10 & 8 & 7\\ 6 & 8 & 10 & 9\\ 5 & 7 & 9 & 10\end{bmatrix}$,$\boldsymbol{b}=\begin{bmatrix}19\\ 28\\ 33\\ 31\end{bmatrix}$。

解 建立矩阵 $\boldsymbol{A}$ 和向量 $\boldsymbol{b}$,代入程序 LLtdecomp 即得。

```
>>A=[5,7,6,5; 7,10,8,7; 6,8,10,9; 5,7,9,10];
b=[19,28,33,31]';
```

```
[L,x]=LLtdecomp(A,b)
```

运行后屏幕显示结果为

```
L=2.23606797749979                  0                 0                 0
   3.13049516849971  0.44721359549996                 0                 0
   2.68328157299975 -0.89442719099992  1.41421356237309                 0
   2.23606797749979                 0  2.12132034355965  0.70710678118654
x=1.0e+002 *
   -1.07000000000003
   0.65000000000002
   0.29000000000001
   -0.15000000000001
```

2.6 改进的平方根法

1. 功能

将满足某些条件(如各阶顺序主子式不为0)的对称矩阵或正定对称矩阵 $\boldsymbol{A}$ 分解成单位下三角矩阵 $\boldsymbol{L}$,对角矩阵 $\boldsymbol{D}$ 和 $\boldsymbol{L}$ 的转置的乘积,即 $\boldsymbol{A}=\boldsymbol{LDL}^{\mathrm{T}}$,(Cholesky 分解)。如果输入第二个参数 $\boldsymbol{b}$,则求解 $\boldsymbol{Ax}=\boldsymbol{b}$,并返回 $\boldsymbol{L}$,$\boldsymbol{D}$ 和解 $\boldsymbol{x}$。

2. 方法

(1) 设 $\boldsymbol{A}=(a_{ij})=\boldsymbol{LDL}^{\mathrm{T}}$,

$$\boldsymbol{A}=\boldsymbol{LDL}^{\mathrm{T}}=\begin{pmatrix}1 & & & & \\ l_{21} & 1 & & & \\ l_{31} & l_{32} & 1 & & \\ & \vdots & & \ddots & \\ l_{n1} & l_{n2} & l_{n3} & l_{nn-1} & 1\end{pmatrix}\begin{bmatrix}d_1 & & & \\ & d_2 & & \\ & & d_3 & \\ & & & \ddots \\ & & & & d_n\end{bmatrix}\begin{pmatrix}1 & l_{21} & l_{31} & \cdots & l_{n1} \\ & 1 & l_{32} & \cdots & l_{n2} \\ & & 1 & \cdots & l_{n3} \\ & & & \ddots & \vdots \\ & & & & 1\end{pmatrix}。$$

(2) $\boldsymbol{L}$,$\boldsymbol{D}$ 的元素计算如下:

① $d_1=a_{11}$;

② $l_{j1}=a_{j1}/d_1,j=2,\cdots,n$;

③ $d_j=a_{jj}-\sum\limits_{k=1}^{j-1}l_{jk}^2d_k$;

$$l_{ij}=\left(a_{ij}-\sum_{k=1}^{j-1}l_{ik}l_{jk}d_k\right)\Big/d_j\quad(j=2,\cdots,n,i=3,\cdots,n)。$$

(3) 回代求解(三角)方程。

3. 使用说明

```
LDLtdecomp(A)
LDLtdecomp(A,b)
```

第一个参数为要分解的矩阵 $\boldsymbol{A}$,执行程序后,返回矩阵 $\boldsymbol{L}$ 和 $\boldsymbol{D}$ 使得 $\boldsymbol{A}=\boldsymbol{LDL}^{\mathrm{T}}$。如果输入第二个参数向量(或矩阵)$\boldsymbol{b}$,执行程序后,则按顺序返回矩阵 $\boldsymbol{L}$,$\boldsymbol{D}$ 和方程组 $\boldsymbol{Ax}=\boldsymbol{b}$ 的解 $\boldsymbol{x}$。

4. MATLAB 程序

```
function [L,D,X]=LDLtdecomp(A,b)
[m,n]=size(A);
if m~=n
    display('只能输入方阵')
end
if A~=A'
    display('此分解只适用于对称矩阵')
end
L=eye(m);
X=zeros(m,1);
Y=X;
D=zeros(n);
D(1,1)=A(1,1);
for i=2:m
    L(i,1)=A(i,1)/D(1,1);
end
for i=3:m
    for j=2:m
        s=0;
        for k=1:j-1
            s=s+D(k,k)*L(j,k)^2;
        end
        D(j,j)=A(j,j)-s;
        t=0;
        for k=1:j-1
            t=t+D(k,k)*L(j,k)*L(i,k);
        end
        L(i,j)=(A(i,j)-t)/D(j,j);
    end
end
%求解 LY=b
if nargin==2
    Y(1)=b(1);
    for i=2:m
        Y(i)=b(i)-sum(L(i,1:i-1).*Y(1:i-1)');
    end
    %求解 L'X=Y
    X(m)=Y(m)/D(m,m);
    for i=m-1:-1:1
        X(i)=Y(i)/D(i,i)-sum(L(i+1:m,i).*X(i+1:m));
    end
else
    X=[];
end
```

例 2.10 求解方程 $\boldsymbol{Ax}=\boldsymbol{b}$，其中 $\boldsymbol{A}=\begin{bmatrix}-3 & 1 & 1\\ 1 & 2 & -1\\ 1 & -1 & 2\end{bmatrix}$，$\boldsymbol{b}=\begin{bmatrix}1\\ 3\\ -2\end{bmatrix}$。

解 建立矩阵 $\boldsymbol{A}$，$\boldsymbol{b}$，并执行程序 LDLtdecomp。

```
>>A=[-3,1,1;1,2,-1; 1,-1,2];
  b=[1,3,-2]';
  [L,DD,X]=LDLtdecomp(A,b)
```

运行后屏幕显示结果为

```
L=                          DD=                       X=

    1      0    0             -3    0     0             0
  -1/3     1    0              0   7/3    0            4/3
  -1/3   -2/7   1              0    0    15/7         -1/3
```

经检验结果正确，即有 $\boldsymbol{LDDL}^{\mathrm{T}}=\boldsymbol{A}$，$\boldsymbol{AX}=\boldsymbol{b}$。

2.7 追赶法

1. 功能

将满足某些条件（如，按行（列）严格对角占优）的三对角矩阵 $\boldsymbol{A}$ 分解成下三角矩阵 $\boldsymbol{L}$ 和单位上三角 $\boldsymbol{U}$ 的乘积，即 $\boldsymbol{A}=\boldsymbol{LU}$（Crout 分解），求解线性方程组 $\boldsymbol{Ax}=\boldsymbol{d}$。

2. 计算方法

(1) 设

$$\boldsymbol{A}=\begin{pmatrix} b_1 & c_1 & & & \\ a_2 & b_2 & c_2 & & \\ & \ddots & \ddots & \ddots & \\ & & a_{n-1} & b_{n-1} & c_{n-1} \\ & & & a_n & b_n \end{pmatrix}$$

$$=\begin{pmatrix} l_1 & & & & & & \\ m_2 & l_2 & & & & & \\ & \ddots & \ddots & & & & \\ & & m_i & l_i & & & \\ & & & m_{i+1} & l_{i+1} & & \\ & & & & \ddots & \ddots & \\ & & & & & m_{n-1} & l_{n-1} & \\ & & & & & & m_n & l_n \end{pmatrix}\begin{pmatrix} 1 & u_1 & & & & \\ & 1 & u_2 & & & \\ & & \ddots & \ddots & & \\ & & & 1 & u_{i-1} & \\ & & & & 1 & u_i \\ & & & & & 1 & \ddots \\ & & & & & & \ddots & u_{n-1} \\ & & & & & & & 1 \end{pmatrix}。$$

(2) 各元素计算如下：

① $l_1=b_1$，$u_1=\dfrac{c_1}{l_1}$；$m_j=a_j$；

② $l_j=b_j-m_ju_{j-1}, j=2,\cdots,n$；$u_j=\dfrac{c_j}{l_j}, j=2,\cdots,n-1$。

(3) $\boldsymbol{Ax}=\boldsymbol{d}$ 等价于 $\boldsymbol{LUx}=\boldsymbol{d}$，即 $\boldsymbol{Ly}=\boldsymbol{d}$，$\boldsymbol{Ux}=\boldsymbol{y}$，可分别求解。

① 追过程(解 $\boldsymbol{Ly}=\boldsymbol{d}$)：$y_1=\dfrac{d_1}{b_1}, y_j=\dfrac{d_j-a_jy_{j-1}}{b_j-a_ju_{j-1}}, j=2,\cdots,n$；

② 赶过程(解 $\boldsymbol{Ux}=\boldsymbol{y}$)：$x_n=y_n, x_j=y_j-u_jx_{j+1}, j=n-1,\cdots,1$。

3. 使用说明

```
tridiag(a,b,c,d)
```

参数 $\boldsymbol{a},\boldsymbol{b},\boldsymbol{c}$ 分别是矩阵 $\boldsymbol{A}$ 的次对角线，主对角线和上对角线构成的向量，$\boldsymbol{d}$ 是方程组 $\boldsymbol{Ax}=\boldsymbol{d}$ 的常数向量。执行程序后，则返回方程组 $\boldsymbol{Ax}=\boldsymbol{d}$ 的解 $\boldsymbol{x}$。

4. MATLAB 程序

```
function s=tridiag(a,b,c,d)
n=length(d);
c(1)=c(1)/b(1);
for j=2:n-1
    c(j)=c(j)/(b(j)-a(j-1)*c(j-1));
end
d(1)=d(1)/b(1);
for j=2:n
    d(j)=(d(j)-a(j-1)*d(j-1))/(b(j)-a(j-1)*c(j-1));
end
s(n)=d(n);
for j=n-1:-1:1
    s(j)=d(j)-c(j)*s(j+1);
end
```

例 2.11 设 $\boldsymbol{A}=\begin{bmatrix}-10 & -2 & 0 & 0 & 0 & 0\\ 9 & -1 & -2 & 0 & 0 & 0\\ 0 & -2 & -11 & -11 & 0 & 0\\ 0 & 0 & 2 & 1 & -8 & 0\\ 0 & 0 & 0 & 4 & 2 & -1\\ 0 & 0 & 0 & 0 & -9 & 9\end{bmatrix}$，$\boldsymbol{d}=\begin{bmatrix}-6\\ 13\\ 15\\ -2\\ -1\\ 9\end{bmatrix}$，求解 $\boldsymbol{Ax}=\boldsymbol{d}$。

解 建立矩阵 $\boldsymbol{A}$ 的三个对角线向量及常数向量。

```
>>a=[9,-2,2,4,-9];
b=[-10,-1,-11,1,2,9];
c=[-2,-2,-11,-8,-1];
d=[-6,13,15,-2,-1,9];
x=tridiag(a,b,c,d)
```

运行后屏幕显示结果为

```
x=1 -2  -1   0   1/18014398509481984   1
```

2.8 QR分解法

定义 2.1 设 $w \in \mathbb{R}^n$ 且 $\|w\|_2 = 1$,则矩阵 $\boldsymbol{H}=\boldsymbol{I}-2ww^{\mathrm{T}}$ 称为 Householder 矩阵或反射矩阵,这里 $\boldsymbol{I}$ 是 n 阶单位矩阵。

易验证 $\boldsymbol{H}$ 是正交对称矩阵,且 $\mathrm{Det}(\boldsymbol{H})=-1$。

1. 功能

用 Gram-Schmidt 正交化过程或 Householder 变换将实方阵 $\boldsymbol{A}$ 分解成正交矩阵 $\boldsymbol{Q}$ 和上三角 $\boldsymbol{R}$ 的乘积,即 $\boldsymbol{A}=\boldsymbol{QR}$(QR 分解)。并可求解线性方程组 $\boldsymbol{Ax}=\boldsymbol{b}$。

2. 计算方法

Householder 变换的具体构造如下:

设 n 阶方矩阵 $\boldsymbol{A}=(\boldsymbol{a}_1,\boldsymbol{a}_2,\cdots,\boldsymbol{a}_n)$,其中 $\boldsymbol{a}_k$ 是 $\boldsymbol{A}$ 的第 k 列构成的向量。设 $\boldsymbol{a}_k=(a_{1k},a_{2k},\cdots,a_{nk})^{\mathrm{T}}$,由定理知,存在 Householder 矩阵 $\boldsymbol{P}_k$ 使得

$$\boldsymbol{P}_k(a_{1k},a_{2k},\cdots,a_{nk})^{\mathrm{T}}=(a_{1k},\cdots,a_{k-1k},m_k,0,\cdots,0)^{\mathrm{T}}=\boldsymbol{y}_k,$$

其中 $m_k=\left(\sum_{j=k}^{n}a_{jk}^2\right)^{\frac{1}{2}}$。$\boldsymbol{P}_k$ 的构造:令 $w=\dfrac{\boldsymbol{a}_k-\boldsymbol{y}_k}{\|\boldsymbol{a}_k-\boldsymbol{y}_k\|_2}$,则 $\boldsymbol{P}_k=\boldsymbol{I}-2ww^{\mathrm{T}}$,$k=1,2,\cdots,n-1$。这样对 $\boldsymbol{A}$ 实施 $n-1$ 次变换 $\boldsymbol{P}_1,\boldsymbol{P}_2,\cdots,\boldsymbol{P}_{n-1}$ 后,$\boldsymbol{R}=\boldsymbol{P}_{n-1}\cdots\boldsymbol{P}_2\boldsymbol{P}_1\boldsymbol{A}$ 就是上三角矩阵。令 $\boldsymbol{P}=\boldsymbol{P}_{n-1}\cdots\boldsymbol{P}_2\boldsymbol{P}_1$,$\boldsymbol{Q}=\boldsymbol{P}^{\mathrm{T}}$,则 $\boldsymbol{P},\boldsymbol{Q}$ 是正交矩阵,且 $\boldsymbol{A}=\boldsymbol{QR}$。由于对 $\boldsymbol{A}$ 实施正交变换 $\boldsymbol{P}_k$ 时,它不改变 $\boldsymbol{A}$ 的前 $k-1$ 行,所以 $\boldsymbol{R}$ 的第 k 列(理论上)就是 $\boldsymbol{y}_k$,故程序中直接令 $\boldsymbol{y}_k$ 为 $\boldsymbol{R}$ 的第 k 列。

3. 使用说明

```
QRDecomsch(A),QRDecomhouse(A)
QRDecomsch(A,b),QRDecomhouse(A,b)
```

输入第一个参数矩阵 $\boldsymbol{A}$,执行程序后,返回矩阵 $\boldsymbol{Q},\boldsymbol{R}$ 使得 $\boldsymbol{A}=\boldsymbol{QR}$。如果输入第二个参数向量 $\boldsymbol{b}$,执行程序后,则按顺序返回方程组 $\boldsymbol{Ax}=\boldsymbol{b}$ 的解 $\boldsymbol{x}$ 和矩阵 $\boldsymbol{Q},\boldsymbol{R}$。

注: 更全面的 QR 分解参见 MATLAB 的 qr 函数。

4. MATLAB 程序

```
function [X,Q,R]=QRDecomhouse(A,b)
%用 Householder 变换将 A 分解为正交 Q 与上三角矩阵 R 的乘积,即 A=QR
[n,n]=size(A);
E=eye(n);
X=zeros(n,1);
R=zeros(n);
P1=E;
for k=1:n-1
    %构造 w,使 Pk=I-2ww'
    s=-sign(A(k,k))*norm(A(k:n,k));
    R(k,k)=-s;
    if k==1
        w=[A(1,1)+s,A(2:n,k)']';
```

```
        else
            w=[zeros(1,k-1),A(k,k)+s,A(k+1:n,k)']';
            R(1:k-1,k)=A(1:k-1,k);
            %设向量 X=[x1,x2,…,xk-1,xk,…,xn]',经过 Householder 变换 Pk 变为
            %向量 Y=[x1,x2,…,xk-1,-s,0,0,…,0]'
            %则 w=(X-Y)/‖X-Y‖=[0,0,…,xk+s,xk+1,…,xn]'/‖X-Y‖
            %故 Householder 变换为 Pk=I-2*w*w'
        end
        if norm(w)~=0
            w=w/norm(w);
        end
        P=E-2*w*w';
        A=P*A;
        P1=P*P1;
        R(1:n,n)=A(1:n,n);
    end
    Q=P1';
    if nargin==2
        b=P1*b;
        X(n)=b(n)/R(n,n);
        for i=n-1:-1:1
            X(i)=(b(i)-sum(R(i,i+1:n).*X(i+1:n)'))/R(i,i);
        end
    else
        X=[];
    end
    function [X,q,r]=QRDecomsch(A,b)
    %用 Gram-Schmidt 正交化将 n 阶方阵 A 分解为正交 Q 与上三角矩阵 R 的乘积,即 A=QR
    [m,n]=size(A);
    if m~=n
        return;
    end
    q=zeros(m,n);
    X=zeros(n,1);
    r=zeros(n);
    for k=1:n
        r(k,k)=norm(A(:,k));
        if r(k,k)==0
            break;
        end
        q(:,k)=A(:,k)/r(k,k);
        for j=k+1:n
            r(k,j)=q(:,k)'*A(:,j);
            A(:,j)=A(:,j)-r(k,j)*q(:,k);
        end
```

```
end
if nargin==2
    b=q'*b;
    X(n)=b(n)/r(n,n);
    for i=n-1:-1:1
        X(i)=(b(i)-sum(r(i,i+1:n).*X(i+1:n)'))/r(i,i);
    end
else
    X=[];
end
```

例 2.12 设 $A=\begin{bmatrix}1 & 2 & 1 & -1\\ 1 & 0 & 2 & 1\\ 1 & -1 & 1 & 2\\ -1 & 1 & -3 & 1\end{bmatrix}$，$b=\begin{bmatrix}1\\0\\1\\1\end{bmatrix}$，求 A 的 QR 分解，并解方程组 $Ax=b$。

解 建立如下脚本文件，并存为 ex2_12.m。

```
A=[1,2,1,-1; 1,0,2,1; 1,-1,1,2;-1,1,-3,1];
b=[1,0,1,1]';
[x1,q,r]=QRDecomsch(A,b)                              %用 Gram-Schmidt 正交化;
[X2,Q,R]=QRDecomhouse(A,b)                            %用 Householder 变换;
```

在 MATLAB 命令窗口，调用 ex2_12，即得结果。

```
>>ex2_12
x1=2.0000
    0.0000
   -1.0000
    0.0000
q=0.5000    0.8165   -0.0577   -0.2828
  0.5000         0    0.1732    0.8485
  0.5000   -0.4082   -0.7506   -0.1414
 -0.5000    0.4082   -0.6351    0.4243
r=2.0000         0    3.5000    0.5000
       0    2.4495   -0.8165   -1.2247
       0         0    1.4434   -1.9053
       0         0         0    1.2728
X2=2.0000
    0.0000
   -1.0000
    0.0000
Q=0.5000    0.8165    0.0577   -0.2828
  0.5000    0.0000   -0.1732    0.8485
  0.5000   -0.4082    0.7506   -0.1414
 -0.5000    0.4082    0.6351    0.4243
R=2.0000         0    3.5000    0.5000
       0    2.4495   -0.8165   -1.2247
       0         0   -1.4434    1.9053
       0         0         0    1.2728
```

2.9 方程组的性态与误差分析

当我们用直接法求解线性方程组时，有时求得的解是不精确的，出现这种情况的原因可能是方法不当，也可能是方程组本身的性态问题。若方程组系数矩阵或右端常数项有微小扰动，就能引起方程组解的巨大变化，那么这样的方程组称为“病态”方程组，其系数矩阵称为“病态”矩阵。否则称为“良态”方程组，其系数矩阵称为“良态”矩阵。

2.9.1 误差分析

方程组 $\boldsymbol{Ax}=\boldsymbol{b}$ 系数矩阵 $\boldsymbol{A}$，常数项 $\boldsymbol{b}$ 的扰动与解的扰动之间有如下关系。

定理 2.1 设 $\boldsymbol{Ax}=\boldsymbol{b},\boldsymbol{b}\neq\boldsymbol{0},\boldsymbol{A}$ 非奇异，$\boldsymbol{A}$ 与 $\boldsymbol{b}$ 的扰动分别为 $\delta\boldsymbol{A}$ 和 $\delta\boldsymbol{b}$，解 $\boldsymbol{x}$ 有扰动 $\delta\boldsymbol{x}$，即 $(\boldsymbol{A}+\delta\boldsymbol{A})(\boldsymbol{x}+\delta\boldsymbol{x})=\boldsymbol{b}+\delta\boldsymbol{b}$。当 $\|\boldsymbol{A}^{-1}\|\,\|\delta\boldsymbol{A}\|<1$ 时，则有

$$\frac{\|\delta\boldsymbol{x}\|}{\|\boldsymbol{x}\|}\leqslant\frac{\operatorname{cond}(\boldsymbol{A})}{1-\operatorname{cond}(\boldsymbol{A})\dfrac{\|\delta\boldsymbol{A}\|}{\|\boldsymbol{A}\|}}\left(\frac{\|\delta\boldsymbol{b}\|}{\|\boldsymbol{b}\|}+\frac{\|\delta\boldsymbol{A}\|}{\|\boldsymbol{A}\|}\right)。$$

其中，$\operatorname{cond}(\boldsymbol{A})=\|\boldsymbol{A}^{-1}\|\cdot\|\boldsymbol{A}\|$ 称为矩阵 $\boldsymbol{A}$ 的条件数，$\|\cdot\|$ 是矩阵的算子范数。

由定理 2.1 可见，$\boldsymbol{A}$ 的条件数反映了方程组的解受输入数据扰动的影响程度，即方程组的病态程度。$\boldsymbol{A}$ 的条件数只与系数矩阵 $\boldsymbol{A}$ 有关，而与求解方程组 $\boldsymbol{Ax}=\boldsymbol{b}$ 的算法无关，若所解的方程组是病态的，则不管用什么算法，方程组的解对于输入数据都是敏感的。

定理 2.2 设 $\boldsymbol{Ax}=\boldsymbol{b},\boldsymbol{b}\neq\boldsymbol{0},\boldsymbol{A}$ 非奇异，$\boldsymbol{x}$ 是方程的近似精确解，$\boldsymbol{x}^*$ 是方程的近似解，$\boldsymbol{r}=\boldsymbol{b}-\boldsymbol{Ax}^*$（称 $\boldsymbol{r}$ 为残余或剩余向量），则有

$$\frac{1}{\operatorname{cond}(\boldsymbol{A})}\cdot\frac{\|\boldsymbol{r}\|}{\|\boldsymbol{b}\|}\leqslant\frac{\|\boldsymbol{x}-\boldsymbol{x}^*\|}{\|\boldsymbol{x}\|}\leqslant\operatorname{cond}(\boldsymbol{A})\cdot\frac{\|\boldsymbol{r}\|}{\|\boldsymbol{b}\|}。$$

定理 2.2 表明，$\operatorname{cond}(\boldsymbol{A})\approx1$ 时，剩余向量 $\boldsymbol{r}$ 的相对误差是解的相对误差 $\dfrac{\|\boldsymbol{x}-\boldsymbol{x}^*\|}{\|\boldsymbol{x}\|}$ 的很好的度量。若 $\boldsymbol{Ax}=\boldsymbol{b}$ 是病态方程组，由于 $\operatorname{cond}(\boldsymbol{A})$ 相对很大，因此即使 $\boldsymbol{r}$ 相对误差很小，近似解的相对误差也可能很大。

```
>>H=hilb(6)                %6 阶 Hilbert 矩阵;
```

得

$$\boldsymbol{H}=\begin{bmatrix}1&\frac{1}{2}&\frac{1}{3}&\frac{1}{4}&\frac{1}{5}&\frac{1}{6}\\\frac{1}{2}&\frac{1}{3}&\frac{1}{4}&\frac{1}{5}&\frac{1}{6}&\frac{1}{7}\\\frac{1}{3}&\frac{1}{4}&\frac{1}{5}&\frac{1}{6}&\frac{1}{7}&\frac{1}{8}\\\frac{1}{4}&\frac{1}{5}&\frac{1}{6}&\frac{1}{7}&\frac{1}{8}&\frac{1}{9}\\\frac{1}{5}&\frac{1}{6}&\frac{1}{7}&\frac{1}{8}&\frac{1}{9}&\frac{1}{10}\\\frac{1}{6}&\frac{1}{7}&\frac{1}{8}&\frac{1}{9}&\frac{1}{10}&\frac{1}{11}\end{bmatrix}$$

例 2.13 求解方程 $\boldsymbol{Hx}=\boldsymbol{b}$,其中 $\boldsymbol{b}=[1,1,2,0,-3,5]^{\mathrm{T}}$。

解 先求其精确解 $\boldsymbol{x}$。

```
>>H=hilb(6);
b=[1,1,2,0,-3,5]';
x=Gausselimpiv(H,b)
```

屏幕显示结果:

```
x=-30414
  914970
  -6402480
  17050320
  -19150740
  7647948
```

用 5 位浮点数写出 $\boldsymbol{H}$ 的近似值 $\boldsymbol{H}_1$,并求出 $\boldsymbol{H}_1\boldsymbol{x}=\boldsymbol{b}$ 的解。

$$\boldsymbol{H}_1=\begin{bmatrix} 1 & 0.50000 & 0.33333 & 0.25000 & 0.20000 & 0.16667 \\ 0.50000 & 0.33333 & 0.25000 & 0.20000 & 0.16667 & 0.14286 \\ 0.33333 & 0.25000 & 0.20000 & 0.16667 & 0.14286 & 0.12500 \\ 0.25000 & 0.20000 & 0.16667 & 0.14286 & 0.12500 & 0.11111 \\ 0.20000 & 0.16667 & 0.14286 & 0.12500 & 0.11111 & 0.10000 \\ 0.16667 & 0.14286 & 0.12500 & 0.11111 & 0.10000 & 0.090909 \end{bmatrix}$$

调用 x1=Gausselimpiv(H1,b),屏幕显示结果:

```
x1=-65174/3
   685219
   -5157362
   14599215
   -17208109
   7140083
```

$\boldsymbol{H}$ 的条件数(依赖于所取的矩阵范数)为 29070279,是一个病态矩阵。解 $\boldsymbol{x}$ 与 $\boldsymbol{x}_1$ 有很大的差别,其相对误差为(依赖于所取的向量范数):wucha1=norm($\boldsymbol{x}-\boldsymbol{x}_1$,1)/norm($\boldsymbol{x}$,1)=221/1772≈0.1247。如果将上述运算改用 8 位浮点数进行计算。

```
H2= [    1,  0.50000000,  0.33333333,  0.25000000,  0.20000000, 0.16666667;
0.50000000,  0.33333333,  0.25000000,  0.20000000,  0.16666667, 0.14285714;
0.33333333,  0.25000000,  0.20000000,  0.16666667,  0.14285714, 0.12500000;
0.25000000,  0.20000000,  0.16666667,  0.14285714,  0.12500000, 0.11111111;
0.20000000,  0.16666667,  0.14285714,  0.12500000,  0.11111111, 0.10000000;
0.16666667,  0.14285714,  0.12500000,  0.11111111,  0.10000000, 0.90909091e-1];
```

调用 x2=Gausselimpiv(H2,b),则

```
x2=-446291/14
   955500
```

```
-6671473
17740690
-19905239
7942970
```

比较知 x_2 比 x_1 更接近 x，其相对误差为：wucha2＝norm($x-x_2$,1)/norm(x,1)＝519/12956≈0.0401。

可见病态方程组的解对系数矩阵的扰动非常敏感，对这种情况通常的处理方法一是增加计算的有效位数，二是采用迭代改善的办法，它们是改善解的精度的有效办法。

2.9.2 迭代改善

1. 功能

改进已知近似解的精度，主要用于病态方程组。

2. 计算方法

(1) 用 Gauss 消去法或 LU 分解法求解 $\boldsymbol{Ax}=\boldsymbol{b}$，得近似解 $\boldsymbol{x}^{(1)}$。

(2) 计算剩余向量 $\boldsymbol{r}=\boldsymbol{b}-\boldsymbol{Ax}^{(1)}$，求解 $\boldsymbol{Ay}=\boldsymbol{r}$，得近似解 $\boldsymbol{y}^*$。

(3) 计算 $\boldsymbol{x}^{(2)}=\boldsymbol{x}^{(1)}+\boldsymbol{y}^*$，令 $\boldsymbol{x}^{(1)}=\boldsymbol{x}^{(2)}$，转至(2)重复这个过程直到满足条件：$\|\boldsymbol{x}^{(2)}-\boldsymbol{x}^{(1)}\|<\varepsilon$，其中 ε 是指定的精度，$\|\cdot\|$ 是向量范数。

3. 使用说明

```
[x,k]=Iteratepro(A,b,epsi)
```

第一个参数 **A** 为方程组的系数矩阵，第二个参数方程组的常数向量，第三个参数 epsi 是指定的精度，如果不输入 epsi，默认 epsi＝10^{-6}。执行后返回改善后的近似解和迭代次数。

4. MATLAB 程序

```
function X=Iteratepro(A,b,epsi)
if nargin==2
    epsi=10^(-6);
end
disp('用 Gauss 选主元消去法求解 Ax=b,得初始近似解为')
dg=digits;
x1=Gausselimpiv(A,b)
digits(2*dg);
r=(b-A*x1);
x2=Gausselimpiv(A,r);
x2=x1+x2;
k=1;
fanshu=norm(x2-x1);
while fanshu>=epsi|k<2000
    x1=x2;
    r=(b-A*x1);
    x2=Gausselimpiv(A,r);
```

```
        x2=x1+x2;
        fanshu=norm(x2-x1);
        k=k+1;
    end
    disp('经过迭代改善后方程组的近似解 x2 和迭代次数 k 分别为')
    x=x2;
    end
```

5 阶 Hilbert 矩阵 $H=\begin{bmatrix}1&\frac{1}{2}&\frac{1}{3}&\frac{1}{4}&\frac{1}{5}\\ \frac{1}{2}&\frac{1}{3}&\frac{1}{4}&\frac{1}{5}&\frac{1}{6}\\ \frac{1}{3}&\frac{1}{4}&\frac{1}{5}&\frac{1}{6}&\frac{1}{7}\\ \frac{1}{4}&\frac{1}{5}&\frac{1}{6}&\frac{1}{7}&\frac{1}{8}\\ \frac{1}{5}&\frac{1}{6}&\frac{1}{7}&\frac{1}{8}&\frac{1}{9}\end{bmatrix}$，$b=\begin{bmatrix}1\\1\\1\\1\\1\end{bmatrix}$，$H$ 的条件数为 943656，这是一个病态矩阵。方程组 $Hx=b$ 的精确解是：$x5\_accu=[5,-120,630,-1120,630]^T$。

例 2.14 用 5 位浮点数计算 H 得 H_1，并求解方程 $H_1x=b$ 的近似解，然后进行迭代改善，指定精度 $\varepsilon=0.01$。

解 建立如下脚本文件，并存为 ex2_14.m。

```
H1=[      1,0.50000,0.33333,0.25000,0.20000;
     0.50000,0.33333,0.25000,0.20000,0.16667;
     0.33333,0.25000,0.20000,0.16667,0.14286;
     0.25000,0.20000,0.16667,0.14286,0.12500;
     0.20000,0.16667,0.14286,0.12500,0.11111];       %用 5 位浮点数写出 H 的近似值 H1;
b=[1,1,1,1,1]';
[x2,k]=Iteratepro(H1,b,0.01)                          %进行迭代改善
H2=[          1,0.50000000,0.33333333,0.25000000,0.20000000;
     0.50000000,0.33333333,0.25000000,0.20000000,0.16666667;
     0.33333333,0.25000000,0.20000000,0.16666667,0.14285714;
     0.25000000,0.20000000,0.16666667,0.14285714,0.12500000;
     0.20000000,0.16666667,0.14285714,0.12500000,0.11111111];
%用 8 位浮点数写出 H 的近似值 H2
x3=Gausselimpiv(H2,b)                                 %直接用 Gauss 选主元消去法求解
```

调用 ex2_14.m，屏幕显示结果：

```
>>ex2_14
```

用 Gauss 选主元消去法求解 $Ax=b$，得初始近似解为

```
x1=1.0e+003 *
    0.00598694030869
   -0.13305227095807
```

```
    0.67300191413457
    -1.17175676835062
    0.65073329609763
```

经过迭代改善后方程组的近似解和迭代次数 k 分别为

```
x2=1.0e+003 *
    0.00598694030869
    -0.13305227095798
    0.67300191413414
    -1.17175676834996
    0.65073329609730
k=1
x3=1.0e+003 *
      0.00501590528856
    -0.12029705868965
    0.63128001015400
    -1.12193181423593
    0.63094454834089
```

比较 $\boldsymbol{x}_1$ 与 $\boldsymbol{x}_2$ 可知，它们的差别很小，但是它们与精确解 $\boldsymbol{x}$ 的差别很大。这是由于MATLAB的内部运算精度较高(默认 digits=32)，所以这种采用双精度的改善方法意义不大。当取 $\boldsymbol{H}$ 的 8 位精度的近似值 $\boldsymbol{H}_2$ 求解时，发现求得的解 $\boldsymbol{x}_3$ 与精确解 $\boldsymbol{x}$ 的差别很小，可见病态方程组的解对系数矩阵的扰动非常敏感。

2.10 Jacobi 迭代法

1. 功能

求方程组 $\boldsymbol{Ax}=\boldsymbol{b}$ 的近似解。

2. 计算方法

设 $\boldsymbol{A}=(a_{ij})$，$\boldsymbol{A}=\boldsymbol{D}-\boldsymbol{L}-\boldsymbol{U}$，其中 $\boldsymbol{D}$ 是 $\boldsymbol{A}$ 的对角线部分，$-\boldsymbol{L}$，$-\boldsymbol{U}$ 分别为 $\boldsymbol{A}$ 的严格下、上三角部分。Jacobi 迭代法的迭代格式为：$\boldsymbol{x}^{(k)}=\boldsymbol{M}_J\boldsymbol{x}^{(k-1)}+\boldsymbol{b}_J$，$k=1,2,\cdots$，其中，$\boldsymbol{M}_J=\boldsymbol{D}^{-1}(\boldsymbol{L}+\boldsymbol{U})$，$\boldsymbol{b}_J=\boldsymbol{D}^{-1}\boldsymbol{b}$。其分量形式为

$$x_i^{(k)}=\left(b_i-\sum_{j\neq i}^{n}a_{ij}x_j^{(k-1)}\right)\Big/a_{ii},\quad i=1,2,\cdots,n;\ k=1,2,\cdots。$$

注：算法要求每个 $a_{ii}(i=1,2,\cdots,n)$ 不能为 0，如果某个 $a_{ii}=0$，且 $\boldsymbol{A}$ 是非奇异的，则可重排方程的次序使得所有 a_{ii} 都不为 0。为加速收敛，可重排方程的次序使得 a_{ii} 尽可能大。

3. 使用说明

```
Jacobiiter(A,b,x0,tol)
```

第一个参数 $\boldsymbol{A}$ 是方程组的系数矩阵，第二个参数 $\boldsymbol{b}$ 是方程组的常数向量(列向量)，第三个参数 $\boldsymbol{x}^{(0)}$ 是初始向量(列向量)，第四个参数 tol 是指定的精度要求(即 $\|\boldsymbol{x}^{(k)}-\boldsymbol{x}^{(k-1)}\|/\|\boldsymbol{x}^{(k)}\|<\text{tol}$)，如果不输入 tol，则默认 $\text{tol}=10^{-6}$。执行后返回近似解和迭代次数。

4. MATLAB 程序

```
function X=Jacobiiter(A,b,X0,tol)
if nargin==3
    tol=1.0e-6;
elseif nargin<3
    error
    return
end
D=diag(diag(A)); D=inv(D);
L=tril(A,-1);
U=triu(A,1);
B=-D*(L+U); f=D*b;
X=B*X0+f;
k=1;
while(norm(X-X0)>=tol)&(k<=1000)
    X0=X;
    X=B*X0+f;
    k=k+1;
end
disp('迭代次数为')
k
disp('方程组的近似解为')
```

例 2.15 用 Jacobi 迭代法求解方程组 $\boldsymbol{Ax}=\boldsymbol{b}$，其中 $\boldsymbol{A}=\begin{bmatrix}10 & 2 & 6\\ 4 & 8 & -1\\ -2 & 3 & 5\end{bmatrix}$，$\boldsymbol{b}=\begin{bmatrix}1\\1\\2\end{bmatrix}$，取 $\boldsymbol{x}_0=[0,0,0]$。

解 建立如下脚本文件，并存为 ex2_15.m。

```
A=[10,2,6; 4,8,-1;-2,3,5];
b=[1,1,2]';
x0=[0,0,0]';
x=Gausselimpiv(A,b)                    %精确解;
x1=Jacobiiter(A,b,x0,0.001)            %tol=0.001时的近似解
x2=Jacobiiter(A,b,x0,0.000001)         %tol=0.000001时的近似解
```

调用 ex2_15.m，屏幕显示结果：

```
>>ex2_15
x=-0.0871886120996442
   0.199288256227758
   0.245551601423488
迭代次数为 k=15
方程组的近似解为
x1=-0.0869960779442221
    0.199421819228543
```

```
    0.245092512195049。
迭代次数为 k=31
方程组的近似解为
x2=-0.0871882790652822
    0.199288205223849
    0.24555131664757
```

2.11 Gauss-Seidel 迭代法

1. 功能

求方程组 $\boldsymbol{Ax}=\boldsymbol{b}$ 的近似解。

2. 计算方法

设 $\boldsymbol{A}=(a_{ij})$，$\boldsymbol{A}=\boldsymbol{D}-\boldsymbol{L}-\boldsymbol{U}$，其中 $\boldsymbol{D}$ 是 $\boldsymbol{A}$ 的对角线部分，$-\boldsymbol{L}$，$-\boldsymbol{U}$ 分别为 $\boldsymbol{A}$ 的严格下、上三角部分。Gauss-Seidel 迭代法的迭代格式为：$\boldsymbol{x}^{(k)}=M_G\boldsymbol{x}^{(k-1)}+\boldsymbol{b}_G$，$k=1,2,\cdots$，其中，$\boldsymbol{M}_G=(\boldsymbol{D}-\boldsymbol{L})^{-1}\boldsymbol{U}$，$\boldsymbol{b}_G=(\boldsymbol{D}-\boldsymbol{L})^{-1}\boldsymbol{b}$。其分量形式为

$$x_i^{(k)}=\left(b_i-\sum_{j=1}^{i-1}a_{ij}x_j^{(k)}-\sum_{j=i+1}^{n}a_{ij}x_j^{(k-1)}\right)\Big/a_{ii},\quad i=1,2,\cdots,n;\ k=1,2,\cdots。$$

3. 使用说明

```
Gaussdel(A,b,x0,tol)
```

第一个参数 $\boldsymbol{A}$ 是方程组的系数矩阵，第二个参数 $\boldsymbol{b}$ 是方程组的常数向量(列向量)，第三个参数 $\boldsymbol{x}^{(0)}$ 是初始向量(列向量)，第四个参数 tol 是指定的精度要求(即 $\|\boldsymbol{x}^{(k)}-\boldsymbol{x}^{(k-1)}\|/\|\boldsymbol{x}^{(k)}\|<\text{tol}$)，如果不输入 tol，则默认 $\text{tol}=10^{-6}$。执行后返回近似解和迭代次数。

4. MATLAB 程序

```
function s=Gaussdel(a,b,x0,tol)
if nargin==3
    tol=1.0e-6;
elseif nargin<3
    error
    return
end
D=diag(diag(a));
L=tril(a,-1);
U=triu(a,1);
C=inv(D+L);
B=-C*U;
f=C*b;
s=B*x0+f;
n=0;
while norm(s-x0)>=tol
    x0=s;
    s=B*x0+f;
```

```
    n=n+1;
end
disp('迭代次数为')
n
disp('方程组的近似解为')
```

例 2.16 用 Gauss-Seidel 迭代法求解例 2.15 中的方程组 $\boldsymbol{Ax}=\boldsymbol{b}$。

解 建立如下脚本文件,并存为 ex2_16.m。

```
A=[10,2,6; 4,8,-1;-2,3,5];
b=[1,1,2]';
x0=[0,0,0]';
Gaussdel(A,b,x0)
```

调用 ex2_16.m,屏幕显示结果:

```
迭代次数为 n=14
方程组的近似解为
ans=-0.0871884666791404
     0.19928814006203
     0.245551729291126
```

例 2.17 用 Jacobi 迭代法、Gauss-Seidel 迭代法求解方程组 $\boldsymbol{Ax}=\boldsymbol{b}$。$\boldsymbol{A},\boldsymbol{b}$ 及初始值如下。

$$\boldsymbol{A}=\begin{bmatrix}10 & 3 & 4 & 5\\ 2 & 24 & 7 & 4\\ 2 & 2 & 34 & 3\\ 2 & 5 & 2 & 12\end{bmatrix},\quad \boldsymbol{b}=\begin{bmatrix}22\\32\\41\\18\end{bmatrix},\quad \boldsymbol{x}_0=\begin{bmatrix}1\\23\\4\\50\end{bmatrix}。$$

解 取 tol$=10^{-8}$,建立如下脚本文件,并存为 ex2_17.m。

```
A=[10,3,4,5; 2,24,7,4; 2,2,34,3; 2,5,2,12];
b=[22,32,41,18]';
x0=[1,23,4,50]';
tol=10^(-8);
x_ja=Jacobiiter(A,b,x0,tol)
x_ga=Gaussdel(A,b,x0,tol)
```

调用 ex2_17.m,屏幕显示结果:

```
迭代次数为 k=44
方程组的近似解为
x_ja=1.14880105994867
     0.80632282947739
     1.02006138233917
     0.802555082834867
迭代次数为 n=12
方程组的近似解为
x_ga=1.1488010574993
```

```
0.80632282826345
1.02006138183752
0.802555081667427
```

与 Jacobi 迭代法相比，Gauss-Seidel 迭代法收敛到精确解的速度更快些。

例 2.18 用 Jacobi 迭代法、Gauss-Seidel 迭代法求解方程组 $\boldsymbol{Ax}=\boldsymbol{b}$。$\boldsymbol{A},\boldsymbol{b}$ 及初始值如下：

$$\boldsymbol{A}=\begin{bmatrix}1 & 0.5 & 0.5\\ 0.5 & 1 & 0.5\\ 0.5 & 0.5 & 1\end{bmatrix},\quad \boldsymbol{b}=\begin{bmatrix}2\\1\\6\end{bmatrix},\quad \boldsymbol{x}_0=\begin{bmatrix}0\\0\\0\end{bmatrix}。$$

解 建立如下脚本文件，并存为 ex2_18.m。

```
A=[1,0.5,0.5; 0.5,1,0.5; 0.5,0.5,1];
b=[2,1,6]';
x0=[0,0,0]';
xx=Gausselimpiv(A,b)            %用高斯列主元素消去法求解，理论上的精确解
x_j=Jacobiiter(A,b,x0)
x_g=Gaussdel(A,b,x0)
```

调用 ex2_18.m，屏幕显示结果：

```
xx=-0.5  -2.5  7.5
迭代次数为 k=2001
方程组的近似解为
x_j=1  -1   9
迭代次数为 n=16
方程组的近似解为
x_g=-0.500000271020397  -2.49999982145841  7.5000000462394
```

与精确解比较知，x_j 是一个错误的结果，说明 Jacobi 迭代法是发散的，而 Gauss-Seidel 迭代法收敛。通过例 2.16，例 2.17，例 2.18 可见，Gauss-Seidel 迭代法优于 Jacobi 迭代法，这几乎总是正确的，但存在这样的方程组，使得 Jacobi 迭代法收敛，而 Gauss-Seidel 迭代法发散。

例 2.19 用 Jacobi 迭代法、Gauss-Seidel 迭代法求解方程组 $\boldsymbol{Ax}=\boldsymbol{b}$。$\boldsymbol{A},\boldsymbol{b}$ 及初始值如下：

$$\boldsymbol{A}=\begin{bmatrix}1 & 2 & -2\\ 1 & 1 & 1\\ 2 & 2 & 1\end{bmatrix},\quad \boldsymbol{b}=\begin{bmatrix}-9\\7\\8\end{bmatrix},\quad \boldsymbol{x}_0:=\begin{bmatrix}0\\0\\0\end{bmatrix}。$$

解 建立如下脚本文件，并存为 ex2_19.m。

```
A=[1,2,-2; 1,1,1;2,2,1];
b=[-9,7,8]';
x0=[0,0,0]';
x_j=Jacobiiter(A,b,x0)
x_g=Gaussdel(A,b,x0)
```

调用 ex2_19.m,屏幕显示结果:

```
迭代次数为 k=4
方程组的近似解为
x_j=-1  2  6
迭代次数为 n=1011
方程组的近似解为
x_g=NaN  NaN  NaN
```

验证知,经过 4 次迭代,Jacobi 迭代法得到了精确解。但是,Gauss-Seidel 迭代法是发散的。

2.12 松弛迭代法

1. 功能

求方程组 $\boldsymbol{Ax}=\boldsymbol{b}$ 的近似解。

2. 计算方法

设 $\boldsymbol{A}=(a_{ij})$,$\boldsymbol{A}=\boldsymbol{D}-\boldsymbol{L}-\boldsymbol{U}$,其中 $\boldsymbol{D}$ 是 $\boldsymbol{A}$ 的对角线部分,$-\boldsymbol{L}$,$-\boldsymbol{U}$ 分别为 $\boldsymbol{A}$ 的严格下、上三角部分。松弛迭代法的迭代格式为:$\boldsymbol{x}^{(k)}=\boldsymbol{M}_S\boldsymbol{x}^{(k-1)}+\boldsymbol{b}_S$,$k=1,2,\cdots$,其中,$\boldsymbol{M}_S=(\boldsymbol{D}-\omega\boldsymbol{L})^{-1}((1-\omega)\boldsymbol{D}+\omega\boldsymbol{U})$,$\boldsymbol{b}_S=\omega(\boldsymbol{D}-\omega\boldsymbol{L})^{-1}\boldsymbol{b}$。其分量形式为

$$x_i^{(k)}=x_i^{(k-1)}+\omega\Big(b_i-\sum_{j=1}^{i-1}a_{ij}x_j^{(k)}-\sum_{j=i}^{n}a_{ij}x_j^{(k-1)}\Big)\Big/a_{ii},\quad i=1,2,\cdots,n;\ k=1,2,\cdots。$$

$\omega=1$ 时,就是 Gauss-Seidel 迭代法。

注:这种方法称为松弛迭代法,简记为 SOR 法,ω 为松弛因子,当 $0<\omega<1$ 时,称为低松弛迭代法;当 $\omega>1$ 时,称为超松弛迭代法。

3. 使用说明

```
SOR(A,b,x0,ω,ep)
```

第一个参数 $\boldsymbol{A}$ 是方程组的系数矩阵,第二个参数 $\boldsymbol{b}$ 是方程组的常数向量,第三个参数 $\boldsymbol{x}^{(0)}$ 是初始向量,第四个参数 ω 是松弛因子($0<\omega<2$),第五个参数 ep 是指定的精度要求(即 $\|\boldsymbol{x}^{(k)}-\boldsymbol{x}^{(k-1)}\|/\|\boldsymbol{x}^{(k)}\|<$ep),如果不输入 ep,则默认 ep$=10^{-6}$。执行后返回近似解和迭代次数。

4. MATLAB 程序

```
function s=SOR(A,b,x0,w,ep)
if nargin==4
    ep=1.0e-6;
elseif nargin<4
    error
  return
end
n=1;
D=diag(diag(A));
L=-tril(A,-1);
```

```
U=-triu(A,1);
C=inv(D-w*L);
B=C*[(1-w)*D+w*U];
f=w*C*b;
s=B* x0+f;
while norm(s-x0)>=ep
    x0=s;
    s=B*x0+f;
    n=n+1;
end
disp('迭代次数为')
n
disp('方程组的近似解为')
```

例 2.20 用松弛迭代法求解例 2.19 中的方程组 $\boldsymbol{Ax}=\boldsymbol{b}$。

解 分别取 $\omega=0.2,0.46,0.6$。

建立如下脚本文件,并存为 ex2_20.m。

```
A=[1,2,-2; 1,1,1; 2,2,1];
b=[-9,7,8]';
x0=[0,0,0]';
x_02=SOR(A,b,x0,0.2)
x_046=SOR(A,b,x0,0.46)
x_06=SOR(A,b,x0,0.6)
```

调用 ex2_20.m,屏幕显示结果:

```
>>ex2_20
迭代次数为 n=181
方程组的近似解为
x_02=-0.99999851943361
      1.99999898995890
      6.00000094668992
迭代次数为 n=751
方程组的近似解为
x_046=-1.00000712491570
       2.00000528223479
       6.00000298327589
迭代次数为 n=6573
方程组的近似解为
x_06=-Inf
      Inf
      Inf
```

例 2.21 用松弛迭代法求解方程组 $\boldsymbol{Ax}=\boldsymbol{b}$。$\boldsymbol{A}$,$\boldsymbol{b}$ 及初始值 $\boldsymbol{x}_0$ 如下。

$$\boldsymbol{A}=\begin{bmatrix}4 & 3 & 0\\ 3 & 4 & -1\\ 0 & -1 & 4\end{bmatrix},\quad \boldsymbol{b}=\begin{bmatrix}-1\\ -2\\ 11\end{bmatrix},\quad \boldsymbol{x}_0=\begin{bmatrix}1\\ 1\\ 1\end{bmatrix}。$$

解 方程组的精确解为$(-1,1,3)^{T}$。建立如下脚本文件，并存为 ex2_21.m。

```
A=[4,3,0; 3,4,-1;0,-1,4];
b=[-1,-2,11]';
x0=[1,1,1]';
tol=10^(-7);
x_08=SOR(A,b,x0,0.8,tol)
x_1=SOR(A,b,x0,1,tol)
x_13=SOR(A,b,x0,1.3,tol)
```

调用 ex2_21.m，屏幕显示结果：

```
>>ex2_21
迭代次数为 n=53
方程组的近似解为
x_08=-0.99999981206761
      0.99999982885306
      2.99999995324179
迭代次数为 n=34
方程组的近似解为
x_1=-0.99999988979740
     0.99999990816450
     2.99999997704113
迭代次数为 n=16
方程组的近似解为
x_13=-0.99999999301524
      1.00000000136597
      2.99999999167214
```

取同样的精度 $tol=10^{-7}$，表 2.1 给出了迭代次数 N 与松弛因子 ω 的关系。可见最佳松弛因子 $\omega=1.3$。

表 2.1 SOR 法迭代次数 N 与松弛因子ω 的关系

ω	0.3	0.4	0.5	0.6	0.7	0.8	0.9	1	1.1	1.2	1.3	1.4	1.5	1.6	1.7
N	190	137	105	82	66	53	43	34	27	19	16	20	27	36	50

由例 2.20，例 2.21 可以看出，SOR 法既可以改善 Gauss-Seidel 迭代法不收敛的例子，又可以加速收敛性。松弛因子对收敛性或收敛速度影响极大，使用 SOR 法的关键是选取合适的松弛因子。SOR 法是求解大型稀疏方程组的一种有效方法，实用中通常采用试算的方法选取最佳松弛因子，即从同一初始向量出发，取两个不同的松弛因子，迭代相同的次数，比较剩余向量 $\boldsymbol{r}^{(k)}=\boldsymbol{b}-\boldsymbol{A}\boldsymbol{x}^{(k)}$ 的范数，舍弃使 $\boldsymbol{r}^{(k)}$ 较大的松弛因子。此方法虽简单，但往往有效。

2.13 迭代法的收敛性分析

将方程 $\boldsymbol{A}\boldsymbol{x}=\boldsymbol{b}$ 等价地转化为 $\boldsymbol{x}=\boldsymbol{M}\boldsymbol{x}+\boldsymbol{f}$，其迭代形式为

$$x^{(k+1)} = Mx^{(k)} + f, \tag{2.1}$$

称之为一步定长迭代法。若$\lim\limits_{k\to\infty} x^{(k)} = x^*$，则 $x^* = Mx^* + f$，从而 $Ax^* = b$。由此可见，如果迭代法收敛，则一定收敛到原方程组的解。

定理 2.3　迭代格式(2.1)对任意初始向量 $x^{(0)}$ 都收敛的充要条件是$\lim\limits_{k\to\infty} M^{(k)} = 0$。

设矩阵 A 是 n 阶实矩阵，其特征值为 $\lambda_1, \lambda_2, \cdots, \lambda_n$，则称 $\rho(A) = \max\limits_{1\leqslant k\leqslant n} |\lambda_k|$ 为 A 的谱半径。

定理 2.4　迭代格式(2.1)对任意初始向量 $x^{(0)}$ 都收敛的充要条件是迭代矩阵 M 的谱半径 $\rho(M) < 1$。

定理 2.5　若迭代格式(2.1)中迭代矩阵 M 的 1，2 或∞范数 $\|M\| < 1$，则对任意初始向量 $x^{(0)}$，迭代格式(1)都收敛到原方程组的解 x^*，且有下列误差估计式

$$\|x^{(k)} - x^*\| \leqslant \frac{\|M\|}{1 - \|M\|} \|x^{(k)} - x^{(k-1)}\|, \tag{2.2}$$

$$\|x^{(k)} - x^*\| \leqslant \frac{\|M\|^k}{1 - \|M\|} \|x^{(1)} - x^{(0)}\|。 \tag{2.3}$$

由定理 2.5 可见，当 $\|x^{(k)} - x^{(k-1)}\| < \varepsilon$ 时，则有 $\|x^{(k)} - x^*\| \leqslant \frac{\|M\|}{1 - \|M\|}\varepsilon$。当 $\|M\| \ll 1$ 时，常用 $\|x^{(k)} - x^{(k-1)}\| < \varepsilon$ 作为控制迭代终止的条件。若 $\|M\| \approx 1$($\|M\| < 1$)，尽管收敛，但收敛速度可能很慢。迭代法的收敛性与初始向量无关，但初始向量的选取会直接影响计算量。显然初始向量越接近方程组的准确解，计算量越小。另一方面，$\|M\|$ ($\rho(M)$)越小，$\{x^{(k)}\}$收敛越快。

定理 2.5 的条件是充分条件而非必要条件，见例 2.22。

例 2.22　设矩阵 $A = \begin{pmatrix} 1 & -1 & 0 \\ -0.25 & 1 & -0.5 \\ 0 & -0.5 & 1 \end{pmatrix}$，$b = \begin{pmatrix} 0.1 \\ 0.2 \\ 0.3 \end{pmatrix}$，则方程组 $Ax = b$ 的 Jacobi 迭代法和 Gauss-Seidel 迭代法都收敛。但其迭代矩阵 M_J，M_G 都不满足定理 2.5 的条件。

解　建立矩阵 A，求 Jacobi 迭代法和 Gauss-Seidel 迭代法的迭代矩阵 M_J，M_G，并分别计算它们的 1，2，∞ 范数和谱半径，具体计算过程见如下脚本文件 ex2_22.m。

```
A=[1 ,-1,0;-1/4,1,-1/2; 0,-1/2,1];
b=[0.1,0.2,0.3];
L=-tril(A,-1);
U=-triu(A,1);
DD=diag(diag(A));
MJ=DD*(L+U)
WJ=eig(MJ)                        %计算 MJ 的特征值
rho_MJ=max(abs(WJ))               %计算 MJ 的谱半径
norm1_MJ=norm(MJ,1)               %计算 MJ 的 1 范数‖MJ‖1
norm2_MJ=norm(MJ,2)               %计算 MJ 的 2 范数‖MJ‖2
norminf_MJ=norm(MJ,inf)           %计算 MJ 的无穷范数‖MJ‖inf
MG=inv(DD-L)*U
WG=eig(MG)                        %计算 MG 的特征值
rho_Mg=max(abs(WG))               %计算 MG 的谱半径
norm1_MG=norm(MG,1)               %计算 MG 的 1 范数‖MG‖1
```

```
norm2_MG=norm(MG,2)                  %计算 MG 的 2 范数‖MG‖2
norminf_MG=norm(MG,inf)              %计算 MG 的无穷范数
```

调用 ex2_21.m，屏幕显示结果：

```
>>ex2_22
MJ=    0  1.0000      0
   0.2500       0  0.5000
        0  0.5000      0
WJ=0.7071
   -0.0000
   -0.7071
rho_MJ=0.7071
norm1_MJ=1.5000
norm2_MJ=1.1180
norminf_MJ=1
MG=0  1.0000       0
   0  0.2500  0.5000
   0  0.1250  0.2500
WG=  0
   0.5000
     0
rho_Mg=0.5000
norm1_MG=1.3750
norm2_MG=1.0530
norminf_MG=1
```

故由定理 2.4 即得所求结论。

定义 2.2 设 $\boldsymbol{A}\in\mathbb{R}^{n\times n}$，若存在置换矩阵 $\boldsymbol{P}\in\mathbb{R}^{n\times n}$ 使得

$$\boldsymbol{PAP}^{\mathrm{T}}=\begin{bmatrix}\boldsymbol{F} & \boldsymbol{G}\\ \boldsymbol{0} & \boldsymbol{H}\end{bmatrix},$$

其中，$\boldsymbol{F}$，$\boldsymbol{H}$ 都是方阵，$\boldsymbol{0}$ 表示零矩阵，则称 $\boldsymbol{A}$ 是可约的，否则称 $\boldsymbol{A}$ 为不可约的。

$$例如，\boldsymbol{A}=\begin{bmatrix}6 & 4 & 1 & 3\\ 0 & 1 & 0 & 2\\ 3 & 2 & 2 & 4\\ 0 & -2 & 0 & 8\end{bmatrix},\ \boldsymbol{P}_{23}=\begin{bmatrix}1 & 0 & 0 & 0\\ 0 & 0 & 1 & 0\\ 0 & 1 & 0 & 0\\ 0 & 0 & 0 & 1\end{bmatrix}。$$

交换 $\boldsymbol{A}$ 的二、三行，同时将得到的矩阵的二、三列进行交换，则有

$$\boldsymbol{A}\xrightarrow{r_2\leftrightarrow r_3}\begin{bmatrix}6 & 4 & 1 & 3\\ 3 & 2 & 2 & 4\\ 0 & 1 & 0 & 2\\ 0 & -2 & 0 & 8\end{bmatrix}\xrightarrow{C_2\leftrightarrow C_3}\begin{bmatrix}6 & 1 & 4 & 3\\ 3 & 2 & 2 & 4\\ 0 & 0 & 1 & 2\\ 0 & 0 & -2 & 8\end{bmatrix},$$

即有 $\boldsymbol{P}_{23}\boldsymbol{AP}_{23}^{\mathrm{T}}=\begin{bmatrix}6 & 1 & 4 & 3\\ 3 & 2 & 2 & 4\\ 0 & 0 & 1 & 2\\ 0 & 0 & -2 & 8\end{bmatrix}$，所以 $\boldsymbol{A}$ 是可约的。

定义 2.3 设 $\boldsymbol{A}=(a_{ij})\in\mathbb{R}^{n\times n}$,若

$$\sum_{\substack{j=1\\j\neq i}}^{n}|a_{ij}|\leqslant|a_{ii}|\quad(i=1,2,\cdots,n),\tag{2.4}$$

则称 $\boldsymbol{A}$ 按行对角占优;若上式都为严格不等式,则称 $\boldsymbol{A}$ 按行严格对角占优。

若

$$\sum_{\substack{i=1\\i\neq j}}^{n}|a_{ij}|\leqslant|a_{jj}|\quad(j=1,2,\cdots,n),\tag{2.5}$$

则称 $\boldsymbol{A}$ 按列对角占优;若上式都为严格不等式,则称 $\boldsymbol{A}$ 按列严格对角占优。

若矩阵 $\boldsymbol{A}$ 按行(列)对角占优,且(2.4)式(或(2.5)式)中至少有一个是严格不等式,则称 $\boldsymbol{A}$ 按行(列)弱对角占优。

定理 2.6 设方程组 $\boldsymbol{Ax}=\boldsymbol{b}$ 的系数矩阵 $\boldsymbol{A}$ 满足下列条件之一:

① 按行(列)严格对角占优;

② 不可约且按行(列)弱对角占优,则 Jacobi 迭代法和 Gauss-Seidel 迭代法都收敛。

定理 2.7 若方程组 $\boldsymbol{Ax}=\boldsymbol{b}$ 的系数矩阵 $\boldsymbol{A}$ 是对称正定的,且 $2\boldsymbol{D}-\boldsymbol{A}$ 也是对称正定的,则 Jacobi 迭代法收敛;若 $\boldsymbol{A}$ 是对称正定的而 $2\boldsymbol{D}-\boldsymbol{A}$ 是非对称正定的,则 Jacobi 迭代法不收敛。

定理 2.8 若方程组 $\boldsymbol{Ax}=\boldsymbol{b}$ 的系数矩阵 $\boldsymbol{A}$ 是对称正定的,则 Gauss-Seidel 迭代法收敛。

定理 2.9 SOR 迭代法收敛的必要条件是松弛因子 ω 满足 $0<\omega<2$。

定理 2.10 若方程组 $\boldsymbol{Ax}=\boldsymbol{b}$ 的系数矩阵 $\boldsymbol{A}$ 是对称正定的,则当 $0<\omega<2$ 时,SOR 迭代法收敛。

定理 2.11 若方程组 $\boldsymbol{Ax}=\boldsymbol{b}$ 的系数矩阵 $\boldsymbol{A}$ 是严格对角占优的,则当 $0<\omega\leqslant1$ 时,SOR 迭代法收敛。

利用 MATLAB 函数和定理 2.5,容易写出判断方程组的 Jacobi 迭代法和 Gauss-Seidel 迭代法是否收敛的程序。

```
function JGConverge(AA,G)
%若输入任意数值作为第二个参数,则判断 Gauss-Seidel 迭代法的收敛性,若第二个参数是默认值,则判断 Jacobi 迭代法的收敛性
L=-tril(AA,-1);
U=-triu(AA,1);
DD=diag(AA);
DD=diag(DD);
if nargin==1
    MG=inv(DD)*(L+U);
else
    MG=inv(DD-L)*U;
end
W=eig(MG);
rho=max(abs(W));
```

```
if nargin==1
    if rho<1
        disp('Jacobi 迭代法收敛,迭代矩阵的谱半径为')
        rho
    else
        disp('Jacobi 迭代法发散,迭代矩阵的谱半径为')
        rho
    end
else
    if rho<1
        disp('Gauss-Sedel 迭代法收敛,迭代矩阵的谱半径为')
        rho
    else
        disp('Gauss-Sedel 迭代法发散,迭代矩阵的谱半径为')
        rho
    end
end
```

例 2.23 考察方程组 $\boldsymbol{Ax}=\boldsymbol{b}$ 的 Jacobi 迭代法和 Gauss-Seidel 迭代法的收敛性,其中系数矩阵分别取 $\boldsymbol{A}=\begin{bmatrix}3&1&2\\0&4&1\\1&0&2\end{bmatrix}$, $\boldsymbol{b}=\begin{bmatrix}6\\8\\2\end{bmatrix}$, $\boldsymbol{A}_1=\begin{bmatrix}1&0&2\\0&4&1\\3&1&2\end{bmatrix}$, $\boldsymbol{b}_1=\begin{bmatrix}2\\8\\6\end{bmatrix}$, $\boldsymbol{A}_2=\begin{bmatrix}2&1&3\\1&4&0\\2&0&1\end{bmatrix}$, $\boldsymbol{b}_2=\begin{bmatrix}6\\8\\2\end{bmatrix}$。

解 显然 $\boldsymbol{Ax}=\boldsymbol{b}$ 与 $\boldsymbol{A}_1\boldsymbol{x}=\boldsymbol{b}_1$ 是 1,3 行交换的方程组,作为方程组,它们是相同的。而 $\boldsymbol{Ax}=\boldsymbol{b}$ 与 $\boldsymbol{A}_2\boldsymbol{x}=\boldsymbol{b}_2$ 是 1,3 列交换的方程组,即第一个变元与第三个变元交换了次序。在 *MATLAB* 命令窗口输入

```
>>A=[3,1,2; 0,4,1;1,0,2];
A1=[1,0,2; 0,4,1; 3,1,2];
A2=[2,1,3; 1,4,0; 2,0,1];
```

调用程序 JGConverge,有如下结果:

```
>>JGConverge(A)
Jacobi 迭代法收敛,迭代矩阵的谱半径为 rho=0.6319
>>JGConverge(A,1)
Gauss-Sedel 迭代法收敛,迭代矩阵的谱半径为 rho=0.2041
>>JGConverge(A1)
Jacobi 迭代法发散,迭代矩阵的谱半径为 rho=1.7678
>>JGConverge(A1,1)
Gauss-Sedel 迭代法发散,迭代矩阵的谱半径为 rho=3.1250
>>JGConverge(A2)
```

```
Jacobi 迭代法发散,迭代矩阵的谱半径为 rho=1.7678
>>JGConverge(A2,2)
Gauss-Sedel 迭代法发散,迭代矩阵的谱半径为 rho=3.1250
```

此例说明迭代法的收敛性可能由于方程组中方程的次序(或未知元的编号)的改变而改变。故对给定的方程组,若迭代法不收敛,可适当改变方程或未知元的次序来导出收敛的迭代格式。

第3章 函数的插值

插值在数学发展史上是个古老问题，它最初来源于天体计算——由若干观测值计算任意时刻星球的位置。在科学研究和工程技术中，经常会遇到计算函数值的问题，而有时函数关系很复杂，甚至没有解析表达式。例如，根据观测得到的系列数据，确定了自变量的某些点处的函数值，要求计算未观测到的点的函数值。此时，我们可根据已知数据构造一个简单适当的函数近似代替要寻求的函数，这就是函数的插值法。另外，插值又是数值微分、数值积分、常微分方程数值解等数值计算的基础。Lagrange 多项式插值、牛顿插值是最基本的插值方法。当用插值多项式近似代替函数时，随着多项式次数的增加，不仅增大了计算量，而且有时会带来很大的误差，如 Runge 现象。为了避免这种振荡误差，可采用分段低次插值，如线性插值、抛物插值。它们不仅简便，而且逼近效果往往优于高次 Lagrange 插值，不足之处是在插值节点处其导数不连续，这不利于理论分析和工程设计，但可采用样条插值避免出现这种情况。

3.1 Lagrange 插值

1. 功能

给定函数 $y=f(x)$ 在 $n+1$ 个不同插值节点 $x_k(k=0,1,\cdots,n)$ 处的函数值 $y_k=f(x_k)$ $(k=0,1,\cdots,n)$，求 $f(x)$ 的 Lagrange 插值多项式 $P(x)$。

2. 计算方法

Lagrange 的经典插值公式为

$$P(x)=\sum_{k=0}^{n} f(x_k)l_k(x),$$

其中 $l_k(x)=\prod\limits_{j\neq k}^{n}\frac{x-x_j}{x_k-x_j}(k=0,1,\cdots,n)$，称之为在节点 $x_0,x_1,\cdots,x_n$ 上的 n 次 Lagrange 插值基函数。

3. 使用说明

```
Laginterp(xvals,yvals,x0)
```

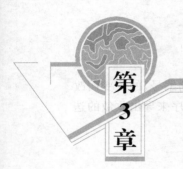

第一个参数 $x$vals 为插值节点(向量形式),第二个参数 $y$vals 为插值节点 $x$vals 处对应的函数值(向量形式)。若只输入前两个参数,则给出插值多项式的表达式。若输入第三个参数 x_0(一组数值),则计算在 x_0 处的插值。

4. MATLAB 程序

```
function s=Laginterp(x1,y1,x0)
nx1=length(x1);
ny1=length(y1);
if nx1~=ny1
    warning  ('向量 x1 与 y1 的长度应该相同')
    return;
end
if nargin==2
    syms x;
    w=0;
    digits(6)
    for k=1:nx1
        u=1.0;
        for j=1:nx1
            if j~=k
              u=u*(x-x1(j))/(x1(k)-x1(j));
            end
        end
        w=w+u*y1(k);
    end
    s=simplify(w);
    disp('拉格朗日插值公式的小数形式为')
    vpa(s)
    disp('拉格朗日插值公式的分数形式为')
else
    m=length(x0);
    for i=1:m
        t=0.0;
        for k=1:nx1
            u=1.0;
            for j=1:nx1
                if j~=k
                    u=u*(x0(i)-x1(j))/(x1(k)-x1(j));
                end
            end
            t=t+u*y1(k);
        end
        s(i)=t;
    end
end
```

例 3.1 用 4 个节点(1,5),(2,2),(3,1),(5,3)构造函数 $f(x)$的三次插值多项式 $P_3(x)$,并求 $f(1.5)$,$f(3.3)$的近似值。

解 记 $x$vals=[1,2,3,5],$y$vals=[5,2,1,3],代入插值程序 Laginterp,则得到插值多项式 $P_3(x)$。建立如下脚本文件,存为 ex3_1.m。

```
xvals=[1,2,3,5];  yvals=[5,2,1,3]; x0=[1.5,3.3];
pp=Laginterp(xvals,yvals)                          %求插值多项式
y0=Laginterp(xvals,yvals,x0)                       %求在 x0 处的插值
xx=1:0.05:5;
yy=subs(pp,xx);
plot(xx,yy,'r',xvals,yvals,'b*')                   %画插值多项式及插值节点的图形
legend('插值多项式','插值节点')
```

在命令窗口调用 ex3_1.m 后,屏幕显示结果为(图像为图 3.1)

```
>>ex3_1
```

拉格朗日插值公式的分数形式为

```
pp=-1/12*x^3+3/2*x^2-83/12*x+21/2
y0=3.2188    1.0153
```

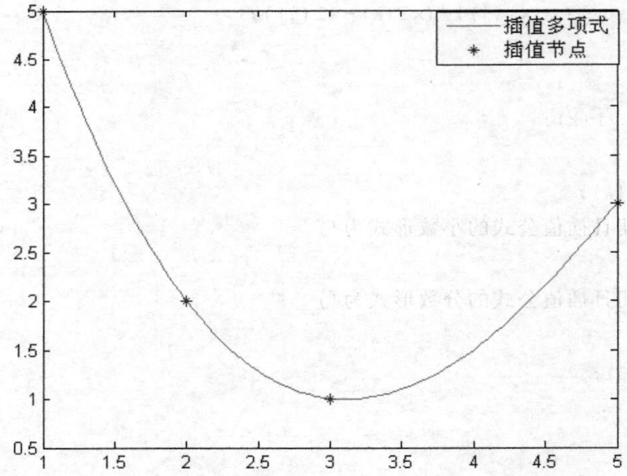

图 3.1 $f(x)$的 3 次插值多项式 $P_3(x)$的图像

在点 $x_1,x_2,\cdots,x_n$ 处的 Lagrange 插值基函数 $L_j(x)$是在节点$(x_1,0),\cdots,(x_{j-1},0)$,$(x_j,1)$,$(x_{j+1},0)$,$\cdots$,$(x_n,0)$处的插值多项式。因此本例中的 Lagrange 插值基函数 $L_1(x)$,$L_2(x)$,$L_3(x)$和 $L_4(x)$可构造如下:

```
>>L1=Laginterp([1,2,3,5],[1,0,0,0])
L2=Laginterp([1,2,3,5],[0,1,0,0])
L3=Laginterp([1,2,3,5],[0,0,1,0])
L4=Laginterp([1,2,3,5],[0,0,0,1])
```

执行上述命令后可求得

$$L1=-\frac{1}{8}x^3+\frac{5}{4}x^2-\frac{31}{8}x+\frac{15}{4},\quad L2=\frac{1}{3}x^3-3x^2+\frac{23}{3}x-5,$$

$$L3=-\frac{1}{4}x^3+2x^2-\frac{17}{4}x+\frac{5}{2},\quad L4=\frac{1}{24}x^3-\frac{1}{4}x^2+\frac{11}{24}x-\frac{1}{4}。$$

在点(1,5),(2,2),(3,1),(5,3)处的三次插值多项式 $P_3(x)$可由插值基函数求得,即 $P_3(x)=5L_1(x)+2L_2(x)+L_3(x)+3L_4(x)$。图 3.2 给出了插值多项式 $P_3(x)$的 4 项($5L_1(x)$,$2L_2(x)$,$L_3(x)$,$3L_4(x)$)的图像。每一部分恰好经过一个插值节点,而插值多项式 $P_3(x)$经过所有的插值节点(画图程序见 exa3_1.m)。

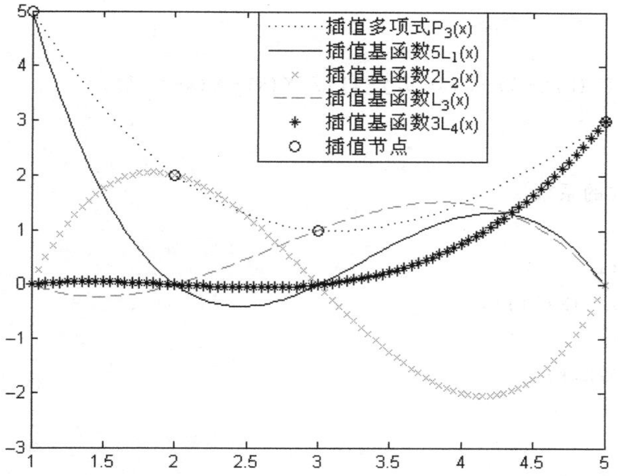

图 3.2　插值多项式 $P_3(x)$及其插值基函数 $L_j(x)$的对比

3.2 牛顿插值

1. 功能

给定函数 $y=f(x)$在 $n+1$ 个不同插值节点 $x_i(i=0,1,\cdots,n)$处的函数值 $y_i=f(x_i)$ $(i=0,1,\cdots,n)$,求 $f(x)$的牛顿插值多项式 $P(x)$。

2. 计算方法

牛顿插值多项式为

$$p(x)=f(x_0)+f[x_0,x_1](x-x_0)+f[x_0,x_1,x_2](x-x_0)(x-x_1)$$
$$+\cdots+f[x_0,x_1,\cdots,x_n](x-x_0)\cdots(x-x_{n-1}),$$

其中,$f[x_0,x_1]=\dfrac{f(x_1)-f(x_0)}{x_1-x_0}$称为 $f(x)$关于 x_0,x_1 的一阶差商,$f[x_0,x_1,x_2]=\dfrac{f[x_1,x_2]-f[x_0,x_1]}{x_2-x_0}$称为 $f(x)$关于 x_0,x_1,x_2 的二阶差商,$f[x_0,x_1,\cdots,x_k]=\dfrac{f[x_1,x_2,\cdots,x_k]-f[x_0,x_1,\cdots,x_{k-1}]}{x_k-x_0}$称为 $f(x)$关于 $x_0,x_1,\cdots,x_k$ 的 k 阶差商。

3. 使用说明

```
Newinterp(xvals,yvals,x0)
```

第一个参数 *x*vals 为插值节点(向量形式输入),第二个参数 *y*vals 为插值节点处对应的函数值。若只输入前两个参数,则给出牛顿插值多项式的系数(向量形式)。若输入第三个参数 x_0(一组数值),则计算在 x_0 处的插值。

4. MATLAB 程序

```
function C=Newinterp(X,Y,X0)
n=length(X);
D=zeros(n,n);
D(:,1)=Y';
for j=2:n
    for k=j:n
        D(k,j)=(D(k,j-1)-D(k-1,j-1))/(X(k)-X(k-j+1));
    end
end
%求牛顿插值多项式的系数
C=D(n,n);
for k=(n-1):-1:1
    C=conv(C,poly(X(k)));
    m=length(C);
    C(m)=C(m)+D(k,k);
end
if nargin==3
    Y0=polyval(C,X0);
    fprintf('在 X0 处的插值为\n')
    Y0
end
if nargin==2
    fprintf('差商表为\n')
    D
    fprintf('%d 次插值多项式的系数为(降幂)\n',n-1)
end
```

例 3.2 用节点(1,5),(2,3),(4,−2),(5,1),(6,3),求牛顿插值多项式,并求 $f(2.1)$,$f(3.5)$的近似值。

解 记 *x*vals=[1,2,3,4,5,6],*y*vals=[5,3,−2,1,3],代入插值程序 Newinterp,则得到插值多项式 $P_4(x)$。建立如下脚本文件,存为 ex3_2.m。

```
xvals=[1,2,4,5,6]; yvals=[5,3,2,4,3];
p4=Newinterp(xvals,yvals)
x0=[2.1,3.5];
Newinterp(xvals,yvals,x0);
```

在命令窗口调用 ex3_2.m 后,有下述结果。

```
>>ex3_2
差商表为
```

```
D=5    0     0     0     0
  3   -2     0     0     0
  2  -1/2   1/2    0     0
  4    2    5/6   1/12   0
  3   -1   -3/2  -7/12  -2/15
4 次插值多项式的系数为(降幂)
p4=-2/15  101/60  -397/60  121/15  2
在 X0 处的插值为
Y0=5599/2031  43/32
```

例 3.3 分别在$\left[0,\frac{1}{2},1,\frac{3}{2},2\right]$,$\left[0,\frac{1}{3},\frac{2}{3},1,\frac{4}{3},\frac{5}{3},2\right]$,$\left[0,\frac{1}{4},\frac{1}{2},\frac{3}{4},1,\frac{5}{4},\frac{3}{2},\frac{7}{4},2\right]$处,建立函数$f(x)=e^{-x^2}$的牛顿插值多项式。

解 建立如下的脚本文件,并存为 ex3_3.m。

```
ff=inline('exp(-x.^2)');
xvals1=[0,1/2,1,3/2,2];
yvals1=ff(xvals1);
xvals2=[0,1/3,2/3,1,4/3,5/3,2];
yvals2=ff(xvals2);
xvals3=[0,1/4,1/2,3/4,1,5/4,3/2,7/4,2]; yvals3=ff(xvals3);
p4=Newinterp(xvals1,yvals1)                %4 次插值多项式的系数
p6=Newinterp(xvals2,yvals2)                %6 次插值多项式的系数
p8=Newinterp(xvals3,yvals3)                %8 次插值多项式的系数
%绘制各插值多项式的图像
xx=0:0.05:2;
yy4=polyval(p4,xx);                        %求 4 次插值多项式在 xx 处的值
yy6=polyval(p6,xx);                        %求 6 次插值多项式在 xx 处的值
yy8=polyval(p8,xx);                        %求 8 次插值多项式在 xx 处的值
fplot(ff,[-0.5,2.5])
hold on
plot(xx,yy4,' r* ',xx,yy6,' g-* ',xx,yy8,' k :');
legend('函数 exp(-x^2)','4 次插值多项式 p4','6 次插值多项式 p6','8 次插值多项式 p8');
hold off
figure
plot(xx,ff(xx)-yy8,'r*-')                  %f(x)与 8 次插值多项式 p8 的误差图
```

在命令窗口调用 ex3_3.m 后,有下述结果(图像为图 3.3、图 3.4)。

```
4 次插值多项式的系数为(降幂)
p4=-311/1499  4056/3779  -3547/2181  100/779  1
6 次插值多项式的系数为(降幂)
p6=619/8546  -1033/2313  609/718  -299/2547  -1811/1829  31/21898  1
8 次插值多项式的系数为(降幂)
p8=-751/57264  2015/23173  -891/5996  -672/3655  862/1203  -271/2300  -283/292
  -13/4273  1
```

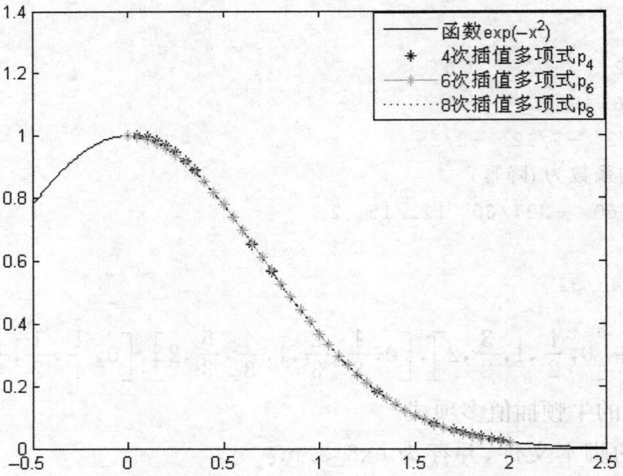

图 3.3　函数 e^{-x^2} 及其不同次数的插值多项式的图像

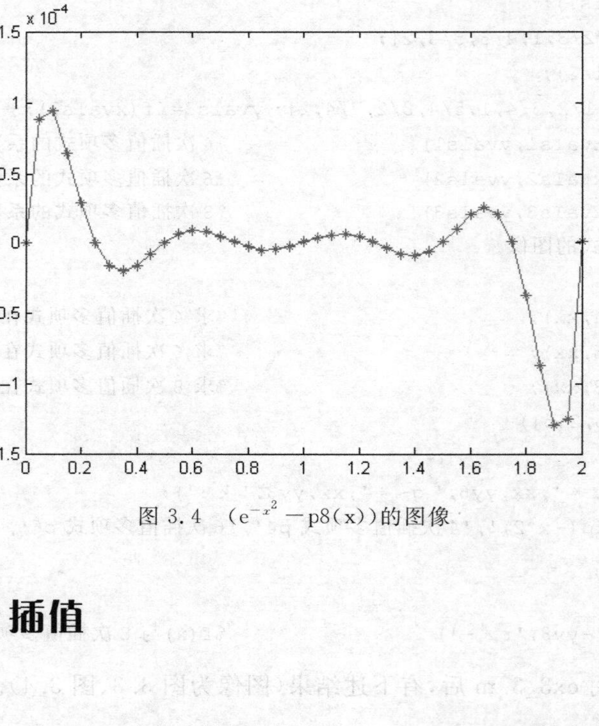

图 3.4　(e^{-x^2} − p8(x))的图像

3.3 Hermite 插值

1. 功能

给定函数 $y=f(x)$ 在 $n+1$ 个不同插值节点 $x_i(i=0,1,\cdots,n)$ 处的函数值 $y_i=f(x_i)$ 及一阶导数值 $y_i'=f(x_i)(i=0,1,\cdots,n)$，求 $f(x)$ 的 Hermite 插值多项式 $P_{2n+1}(x)$。

2. 计算方法

Hermite 插值公式为

$$P_{2n+1}(x)=\sum_{k=0}^{n}\left(y_k+(x_k-x)\left(\left(2\sum_{j=0,j\neq k}^{n}\frac{1}{(x_k-x_j)}\right)y_k-y_k'\right)\right)l_k^2(x),$$

其中 $l_k(x)=\prod_{j\neq k}^{n}\frac{x-x_j}{x_k-x_j}(k=0,1,\cdots,n)$。

3. 使用说明

```
Herminterp(x1,y1,m,x0)
```

第一个参数 x_1 为插值节点，第二个参数 y_1 为插值节点处的函数值，第三个参数 m 为插值节点处函数的一阶导数。若只输入 x_1，y_1 和 m，则返回 Hermite 插值的多项式表达式。若输入第四个参数 x_0（一组数值），则求出 x_0 处相应的函数插值。

4. MATLAB 程序

```
function S=Herminterp(x1,y1,m,x0)
n=length(x1);
if nargin==3
    syms x;
    S=0;
    for k=1:n
        L=1.0;
        for j=1:n
            if j~=k
                L=L*((x-x1(j))^2/(x1(k)-x1(j))^2);
            end
        end
        G=0;
        for j=1:n
            if j~=k
                G=G+1/(x1(k)-x1(j));
            end
        end
        S=S+(y1(k)+(x1(k)-x)*(2*G*y1(k)-m(k)))*L;
    end
    S=simplify(S);
    disp('Hermite插值公式为')
    S=vpa(S,10);
elseif nargin==4
    mm=length(x0);
    H=0;
    for i=1:mm
        for k=1:n
        L=1.0;
            for j=1:n
                if j~=k
                    L=L*((x0(i)-x1(j))^2/(x1(k)-x1(j))^2);
                end
            end
            G=0;
```

```
                for j=1:n
                    if j~=k
                        G=G+1/(x1(k)-x1(j));
                    end
                end
                H=H+(y1(k)+(x1(k)-x0(i))*(2*G*y1(k)-m(k)))*L;
            end
            fprintf('在%g处的Hermite插值为\n',x0(i))
            H
        end
    end
```

例 3.4 对函数 $f(x)=e^{0.2x^2}$ 取节点 0,1,1.5,2,求 $f(x)$的 Hermite 插值多项式$P_7(x)$,并计算 $f(0.5)$,$f(1.1)$的近似值。

解 建立如下函数文件和脚本文件,并存为 ex3_4.m。

```
function y=exf3_4(x)
syms x;
y=exp(0.2*x^2);
```

将以上函数文件存为 exf3_4.m。

```
xvals=[0,1,1.5,2];
yvals=subs(exf3_4,xvals);
Df=diff(exf3_4);
ydvals=subs(Df,xvals);
p7=Herminterp(xvals,yvals,ydvals)
x0=[0.5,1.1];
Herminterp(xvals,yvals,ydvals,x0)
xx=0:0.05:2;
yy=subs(p7,xx);                           %求插值多项式 p7 在 xx 处的函数值
yy1=subs(exf3_4,xx);                      %求函数 exp(0.2*x^2)在 xx 处的函数值
ff=inline('exp(0.2*x^2)');
fplot(ff,[0,2])                           %画 exp(0.2*x^2)的图形
hold on
plot(xx,yy,'r*');                         %画插值多项式 p7 的图形
legend('函数 exp(0.2*x^2)','插值多项式 p7');
hold off
figure
plot(xx,yy1-yy,'r-*');                    %画 exp(0.2*x^2)-p7 的图形
```

在命令窗口调用 ex3_4.m 后,有下述结果(图像为图 3.5、图 3.6)。

```
>>ex3_4
Hermite插值公式为
P7=1+0.1975426085*x^2+0.01021716665*x^3+0.002879865353*x^4+0.01463243026*x^
5-0.005227961922*x^6+0.001358649298*x^7
在0.5处的Hermite插值为
H=1.05122898053419
```

在 1.1 处的 Hermite 插值为
H=2.32502264144758

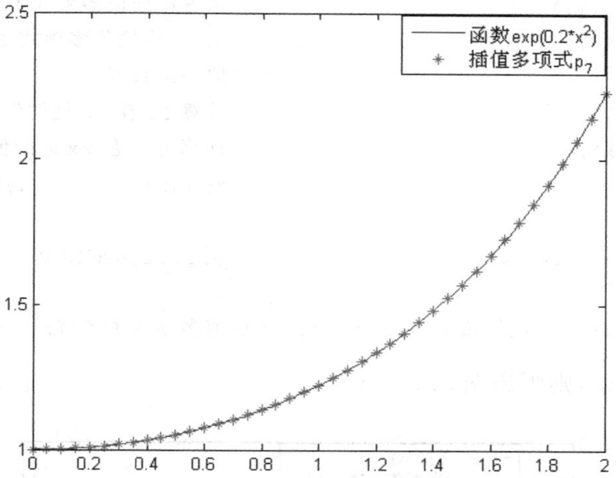

图 3.5　函数 $e^{0.2x^2}$ 与其 7 次 Hermite 插值 $P_7(x)$ 的图像

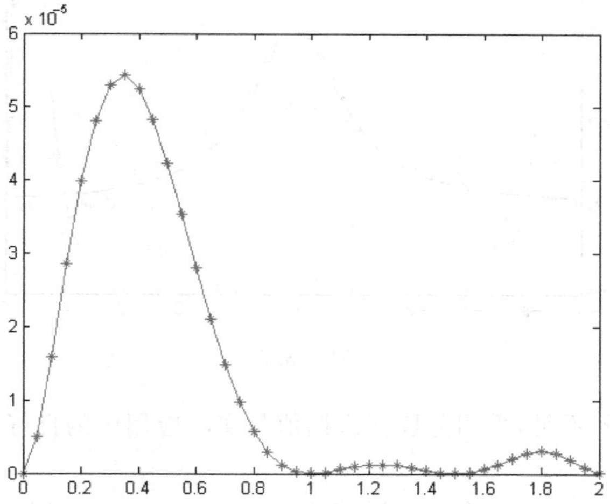

图 3.6　$(e^{0.2x^2}-P_7(x))$ 的图像

3.4　分段三次 Hermite 插值

Runge 现象　当用高次插值多项式逼近函数时，由于插值多项式在某些非节点处的振荡可能加大，因而可能使误差变得很大。对函数 $f(x)=1/(1+x^2)(-5\leqslant x\leqslant 5)$，取等距节点，求得 5 次、10 次插值多项式 $L_5(x)$，$L_{10}(x)$，作出它们的图形，可见，在接近区间两端点附近，$f(x)$ 与 $L_{10}(x)$ 的偏离很大。建立如下脚本文件，并存为 runge.m。

```
ff=inline('1./(1+x.^2)');
x1=linspace(-5,5,6);
```

```
y1=ff(x1);
x2=linspace(-5,5,11);
y2=ff(x2);
L5=Laginterp(x1,y1)                                  %求 5 次插值多项式 L5
L10=Laginterp(x2,y2)                                 %求 10 次插值多项式 L10
xx=-5:0.05:5;                                        %取一组数据
yy1=subs(L5,xx);                                     %计算 L5 在 xx 处的值
yy2=subs(L10,xx);                                    %计算 L10 在 xx 处的值
fplot(ff,[-5,5]);                                    %画 f(x)=1/(1+x^2)的图形
hold on
plot(xx,yy1,'g*',xx,yy2,'r--');                      %画 L5,L10 的图形
hold off
legend('函数 f(x)','5 次插值多项式 L5','10 次插值多项式 L10');
```

在命令窗口执行 runge，则画出图 3.7。

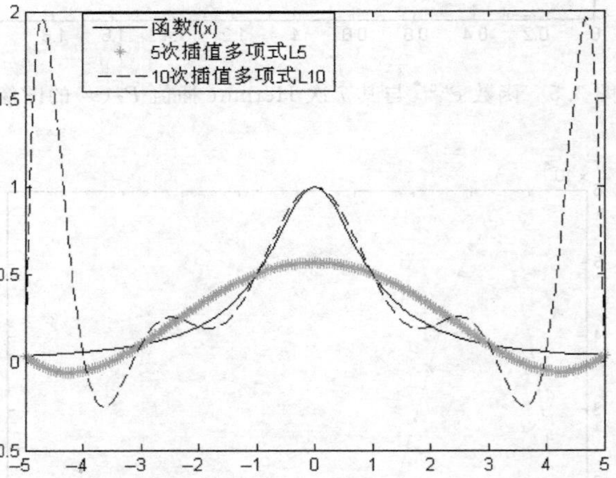

图 3.7

为克服高次插值的这种不足，采用分段低次插值是实际应用中的良好方法。

1. 功能

给定函数 $y=f(x)$ 在 $n+1$ 个不同插值节点 $x_i(i=0,1,\cdots,n)$ 处的函数值 $y_i=f(x_i)$ 及一阶导数值 $y_i'=f(x_i)(i=0,1,\cdots,n)$，求 $f(x)$ 在每个小区间 $[x_i,x_{i+1}](i=0,1,\cdots,n-1)$ 上的三次 Hermite 插值多项式。

2. 计算方法

在每个小区间 $[x_i,x_{i+1}]$ 上，

$$P_3(x)=\left(\frac{x-x_{i+1}}{x_i-x_{i+1}}\right)^2\left(1+2\frac{x-x_i}{x_{i+1}-x_i}\right)y_i+\left(\frac{x-x_i}{x_{i+1}-x_i}\right)^2\left(1+2\frac{x-x_{i+1}}{x_i-x_{i+1}}\right)y_{i+1}$$

$$\times\left(\frac{x-x_{i+1}}{x_i-x_{i+1}}\right)^2(x-x_i)y'_i+\left(\frac{x-x_i}{x_{i+1}-x_i}\right)^2(x-x_{i+1})y'_{i+1}(i=0,1,\cdots,n-1)。$$

3. 使用说明

```
Hermit3p(x1,y1,m)
```

```
H=Hermit3p(x1,y1,m,x0)
```

第一个参数 x_1 为插值节点,第二个参数 y_1 为插值节点处对应的函数值,第三个参数 m 为插值节点 x_1 处函数的一阶导数,若只输入三个参数,则给出分段三次 Hermite 插值多项式(此时无返回参数)。若输入第四个参数 x_0(一组数值),则返回在 x_0 处的插值。

4. MATLAB 程序

```
function Hermit3p(x1,y1,m,x0)
n=length(x1);
if nargin==3
    syms x;
    for k=1:n-1
        pp=((x-x1(k+1))/(x1(k)-x1(k+1)))^2*(1+2*(x-x1(k))/(x1(k+1)-x1(k)))*
        y1(k)+((x-x1(k))/(x1(k+1)-x1(k)))^2*(1+2*(x-x1(k+1))/(x1(k)-x1(k+
        1)))*y1(k+1)+((x-x1(k+1))/(x1(k)-x1(k+1)))^2*(x-x1(k))*m(k)+((x-x1
        (k))/(x1(k+1)-x1(k)))^2*(x-x1(k+1))*m(k+1);
        pp=simplify(pp);
        fprintf('在[%g,%g]上的三次 Hermite 插值为\n',x1(k),x1(k+1));
        pretty(pp);
    end
elseif nargin==4
    mm=length(x0);
    for i=1:mm
        for k=1:n
            if x0(i)==x1(k)
                H(i)=y1(k);
            elseif  x0(i)>x1(k)& x0(i)<x1(k+1)
              H(i)=((x0(i)-x1(k+1))/(x1(k)-x1(k+1)))^2*(1+2*(x0(i)-x1(k))/
              (x1(k+1)-x1(k)))*y1(k)+((x0(i)-x1(k))/(x1(k+1)-x1(k)))^2*(1+2*
              (x0(i)-x1(k+1))/(x1(k)-x1(k+1)))*y1(k+1)+((x0(i)-x1(k+1))/(x1
              (k)-x1(k+1)))^2*(x0(i)-x1(k))*m(k)+((x0(i)-x1(k))/(x1(k+1)-x1
              (k)))^2*(x0(i)-x1(k+1))*m(k+1);
            end
        end
    end
    fprintf('在 x0 处的三次 Hermite 插值分别为\n');
    H;
end
```

例 3.5 对函数 $f(x)=1/(1+x^2)(-5\leqslant x\leqslant 5)$,分别取 5 等分和 10 等分节点,求 $f(x)$ 的分段三次 Hermite 插值多项式,并画出它们的图像。

解 先取 5 等分节点 $-5,-3,-1,1,3,5$,并分别求得在节点处的函数值 y_1 和一阶导数值 m_1,代入程序 Hermit3p,即得 6 节点分段三次 Hermite 插值多项式。建立如下脚本文件,并存为 ex3_5.m。

```
ff=inline('1./(1+x.^2)');
```

```
df=inline('(-2.*x)./(1+x.^2).^2');          %ff的导数
x1=linspace(-5,5,6);
y1=ff(x1);
m1=df(x1);
Hermit3p(x1,y1,m1)                          %求分段插值多项式
xx=-5:0.05:5;                               %取一组数据
yy1=Hermit3p(x1,y1,m1,xx);                  %计算分段插值多项式在xx处的值
fplot(ff,[-5,5]);                           %画f(x)=1/(1+x^2)的图像
hold on
plot(x1,y1,'ko',xx,yy1,'r--');          %绘制6节点分段三次Hermite插值多项式的图像。
hold off
legend('函数f(x)','插值节点','分段插值多项式');
figure
yy=ff(xx);
plot(xx,yy-yy1,'r--');
```

在命令窗口执行 ex3_5，则有如下结果和图像(图 3.8、图 3.9)。

在[-5,-3]上的3次 Hermite 插值为：$\frac{14}{4225}x^3+\frac{863}{16900}x^2+\frac{18}{65}x+\frac{379}{676}$，

在[-3,-1]上的3次 Hermite 插值为：$\frac{1}{25}x^3+\frac{7}{20}x^2+\frac{27}{25}x+\frac{127}{100}$，

在[-1,1]上的3次 Hermite 插值为：$-\frac{1}{4}x^2+\frac{3}{4}$，

在[1,3]上的3次 Hermite 插值为：$-\frac{1}{25}x^3+\frac{7}{20}x^2-\frac{27}{25}x+\frac{127}{100}$，

在[3,5]上的3次 Hermite 插值为：$-\frac{14}{4225}x^3+\frac{863}{16900}x^2-\frac{18}{65}x+\frac{379}{676}$。

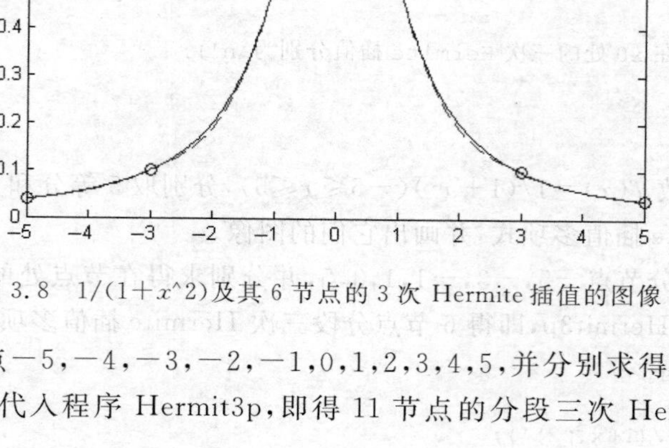

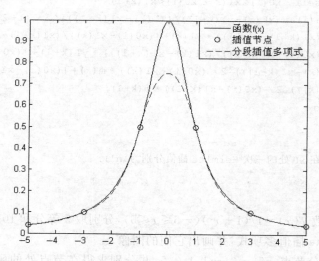

图 3.8 1/(1+x^2)及其6节点的3次 Hermite 插值的图像

再取10等分节点−5,−4,−3,−2,−1,0,1,2,3,4,5，并分别求得在节点处的函数值 y_2 和一阶导数值 m_2，代入程序 Hermit3p，即得11节点的分段三次 Hermite 插值多项式。

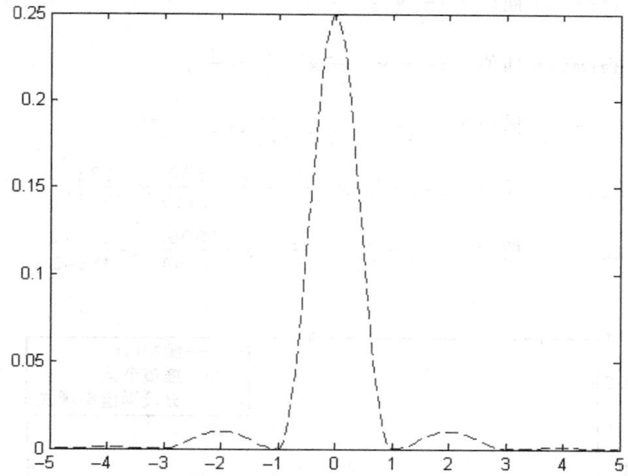

图 3.9 曲线 $f(x)$与 6 节点分段插值多项式的误差

建立如下脚本文件,并存为 ex3_5_2.m。

```
ff=inline('1./(1+x.^2)');
df=inline('(-2.*x)./(1+x.^2).^2');          %ff 的导数
x2=linspace(-5,5,11);
y2=ff(x2);
m2=df(x2);
Hermit3p(x2,y2,m2)                          %求分段插值多项式
xx=-5:0.05:5;                               %取一组数据
yy2=Hermit3p(x2,y2,m2,xx);                  %计算分段插值多项式在 xx 处的值
fplot(ff,[-5,5]);                           %画 f(x)=1/(1+x^2)的图像
hold on
plot(x2,y2,'ko',xx,yy2,'r--');
hold off
legend('函数 f(x)','插值节点','分段插值多项式');
figure
yy=ff(xx);
plot(xx,yy-yy2,'r--');
```

在命令窗口执行 ex3_5_2,则有如下结果和图像(图 3.10、图 3.11)。

>>ex3_5_2

在[-5,-4]上的 3 次 Hermite 插值为:$\frac{171}{97682}x^3+\frac{113}{3757}x^2+\frac{9000}{48841}x+\frac{20841}{48841}$,

在[-4,-3]上的 3 次 Hermite 插值为:$\frac{77}{14450}x^3+\frac{521}{7225}x^2+\frac{504}{1445}x+\frac{4633}{7225}$,

在[-3,-2]上的 3 次 Hermite 插值为:$\frac{1}{50}x^3+\frac{1}{5}x^2+\frac{18}{25}x+1$,

在[-2,-1]上的 3 次 Hermite 插值为:$\frac{3}{50}x^3+\frac{11}{25}x^2+\frac{6}{5}x+\frac{33}{25}$,

在[-1,0]上的 3 次 Hermite 插值为:$-\frac{1}{2}x^3-x^2+1$,

在[0,1]上的3次Hermite插值为：$\frac{1}{2}x^3-x^2+1$，

在[1,2]上的3次Hermite插值为：$-\frac{3}{50}x^3+\frac{11}{25}x^2-\frac{6}{5}x+\frac{33}{25}$，

在[2,3]上的3次Hermite插值为：$-\frac{1}{50}x^3+\frac{1}{5}x^2-\frac{18}{25}x+1$，

在[3,4]上的3次Hermite插值为：$-\frac{77}{14450}x^3+\frac{521}{7225}x^2-\frac{504}{1445}x+\frac{4633}{7225}$，

在[4,5]上的3次Hermite插值为：$-\frac{171}{97682}x^3+\frac{113}{3757}x^2-\frac{9000}{48841}x+\frac{20841}{48841}$。

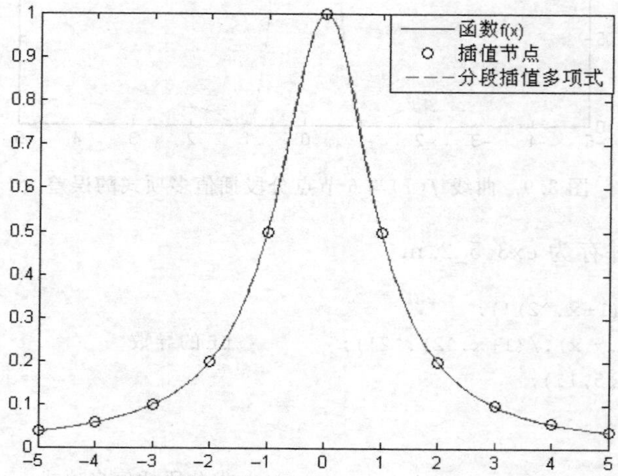

图 3.10　函数 $f(x)$ 与 11 节点分段插值多项式的图像

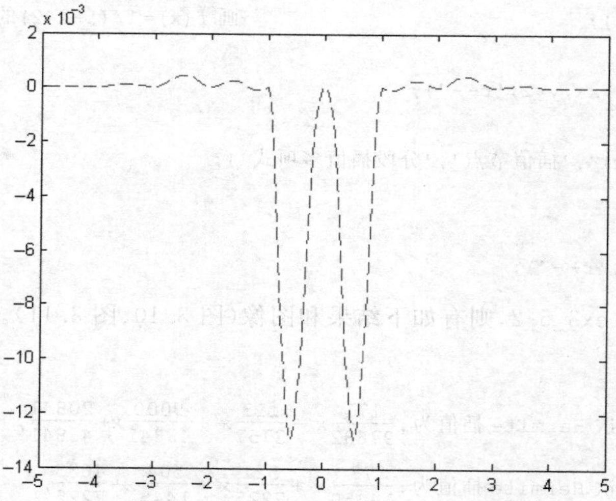

图 3.11　曲线 $f(x)$ 与 11 节点分段插值多项式的误差

插值多项式与被插值函数的误差一般随着节点的增加而减少，且分段插值多项式没有大幅振荡现象。

3.5 三次样条插值函数

用函数 $y=f(x)$ 的 $N+1$ 个节点 (x_k, y_k)，其中 $x_0<x_1<\cdots<x_N$，$y_k=f(x_k)$，$k=0,1,\cdots,N$，求出三次样条插值函数，其方法如下：

在每个小区间 $[x_k, x_{k+1}]$ 上，三次样条插值函数可表示为

$$S(x)=S_k(x)=s_{k,0}+s_{k,1}(x-x_k)+s_{k,2}(x-x_k)^2+s_{k,3}(x-x_k)^3, \tag{3.1}$$

或

$$S_k(x)=\frac{m_k}{6h_k}(x_{k+1}-x)^3+\frac{m_{k+1}}{6h_k}(x-x_k)^3+\left(\frac{y_k}{h_k}-\frac{m_k h_k}{6}\right)(x_{k+1}-x)+\left(\frac{y_{k+1}}{h_k}-\frac{m_{k+1}h_k}{6}\right)(x-x_k)。 \tag{3.2}$$

$S_k(x)$ 的系数 $s_{k,j}$ 由下列公式计算：

$$s_{k,0}=y_k,\quad s_{k,1}=d_k-\frac{h_k(2m_k+m_{k+1})}{6},\quad s_{k,2}=\frac{m_k}{2},\quad s_{k,3}=\frac{m_{k+1}-m_k}{6h_k}, \tag{3.3}$$

式中 $h_k=x_{k+1}-x_k$，$d_k=\dfrac{y_{k+1}-y_k}{h_k}$，$m_k=S''(x_k)(k=0,1,\cdots,N-1)$。$m_k$ 由下述方程组确定

$$h_{k-1}m_{k-1}+2(h_{k-1}+h_k)m_k+h_k m_{k+1}=u_k,\text{其中 } u_k=6(d_k-d_{k-1}),k=1,2,\cdots,N-1。 \tag{*}$$

方程组(*)中的未知数是 m_k，共有 $N+1$ 个，但方程组(*)中只有 $N-1$ 个方程，要想求解方程组，还需要两个条件。剩余的两个条件一般由边界提供，常见的边界条件有如下几类。

(1) 紧压样条(或严格斜率样条)(clamped 或 complete)：已知两端点的一阶导数 $S'(x_0)$，$S'(x_N)$。

(2) 端点曲率调整样条(end-point curvatrue-adjusted)：已知两端点的二阶导数 $S''(x_0)$，$S''(x_N)$，特殊地，$S''(x_0)=S''(x_N)=0$，称之为自然边界条件(natural)。

(3) 非节点样条(notaknot)：采用使第一个与第二个三次多项式的三阶导数相等，最后一个与倒数第二个三次多项式的三阶导数相等作为约束条件，即

$$S'''_0(x_0)=S'''_1(x_1),\quad S'''_{N-2}(x_{N-2})=S'''_{N-1}(x_{N-1})。$$

(4) 周期样条(periodic)：当 $y=f(x)$ 是以 (x_N-x_0) 为周期的周期函数时，要求 $S(x)$ 也是以 (x_N-x_0) 为周期的周期函数，此时的边界条件为

$$S'(x_0+0)=S'(x_N-0),\quad S''(x_0+0)=S''(x_N-0)。$$

3.5.1 紧压样条插值函数

1. 功能

给定函数 $y=f(x)$ 的 $N+1$ 个节点 $x_0<x_1<\cdots<x_N$，及相应的函数值 $y_k=f(x_k)(k=0,1,\cdots,N)$，求出紧压三次样条插值函数。

2. 计算方法

利用已知两端点的一阶导数 $S'(x_0)$，$S'(x_N)$，写出 $m_0=\dfrac{3}{h_0}(d_0-S'(x_0))-\dfrac{m_1}{2}$，$m_N=$

$\frac{3}{h_{N-1}}(S'(x_N)-d_{N-1})-\frac{m_{N-1}}{2}$，而 $m_1,m_2,\cdots,m_{N-1}$ 的值由下面的方程组确定。

$$\begin{cases}\left(\frac{3}{2}h_0+2h_1\right)m_1+h_1m_2=u_1-3(d_0-S'(x_0)),\\ h_{k-1}m_{k-1}+2(h_{k-1}+h_k)m_k+h_km_{k+1}=u_k,\quad k=2,3,\cdots,N-2,\\ h_{N-2}m_{N-2}+\left(2h_{N-2}+\frac{3}{2}h_{N-1}\right)m_{N-1}=u_{N-1}-3(S'(x_N)-d_{N-1})。\end{cases} \tag{3.4}$$

3. 使用说明

```
splinter1(x,y,t)或 S=splinter1(x,y,t)
splinter1(x,y,t,N)
```

x 为插值节点$[x_1,x_2,\cdots,x_n]$，y 为插值节点处的函数值$[y_1,y_2,\cdots,y_n]$($y_j=f(x_j)$)或$[dx_1,y_1,y_2,\cdots,y_n,dx_n]$，其中 $dx_1=f'(x_1)$，$dx_n=f'(x_n)$是边界条件，如果不输入 dx_1，dx_n，则默认 $dx_1=f'(x_1)=0$，$dx_n=f'(x_n)=0$。

t 为符号或一组数值，如果 t 是符号变量(用 syms t 定义)，则给出关于 t 的分段三次样条插值多项式；如果 t 是一组数值，则返回在 t 处的插值。

N(可选项)—插值函数的系数输出形式为分数，如果系数要以小数形式输出，需给出精度位数 N。

4. MATLAB 程序

```
function S=splinter1(x,y,t,N)
%本程序中使用的是与(3.4)等价的方程组,详细讨论参见 [3]P216-222 和[4]P139-144;
n=length(x);
if n<3,error(''至少需要 3 个节点'')end
if any(diff(x)<0)
    [x,ind]=sort(x);
else
    ind=1:n;
end
x=x(:); dx=diff(x);
if all(dx)==0,error('自变量的数据应互不相同'),end
[yd,yn]=size(y);
if yn==1
    yn=yd; y=reshape(y,1,yn); yd=1;
end
if yn==n
    clamp=1;
elseif yn==n+2
    clamp=0; endslopes=y(:,[1 n+2]).';  y(:,[1 n+2])=[];
else
    error('输入的数据的维数必须相同')
end
yi=y(:,ind).'; dd=ones(1,yd);
dx=diff(x); divdif=diff(yi)./dx(:,dd);
```

```
a=zeros(1,n-1); c=a; c=zeros(1,n-1);
a(1:n-2)=dx(1:n-2)./(dx(1:n-2)+dx(2:n-1));
c(2:n-1)=dx(2:n-1)./(dx(1:n-2)+dx(2:n-1));
d(2:n-1)=6*(divdif(2:n-1)-divdif(1:n-2))./(dx(2:n-1)+dx(1:n-2));
a(n-1)=1; c(1)=1;
if clamp
    d(1)=6*(yi(2)-yi(1))/(dx(1)^2);
    d(n)=6*(yi(n-1)-yi(n))/(dx(n-1)^2);
else
    d(1)=6*((yi(2)-yi(1))/dx(1)-endslopes(1))/dx(1);
    d(n)=6*(endslopes(2)-(yi(n)-yi(n-1))/dx(n-1))/dx(n-1);
end
b(1:n)=2;
d=tridi(a,b,c,d);
if isnumeric(t)==1
    m=length(t); pp=0;
    for k=1:m
        for i=1:n-1
            if(t(k)<=x(i+1))&(t(k)>=x(i))
                pp(k)=d(i)*(x(i+1)-t(k))^3/(6*dx(i))+d(i+1)*(t(k)-x(i))^3/(6
                *dx(i))+(y(i)-d(i)*dx(i)^2/6)*(x(i+1)-t(k))/dx(i)+(y(i+1)-d
                (i+1)*dx(i)^2/6)*(t(k)-x(i))/dx(i);
            end
        end
        S=pp;
    end
elseif(isnumeric(t)+1==1)&(nargin==3)
    for i=1:n-1
        pp(i)=d(i)*(x(i+1)-t)^3/(6*dx(i))+d(i+1)*(t-x(i))^3/(6*dx(i))+(y
        (i)-(d(i)*dx(i)^2)/6)*(x(i+1)-t)/dx(i)+(y(i+1)-(d(i+1)*dx(i)^2)/6)
        *(t-x(i))/dx(i);
        pp(i)=simplify(pp(i));
        fprintf('In [%g ,%g]\n',x(i),x(i+1));
        fprintf('S(%d)=',i); pretty(pp(i));
    end
else
    digits(N);
    for i=1:n-1
        pp(i)=d(i)*(x(i+1)-t)^3/(6*dx(i))+d(i+1)*(t-x(i))^3/(6*dx(i))+(y
        (i)-(d(i)*dx(i)^2)/6)*(x(i+1)-t)/dx(i)+(y(i+1)-(d(i+1)*dx(i)^2)/6)
        *(t-x(i))/dx(i);
        pp(i)=simplify(pp(i));
        vpa(pp(i));                          %用 vpa 使上述三条命令转化为小数形式
        fprintf('In [%g ,%g]\n',x(i),x(i+1));
        fprintf('S(%d)=',i); pretty(ans);
```

```
    end
end
function d=tridi(a,b,c,d)
n=length(d);
c(1)=c(1)/b(1);
for j=2:n-1
    c(j)=c(j)/(b(j)-a(j-1)*c(j-1));
end
d(1)=d(1)/b(1);
for j=2:n
    d(j)=(d(j)-a(j-1)*d(j-1))/(b(j)-a(j-1)*c(j-1));
end
for j=(n-1):-1:1
    d(j)=d(j)-c(j)*d(j+1);
end
```

例 3.6 对函数 $y=xe^{-x}$，取节点 0,1,2,3,4,5,6，并分别取零斜率边界条件(zero slope end conditions) $y'(0)=0$, $y'(6)=0$ 和严格斜率边界条件 $y'(0)=1$, $y'(6)=-0.01239376088$，求满足边界条件的三次样条插值函数。

解 建立如下脚本文件，存为 ex3_6_1.m。

```
x=[0,1,2,3,4,5,6];
fx=inline('x.*exp(-x)'); y=fx(x);
yy=[0,y,0];                                    %将两个一阶导数值分别放在 y 的两端
syms t
splinter1(x,yy,t,10);  %注意在 MATLAB\File\Set Path 中设置文件 splinter1.m 所在路径
xx=0:0.05:6; yy1=splinter1(x,yy,xx);       %在 xx 处的插值
fplot(fx,[-0.1,6]);
hold on
plot(x,y,'ko',xx,yy1,'r--');
legend('函数 x*exp(-x)','插值节点','零斜率样条插值');
```

在 MATLAB 命令窗口执行 ex3_6_1 后，即得如下结果和图像(图 3.12)。

```
>>ex3_6_1
In [0,1]
S(1)=-0.4809498620t^3+0.8488293032t^2-0.555110^-16 t,
In [1,2]
S(2)=0.2420023878t^3-1.320027446t^2+2.168856749t-0.7229522498,
In [2,3]
S(3)=-0.04607186005t^3+0.4084180409t^2-1.288034225t+1.581641733,
In [3,4]
S(4)=0.01159625087t^3-0.1105949574t^2+0.2690047699t+0.02460273825,
In [4,5]
S(5)=-0.008998026269t^3+0.1365363683t^2-0.7195205328t+1.342636475,
In [5,6]
S(6)=0.0088625623838t^3-0.1278183833t^2+0.6022532253t-0.8603197882。
```

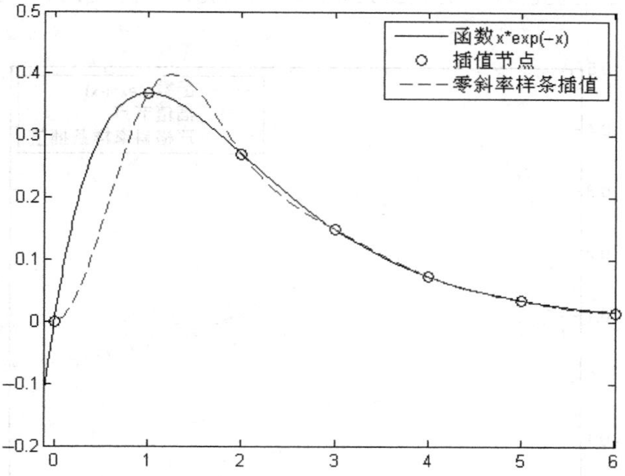

图 3.12

利用程序 splinter1,同样可求得严格斜率边界条件的三次样条插值函数。建立如下脚本文件,存为 ex3_6_2。

```
x=[0,1,2,3,4,5,6];
fx=inline('x.*exp(-x)');
y=fx(x);
y1=[1,y,-0.01239376088];                    %将两个一阶导数值分别放在 y 的两端
syms t;
splinter1(x,y1,t,10);  %注意在 MATLAB\File\Set Path 中设置文件 splinter1.m 所在路径
xx=0:0.05:6;
yy2=splinter1(x,y1,xx);                     %在 xx 处的插值
fplot(fx,[-0.1,6]);
hold on
plot(x,y,'ko',xx,yy2,'r--');
legend('函数 x*exp(-x)','插值节点','严格斜率样条插值');
```

在 MATLAB 命令窗口执行 ex3_6_2 后,即得如下结果和图像(图 3.13)。

```
>>ex3_6_2
In [0,1]
S(1)=0.2511173095t^3-0.8832378683t^2+t+0.185037210^-16,
In [1,2]
S(2)=0.04580087335t^3-0.2672885599t^2+0.3840506916t+0.2053164361,
In [2,3]
S(3)=0.006667026323t^3-0.03248547776t^2-0.08555547270t+0.5183872123,
In [3,4]
S(4)=-0.003157780149t^3+0.05593778049t^2-0.3508252475t+0.7836569871,
In [4,5]
S(5)=-0.002720788558x^3+0.05069388139x^2-0.3298496511x+0.7556895252,
In [5,6]
```

```
S(6)=-0.001729295985t^3+0.03582149280t^2-0.2554877081t+0.6317529537。
```

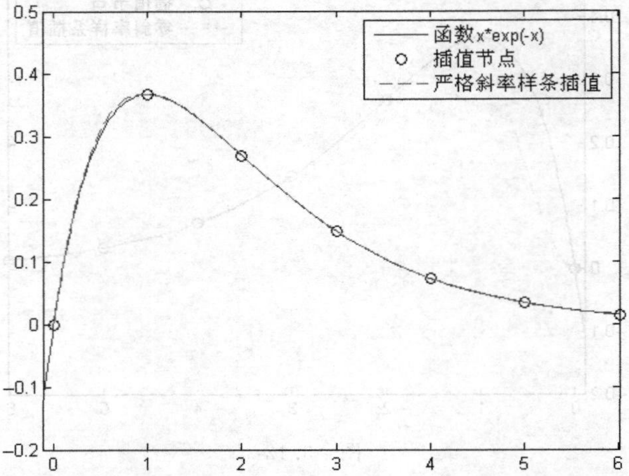

图 3.13

可见严格斜率样条插值多项式与原函数的一致性较好。

3.5.2 端点曲率调整样条插值函数

1. 功能

给定函数 $y=f(x)$ 的 $N+1$ 个节点 $x_0<x_1<\cdots<x_N$，及相应的函数值 $y_k=f(x_k)(k=0,1,\cdots,N)$，求出满足端点曲率调整边界条件的样条插值函数。

2. 计算方法

已知两端点的二阶导数 $m_0=S''(x_0)$，$m_N=S''(x_N)$，而 $m_1,m_2,\cdots,m_{N-1}$ 的值由下面的方程组确定。

$$\begin{cases}2(h_0+h_1)m_1+h_1m_2=u_1-h_0S''(x_0),\\ h_{k-1}m_{k-1}+2(h_{k-1}+h_k)m_k+h_km_{k+1}=u_k, \quad k=2,3,\cdots,N-2,\\ h_{N-2}m_{N-2}+2(h_{N-2}+h_{N-1})m_{N-1}=u_{N-1}-h_{N-1}S''(x_N)。\end{cases} \tag{3.5}$$

3. 使用说明

splinter2(x,y,t)或 splinter2(x,y,t,N)

x 为插值节点$[x_1,x_2,\cdots,x_n]$，y 为插值节点处的函数值$[y_1,y_2,\cdots,y_n](y_j=f(x_j))$或$[\mathrm{dd}x_1,y_1,y_2,\cdots,y_n,\mathrm{dd}x_n]$，其中 $\mathrm{dd}x_1=f''(x_1)$，$\mathrm{dd}x_n=f''(x_n)$，是端点曲率调整边界条件，如果不输入 $\mathrm{dd}x_1$，$\mathrm{dd}x_n$，则默认 $\mathrm{dd}x_1=f''(x_1)=0$，$\mathrm{dd}x_n=f''(x_n)=0$。

t 为符号或一组数值，如果 t 是符号变量（用 syms t 定义），则给出关于 t 的分段三次样条插值多项式；如果 t 是一组数值，则返回在 t 处的插值。

N（可选项）-插值函数的系数输出形式为分数，如果系数要以小数形式输出，需给出精度位数 N。

4. MATLAB 程序

```
function output=splinter2(x,y,t,N)
```

```
%本程序中使用的是与(3.5)式等价的方程组,详细讨论参见[3]P216-222和[4]P139-144。
n=length(x);
if n<3,
    error('至少需要 3个节点');
end
if any(diff(x)<0),
    [x,ind]=sort(x);
else
    ind=1:n;
end
[yd,yn]=size(y);
if yn==1
    yn=yd; y=reshape(y,1,yn); yd=1;
end
if yn==n
    aknot=1;
elseif yn==n+2
    aknot=0; endslopes=y(:,[1 n+2]).';
    y(:,[1 n+2])=[];
else
    error('输入的数据的维数必须相同')
end
x=x(:); dx=diff(x); dy=diff(y);
if n==3
    w(1:3)=0;
    if length(y)==5
            w(1)=y(1);
            w(3)=y(5);
    end
    u=6*(dy(2)/dx(2)-dy(1)/dx(1))/(dx(1)+dx(2));
    w(2)=(u-(dx(1)/(dx(1)+dx(2)))*w(1)-(dx(2)/(dx(2)+dx(1)))*w(3))/2;
end
%当只有三个节点时需要用此计算 w.
if all(dx)==0,
    error('自变量的数据应互不相'),
end
[yd,yn]=size(y);
if yn==1
    yn=yd; y=reshape(y,1,yn); yd=1;        %如果 y 是列向量,将其转化为行向量
end
yi=y(:,ind).'; dd=ones(1,yd);
dx=diff(x); divdif=diff(yi)./dx(:,dd);
f=zeros(2,n-2); g=zeros(1,n-2);
f(2:n-2)=dx(2:n-2)./(dx(2:n-2)+dx(3:n-1));
g(1:n-2)=dx(2:n-1)./(dx(1:n-2)+dx(2:n-1));
```

```
h(2:n-1)=6*(divdif(2:n-1)-divdif(1:n-2))./(dx(2:n-1)+dx(1:n-2));
if ~aknot
    h(2)=h(2)-(dx(1)/(dx(1)+dx(2)))*endslopes(1);
    h(n-1)=h(n-1)-g(n-2)*endslopes(2);
end
if n==3
    f=w;
else
    b(1:n-2)=2;
    a(1:n-3)=f(2:n-2);
    c(1:n-3)=g(1:n-3);
    d(1:n-2)=h(2:n-1);
    d=tridi(a,b,c,d);                       %追赶法求解方程组,见 3.5.1 节
    f=zeros(1,n);
    f(2:n-1)=d(1:n-2);
end
if~aknot
    f(1)=endslopes(1);
    f(n)=endslopes(2);
end
if isnumeric(t)==1
    m=length(t);
    for k=1:m
        for i=1:n-1
            if(t(k)<=x(i+1))&(t(k)>=x(i))
                pp(k)=f(i)*(x(i+1)-t(k))^3/(6*dx(i))+f(i+1)*(t(k)-x(i))^3/(6
                *dx(i))+(y(i)-f(i)*dx(i)^2/6)*(x(i+1)-t(k))/dx(i)+(y(i+1)-f
                (i+1)*dx(i)^2/6)*(t(k)-x(i))/dx(i);
            end
        end
        output=pp;
    end
elseif(isnumeric(t)+1==1)&(nargin==3)
    for i=1:n-1
        pp(i)=f(i)*(x(i+1)-t)^3/(6*dx(i))+f(i+1)*(t-x(i))^3/(6*dx(i))+
        (y(i)-f(i)*dx(i)^2/6)*(x(i+1)-t)/dx(i)+(y(i+1)-f(i+1)*dx(i)^2/6)*(t
        -x(i))/dx(i);
        pp(i)=simplify(pp(i));
        fprintf('In [%g,%g]\n',x(i),x(i+1));
        fprintf('S(%d)=',i); pretty(pp(i));
    end
else
    digits(N);
    for i=1:n-1
        pp(i)=f(i)*(x(i+1)-t)^3/(6*dx(i))+f(i+1)*(t-x(i))^3/(6*dx(i))+
```

```
        (y(i)-f(i)*dx(i)^2/6)*(x(i+1)-t)/dx(i)+(y(i+1)-f(i+1)*dx(i)^2/6)*(t
        -x(i))/dx(i);
        pp(i)=simplify(pp(i));
        vpa(pp(i));
        fprintf('In [%g ,%g]\n',x(i),x(i+1));
        fprintf('S(%d)=',i); pretty(ans);
    end
end
```

例 3.7 对函数 $y=xe^{-x}$，取节点 0,1,2,3,4,5,6，并分别取自然边界条件(natural) $y''(0)=0$，$y''(6)=0$ 和端点曲率调整边界条件 $y''(0)=-2$，$y''(6)=0.009915$，求满足边界条件的三次样条插值函数。

解 建立如下脚本文件，存为 ex3_7.m。

```
x=[0,1,2,3,4,5,6];
fx=inline('x.*exp(-x)');
y=fx(x);
y1=[0,y,0 ];                              %将两个二阶导数值分别放在 y 的两端
syms t;
splinter2(x,y1,t,10);                     %自然边界条件的样条插值
y2=[-2,y,0.009915 ];                      %将两个二阶导数值分别放在 y 的两端
splinter2(x,y2,t,10);                     %端点曲率调整边界条件的样条插值
xx=0:0.05:6;
yy1=splinter2(x,y1,xx);                   %自然边界条件的样条在 xx 处的插值
yy2=splinter2(x,y2,xx);                   %端点曲率调整边界条件的样条在 xx 处的插值
fplot(fx,[-0.1,6]);
hold on
plot(xx,yy1,'r--',xx,yy2,'k-.');
legend('函数 x*exp(-x)','自然样条','端点曲率调整样条');
hold off
figure
yy=fx(xx);
plot(xx,yy-yy1,'r--',xx,yy-yy2,'b');
legend('函数 x*exp(-x)与自然样条的差','函数 x*exp(-x)与端点曲率调整样条的差');
```

在 MATLAB 命令窗口执行 ex3_7 后，即得如下结果和图像(图 3.14、图 3.15)。

```
In [0,1]
S(1)=-0.1221807921t^3+0.4900602332t,
In [1,2]
S(2)=0.1458156444t^3-0.8039893094t^2+1.294049543t-0.2679964365,
In [2,3]
S(3)=-0.02009395637t^3+0.1914682953t^2-0.6968656668t+1.059280370,
In [3,4]
S(4)=0.003871379585t^3-0.02421972833t^2-0.04980159586t+0.4122162989,
In [4,5]
S(5)=-0.004076444796t^3+0.07115416424t^2-0.4312971661t+0.9208770593,
```

In [5,6]

S(6)=-0.003335830766t³+0.06004495378t²-0.3757511139t+0.8283003054。

以上为自然边界条件的样条插值函数。下面是端点曲率调整边界条件的样条插值函数。

In [0,1]

S(1)=0.3004666620t³-t²+1.067412779t,

In [1,2]

S(2)=0.03257837411t³-0.1963351363t²+0.2637479155t+0.2678882879,

In [2,3]

S(3)=0.01020767076t³-0.06211091623t²-0.004700524676t+0.4468539147,

In [3,4]

S(4)=-0.004097858663t³+0.06663884859t²-0.3909498191t+0.8331032091,

In [4,5]

S(5)=-0.002501118941t³+0.04747797193t²-0.3143063125t+0.7309118669,

In [5,6]

S(6)=-0.001667895937x³+0.03497962686x²-0.2518145871x+0.6267589913。

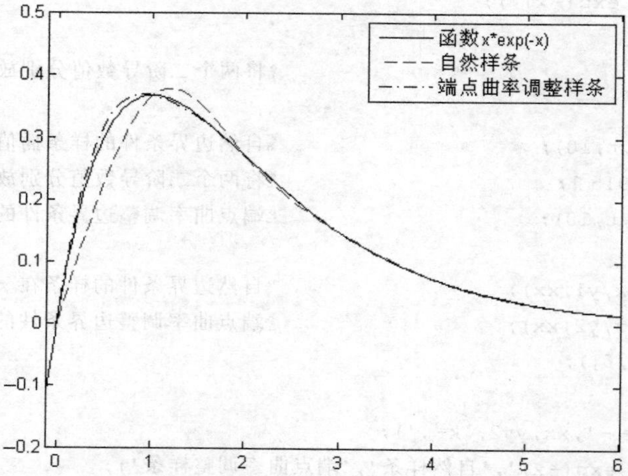

图 3.14

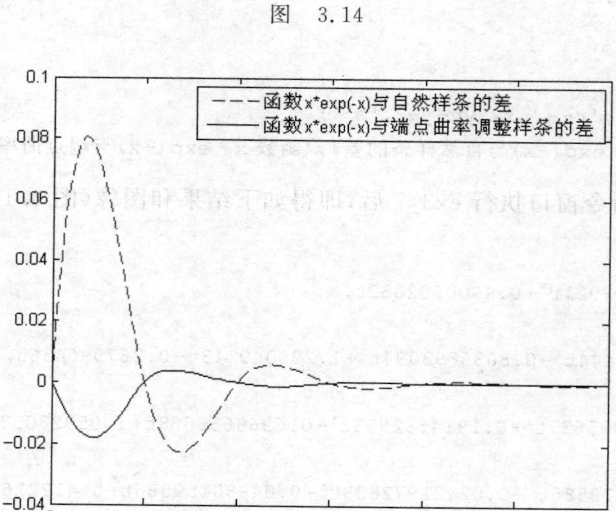

图 3.15

可见端点曲率调整样条插值多项式与原函数的一致性较好。

3.5.3　非节点样条插值函数

1. 功能

给定函数 $y=f(x)$的 $N+1$ 个节点 $x_0<x_1<\cdots<x_N$，及相应的函数值 $y_k=f(x_k)(k=0,1,\cdots,N)$，求出满足非节点(notaknot)边界条件的三次样条插值函数。

2. 计算方法

已知 $S'''_0(x_0)=S'''_1(x_1)$，$S'''_{N-2}(x_{N-2})=S'''_{N-1}(x_{N-1})$，可转化为 $m_0=m_1-\dfrac{h_0(m_2-m_1)}{h_1}$，$m_N=m_{N-1}+\dfrac{h_{N-1}(m_{N-1}-m_{N-2})}{h_{N-2}}$，而 $m_1,m_2,\cdots,m_{N-1}$的值由下面的方程组确定。

$$\begin{cases}\left(3h_0+2h_1+\dfrac{h_0^2}{h_1}\right)m_1+\left(h_1-\dfrac{h_0^2}{h_1}\right)m_2=u_1,\\ h_{k-1}m_{k-1}+2(h_{k-1}+h_k)m_k+h_km_{k+1}=u_k,\quad k=2,3,\cdots,N-2,\\ \left(h_{N-2}-\dfrac{h_{N-1}^2}{h_{N-2}}\right)m_{N-2}+\left(2h_{N-2}+3h_{N-1}+\dfrac{h_{N-1}^2}{h_{N-2}}\right)m_{N-1}=u_{N-1}。\end{cases}\tag{3.6}$$

3. 使用说明

```
splinter3(x,y,t,N);
```

x 为插值节点$[x_1,x_2,\cdots,x_n]$，y 为插值节点处的函数值$[y_1,y_2,\cdots,y_n](y_j=f(x_j))$。$t$ 为符号或一组数值，如果 t 是符号变量(用 syms t 定义)，则给出关于 t 的分段三次样条插值多项式；如果 t 是一组数值，则返回在 t 处的插值。

N(可选项)—插值函数的系数输出形式为分数，如果系数要以小数形式输出，需给出精度位数 N。

注：非节点(notaknot)边界条件：采用使第一个与第二个三次多项式的三阶导数相等，最后一个与倒数第二个三次多项式的三阶导数相等作为约束条件。增加三阶导数连续后，说明两个相邻的样条片段变成了相同的三次多项式，此时的这个内部节点(x_1,x_{n-1})就不是两个不同三阶多项式的分界点。因此，它们不再是真正的节点，这就是名称“非节点”边界条件的由来。

4. MATLAB 程序

```
function S=splinter3(x,y,t,N)
n=length(x);
if n<3
    error('至少需要 3 个节点')
end
if any(diff(x)<0)
    [x,ind]=sort(x);
else
    ind=1:n;
end
x=x(:); dx=diff(x);
```

```
if all(dx)==0
    error('自变量的数据应互不相同')
end
[yd,yn]=size(y);
if yn==1
    yn=yd; y=reshape(y,1,yn); yd=1;
end
if yn~=n
    error('输入的数据的维数必须相同')
end
yi=y(:,ind).'; dd=ones(1,yd);
dx=diff(x); divdif=diff(yi)./dx(:,dd);
a=zeros(1,n-2); c=zeros(1,n-2);
d(1:n-2)=6*diff(divdif);
if n==3
    d(1)=d(1)/(3*(dx(1)+dx(2)));
    d(2)=d(1); d(3)=d(1);
else
    a(1:n-3)=dx(2:n-2); c(1:n-3)=dx(2:n-2);
    b(1:n-2)=2*(dx(1:n-2)+dx(2:n-1));
    a(n-3)=dx(n-2)-dx(n-1)^2/dx(n-2);
    c(1)=dx(2)-dx(1)^2/dx(2);
    b(1)=b(1)+dx(1)+dx(1)^2/dx(2);
    b(n-2)=b(n-2)+dx(n-1)+dx(n-1)^2/dx(n-2);
    d(2:n-1)=tridi(a,b,c,d);                    %追赶法求解方程组,见 3.5.1 节
    d(1)=d(2)-dx(1)*(d(3)-d(2))/dx(2);
    d(n)=d(n-1)+dx(n-1)*(d(n-1)-d(n-2))/dx(n-2);
end
if isnumeric(t)==1
    m=length(t);
    pp=0;
    for k=1:m
        for i=1:n-1
            if(t(k)<=x(i+1))&(t(k)>=x(i))
                pp(k)=d(i)*(x(i+1)-t(k))^3/(6*dx(i))+d(i+1)*(t(k)-x(i))^3/(6
                *dx(i))+(y(i)-d(i)*dx(i)^2/6)*(x(i+1)-t(k))/dx(i)+(y(i+1)-d
                (i+1)*dx(i)^2/6)*(t(k)-x(i))/dx(i);
            end
        end
        S=pp;
    end
elseif(isnumeric(t)+1==1)&(nargin==3)
    for i=1:n-1
        pp(i)=d(i)*(x(i+1)-t)^3/(6*dx(i))+d(i+1)*(t-x(i))^3/(6*dx(i))+(y
        (i)-(d(i)*dx(i)^2)/6)*(x(i+1)-t)/dx(i)+(y(i+1)-(d(i+1)*dx(i)^2)/
```

```
                6) * (t-x(i))/dx(i);
                pp(i)=simplify(pp(i));
                fprintf('In [%g ,%g]\n',x(i),x(i+1));
                fprintf('S(%d)=',i); pretty(pp(i));
            end
else
        digits(N);
        for i=1:n-1
            pp(i)=d(i) * (x(i+1)-t)^3/(6 * dx(i))+d(i+1) * (t-x(i))^3/(6 * dx(i))+
            (y(i)-(d(i) * dx(i)^2)/6) * (x(i+1)-t)/dx(i)+(y(i+1)-(d(i+1) * dx(i)^2)/6)
            * (t-x(i))/dx(i);
            pp(i)=simplify(pp(i));
            vpa(pp(i));                        %用 vpa 使上述三条命令转化为小数形式
            fprintf('In [%g ,%g]\n',x(i),x(i+1));
            fprintf('S(%d)=',i); pretty(ans);
        end
end
```

例 3.8 对函数 $y=xe^{-x}$,取节点 0,1,2,3,4,5,6,求满足非节点边界条件的三次样条插值函数。并将本例、例 3.6 及例 3.7 中所求的各种边界条件的样条函数与函数 $y=xe^{-x}$ 比较,哪个样条插值与 $y=xe^{-x}$ 的一致性最好?

解 建立如下脚本文件,存为 ex3_8.m。

```
x=[0,1,2,3,4,5,6];
fx=inline('x. * exp(-x)'); y=fx(x);
y1=[0,y,0];
y2=[1,y,-0.01239376088];                 %将两个一阶导数值分别放在 y 的两端
y3=[-2,y,0.009915 ];                     %将两个二阶导数值分别放在 y 的两端
syms t;
splinter3(x,y,t,10);                     %非节点边界条件的样条插值
xx=0:0.05:6; yy1=splinter1(x,y1,xx);     %零斜率样条在 xx 处的插值
yy2=splinter1(x,y2,xx);                  %严格斜率样条在 xx 处的插值
yy3=splinter2(x,y1,xx);                  %自然边界条件的样条在 xx 处的插值
yy4=splinter2(x,y3,xx);                  %端点曲率调整边界条件的样条在 xx 处的插值
yy5=splinter3(x,y,xx);                   %非节点边界条件的样条在 xx 处的插值
fplot(fx,[-0.1,6]);
hold on
plot(xx,yy5,'r--');
legend('函数 x * exp(-x)','非节点样条');
hold off
figure
yy=fx(xx);
plot(xx,yy-yy1,'r--',xx,yy-yy2,'b-.',xx,yy-yy3,'m:',xx,yy-yy4,'c',xx,yy-yy5,
'g.');
legend('函数 x * exp(-x)与零斜率样条的差','函数 x * exp(-x)与严格斜率样条的差',…
'函数 x * exp(-x)与自然样条的差','函数 x * exp(-x)与端点曲率调整样条的差','函数 x * exp
```

```
(-x)与非节点样条的差');
```

在 MATLAB 命令窗口执行 ex3_8 后，即得非节点样条插值函数和图像(图 3.16)。

```
In [0,1]
S(1)=0.08918324083t³-0.5000938804t²+0.7787900808t,
In [1,2]
S(2)=0.08918324083t³-0.5000938804t²+0.7787900808t,
In [2,3]
S(3)=-0.004928374938t³+0.06457581417t²-0.3505493084t+0.7528929261,
In [3,4]
S(4)=-0.0001585425845t³+0.02164732299t²-0.2217638349t+0.6241074526,
In [4,5]
S(5)=-0.003122337556t³+0.05721286265t²-0.3640259935t+0.8137903308,
In [5,6]
S(6)=-0.003122337556t³+0.05721286265t²-0.3640259935t+0.8137903308。
```

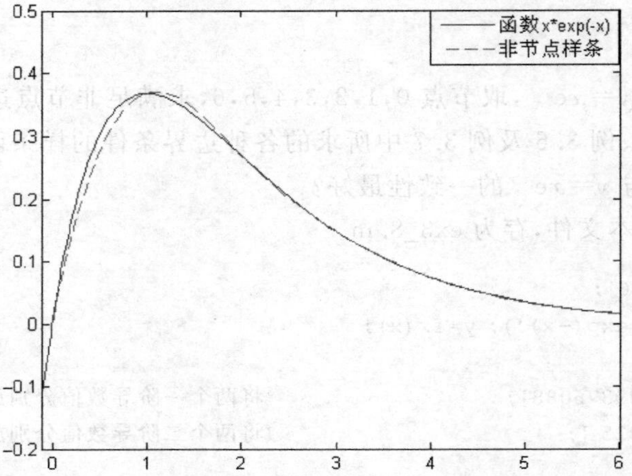

图 3.16

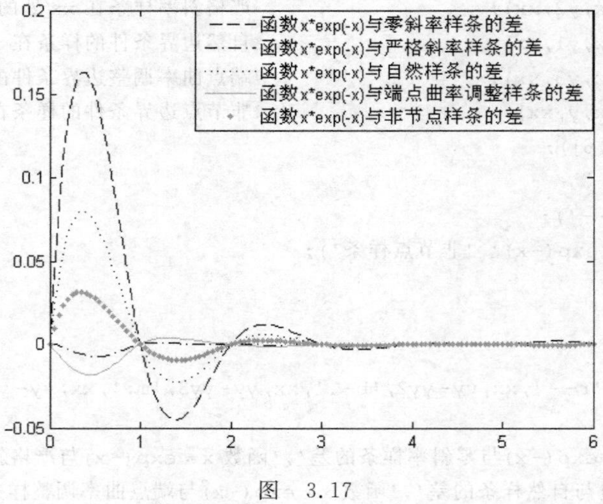

图 3.17

由图 3.17 可见严格斜率样条与原函数的一致性最好，零斜率样条与原函数的误差最大。

例 3.9 观测得函数 $f(x)$ 在某些点的函数值为 $f(0)=0, f(1)=16, f(4)=22, f(5)=56, f(6)=74$，以及 $f'(0)=3, f'(6)=1$，分别求 $f(x)$ 的满足严格斜率边界条件和自然边界条件的三次样条插值函数 $S_1(x)$、$S_2(x)$ 及 $f(2.3)$，$f(5.5)$ 的近似值。

解 建立如下脚本文件，存为 ex3_9.m。

```
x0=[2.3,5.5]; x1=[0,1,4 ,5,6];
y1=[3,0,16,22,56,74,1];                %将两个一阶导数值分别放在 y1 的两端
y11=[ 0,16,22,56,74]; syms x;
splinter1(x1,y1,x);                    %  严格斜率边界条件的样条插值函数
splinter2(x1,y11,x);                   %自然边界条件的样条插值函数
y00=splinter1(x1,y1,x0)                %  严格斜率边界条件的样条在 x0 处的插值
y01=splinter2(x1,y11,x0)               %自然边界条件的样条在 x0 处的插值
xx=0:0.05:6;
yy1=splinter1(x1,y1,xx);               %严格斜率样条在 xx 处的插值
yy2=splinter2(x1,y11,xx);              %自然边界条件的样条在 xx 处的插值
plot(x1,y11,'ko',xx,yy1,'r--',xx,yy2,'b');
legend('节点','严格斜率样条','自然样条');
```

在 MATLAB 命令窗口执行 ex3_9 后，即得如下结果和图像(图 3.18)。

In [0,1]

$$S(1)=3x+\frac{55}{2}x^2-\frac{29}{2}x^3, \tag{3.7a}$$

In [1,4]

$$S(2)=-\frac{166}{9}+\frac{175}{3}x-\frac{167}{6}x^2+\frac{71}{18}x^3, \tag{3.7b}$$

In [4,5]

$$S(3)=906-635x+\frac{291}{2}x^2-\frac{21}{2}x^3, \tag{3.7c}$$

In [5,6]

$$S(4)=-94-35x+\frac{51}{2}x^2-\frac{5}{2}x^3。 \tag{3.7d}$$

以上为严格斜率边界条件的样条插值函数。由此样条求得 $f(2.3)$，$f(5.5)$ 的近似值分别为

16.47594444444445，68.93750000000000。

下面是自然边界条件的样条插值函数。由此样条求得 $f(2.3)$，$f(5.5)$ 的近似值分别为

13.02009748427673　67.08372641509433。

In [0,1]

$$S(1)=\frac{2129}{106}x-\frac{433}{106}x^3,$$

In [1,4]

$$S(2)=-\frac{1196}{159}+\frac{4521}{106}x-\frac{1196}{53}x^2+\frac{1093}{318}x^3,$$

In [4,5]

$$S(3)=\frac{51228}{53}-\frac{72919}{106}x+\frac{8484}{53}x^2-\frac{1249}{106}x^3,$$

In [5,6]

$$S(4)=-\frac{63647}{53}+\frac{64931}{106}x-\frac{5301}{53}x^2+\frac{589}{106}x^3。$$

由图 3.18 可见，同一组数据不同的边界条件求出的三次样插值函数还是有不小的差别的。

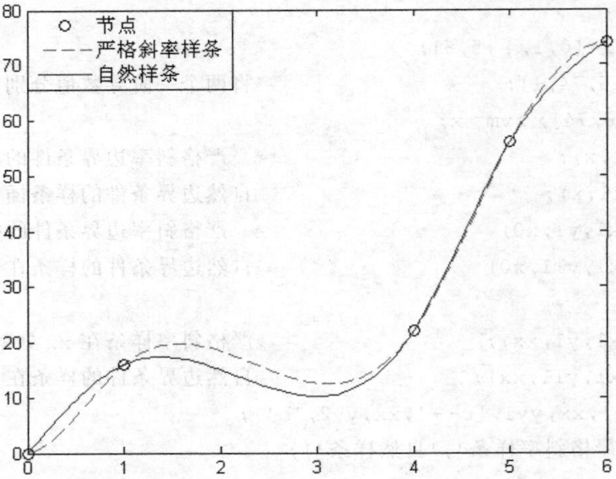

图 3.18

3.5.4 周期样条插值函数

1. 功能

给定函数 $y=f(x)$ 的 $N+1$ 个节点 $x_0<x_1<\cdots<x_N$，及相应的函数值 $y_k=f(x_k)(k=0,1,\cdots,N)$，求出满足周期边界条件时的三次样条插值函数。

2. 计算方法

已知 $S'(x_0+0)=S'(x_N-0)$，$S''(x_0+0)=S''(x_N-0)$，即 $m_0=m_N$。而 $m_0,m_1,m_2,\cdots,m_{N-1}$ 的值，由下面的方程组确定。

$$\begin{cases}2(h_0+h_{N-1})m_0+h_0m_1+h_{N-1}m_{N-1}=6(d_0-d_{N-1}),\\ h_{k-1}m_{k-1}+2(h_{k-1}+h_k)m_k+h_km_{k+1}=u_k,\quad k=1,2,\cdots,N-2,\\ h_{N-1}m_0+h_{N-2}m_{N-2}+2(h_{N-2}+h_{N-1})m_{N-1}=u_{N-1}。\end{cases}\tag{3.8}$$

3. 使用说明

```
splinter4(x,y,t,m)
```

x 为插值节点$[x_1,x_2,\cdots,x_n]$，y 为插值节点处的函数值$[y_1,y_2,\cdots,y_n](y_j=f(x_j))$。$t$ 为符号或一组数值，如果 t 是符号变量(用 syms t 定义)，则给出关于 t 的分段三次样条插值多项式；如果 t 是一组数值，则返回在 t 处的插值。

N(可选项)—插值函数的系数输出形式为分数，如果系数要以小数形式输出，需给出精度位数 N。

注：使用本程序的计算结果与调用 Spline(xvals,yvals,x,endpoints='periodic')的结果

相同。

4. MATLAB 程序

```
function output=splinter4(x,y,t,N)
%本程序中使用的是与(3.8)等价的方程组,详细讨论参见[3]P216-222 和[4]P139-144;
n=length(x);
if n<3,
    error('至少需要 3 个节点')
end
if any(diff(x)<0)
    [x,ind]=sort(x);
else
    ind=1:n;
end
x=x(:); dx=diff(x);
if all(dx)==0
    error('自变量的数据应互不相同')
end
[yd,yn]=size(y);
if yn==1
    yn=yd; y=reshape(y,1,yn); yd=1;        %如果 y 是列向量,将其转化为行向量
end
if length(x)~=length(y)
    error('输入的数据的维数必须相同')
end
yi=y(:,ind).'; dd=ones(1,yd);
dx=diff(x); divdif=diff(yi)./dx(:,dd);
a=zeros(1,n-1);
c=a; c=zeros(1,n-1);
a(1:n-2)=dx(1:n-2)./(dx(1:n-2)+dx(2:n-1));
c(1:n-2)=dx(2:n-1)./(dx(1:n-2)+dx(2:n-1));
d(1:n-2)=6*(divdif(2:n-1)-divdif(1:n-2))./(dx(2:n-1)+dx(1:n-2));
a(n-1)=dx(n-1)/(dx(1)+dx(n-1));
c(n-1)=dx(1)/(dx(1)+dx(n-1));
d(n-1)=6*((yi(2)-yi(1))/dx(1)-(yi(n)-yi(n-1))/dx(n-1))/(dx(1)+dx(n-1));
b(1:n-1)=2;
if n==3
    f(1)=(12*(divdif(1)-divdif(2))-6*(divdif(2)-divdif(1)))/(3*(dx(1)+dx(2)))
    f(2)=(12*(divdif(2)-divdif(1))-6*(divdif(1)-divdif(2)))/(3*(dx(1)+dx(2)))
    f(3)=f(1);
else
    d=trididigg(a,b,c,d);
    f(2:n)=d(1:n-1);
    f(1)=d(n-1);
end
```

```
if isnumeric(t)==1
    m=length(t);
    for k=1:m
        for i=1:n-1
            if(t(k)<=x(i+1))&(t(k)>=x(i))
                pp(k)=f(i)*(x(i+1)-t(k))^3/(6*dx(i))+f(i+1)*(t(k)-x(i))^3/(6
                *dx(i))+(y(i)-f(i)*dx(i)^2/6)*(x(i+1)-t(k))/dx(i)+(y(i+1)-f
                (i+1)*dx(i)^2/6)*(t(k)-x(i))/dx(i);
            end
        end
        output=pp;
    end
elseif(isnumeric(t)+1==1)&(nargin==3)
    for i=1:n-1
        pp(i)=f(i)*(x(i+1)-t)^3/(6*dx(i))+f(i+1)*(t-x(i))^3/(6*dx(i))+
        (y(i)-f(i)*dx(i)^2/6)*(x(i+1)-t)/dx(i)+(y(i+1)-f(i+1)*dx(i)^2/6)*(t
        -x(i))/dx(i);
        pp(i)=simplify(pp(i));
        fprintf('In [%g ,%g]\n',x(i),x(i+1));
        fprintf('S(%d)=',i);
        pretty(pp(i));
    end
else
    digits(N);
    for i=1:n-1
        pp(i)=f(i)*(x(i+1)-t)^3/(6*dx(i))+f(i+1)*(t-x(i))^3/(6*dx(i))+
        (y(i)-f(i)*dx(i)^2/6)*(x(i+1)-t)/dx(i)+(y(i+1)-f(i+1)*dx(i)^2/6)*(t
        -x(i))/dx(i);
        pp(i)=simplify(pp(i));
        sym2poly(pp(i));
        ans=sym(ans,'d');
        poly2sym(ans,t);
        fprintf(' In [%g ,%g]\n',x(i),x(i+1));
        fprintf('S(%d)=',i);
        pretty(ans);
    end
end
function d=trididigg(a,b,c,d)
n=length(d);
f(1:n-1)=0;
g(1:n-2)=0;
f(1)=b(1);
for i=2:n-1
    f(i)=b(i)-a(i)*c(i-1)/f(i-1);
end
```

```
g(1:n-2)=c(1:n-2)./f(1:n-2);
u=f; s=f;
u(1)=a(1)/f(1);
for i=2:n-2
    u(i)=-a(i)*u(i-1)/f(i);
end
u(n-1)=(c(n-1)-a(n-1)*u(n-2))/f(n-1);
s(1)=c(n);
for i=2:n-2
    s(i)=-s(i-1)*g(i-1);
end
s(n-1)=a(n)-s(n-2)*g(n-2);
f(n)=b(n)-sum(s(1:n-2).*u(1:n-2))-s(n-1)*u(n-1);
d(1)=d(1)/f(1);
for i=2:n-1
    d(i)=(d(i)-a(i)*d(i-1))/f(i);
end
d(n)=(d(n)-sum(s(1:n-2).*d(1:n-2))-s(n-1)*d(n-1))/f(n);
d(n-1)=d(n-1)-u(n-1)*d(n);
for i=n-2:-1:1
    d(i)=d(i)-g(i)*d(i+1)-u(i)*d(n);
end
```

例 3.10 求经过点(0,0),(1,5),(2,—1),(3,0)的三次周期样条。

解 建立如下脚本文件,存为 ex3_10.m。

```
x1=[0,1,2,3];
y1=[0,5,-1,0];
syms x;
splinter4(x1,y1,x);                              % 周期边界条件的样条
```

在 MATLAB 命令窗口执行 ex3_10 后,得如下结果。

```
In [0,1]
S(1)=-5x^3+4x^2+6x,
In [1,2]
S(2)=6x^3-29x^2+39x-11,
In [2,3]
S(3)=-x^3+13x^2-45x+45。
```

3.5.5 MATLAB 的内置三次样条插值函数简介

在 MATLAB 中,实现基本的三次样条插值的函数有 spline,csape,ppval 和 unmkpp。

1. spline

调用格式有如下两种形式:

(1) yy=spline(x,y,xx)利用三次样条插值法求出在插值点 xx 处的插值函数值 yy,插

值函数根据输入参数 x 与 y 的关系得来。x 与 y 为向量形式，而 xx 既可以为向量形式，也可以是标量形式。此函数的作用等同于 interp1(x,y,xx,'spline')。

(2) pp＝spline(x,y) 返回三次样条插值的分段多项式的向量形式，可以使用函数 ppval 来进行插值计算。

注：spline(…)中使用的是非节点('not-a-knot')的边界条件。

例 3.11 令 $xx=[0,1,2,3,4,5,6]$，$yy=\sin(xx)$，利用 spline 求在 $x_1=[0.5,1.5,3.1,5.8]$处的插值。

解 在 MATLAB 命令窗口输入如下命令：

```
>>xx=0:6;
yy=sin(xx);
x1=[0.5,1.5,3.1,5.8];
y1=spline(xx,yy,x1)
回车执行后有
y1=0.50192261258115  0.98760822133712  0.04151227346595  -0.48679244158033
或输入如下命令
>>pp=spline(xx,yy)
pp=form:'pp'
    breaks:[0 1 2 3 4 5 6]
    coefs:[6x4 double]
    pieces:6
    order:4
    dim:1
>>y2=ppval(pp,x1)
y2=0.50192261258115  0.98760822133712  0.04151227346595  -0.48679244158033
```

可见，与第一种调用方式求得的结果相同。

2. csape

调用格式有如下两种形式：

```
pp=csape(x,y)
pp=csape(x,y,conds)
```

返回不同边界条件的三次样条插值的分段多项式的向量形式，可以使用函数 ppval 来进行插值计算。conds 可以是字符串'complete' or 'clamped','not-a-knot','periodic','second','variational' 中之一，不输入 conds 时，默认为'complete'。这些字符串表示了不同的边界条件，具体含义如下(参见本节的开头)：

'complete' or 'clamped':	给定端点的一阶导数，即紧压样条(两个一阶导数分放在 y 的两端)
'not-a-knot':	非节点边界条件
'second':	给定端点的二阶导数，即端点曲率调整样条(两个二阶导数分放在 y 的两端)
'variational':	自然样条(端点的二阶导数为 0)
'periodic':	周期样条

(也可用 pp＝csape(x,y,conds,valconds) 调用形式，conds：'边界类型'含义同上，valconds：

边界条件值，这与第二种调用方式的结果相同。）

例 3.12 观测得函数 $f(x)$ 在某些点的函数值为 $f(0)=0, f(1)=16, f(4)=22, f(5)=56, f(6)=74$，以及 $f'(0)=3, f'(6)=1$，求 $f(x)$ 的三次样条插值函数 $S(x)$。

解 在 MATLAB 命令窗口输入如下命令：

```
>>x1=[0,1,4 ,5,6]
>>y1=[3,0,16,22,56,74,1]
pp=csape(x1,y1,'completed')
回车执行后有
pp=
    form:'pp'
    breaks:[0 1 4 5 6 ]
    coefs:[4x4 double]
    pieces:4
    order:4
    dim:1
```

上述给定的三次样条 pp 形式，存储了节点和多项式系数，以及关于三次样条表示的其他信息。因为，所有信息都被存储在单个向量里，所以这种形式在 MATLAB 中是一种方便的数据结构。当要计算三次样条表示时，必须把 pp 形式分解成它的各个表示段。在 MATLAB 中，通过函数 unmkpp 完成这一过程。运用上述 pp 形式，该函数给出如下结果：

```
>>[breaks,coefs,l,k,d]=unmkpp(pp)
    breaks=
            0       1       4       5       6
    coefs=
            -29/2   55/2   3      0
            71/18   -16    29/2   16
            -21/2   39/2   25     22                    (3.9)
            -5/2    -12    65/2   56
    l=4,k=4,d=1
```

下面是各参数的含义：

这里 breaks 是节点（即 x_1），coefs 是矩阵，它的第 i 行是第 i 段三次多项式的系数 $s_{i,3}$，$s_{i,2}$，$s_{i,1}$，$s_{i,0}$（参见(3.1)式），l 是多项式的数目，k 是每个多项式系数的数目，d 是维数。例如，coefs 中的第二行系数表达的多项式为：$\frac{71}{18}(x-1)^3-16(x-1)^2+\frac{29}{2}(x-1)+16$，它与例 3.9 中求出的（严格斜率样条）第二段多项式 $S(2)=-\frac{166}{9}+\frac{175}{3}x-\frac{167}{6}x^2+\frac{71}{18}x^3$ 是相同的。coefs 中的第三行系数表达的多项式为：$-\frac{21}{2}(x-4)^3+\frac{39}{2}(x-4)^2+25(x-4)+22$，它与例 3.9 中求出的（严格斜率样条）第三段多项式 $S(3)=906-635x+\frac{291}{2}x^2-\frac{21}{2}x^3$ 是相同的。

下述命令画出本例中所求的三次样条插值函数 $S(x)$ 的图像。

```
>>xx1=[0:0.05:6];
>>yy1=ppval(pp,xx1);
>>y2=y1(2:6);
>>plot(x1,y2,'bo',xx1,yy1,'-r')
h=legend('插值节点','紧压样条插值');
set(h);
```

计算结果与例 3.9 相同，见图 3.19。

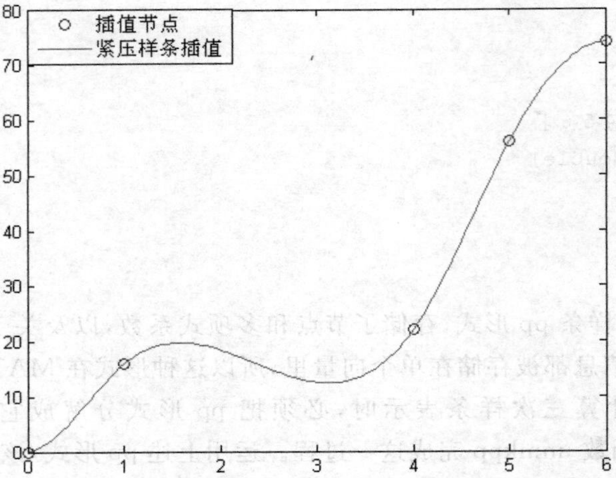

图 3.19

注：例 3.9 与例 3.12 的数据相同，例 3.9 中得到的分段三次样条插值多项式(3.7)与例 3.12 中得到的分段三次样条插值多项式(3.9)实际上是相同的多项式，即执行 splinter1 (x_1, y_1, x) 与 pp=csape$(x_1, y_1,$'completed'),[breaks,coefs,l,k,d]=unmkpp(pp)的结果相同，只是它们的表达形式不同(参见(3.1)式、(3.2)式)。

第4章 函数的逼近

对区间$[a,b]$上的连续函数 $f(x)$，用简单的函数 $p(x)$近似代替 $f(x)$就是函数逼近要研究的问题。$p(x)$可取为多项式、有理函数或三角函数。可用连续函数空间 $C[a,b]$上的不同的范数来度量逼近误差，常用的有 2-范数和∞-范数（最大范数），其对应的逼近分别称为最佳平方逼近和最佳一致逼近。

4.1 最佳一致逼近多项式

若连续函数 $f(x)$在$[a,b]$上的 n 次最佳一致逼近多项式为 $p_n(x)=a_0+a_1x+a_2x^2+\cdots+a_nx^n$，则存在 $n+2$ 个交叉点组$\{x_n\}$满足 $f(x_k)-p(x_k)=(-1)^k\sigma\mu$，其中 $\sigma=\pm1,k=0,1,\cdots,n+1,\mu=\max\limits_{x\in[a,b]}|f(x)-p_n(x)|=\|f(x)-p_n(x)\|_\infty$。

1. 功能

用 Remez 算法求 $f(x)$在$[a,b]$上的 n 次最佳一致逼近多项式。

2. Remez 算法

（1）给出 $n+2$ 个初始偏差点 $a\leqslant x_0<x_1<\cdots<x_{n+1}\leqslant b$，通常取 $n+1$ 次切比雪夫多项式的偏差点 $x_k=\frac{1}{2}\left(b+a+(b-a)\cos\frac{(n+1-k)\pi}{n+1}\right),k=0,1,\cdots,n+1$。解 $n+2$ 个未知数 $a_0,a_1,\cdots,a_n,E$ 的线性方程组

$$a_0+a_1x_k+a_2x_k^2+\cdots+a_nx_k^n-f(x_k)=(-1)^kE,\quad k=0,1,\cdots,n+1。\tag{4.1}$$

（2）求 $n+2$ 个新的偏差点 $a\leqslant z_0<z_1<\cdots<z_{n+1}\leqslant b$，要求 $p_n(z_k)-f(z_k)$正负交错，且 $p_n'(z_k)-f'(z_k)=0,k=1,2,\cdots,n$，也可包括 z_0,z_{n+1}。如上式只有 n 个点成立，则可取 $z_0=a,z_{n+1}=b$。在某些点 z_k 上满足 $\|f-p_n\|_\infty=|p_n(z_k)-f(z_k)|$。

（3）根据切比雪夫定理和偏差点$\{z_k\}$的性质，有 $m=\min|p_n(z_k)-f(z_k)|\leqslant\|f-p_n\|_\infty\leqslant M=\max|p_n(z_k)-f(z_k)|$。若 $M/m\leqslant1.05$，则 $p_n(x)$即为所求。否则，用$\{z_k\}$代替$\{x_k\}$转回第一步继续迭代。

参见文献[12]P233～237。

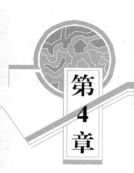

3. 使用说明

```
remezpoly(fun,funder,a,b,n)
```

第一个参数 fun 为一元函数，第二个参数 funder 为 fun 的导数，第三个参数 a 为区间左端点，第四个参数 b 为区间右端点，第五个参数 n 为一致逼近多项式的次数。

4. MATLAB 程序

```
function P=remezpoly(fun,funder,a,b,n)
powers=ones(n+2,1)*([0:n]);
coeffE=(-1).^[1:n+2];
coeffE=coeffE(:);                              %E 的系数取为列向量
t=1:n;
t=t(:);                                        %用于多项式求导
for k=0:n+1
    x0(k+1)=(b+a+(b-a)*cos((n+1-k)*pi/(n+1)))/2;
                             %在[a,b]上取 n+1 次切比雪夫多项式的交叉点组作为初始点 x0
end
for i=1:10
    x0=x0(:);                                  %取为列向量
    hh=x0*ones(1,n+1);
    coeff_h=hh.^powers;
    M=[coeff_h coeffE];                        %构造线性方程组的系数矩阵
    bb=feval(fun,x0);                          %线性方程组的常数向量
    PP=M\bb;    %求解线性方程组，前(n+1)元素是多项式的系数，最后一个元素是在这些点处的误差
    A1=PP(1:end-1);
    A_der=PP(2:end-1).*t;                      %多项式的导数的系数
    z(1)=a;
    z(n+3)=b;
    for k=1:n+1
        z(k+1)=findzero(@err,x0(k),x0(k+1),fun,A1);       %误差函数的零点
    end
    %在列表 z 的每两个点之间，我们求出误差函数的极值点。如果在序列 z 的两点之间存在极值
    点(极大或极小)，则误差函数的导数在极值点等于零，我们可通过求误差函数的导数在这些两
    点之间的根，来求得极值点
    %如果极值点不存在，则检查误差函数在 z 的这两点的函数值，取极大者
    for k=1:n+2
        if sign(err(z(k),funder,A_der))~=sign(err(z(k+1),funder,A_der))
%检查误差函数在极值点处的值的符号变化
            x1(k)=findzero(@err,z(k),z(k+1),funder,A_der);
            v(k)=abs(err(x1(k),fun,A1));
        else
            %如果符号没变化，则不存在极值。比较误差函数在子区间两端点处的函数值，取较大者
            v1=abs(err(z(k),fun,A1));
            v2=abs(err(z(k+1),fun,A1));
            if v1>v2
```

```
                x1(k)=z(k);
                v(k)=v1;
            else
                x1(k)=z(k+1);
                v(k)=v2;
            end
        end
    end
    [mx ind]=max(v);
%在极值点序列中求误差函数取(绝对)最大值的点,如果该点与旧序列相应点的差小于要求的限,则退出
    if abs(x0(ind)-x1(ind))<2^-30
        break;
    end
    if ind<length(x0)& abs(x0(ind+1)-x1(ind))<2^-30
        break
    end
    x0=x1;                                      %新点序列代替旧序列
E=PP(end);
P=PP(1:end-1);
end
h=(b-a)/300;
x=a:h:b ;
e=err(x,fun,P);
plot(x,e);
xlabel('x');
ylabel('e(x)=fun(x)-P(x)');
title('用 P(x)逼近 fun(x)时的误差函数');
fprintf('函数的%d 次最佳一致逼近多项式的最大绝对误差为\n %g\n',n,abs(E));
fprintf('函数的%d 次最佳一致逼近多项式的系数(升幂)为\n',n);
function e=err(x,fun,A)
A=A(:);                                         %多项式系数数组,置为列数组
x=x(:);                                         %变量数组,置为列数组
order=length(A)-1;                              %多项式的次数等于多项式的系数个数减 1
powers=ones(length(x),1)*[0:order];
temp=(x*ones(1,order+1)).^powers;
temp=temp*A;
e=feval(fun,x)-temp;      %误差向量由函数 fun 在变量 x 处的值与多项式 A 在变量 x 处的值的差给出
function y=findzero(fun,x0,x1,varargin)
%fun 是要求根的函数,函数在变量 x0,x1 处的符号不同,要求的根介于 x0,x1 之间
%varargin 是其他变量
f0=feval(fun,x0,varargin{:});
f1=feval(fun,x1,varargin{:});
%验证函数在 x0,x1 处的不同号,否则错误
if sign(f0)==sign(f1)
    error('函数在两点处的符号必须相反');
```

```
end
%弦截法求近似根
x=x0-f0 * ((x1-x0)/(f1-f0));
f=feval(fun,x,varargin{:});
while abs(f)>2^-52
    if sign(f)==sign(f0)
        x0=x;
        f0=f;
    else
        x1=x;
        f1=f;
    end
    x=x0-f0*((x1-x0)/(f1-f0));
    f=feval(fun,x,varargin{:});
end
y=x;
```

例 4.1 求函数 $f(x)=e^x$ 在[0,1]上的 3 次最佳一致逼近多项式。

解 在 MATLAB 命令窗口输入如下命令：

```
>>fun=inline('exp(x)');
>>remezpoly(fun,fun,0,1,3)
```

回车后执行，屏幕显示结果为(图像为图 4.1)

```
函数的 3 次最佳一致逼近多项式的最大绝对误差为
0.000544792
函数的 3 次最佳一致逼近多项式的系数(升幂)为
ans=0.99945520842811   1.01660232638655   0.42170301302331   0.27997648904918
```

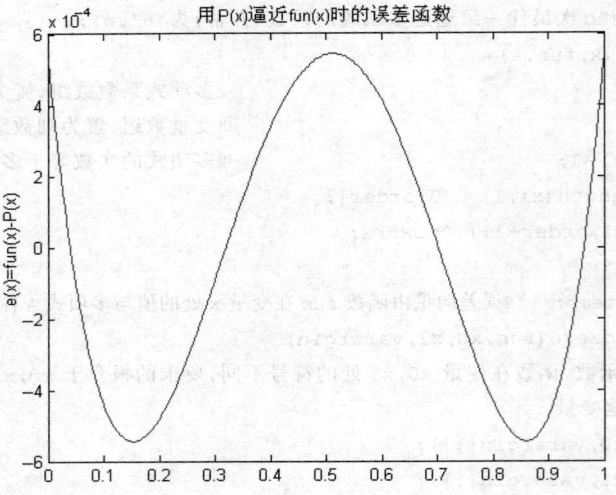

图 4.1 e^x 与其 3 次最佳一致逼近的误差

例 4.2 求函数 $f(x)=\ln(1+x)$在$[0,1]$上的 5 次最佳一致逼近多项式。

解 在 MATLAB 命令窗口输入如下命令：

```
>>fx=inline('log(x+1)');
>>fdx=inline('1/(1+x)');
>>remezpoly(fx,f dx,0,1,5)
```

回车后执行，屏幕显示结果为(图像为图 4.2)

```
函数的 5 次最佳一致逼近多项式的最大绝对误差为
        8.6912e-006
函数的 5 次最佳一致逼近多项式的系数(升幂)为
ans=0.00000869119571  0.99929958596024  -0.49074311002040  0.28670655112834
    -0.13321986289629  0.03110401638805
```

即 5 次最佳一致逼近多项式为

$0.03110401638805x^5-0.13321986289629x^4+0.28670655112834x^3-0.49074311002040x^2+0.99929958596024x+0.00000869119571$。

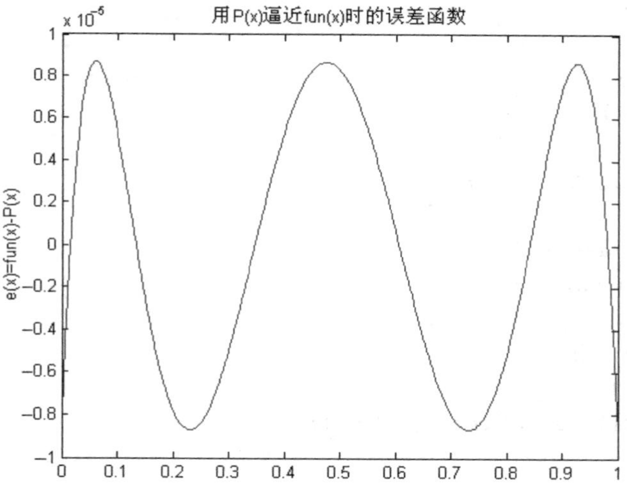

图 4.2 $\ln(1+x)$与其 5 次最佳一致逼近的误差

4.2 近似最佳一致逼近多项式

1. 功能

求 $f(x)$在$[a,b]$上的近似最佳一致逼近多项式 $p_n(x)$。

2. 计算方法

由切比雪夫多项式 $T_{n+1}(x)$的 $n+1$ 个零点为节点的拉格朗日插值多项式求得

$$p_n(x) = c_0T_0(x) + c_1T_1(x) + \cdots + c_nT_n(x),$$

其中

$$c_0 = \frac{f(x_0)T_0(x_0) + f(x_1)T_0(x_1) + \cdots + f(x_n)T_0(x_n)}{n+1}$$

$$= \frac{f(x_0) + f(x_1) + \cdots + f(x_n)}{n+1};$$

$$c_j = \frac{2(f(x_0)T_j(x_0) + f(x_1)T_j(x_1) + \cdots + f(x_n)T_j(x_n))}{n+1}$$

$$= \frac{2}{n+1}\sum_{k=0}^{n} f(x_k)\cos\left(\frac{j\pi(2k+1)}{2n+2}\right), \quad j = 1,2,\cdots,n。 \tag{4.2}$$

3. 使用说明

```
chebappr(fun,n,a,b)
```

第一个参数 fun 为一元函数(自变量为 x),第二个参数 n 为近似一致逼近多项式的次数,第三个参数 a 为区间左端点,第四个参数 b 为区间右端点,不输入 a,b 时,默认 $a=-1$,$b=1$。输出近似最佳一致逼近多项式 $P_n(x)$。

4. MATLAB 程序

```
function chebappr(fun,n,a,b)
if nargin==2
    a=-1; b=1;
end
d=pi/(2*n+2);
C=zeros(1,n+1);
for k=1:n+1
    X(k)=cos((2*k-1)*d);
end
X=(b-a)*X/2+(a+b)/2;
x1=X; Y=feval(fun,x1);
for k=1:n+1
    z=(2*k-1)*d;
    for j=1:n+1
        C(j)=C(j)+Y(k)*cos((j-1)*z);
    end
end
C=2*C/(n+1);  C(1)=C(1)/2;
%计算切比雪夫多项式的系数,T0(x)的系数放在第一行,T1(x)的系数放在第二行……,按降幂排列
%切比雪夫多项式:T0(x)=1;T1(x)=x,递推关系
%  Tk(x)=2xT(k-1)(x)-T(k-2)(x)其中 k=2,3,…
T=zeros(n+1);
T(1,n+1)=1; T(2,n:n+1)=[1 0];
for k=2:n
    T(k+1,n-k+1:n+1)=2*[T(k,n-k+2:n+1)0]-[0 0 T(k-1,n-k+3:n+1)];
end
PP=0;
for k=1:n+1
    PP=PP+C(k)*T(k,:);
end
digits(10);
```

```
syms t x;
PP=poly2sym(PP,t);
P=subs(PP,t,(2*x-a-b)/(b-a));                    %换回原变量 x
P=expand(P);
sort(P); P=vpa(P);
disp('近似最佳一致逼近多项式为')
pretty(P);
PP=sym2poly(P);
xx=a:0.01:b; yy=feval(fun,xx);
yy1=polyval(PP,xx); yy2=yy-yy1;
plot(xx,yy2,'-r');
legend('误差函数');
```

例 4.3 分别求函数 $f(x)=e^x$ 在$[-1,1]$上的 3 次和在$[-3,2]$上的 5 次近似最佳一致逼近多项式。

解 在 MATLAB 命令窗口输入如下命令：

```
>>fx=inline('exp(x)');
>>chebappr(fx,3)
```

回车后执行后，屏幕显示结果为(图像为图 4.3)

近似最佳一致逼近多项式为

$0.1751756940x^3+0.5429007233x^2+0.9989332280x+0.9946153169$

```
>>chebappr(fx,5,-3,2)
```

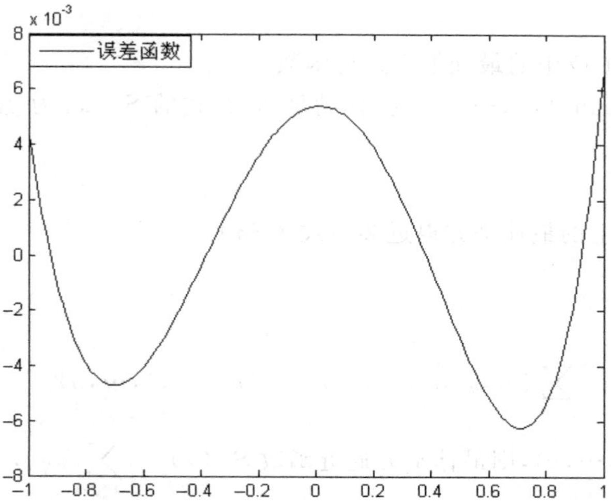

图 4.3 e^x 与其 3 次近似逼近的误差

回车后执行后，屏幕显示结果为(图像为图 4.4)

近似最佳一致逼近多项式为

$0.006299451374x^5+0.04998335568x^4+0.1823089137x^3+0.4878926055x^2+0.9817603396x+$
1.002890426

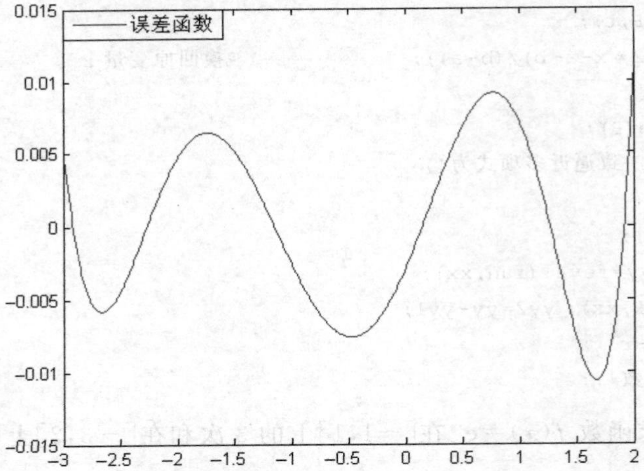

图 4.4 e^x 与其 5 次近似逼近的误差

4.3 最佳平方逼近多项式

设 $f(x)\in C[a,b]$及在内积空间 $C[a,b]$的子集 $\Phi=\mathrm{span}\{\varphi_0,\varphi_1,\cdots,\varphi_n\}$，其中 φ_0，φ_1，…，φ_n线性无关。若存在 $S^*(x)\in\Phi$ 使得

$$\| f(x)-S^*(x)\|_2^2=\min_{S\in\Phi}\| f(x)-S(x)\|_2^2=\min_{S\in\Phi}\int_a^b\rho(x)(f(x)-S(x))^2\mathrm{d}x, \tag{4.3}$$

则称 $S^*(x)$为 $f(x)$在 Φ 中的最佳平方逼近函数。

特别地，当 $\Phi=\mathrm{span}\{1,x,\cdots,x^n\}$时，称满足(4.3)式的 $S^*(x)$为 $f(x)$的 n 次最佳平方逼近多项式。

1. 功能

求 $f(x)$在$[a,b]$上的最佳平方逼近多项式 $p_n(x)$。

2. 计算方法

求解法方程

$$\sum_{j=0}^{n}(\varphi_k,\varphi_j)c_j=(f,\varphi_k)\quad(k=0,1,\cdots,n)。\tag{4.4}$$

设其解为 $c_j^*(j=0,1,\cdots,n)$，则最佳平方逼近函数 $S^*(x)=\sum\limits_{j=0}^{n}c_j^*\varphi_j$，平方误差

$$\|\delta\|_2^2=\| f(x)-S^*(x)\|_2^2=\| f\|_2^2-\sum_{j=0}^{n}c_j^*(f,\varphi_j)。\tag{4.5}$$

取 $\Phi=\mathrm{span}\{1,x,\cdots,x^n\}$，权函数 $\rho(x)=1$，则

$$(\varphi_k,\varphi_j)=\int_a^b x^{j+k}\mathrm{d}x=\frac{b^{j+k+1}-a^{j+k+1}}{j+k+1},\quad j,k=0,1,\cdots,n,$$

$$(f,\varphi_k)=\int_a^b x^k f(x)\mathrm{d}x,\quad k=0,1,\cdots,n。$$

可得最佳平方逼近多项式 $S^*(x)=c_0^*+c_1^*x+\cdots+c_n^*x^n$。

3. 使用说明

```
lesquare(fun,n,a,b)
```

第一个参数 fun 为一元函数(自变量为 x),用 syms x,将 fun 定义为符号函数,第二个参数 n 为最佳平方逼近多项式的次数,第三个参数 a 为区间左端点,第四个参数 b 为区间右端点。

4. MATLAB 程序

```
function lesquare(fun,n,a,b)
digits(15);
var=findsym(fun);                               %找出函数 fun 的自变量
AA=zeros(n+1,n+1); bb=zeros(n+1,1);
b1=zeros(n+1,1); b2=zeros(n+1,1);
fun1=fun/var;
for k=1:n+1
    for j=1:n+1
        AA(k,j)=(b^(j+k-1)-a^(k+j-1))/(k+j-1);   %系数矩阵
    end
    fun1=fun1*var;
    bb(k,1)=int(fun1,var,a,b);                  %对自变量 var 积分,求得方程组的常数向量
end
bb2=inv(AA)*bb;                                 %求解逼近多项式的系数(升幂)
b1(1:n+1,1)=bb2(n+1:-1:1,1);
pp=poly2sym(b1); pp=vpa(pp);
disp('最佳平方逼近多项式为')
pretty(pp);
err=sum(bb.*bb2);
err=int(fun*fun,var,a,b)-err;
disp('平方误差为')
eval(err)
xx=a:0.01:b; yy=subs(fun,xx);
yy1=polyval(b1,xx);
plot(xx,yy,'-r',xx,yy1,'-.b');
legend('原函数','最佳平方逼近多项式');
```

例 4.4 求函数 $f(x)=xe^x$ 在$[-1,1]$上的 2 次最佳平方逼近多项式。

解 建立如下函数文件,并存为 exf4_4.m。

```
function y=exf4_4(x)
syms x;
y=x*exp(x);
```

在 MATLAB 命令窗口输入

```
>>lesquare(exf4_4,2,-1,1)
```

回车后执行后，屏幕显示结果为(图像为图 4.5)

最佳平方逼近函数为 1.14893123087264x^2+1.31832693390275x-0.0150976357861047
平方误差为 0.01409277808481

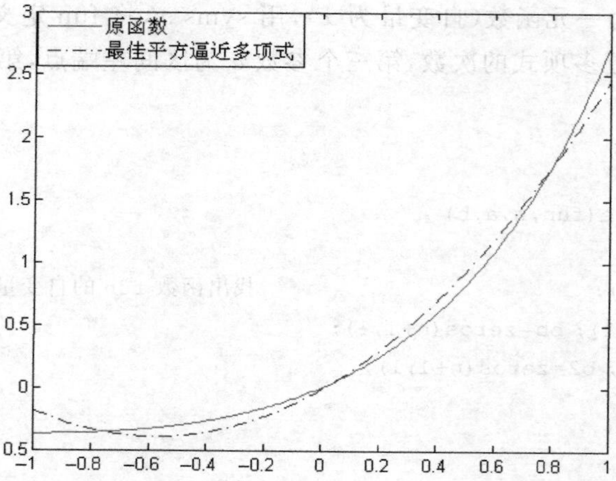

图 4.5　xe^x 及其 2 次最佳平方逼近多项式

例 4.5　求函数 $f(x)=x^2\sin(x)$在$[-1,3]$上的 5 次最佳平方逼近多项式。

解　用 M 文件定义 $y=x^2\sin x$ 如下(存为 exf4_5.m)：

```
function y=exf4_5(x)
syms x;
y=sin(x)*x^2;
```

在 MATLAB 命令窗口输入

```
>>lesquare(exf4_5,5,-1,3)
```

回车执行即得如下结果(图像为图 4.6)。

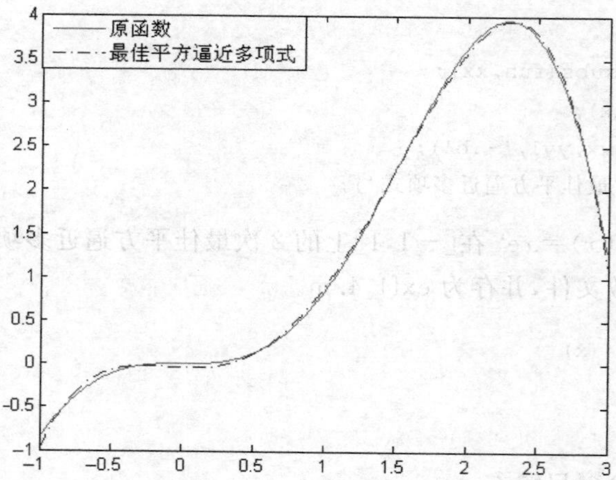

图 4.6　$x^2\sin x$ 及其 5 次最佳平方逼近多项式

最佳平方逼近多项式为

$-0.00398226x^5-0.34175635x^4+0.99590865x^3+0.34465048x^2-0.05831757x-0.04683182$，

平方误差为 ans=0.00685479539477。

4.4 用正交多项式作最佳平方逼近多项式

求函数的最佳平方逼近多项式可归结为求法方程(4.4)的解，当取 $\Phi=\mathrm{span}\{1,x,\cdots,x^n\}$，其法方程是病态的。若取 $\Phi=\mathrm{span}\{\varphi_0,\varphi_1,\cdots,\varphi_n\}$，其中 $\varphi_0,\varphi_1,\cdots,\varphi_n$ 是正交函数族，则法方程(4.4)的系数矩阵为非奇异对角阵，且方程(4.4)的解为 $c_j=(f,\varphi_j)/(\varphi_j,\varphi_j)$，$j=0,1,\cdots,n$。因此，$f(x)\in C[a,b]$的最佳平方逼近函数为

$$S(x)=\sum_{j=0}^{n}c_j\varphi_j=\sum_{j=0}^{n}\frac{(f,\varphi_j)}{(\varphi_j,\varphi_j)}\varphi_j, \tag{4.6}$$

平方误差：

$$\|\delta\|_2^2=\|f(x)-S(x)\|_2^2=\|f\|_2^2-\sum_{j=0}^{n}c_j^2(\varphi_j,\varphi_j)。 \tag{4.7}$$

4.4.1 用 Legendre 多项式作最佳平方逼近多项式

1. 功能

求 $f(x)\in C[a,b]$的 Legendre 最佳平方逼近多项式 $p_n(x)$.

2. 计算方法

取$[a,b]=[-1,1]$，$\rho(x)=1$，$\varphi_j=P_j$是 Legendre 正交多项式($j=0,1,\cdots,n$)，则

$$c_j=\frac{(f,P_j)}{(P_j,P_j)}=\frac{2j+1}{2}\int_{-1}^{1}f(x)P_j(x)\mathrm{d}x \quad (j=0,1,\cdots,n)。$$

于是，$f(x)$在$[-1,1]$上的最佳平方逼近多项式

$$S(x)=\sum_{j=0}^{n}c_jP_j=\sum_{j=0}^{n}\frac{2j+1}{2}(f,P_j)P_j, \tag{4.8}$$

平方误差：

$$\|\delta\|_2^2=\|f\|_2^2-\sum_{j=0}^{n}\frac{2}{2j+1}(c_j)^2。 \tag{4.9}$$

注：对一般区间$[a,b]$，作变换 $x=\frac{b-a}{2}t+\frac{b+a}{2}$，则 $t\in[-1,1]$。于是，$F(t)=f\left(\frac{b-a}{2}t+\frac{b+a}{2}\right)$，$t\in[-1,1]$。按上述方法求得 $F(t)$在$[-1,1]$上的最佳平方逼近多项式 $S(t)$，再换回原变量 x，即令 $t=\frac{1}{b-a}(2x-a-b)$，则

$$S^*(x)=S\left(\frac{1}{b-a}(2x-a-b)\right)。 \tag{4.10}$$

$S^*(x)$即为 $f(x)$在$[a,b]$上的最佳平方逼近多项式。

3. 使用说明

```
Legepoly(fun,n,a,b)
```

第一个参数 fun 为一元函数(自变量为 x),用 syms x,将 fun 定义为符号函数,第二个参数 n 为最佳平方逼近多项式的次数,第三个参数 a 为区间左端点,第四个参数 b 为区间右端点,默认 $a=-1,b=1$。返回最佳平方逼近多项式。

4. MATLAB 程序

```
function Legepoly(fun,n,a,b)
%用 syms x,将 fun 定义为符号函数,调用直接用函数名(fun),不能用'fun'或@fun 等形式
digits(10)
syms x;
if nargin==2
    a=-1; b=1;
end
var=findsym(fun);                        %找出函数 fun 的自变量
fun=subs(fun,x,var);                     %将函数 fun 的自变量换为 x
c(1:n+1)=0;
P=zeros(n+1);                            %计算 n 次 Legendre 多项式的系数,P0(x)的系数放在
                                          第一行,P1(x)的系数放在第二行,…,按降幂排列
P(1,n+1)=1;
P(2,n:n+1)=[1 0];
for k=2:n
    P(k+1,n-k+1:n+1)=((2*(k-1)+1)*[P(k,n-k+2:n+1)0]-(k-1)*[0 0 P(k-1,n-k+
  3:n+1)])/k;
end
fun1=subs(fun,((b-a)*x+a+b)/2);          %作变量代换,换到区间[-1,1]上
for k=1:n+1
    pp=poly2sym(P(k,:));                 %将 k-1 次 Legendre 多项式的系数转化为多项式 pp
    c(k)=int(fun1*pp,-1,1);              %对自变量 x 积分
    c(k)=c(k)*(2*k-1)/2;
end
ppoly=0;
for k=1:n+1
    ppoly=ppoly+c(k)*P(k,:);
end
px=poly2sym(ppoly);
px=subs(px,(2*x-a-b)/(b-a));             %换回原变量 x
px=expand(px);
px=sort(px);
px=vpa(px);
disp('Legendre 最佳平方逼近多项式为')
pretty(px);
err=0;
for k=1:n+1
    err=err+(2/(2*k-1))*c(k)^2;
end
perr=(int(fun1*fun1,var,-1,1)-err)*(b-a)/2;
```

```
disp('平方误差为')
perr=eval(perr)
xx=a:0.01:b;
yy=subs(fun,xx);
yy1=subs(px,xx);
plot(xx,yy-yy1,'-b');
legend('误差函数');
```

例 4.6 求函数 $f(x)=x^2\ln x$ 在[1,3]上的 5 次 Legendre 最佳平方逼近多项式。

解 用 M 文件定义 $y=x^2\ln x$ 如下(存为 exf4_6.m):

```
function y=exf4_6(x)
syms x;
y=log(x) * x^2;
```

在 MATLAB 命令窗口输入

```
>>Legepoly(exf4_6,5,1,3)
```

回车执行即得如下结果(图像为图 4.7)。

Legendre 最佳平方逼近多项式为
$0.004717231636x^5-0.06958109176x^4+0.5343644947x^3+0.2800713658x^2-0.9108245398x+$
0.1613561031,
平方误差为 perr=1.175e-009。

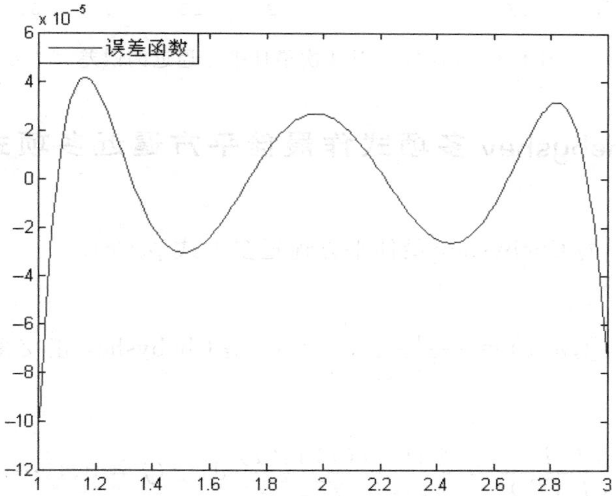

图 4.7 $x^2\ln x$ 与其 5 次最佳平方逼近的误差

例 4.7 求函数 $f(x)=\dfrac{\sin x}{x}$ 在[0.00001,π]上的 4 次 Legendre 最佳平方逼近多项式。

解 用 M 文件定义 $y=\sin x/x$ 如下(存为 exf4_7.m):

```
function y=exf4_7(x)
syms x;
```

```
y=sin(x)/x;
```

在 MATLAB 命令窗口输入

```
>>Legepoly(exf4_7,4,0.00001,pi)
```

回车执行即得如下结果(图像为图 4.8)。

Legendre 最佳平方逼近多项式为
$0.001964268223x^4+0.02255227417x^3-0.1955516463x^2+0.0134901888x+0.9985556287$,
平方误差为 $6.441124844602797\times10^{-7}$。

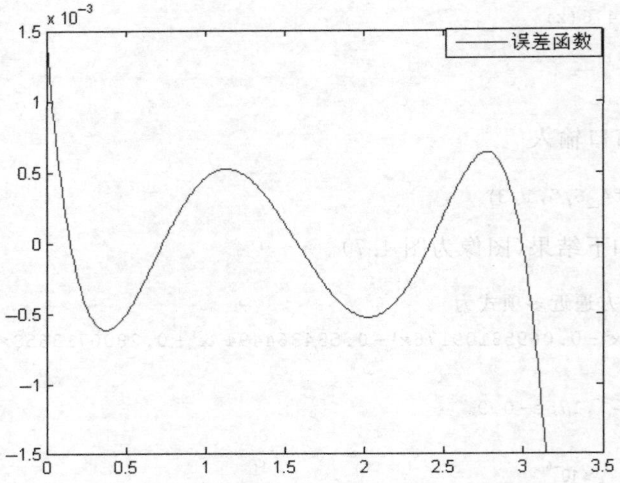

图 4.8 $\sin x/x$ 与其 4 次最佳平方逼近的误差

4.4.2 用 Chebyshev 多项式作最佳平方逼近多项式

1. 功能

求 $f(x)\in C[a,b]$的 Chebyshev 最佳平方逼近多项式 $p_n(x)$。

2. 计算方法

取$[a,b]=[-1,1]$,$\rho(x)=\dfrac{1}{\sqrt{1-x^2}}$,$\varphi_j=T_j$ 是 Chebyshev 正交多项式($j=0,1,\cdots,n$),则

$$c_j=\frac{(f,T_j)}{(T_j,T_j)}=\frac{2}{\pi}\int_{-1}^{1}\frac{f(x)T_j(x)}{\sqrt{1-x^2}}\mathrm{d}x\quad(j=0,1,\cdots,n)。$$

于是,$f(x)$在$[-1,1]$上的 Chebyshev 最佳平方逼近多项式

$$S(x)=\frac{c_0}{2}+\sum_{j=1}^{n}c_jT_j,\tag{4.11}$$

平方误差:

$$\|\delta\|_2^2=\|f\|_2^2-\pi\left(\frac{c_0}{2}\right)^2-\sum_{j=0}^{n}\frac{\pi}{2}(c_j)^2。\tag{4.12}$$

注：对一般区间$[a,b]$，作变换 $x=\frac{b-a}{2}t+\frac{b+a}{2}$，$t\in[-1,1]$。于是，$F(t)=f\left(\frac{b-a}{2}t+\frac{b+a}{2}\right)$，$t\in[-1,1]$。按上述方法求得 $F(t)$在$[-1,1]$上的最佳平方逼近 $S(t)$，再换回原变量 x，令 $t=\frac{1}{b-a}(2x-a-b)$，则

$$S^*(x)=S\left(\frac{1}{b-a}(2x-a-b)\right)。\tag{4.13}$$

$S^*(x)$即为 $f(x)$在$[a,b]$上的 Chebyshev 最佳平方逼近多项式。

3. 使用说明

```
chebpoly(fun,n,a,b)
```

第一个参数 fun 为一元函数(自变量为 x)，用符号变量 syms x，将 fun 定义为符号函数；第二个参数 n 为最佳平方逼近多项式的次数；第三个参数 a 为区间左端点；第四个参数 b 为区间右端点，默认 $a=-1,b=1$。返回最佳平方逼近多项式 。

4. MATLAB 程序

```
function chebpoly(fun,n,a,b)
%用符号变量 syms x,将 fun 定义为符号函数,调用直接用函数名(fun),不能用'fun'或@fun 等
形式
digits(10);
syms x;
rou=sqrt(1-x^2);
var=findsym(sym(fun));                 %找出函数 fun 的自变量
fun=subs(fun,var,x);                   %将函数 fun 的自变量换为 x
dd=2/pi;
if nargin==2
    a=-1; b=1;
end
c(1:n+1)=0;
%计算 n 次 Chebyshev 多项式的系数,T0(x)的系数放在第一行,T1(x)的系数放在第二行…,按降
幂排列
T=zeros(n+1); T(1,n+1)=1;
T(2,n:n+1)=[1 0];
for k=2:n
    T(k+1,n-k+1:n+1)=2*[T(k,n-k+2:n+1) 0]-[0 0 T(k-1,n-k+3:n+1)];
end
ff=subs(fun,((b-a)*x+a+b)/2);          %作变量代换,换到区间[-1,1]上
for k=1:n+1
    pp=poly2sym(T(k,:));                %将 k-1 次 Chebyshev 多项式的系数转化为多项式 pp
    c(k)=dd*int(ff*pp/rou,x,-1,1)%对自变量 x 积分
end
c(1)=c(1)/2; ppoly=0;
for k=1:n+1
    ppoly=ppoly+c(k)*T(k,:);
end
```

```
px=poly2sym(ppoly);
px=subs(px,(2*x-a-b)/(b-a));        %换回原变量 x
px=expand(px);
px=sort(px);
px=vpa(px);
disp('Chebyshev 最佳平方逼近多项式为')
pretty(px);
err=(2/dd)*c(1)^2;
for k=2:n+1
    err=err+(1/dd)*c(k)^2;
end
perr=vpa(int(ff*ff/rou,x,-1,1));
perr=(perr-err)*(b-a)/2;
disp('平方误差为')
perr
xx=a:0.01:b;
yy=subs(fun,xx);
yy1=subs(px,xx);
plot(xx,yy-yy1,'-b');
legend('误差函数');
```

例 4.8 求函数 $f(x)=\ln x$ 在 $[1,3]$ 上的 4 次 Chebyshev 最佳平方逼近多项式。

解 用 M 文件定义函数 $f(x)=\ln x$ 如下(存为 exf4_8.m):

```
function y=exf4_8(x)
syms x;
y=log(x);
```

在 MATLAB 命令窗口输入

```
>>chebpoly(exf4_8,4,1,3)
```

回车执行即得如下结果(图像为图 4.9)。

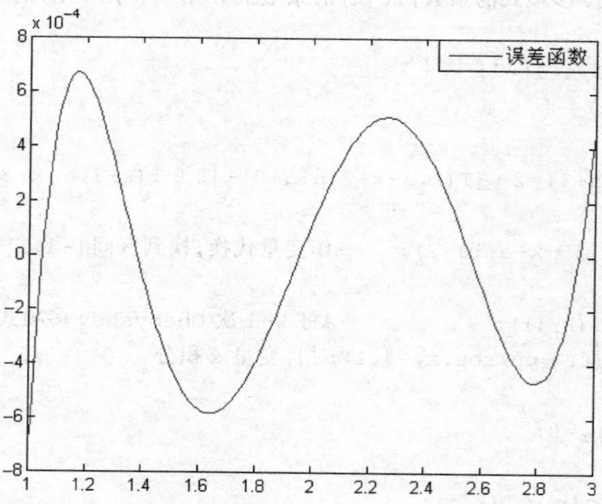

图 4.9 $\ln x$ 与其 4 次最佳平方逼近的误差

```
Chebyshev 最佳平方逼近多项式为
-0.02061910457x^4+0.2162538672x^3-0.9256391281x^2+2.264744065x-1.534026783,
平方误差为 0.504×10^-6。
```

例 4.9 求函数 $f(x)=\dfrac{e^x-1}{x}$ 在 $[-1,1]$ 上的 7 次 Chebyshev 最佳平方逼近多项式。

解 用 M 文件定义函数 $f(x)=\dfrac{e^x-1}{x}$ 如下(存为 exf4_9.m):

```
function y=exf4_9(x)
syms x; y=(exp(x)-1)/x;
```

在 MATLAB 命令窗口输入如下命令,回车执行即得如下结果(图像为图 4.10)。

```
>>chebpoly(exf4_9,7)
Chebyshev 最佳平方逼近多项式为
0.00002542885489x^7+0.0002039951763x^6+0.001388416625x^5+0.008329829432x^4+
0.04166679810x^3+0.1666673689x^2+0.4999999901x+0.9999999780,
平方误差为 0。
```

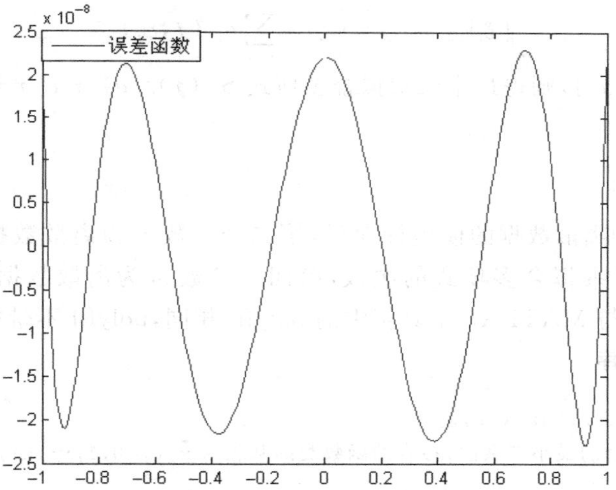

图 4.10 $(e^x-1)/x$ 与其 7 次最佳平方逼近的误差

4.5 曲线拟合的最小二乘法

4.5.1 线性最小二乘拟合

曲线拟合就是求一组实验数据 $(x_i,y_i)(i=0,1,\cdots,m,y_i=f(x_i))$ 的近似表达式。设 $a=\min\{x_i\}$,$b=\max\{x_i\}$,在 $C[a,b]$ 中选定线性无关的函数 $\varphi_0,\varphi_1,\cdots,\varphi_n$,在内积空间 $C[a,b]$ 的子集 $\Phi=\mathrm{span}\{\varphi_0,\varphi_1,\cdots,\varphi_n\}$ 中寻求函数 $S^*(x)=\sum_{j=0}^{n}a_j^*\varphi_j\ (n<m)$ 使得

$$\|\delta\|_2^2 = \sum_{i=0}^{m}\omega(x_i)[S^*(x_i) - y_i]^2 = \min_{S\in\Phi}\sum_{i=0}^{m}\omega(x_i)[S(x_i) - y_i]^2, \tag{4.14}$$

$\omega(x)\geqslant 0$ 为权函数,它表示不同点(x_i,y_i)数据的权重。满足(4.14)式的函数 $S^*(x)$称为问题的最小二乘解(或称为离散形式的最佳平方逼近函数),求 $S^*(x)$的方法称为曲线拟合的最小二乘法。

1. 功能

用最小二乘法求离散数据的拟合多项式。

2. 计算方法

求解法方程

$$\sum_{j=0}^{n}(\varphi_k,\varphi_j)a_j = (f,\varphi_k) \quad (k = 0,1,\cdots,n) \tag{4.15}$$

其中,$(\varphi_k,\varphi_j) = \sum_{i=0}^{m}\omega(x_i)\varphi_k(x_i)\varphi_j(x_i)$,$(\varphi_k,f) = \sum_{i=0}^{m}\omega(x_i)\varphi_k(x_i)f(x_i)$,$(f,f) = \|f\|_2^2 = \sum_{i=0}^{m}\omega(x_i)(f(x_i))^2$。设其解为 $a_j^*\ (j = 0,1,\cdots,n)$,则最小二乘拟合 $S^*(x) = \sum_{j=0}^{n}a_j^*\varphi_j$,平方误差

$$\|\delta\|_2^2 = \|f\|_2^2 - \sum_{j=0}^{n}a_j^*(f,\varphi_j)。 \tag{4.16}$$

取 $\Phi=\mathrm{span}\{1,x,\cdots,x^n\}$,则得最小二乘拟合多项式 $S^*(x)=a_0^*+a_1^*x+\cdots+a_n^*x^n$。

3. 使用说明

```
lesfit(x,y,n,ω)
```

第一个参数 x 为离散数据的横坐标向量,第二个参数 y 为离散数据的纵坐标向量,第三个参数 n 为最小二乘拟合多项式的次数,第四个参数 ω 为离散数据的权数-向量,默认 $\omega=1$。此函数的功能与 MATLAB 工具箱中的 polyfit 相同,polyfit 不带权函数。

4. MATLAB 程序

```
function err=lesfit(x,y,n,w)
%此函数为曲线拟合的最小二乘法,拟合的函数类的基底为 xj(j=0,1,…,n),w 为权数(数列)%如果不输入 w,则默认为 1
if ~isequal(length(x),length(y))
    error('x and y vectors must be the same size.')
end
m=length(x);
if nargin==3
    w(1:m)=1;
end
a=zeros(n+1,n+1);
b(1:n+1)=0;
for i=0:n
    for j=0:n
        t=0;
        for k=1:m
```

```
            t=t+w(k) * x(k)^(i+j);
        end
        a(i+1,j+1)=t;
    end
end
for i=0:n
    t=0;
    for k=1:m
        t=t+w(k) * y(k) * x(k)^i;
    end
    b(i+1)=t;
end
s=Gausselimpiv(a,b,1.0e-6);    %Gauss 列主元素消元法,参见 2.2 节,s(i)是 x^i 的系数-升幂
T(1:n+1)=0;
T=s(n+1:-1:1);                 %多项式用向量形式表示时用降幂
x1=linspace(x(1),x(m));
y1=polyval(T,x1);
plot(x,y,'+',x1,y1,'r');
title('经验公式 yk=f(xk)和拟合曲线 S(x)');
legend('经验公式 yk=f(xk)','拟合曲线 S(x)');
c=0;
syms x;
digits(6);
for j=0:n
    c=c+s(j+1) * x^j;
end
c=vpa(c);
disp('拟合多项式为')
pretty(c);
t=0;
for i=1:m
    t=t+w(i) * y(i)^2;
end
t1=0;
for i=1:n+1
    t1=t1+s(i) * b(i);
end
disp('平方误差为')
err=abs(t-t1);
```

例 4.10 给定一组数据(1,19),(2,14),(3,10),(5,6),(9,6),(12,9),(13,10),(15,12),(18,13),(21,12),(25,23/2),(28,11),求其 3 次、6 次最小二乘拟合多项式。

解 在 MATLAB 命令窗口输入

```
>>X=[1,2,3,5 ,9,12,13,15,18,21,25,28]; Y=[19,14,10,6,6,9,10,12,13,12,11.5,11];
>>lesfit(X,Y,3)
```

回车执行即得如下结果(图像为图 4.11)。

最小二乘拟合多项式为
$-0.005971752127x^3+0.2774639422x^2-3.458352911x+19.73604938$,
平方误差为 34.42462562138007。
```
>>lesfit(X,Y,6)
```

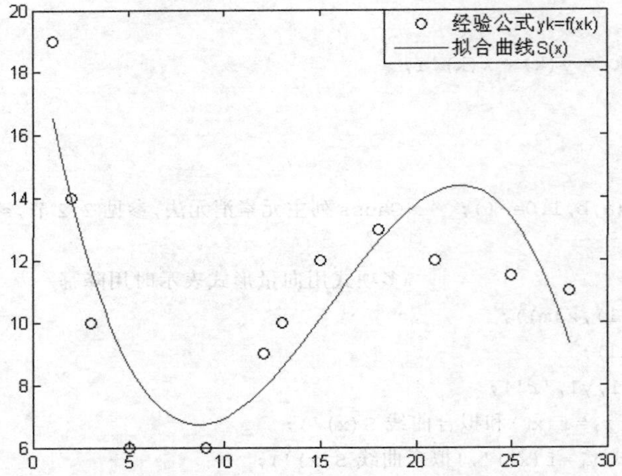

图 4.11 离散数据及其 3 次拟合曲线

回车执行即得如下结果(图像为图 4.12)。

最小二乘拟合多项式为
$-0.0000012340x^6+0.0000980216x^5-0.0023318454x^4+0.0049322516x^3+0.6493317533x^2$
$-6.897801341x+25.20448529$,
平方误差为 0.30178426046950。

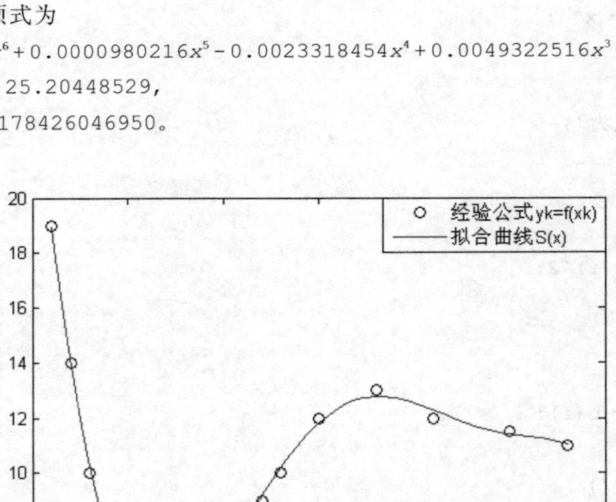

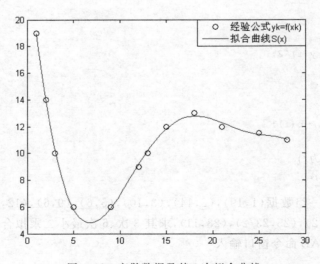

图 4.12 离散数据及其 6 次拟合曲线

4.5.2 用正交多项式作最小二乘拟合

对于给定的点集$\{x_i\}$及权系数$\{\omega_i\}(i=0,1,2,\cdots,m)$，如果函数组$\{\Psi_j\}(j=0,1,2,\cdots,n)$满足

$$(\Psi_i,\Psi_j)=\sum_{k=0}^{m}\omega_k\Psi_i(x_k)\Psi_j(x_k)=\begin{cases}0, & i\neq j,\\ A_i>0, & i=j,\end{cases} \tag{4.17}$$

则称$\{\Psi_j\}$关于点集$\{x_i\}$带权$\{\omega_i\}$正交。若 Ψ_j 为次数$\leqslant j$ 的多项式，则称$\{\Psi_j\}$为正交多项式。

1. 功能

用最小二乘法求离散数据的拟合多项式.

2. 计算方法

用已知点集$\{x_i\}$及权系数$\{\omega_i\}(i=0,1,2,\cdots,m)$，构造带权$\{\omega_i\}$的正交多项式$\{P_k\}(k=0,1,2,\cdots,n)$，其递推表达式为

$$\begin{aligned}&P_0(x)=1,\\&P_1(x)=x-\alpha_1,\\&P_{k+1}(x)=(x-\alpha_{k+1})P_k(x)-\beta_kP_{k-1}(x)\quad(k=1,2,\cdots,n-1)。\end{aligned} \tag{4.18}$$

其中，

$$\alpha_{k+1}=\frac{(xP_k,P_k)}{(P_k,P_k)}=\frac{\sum\limits_{i=0}^{m}\omega_ix_iP_k^2(x_i)}{\sum\limits_{i=0}^{m}\omega_iP_k^2(x_i)}\quad(k=0,1,\cdots,n-1), \tag{4.19}$$

$$\beta_k=\frac{(P_k,P_k)}{(P_{k-1},P_{k-1})}=\frac{\sum\limits_{i=0}^{m}\omega_iP_k^2(x_i)}{\sum\limits_{i=0}^{m}\omega_iP_{k-1}^2(x_i)}\quad(k=1,2,\cdots,n-1)。 \tag{4.20}$$

用正交多项式$\{P_k\}$作最小二乘拟合，则法方程(4.15)简化为$(P_k,P_k)a_k=(f,P_k)(k=0,1,\cdots,n)$，其解为

$$a_k^*=\frac{(f,P_k)}{(P_k,P_k)}=\frac{\sum\limits_{i=0}^{m}\omega_iy_iP_k(x_i)}{\sum\limits_{i=0}^{m}\omega_iP_k^2(x_i)}。$$

于是最小二乘解为

$$P^*(x)=a_0^*P_0(x)+a_1^*P_1(x)+\cdots+a_n^*P_n(x), \tag{4.21}$$

平方误差：

$$\|\delta\|_2^2=\|f\|_2^2-\sum_{j=0}^{n}(a_j^*)^2(P_j,P_j)。 \tag{4.22}$$

3. 使用说明

```
[S,err]=lesorthfit(x,y,n,ω)
```

第一个参数 x 为离散数据的横坐标行向量，第二个参数 y 为离散数据的纵坐标行向

量，第三个参数 n 为最小二乘拟合多项式的次数，第四个参数 ω 为离散数据的权数-向量，默认 $\omega=1$。输出拟合多项式的系数(降幂)S，平方误差 err。

4. MATLAB 程序

```
function [S,err]=lesorthfit(x,y,n,w)
nx=length(x);
if n>nx
    display('输入错误,拟合多项式的次数应小于节点数')
end
if nargin==3
    w(1:nx)=1;
end
%构造关于点集{x(k)}带权 w 正交多项式
phi(1:n+1,1:n+1)=0;
phi(1,1:n+1)=[zeros(1,n)1];
alpha=sum(w.*x.*polyval(phi(1,:),x).^2)/sum(w.*polyval(phi(1,:),x).^2);
phi(2,1:n+1)=[zeros(1,n-1)1-alpha];
for k=3:n+1
    alpha=sum(w.*x.*polyval(phi(k-1,:),x).^2)/sum(w.*polyval(phi(k-1,:),x).^2);
    beta=sum(w.*polyval(phi(k-1,:),x).^2)/sum(w.*polyval(phi(k-2,:),x).^2);
    phi(k,n-k+2:n+1)=[phi(k-1,n-k+3:n+1)0]-alpha*[0 phi(k-1,n-k+3:n+1)]-
    beta*[0 0 phi(k-2,n-k+4:n+1)];
end
S=0;
for k=1:n+1
    a(k)=sum(w.*y.*polyval(phi(k,:),x))/sum(w.*polyval(phi(k,:),x).^2);
    S=S+a(k)*phi(k,:);
end
    disp('用正交多项式做最小二乘拟合多项式的系数(降幂)为')
for k=1:n+1
    op(k)=sum(w.*polyval(phi(k,:),x).^2);
end
err=sum(y.^2)-sum(a.^2.*op);
x1=linspace(x(1),x(nx));
y1=polyval(S,x1);
plot(x,y,'o',x1,y1,'r');
legend('实验数据(xk,yk)','拟合曲线 S(x)');
```

例 4.11 用正交多项式求例 4.10 所给数据的 6 次最小二乘解。

解 在 MATLAB 命令窗口输入

```
>>X=[1,2,3,5 ,9,12,13,15,18,21,25,28]; Y=[19,14,10,6,6,9,10,12,13,12,11.5,11];
>>[P,err]=lesorthfit(X,Y,6)
```

回车执行即得如下结果(图形与图 4.12 相同，略去)。

```
P=-0.00000123399638  0.00009802158928  -0.00233184539323  0.00049322537123
```

```
0.64933175176866  -6.89780133599707  25.20448528756582
即最小二乘拟合多项式约为
-0.0000012340x^6+0.0000980216x^5-0.0023318454x^4+0.0049322537x^3+0.64933175177x^2
-6.8978013360x+25.2044852876,
平方误差为 err=0.30178425943359。
```

与例4.10的结果对比可知,用正交多项式作拟合和用一般的多项式拟合的结果基本相同。

4.5.3 非线性最小二乘拟合举例

有些简单的非线性函数可以通过线性变换转化为线性函数(见表4.1),从而可用线性最小二乘法对原始非线性数据进行曲线拟合。

表4.1 常见非线性模型的线性化变换

模型	线性变换 $W=A+Bz$	z	W	A	B	a	b
$Y=ae^{bx}$	$\ln y=\ln a+bx$	x	$\ln y$	$\ln a$	b	e^A	B
$Y=ax^b$	$\ln y=\ln a+b\ln x$	$\ln x$	$\ln y$	$\ln a$	b	e^A	B
$y=\dfrac{a}{b+x}$	$\dfrac{1}{y}=\dfrac{b}{a}+\dfrac{1}{a}x$	x	$\dfrac{1}{y}$	$\dfrac{b}{a}$	$\dfrac{1}{a}$	$\dfrac{1}{B}$	$\dfrac{A}{B}$
$Y=axe^{-bx}$	$\ln\left(\dfrac{x}{y}\right)=\ln a-bx$	x	$\ln\left(\dfrac{x}{y}\right)$	$\ln a$	$-b$	e^A	$-B$
$y=\dfrac{ax}{b+x}$	$\dfrac{1}{y}=\dfrac{1}{a}+\dfrac{b}{a}\dfrac{1}{x}$	$\dfrac{1}{x}$	$\dfrac{1}{y}$	$\dfrac{1}{a}$	$\dfrac{b}{a}$	$\dfrac{1}{A}$	$\dfrac{B}{A}$
$y=\dfrac{l}{1+be^{ax}}$	$\ln\left(\dfrac{l}{y}-1\right)=\ln b+ax$	x	$\ln\left(\dfrac{l}{y}-1\right)$	$\ln b$	a	B	e^A

例4.12 给定下列数据

x	1.2	2.8	4.3	5.4	6.8	7.9
y	7.5	16.1	38.9	67.0	146.6	266.2

用下面两种方法,求形如 $y=ae^{bx}$ 的最小二乘解,并计算平方误差。(1)拟合 $\ln y_i$;(2)带权值 $\omega_i=y_i$,拟合 $\ln y_i$。

解 (1) 拟合 $\ln y=\ln(ae^{bx})=\ln a+bx$,建立如下脚本文件,存为 ex4_12_1.m。

```
X=[1.2,2.8,4.3,5.4,6.8,7.9]; Y=[7.5,16.1,38.9,67.0,146.6,266.2];
Z=log(Y);
lesorthfit(X,Z,1)
```

在MATLAB命令窗口执行 ex4_12_1,有

```
>>ex4_12_1
用正交多项式做最小二乘拟合多项式的系数(降幂)为
ans=0.53658369697104   1.33206464399736
即 b=0.53658369697104,lna=1.33206464399736
所以原数据的拟合函数为 y=3.78885796048224e^(0.53658369697104x)。
```

(2) 建立如下脚本文件,存为 ex4_12_2.m。

```
X=[1.2,2.8,4.3,5.4,6.8,7.9]; Y=[7.5,16.1,38.9,67.0,146.6,266.2];
Z=log(Y); W=Y;
lesorthfit(X,Z,1,W)
```

在 MATLAB 命令窗口执行 ex4_12_2,有

```
用正交多项式做最小二乘拟合多项式的系数(降幂)为
ans=0.54168673277569   1.30308859598374
```

即 b=0.54168673277569,lna=1.30308859598374。

所以带权值的拟合函数为 $y_1=3.68064716209273e^{0.54168673277569x}$。

建立如下脚本文件,存为 ex4_12_3.m,执行后给出两种拟合的平方误差和图像(图 4.13)。

```
X=[1.2,2.8,4.3,5.4,6.8,7.9];
Y=[7.5,16.1,38.9,67.0,146.6,266.2];
yx1=inline('3.78885796048224*exp(0.53658369697104*x)');
yx2=inline('3.68064716209273*exp(0.54168673277569*x)');
YY1=yx1(X); YY2=yx2(X);
disp('拟合的平方误差为 ');
perr1=sum(sum((YY1-Y).^2,6))
disp('带权值拟合的平方误差为 ');
perr2=sum(sum((YY2-Y).^2,6))
xx=1:0.05:8;
yy1=yx1(xx);
yy2=yx2(xx);
plot(X,Y,'ko',xx,yy1,'r',xx,yy2,'b--',)
legend('离散数据','拟合曲线','带权值拟合曲线')
>>ex4_12_3
拟合的平方误差为:perr1=17.62589267800471
带权值拟合的平方误差为:perr2=4.66848632131548
```

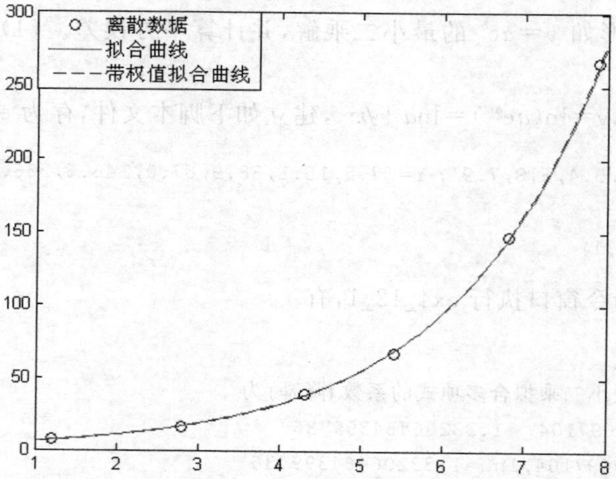

图 4.13 离散数据及其拟合曲线

从上述两种拟合方法可见，对同样的数据用类型的曲线拟合，带权值拟合的平方误差比不带权值拟合的误差小很多，所以选择适当的权值是非常重要的。

例 4.13 Logistic 人口增长。

当人口 $P(t)$受限于极值 L 时，它符合 Logistic 曲线，具有形式 $P(t)=\frac{L}{1+Ce^{At}}$。利用美国人口数据(单位：百万)，求解 Logistic 曲线 $P(t)$，并估计 2010 年的美国人口(设 $L=8\times10^8$)。

年	1900	1910	1920	1930	1940	1950	1960	1970	1980	1990	2000
t_k	0	1	2	3	4	5	6	7	8	9	10
P_k	76.1	91.97	106.5	123.2	132.6	150.7	180.7	203.2	226.5	249.6	281.4

解 作线性变换，$Y=\ln\left(\frac{L}{P(t)}-1\right)=At+\ln C$。在 MATLAB 命令窗口输入：

```
>>tt=0:10;
L=8*10^8;
PP=[76.1,91.7,106.5,123.2,132.6,150.7,180.7,203.2,226.5,249.6,281.4];
Y=log(L./PP-1);                                      %计算 Y 的值
lesorthfit(tt,Y,1)
```

回车执行即得如下结果。

用正交多项式做最小二乘拟合多项式的系数(降幂)为
ans=-0.12834600490111   16.11198269369098
即 $A=-0.12834600490111$，$\ln C=16.11198269369098$，$C=9.939056888422987*10^6$，所以 Logistic 曲线 $P(t)=\frac{L}{1+9939056.888422987e^{-0.1283460049t}}$，用它估计 2010 年的美国人口为 330.2814708895。

绘图程序如下，其图像见图 4.14。

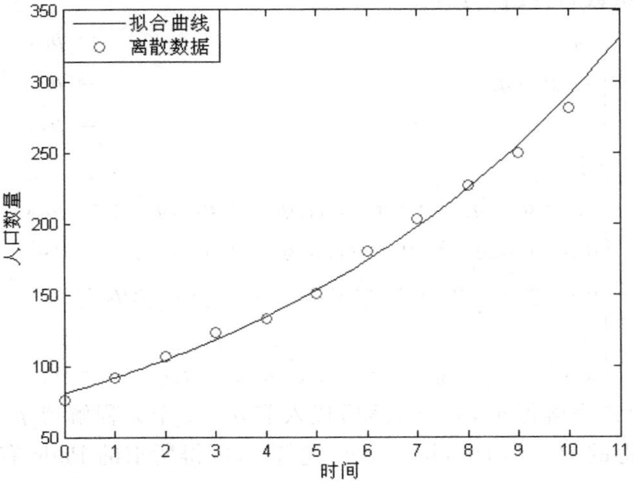

图 4.14 美国人口数量拟合曲线

```
tt=0:10;
PP=[76.1,91.7,106.5,123.2,132.6,150.7,180.7,203.2,226.5,249.6,281.4];
Pt=inline('(8*10^8)/(1+(9.939056888422987e+006)*exp(-0.12834600490111*t))
');
Pt(11)                                  %估计 2010 年的人口数量
fplot(Pt,[0,11])
hold on
plot(tt,PP,'ro')
legend('拟合曲线','离散数据')
xlabel('时间');
ylabel('人口数量');
```

4.6 Pade 有理逼近

Pade 有理逼近是以函数在 x_0 附近的幂级数展开为基础的,用有理式

$$R_{m,n}(x-x_0)=\frac{P_m(x-x_0)}{Q_n(x-x_0)}=\frac{p_0+p_1(x-x_0)+p_2(x-x_0)^2+\cdots+p_m(x-x_0)^m}{1+q_1(x-x_0)+q_2(x-x_0)^2+\cdots+q_n(x-x_0)^n} \tag{4.23}$$

逼近函数 $f(x)$。在 x_0 附近,设 $f(x)$的 $m+n$ 阶 Taylor 展开式为 $T_{m+n}(x-x_0)$,即

$$\begin{aligned}f(x)\approx T_{m+n}(x-x_0)&=f(x_0)+f'(x_0)(x-x_0)+\frac{1}{2!}f''(x_0)(x-x_0)^2\\&\quad+\cdots+\frac{1}{(m+n)!}f^{(m+n)}(x_0)(x-x_0)^{(m+n)}\\&=a_0+a_1(x-x_0)+a_2(x-x_0)^2+a_{m+n}(x-x_0)^{(m+n)}。\end{aligned} \tag{4.24}$$

为简化计算,设 $x_0=0$,求得 $P_m(x)$,$Q_n(x)$的系数使得 $T_{m+n}(x)-R_{m,n}(x)=0$,即

$$\begin{aligned}&a_0+a_1x+a_2x^2+\cdots+a_{m+n}x^{(m+n)}(1+q_1x+q_2x^2\\&+\cdots+q_nx^n)=p_0+p_1x+p_2x^2+\cdots+p_mx^m。\end{aligned} \tag{4.25}$$

比较两端同次项的系数,得线性方程组

$$\begin{cases}a_0 & =p_0,\\ a_1+a_0q_1 & =p_1,\\ a_2+a_1q_1+a_0q_2 & =p_2,\\ \vdots & \\ a_m+a_{m-1}q_1+\cdots+a_{m-n+1}q_{n-1}+a_{m-n}q_n & =p_m,\\ a_{m+1}+a_mq_1+\cdots+a_{m-n+2}q_{n-1}+a_{m-n+1}q_n & =0,\\ a_{m+2}+a_{m+1}q_1+\cdots+a_{m-n+3}q_{n-1}+a_{m-n+2}q_n & =0,\\ \vdots & \\ a_{m+n}+a_{m+n-1}q_1+\cdots+a_{m+1}q_{n-1}+a_mq_n & =0。\end{cases} \tag{4.26}$$

求解时,先由后 n 个方程解得 q_1,q_2,q_n,然后代入前 $m+1$ 个方程解得 $p_0,p_1,\cdots,p_m$。最后,在假设 $x_0=0$ 时求得的 $R_{m,n}(x)$中,用 $x-x_0$ 代替 x,可得所求的 Pade 有理逼近函数。

1. 功能

求函数的 Pade 有理逼近。

2. 计算方法

求解线性方程组(4.26)。

3. 使用说明

```
[p,q]=padepoly(fun,x0,m,n)
```

第一个参数 fun 为被逼近的函数(用符号函数定义),第二个参数 x_0 为给定的一点,第三个参数 m 为有理逼近的分子多项式的次数,第四个参数 n 为有理逼近的分母多项式的次数。输出 $p=[p_m,\cdots,p_1,p_0]$为有理式的分子的系数(降幂),$q=[q_n,\cdots,q_1,q_0]$为有理式的分母的系数(降幂)。

4. MATLAB 程序

```
function [p,q]=padepoly(fun,x0,m,n)
p=zeros(m+1,1);
q=zeros(n,1);
a=zeros(m+n+1,1);
AA=zeros(n,n);
a(1)=subs(fun,x0);
ff=fun;
for k=1:m+n
    ff=diff(ff);
    a(k+1)=subs(ff,x0)/factorial(k);
end
if n==0
    pp=a(1:m+1);
end
for k=1:n
    for j=1:n
        if m+1+k-j>0
            AA(k,j)=a(m+1+k-j);
        end
    end
    dd(k)=-a(m+k+1);
end
q=inv(AA)*dd';
p(1)=a(1);
for j=2:m+1
    ss=0; ss1=0;
    if m>=n
        if j<=n+1
            for k=1:j-1
                ss=ss+a(j-k)*q(k);
            end
            p(j)=a(j)+ss;
        else
```

```
            for k=1:n
                ss1=ss1+a(j-k)*q(k);
            end
            p(j)=a(j)+ss1;
        end
    else
        for k=1:j-1
            ss=ss+a(j-k)*q(k);
        end
        p(j)=a(j)+ss;
    end
end
p=(p(m+1:-1:1))';                    %有理式的分子pp-多项式的系数(降幂)
q(2:n+1)=q;                          %有理式的分母qq-多项式的系数(降幂)
q(1)=1; q=q';
```

例 4.14 求 $y=\arctan x$ 在 $x_0=0$ 附近的 Pade 有理逼近 $R_{3,2}(x)$。

解 用 M 文件定义 $y=\arctan x$。

```
function y=exf4_14(x)
syms x;
y=atan(x);
```

在 MATLAB 命令窗口输入：

```
>>[p,q]=padepoly(exf4_14,0,3,2)
```

回车执行即得如下结果。

```
p= 4/15  0  1  0,q= 3/5  0  1
```

即

$$R_{3,2}(x)=\frac{x+\frac{4}{15}x^3}{1+\frac{3}{5}x^2}。$$

绘图程序如下，存为 ex4_14.m。

```
[p,q]=padepoly(exf4_14,0,3,2);
xx=-1:0.05:1;
pv=polyval(p,xx);                  %求有理分式的分子在xx处的值
qv=polyval(q,xx);                  %求有理分式的分母在xx处的值
R=pv./qv ;                         %求有理分式在xx处的值
ff=inline('atan(x)');
fplot(ff,[-1,1])
hold on
plot(xx,R,'r--')
legend('arctanx','有理逼近R3,2(x)');
yy=ff(xx);
```

```
figure
plot(xx,yy-R,'r');
legend('误差函数');
```

在 MATLAB 命令窗口调用 ex4_14,屏幕显示图像如图 4.15、图 4.16 所示。

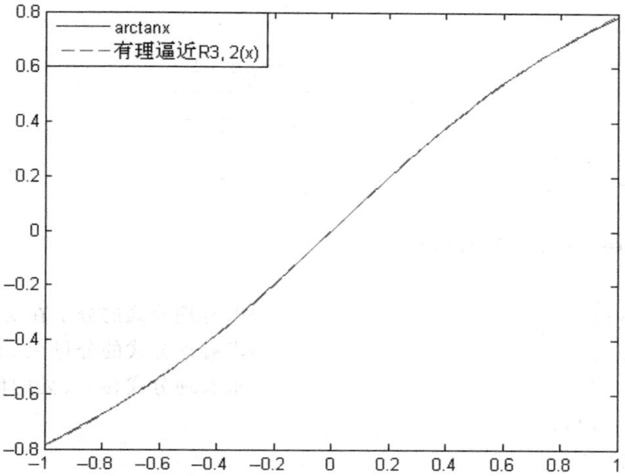

图 4.15　arctan$x$ 及其 $R_{3,2}$ 逼近

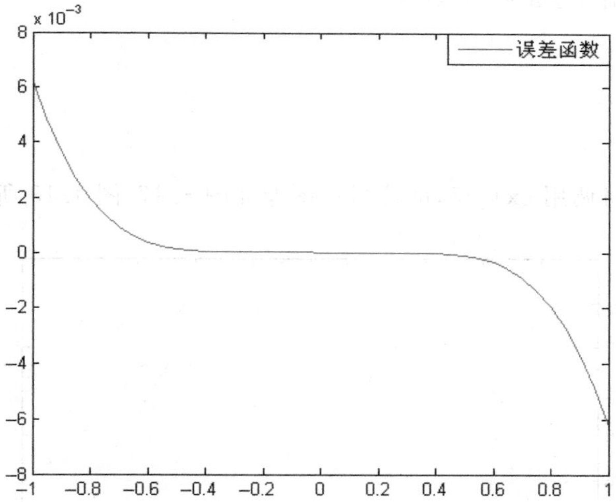

图 4.16　arctan$x$ 与其 $R_{3,2}$ 逼近的误差

例 4.15　求 $y=\cos x$ 在 $x_0=0$ 附近的 Pade 有理逼近 $R_{3,4}(x)$。

解　用 M 文件定义 $y=\cos x$。

```
function y=exf4_15(x)
syms x;
y=cos(x);
```

在 MATLAB 命令窗口输入:

```
>>[p,q]=padepoly(exf4_15,0,3,4)
```

回车执行即得如下结果。

```
p= 0  - 61/150  0  1
q= 1/200  0  7/75  0  1
```

即

$$R_{3,4}(x)=\frac{-\frac{61}{150}x^2+1}{\frac{1}{200}x^4+\frac{7}{75}x^2+1}。$$

绘图程序如下，存为 ex4_15.m。

```
[p,q]=padepoly(exf4_15,0,3,4);
xx=-1:0.05:1;
pv=polyval(p,xx);                    %求有理分式的分子在 xx 处的值
qv=polyval(q,xx);                    %求有理分式的分母在 xx 处的值
R=pv./qv ;                           %求有理分式在 xx 处的值
ff=inline('cos(x)');
fplot(ff,[-1,1])
hold on
plot(xx,R,'r--')
legend('cosx','有理逼近 R3,4(x)');
yy=ff(xx);
figure
plot(xx,yy-R,'r');
legend('误差函数');
```

在 MATLAB 命令窗口调用 ex4_15，屏幕显示图像如图 4.17、图 4.18 所示。

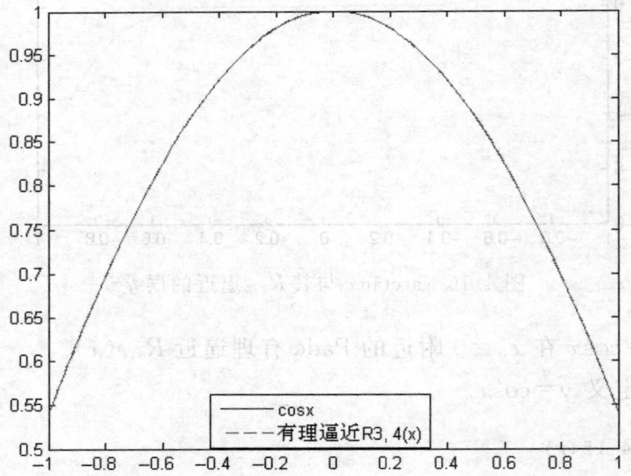

图 4.17　$\cos x$ 及其 $R_{3,4}$ 逼近

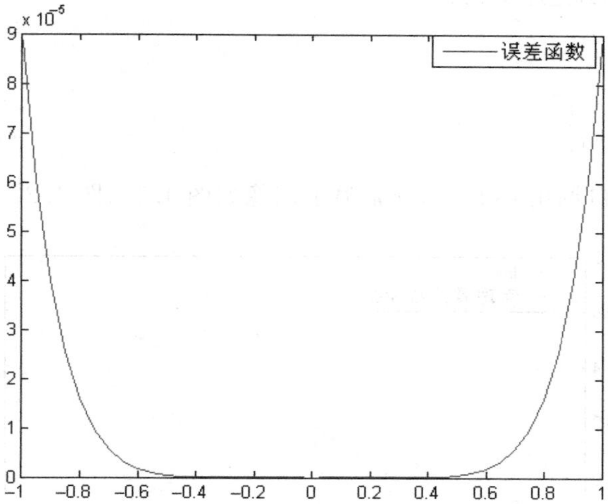

图 4.18 $\cos x$ 与其 $R_{3,4}$ 逼近的误差

例 4.16 求 $y=\ln x$ 在 $x_0=1$ 附近的 Pade 有理逼近 $R_{3,3}(x)$。

解 用 M 文件定义 $y=\ln x$。

```
function y=exf4_16(x)
syms x;
y=log(x);
```

在 MATLAB 命令窗口输入：

```
>>[p,q]=padepoly(exf4_16,1,3,3)
```

回车执行即得如下结果。

```
p= 11/60  1  1  0
q= 1/20  3/5  3/2  1
```

即

$$R_{3,3}(x)=\frac{\frac{11}{60}(x-1)^3+(x-1)^2+x-1}{\frac{1}{20}(x-1)^3+\frac{3}{5}(x-1)^2+\frac{3}{2}x-\frac{1}{2}}。$$

绘图程序如下，存为 ex4_16.m。

```
[p,q]=padepoly(exf4_16,1,3,3);
xx=0.5:0.05:2;
pv=polyval(p,xx-1);                    %求有理分式的分子在 xx 处的值,注意此时 x0=1
qv=polyval(q,xx-1);                    %求有理分式的分母在 xx 处的值
R=pv./qv ;                             %求有理分式在 xx 处的值
ff=inline('log(x)');
fplot(ff,[0.5,2])
hold on
plot(xx,R,'r--')
```

```
legend('lnx','有理逼近 R3,3(x)');
yy=ff(xx);
figure
plot(xx,yy-R,'r');
legend('误差函数');
```

在 MATLAB 命令窗口调用 ex4_16，屏幕显示图像如图 4.19、图 4.20 所示。

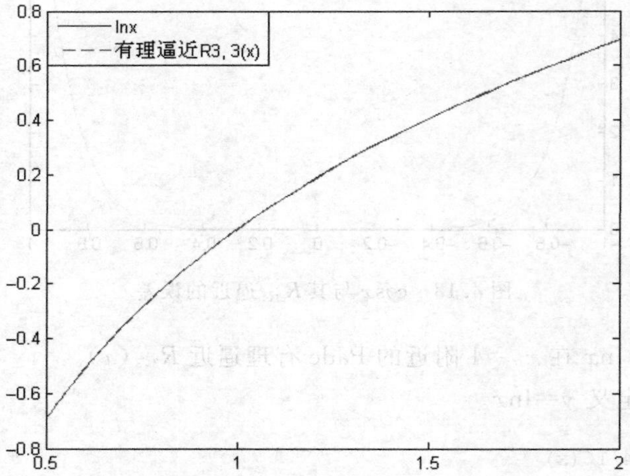

图 4.19 $\ln x$ 及其 $R_{3,3}$ 逼近

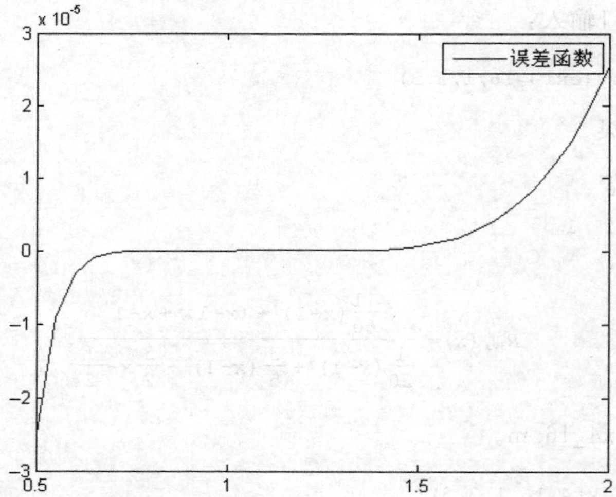

图 4.20 $\ln x$ 与其 $R_{3,3}$ 逼近的误差

第5章 数值积分

函数的积分计算可分为数值积分和符号积分两类方法。数值积分是求积分近似值的近似计算方法。当$\int_a^b f(x)\mathrm{d}x$的被积函数$f(x)$的原函数没有解析表达式或表达式过于复杂而不适于计算时，只能用近似求积的数值积分方法。数值积分的基本方法是用被积函数在有限个节点处函数值的带权和近似积分，即，

$$\int_a^b f(x)\mathrm{d}x \approx \sum_{k=0}^{n} A_k f(x_k), \quad a = x_0 < x_1 < \cdots < x_n = b。 \tag{5.1}$$

5.1 复合求积公式

把整个积分区间等分成若干个小区间，然后在每个小区上采用同一种低阶的求积公式，这种方法称为复合求积方法。

5.1.1 复合梯形公式

1. 功能

用复合梯形公式计算定积分$S=\int_a^b f(x)\mathrm{d}x$的近似值。

2. 计算方法

将积分区间$[a,b]$ n等分，步长$h=\frac{b-a}{n}$，分点为$x_k=a+kh(k=0,1,\cdots,n)$，在每个小区间$[x_k,x_{k+1}]$上用梯形求积公式，再求和得到积分S的近似值T_n，即

$$S \approx T_n = \frac{h}{2}\sum_{k=0}^{n-1}(f(x_k)+f(x_{k+1})) = \frac{h}{2}\left(f(a)+2\sum_{k=1}^{n-1}f(x_k)+f(b)\right)。 \tag{5.2}$$

3. 使用说明

```
drawcomtrzd(fun,a,b,n)
```

fun 为被积函数，用 M 文件(inline 函数)定义，其运算 *，^，要用“.*”，“.^”等。a，b为积分下上限，n为区间等分数，返回积分的近似值，并绘出积分图形。

4. MATLAB 程序

```
function s=drawcomtrzd(fun,a,b,n)
if a>b
    error('输入无效,a 小于或等于 b')
end
if a==b
   s=0
   return;
end
if n>256 then
    error('所分子区间太多');
end
h=(b-a)/n;
ai=a;
fai=feval(fun,ai);
s=0;
figure;
for i=1:n
    bi=a+i*h;
    fbi=feval(fun,bi);
    if i~=n
        s=s+feval(fun,bi);
    end
    x=linspace(a,b,50*n);
    y=feval(fun,x);
    plot(x,y,'r');
    hold on;
    if(fai>=0)&(fbi>=0)
        x1=[ai,bi];
        y1=[fai,fbi];
        gg=area(x1,y1);
        set(gg,'FaceColor','c')
        hold on;
    elseif(fai<=0)&(fbi<=0)
        x2=[ai,bi];
        y2=[fai,fbi];
        gg=area(x2,y2);
        set(gg,'FaceColor','g')
        hold on;
    else
        am=ai-fai*h/(fbi-fai);
        if(fai>=0)&(fbi<=0)
            x1=[ai,am];
            y1=[fai,0];
            gg=area(x1,y1);
            set(gg,'FaceColor','c')
            hold on;
```

```
            x2=[am,bi];
            y2=[0,fbi];
            gg=area(x2,y2);
            set(gg,'FaceColor','g')
            hold on;
        else
            x2=[ai,am];
            y2=[fai,0];
            gg=area(x2,y2);
            set(gg,'FaceColor','g')
            hold on;
            x1=[am,bi];
            y1=[0,fbi];
            gg=area(x1,y1);
            set(gg,'FaceColor','c')
            hold on;
        end
    end
    ai=bi;
    fai=fbi;
end
s=h*(feval(fun,a)+feval(fun,b))/2+h*s;
disp('用复合梯形公式求得积分近似值为')
```

例 5.1 利用复合梯形公式计算积分 $S=\int_{-9}^{3}\left(2x^2+\frac{1}{3}x^3\right)\mathrm{d}x$。

解 积分的精确值为 $S=-36$。在 MATLAB 命令窗口输入

```
>>ff=inline('2*x.^2+x.^3/3');
>>drawcomtrzd(ff,-9,3,30)
```

回车执行后,屏幕显示结果为(图像为图 5.1)

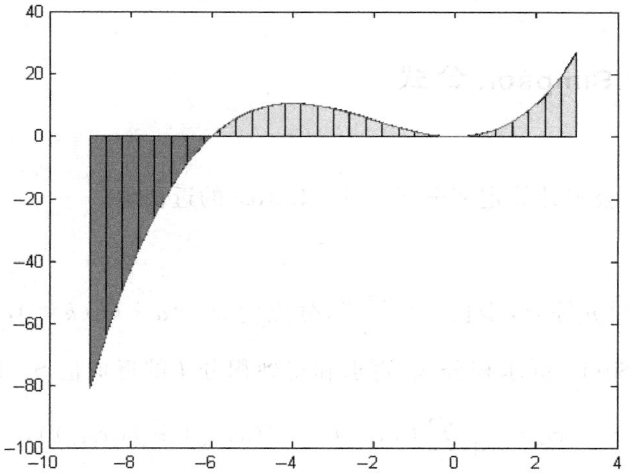

图 5.1 复合梯形公式示意图

用复合梯形公式求得积分近似值为
ans=-36.31999999999992

例 5.2 利用复合梯形公式计算积分 $S=\int_{-3}^{1}xe^x\mathrm{d}x$。

解 积分的精确值为 $S=4e^{-3}\approx 0.1991482735$。用 M 文件定义函数 xe^x，存为 exf5_2.m。

```
function y=exf5_2(x)
 y=x.*exp(x);
```

在 MATLAB 命令窗口输入

```
>>drawcomtrzd('exf5_2',-3,1,60)回车执行后得(见图 5.2)
用复合梯形公式求得积分近似值为
ans=0.20119839662103
```

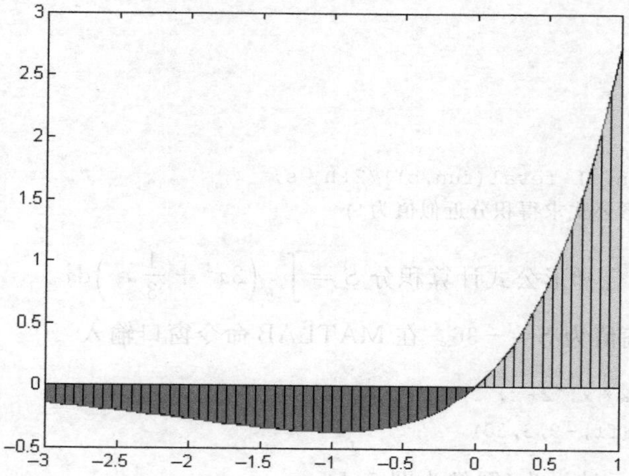

图 5.2 复合梯形公式示意图

5.1.2 复合 Simpson 公式

1. 功能

用复合 Simpson 公式计算定积分 $S=\int_a^b f(x)\mathrm{d}x$ 的近似值。

2. 计算方法

将积分区间$[a,b]$ n 等分，步长 $h=\dfrac{b-a}{n}$，分点为 $x_k=a+kh(k=0,1,\cdots,n)$，在每个小区间$[x_k,x_{k+1}]$上用 Simpson 求积公式，再求和得到积分 I 的近似值 S_n，即

$$S\approx S_n=\frac{h}{6}\sum_{k=0}^{n-1}(f(x_k)+4f(x_{k+\frac{1}{2}})+f(x_{k+1})),\tag{5.3}$$

其中，$x_{k+\frac{1}{2}}=\dfrac{1}{2}(x_k+x_{k+1})$。

3. 使用说明

```
comsimp(fun,a,b,n)
```

fun 为被积函数，a，b 为积分下上限，n 为区间等分数，返回积分的近似值。

4. MATLAB 程序

```
function s=comsimp(fun,a,b,n)
if n<1
    error('使用此公式 n 不能小于 1')
end
if a>b
    c=a;  a=b;  b=c;
end
h=(b-a)/n;
I=0;
for k=1:n
    I=I+4*feval(fun,a+(k-1+1/2)*h)+2*feval(fun,a+k*h);
end
s=(h/6)*(feval(fun,a)+I-feval(fun,b));
return;
```

5.1.3 复合 Cotes 公式

1. 功能

用复合 Cotes 公式计算定积分 $S=\int_a^b f(x)\mathrm{d}x$ 的近似值。

2. 计算方法

将积分区间$[a,b]$ n 等分，步长 $h=\frac{b-a}{n}$，分点为 $x_k=a+kh(k=0,1,\cdots,n)$，在每个小区间$[x_k,x_{k+1}]$上用 Cotes 求积公式，再求和得到积分 I 的近似值 C_n，即

$$S\approx C_n=\frac{h}{90}\Big(7f(a)+32\sum_{k=0}^{n-1}f(x_{k+\frac{1}{4}})+12\sum_{k=0}^{n-1}f(x_{k+\frac{1}{2}})+32\sum_{k=0}^{n-1}f(x_{k+\frac{3}{4}})+14\sum_{k=1}^{n-1}f(x_k)+7f(b)\Big),\tag{5.4}$$

其中，$x_{k+\frac{1}{4}}=x_k+\frac{h}{4}$，$x_{k+\frac{1}{2}}=x_k+\frac{h}{2}$，$x_{k+\frac{3}{4}}=x_k+\frac{3h}{4}$。

3. 使用说明

```
comcotes(fun,a,b,n)
```

fun 为被积函数，a，b 为积分下上限，n 为区间等分数，返回积分的近似值。

4. MATLAB 程序

```
function s=comcotes(fun,a,b,n)
if n<1
    error('使用此公式 n 不能小于 1')
```

```
end
if a>b
    c=a;  a=b;  b=c;
end
h=(b-a)/n;
I=0;
for k=1:n
    I=I+32*feval(fun,a+(k-1+1/4)*h)+12*feval(fun,a+(k-1+1/2)*h)+32*feval
    (fun,a+(k-1+3/4)*h);
end
for k=1:n-1
    I=I+14*feval(fun,a+k*h);
end
s=(h/90)*(7*feval(fun,a)+I+7*feval(fun,b));
```

例 5.3 分别用复合梯形公式、复合 Simpson 公式和复合 Cotes 公式计算积分

$$S=\int_0^{\frac{\pi}{4}}\frac{x}{1+\cos 2x}\mathrm{d}x。$$

解 积分的精确值 $S=\frac{1}{8}\pi-\frac{1}{4}\ln 2\approx 0.21941228655874$。分别代入程序 drawcomtrzd，comsimp，comcotes 计算得如下结果。

```
>>exf5_3=inline('x./(1+cos(2*x))');
>>drawcomtrzd(exf5_3,0,pi/4,40)
用复合梯形公式(见图 5.3)求得积分近似值为
ans=0.21947880549778
>>comsimp(exf5_3,0,pi/4,20)
ans=0.21941232973634
>>comcotes(exf5_3,0,pi/4,10)
ans=0.21941228688882
```

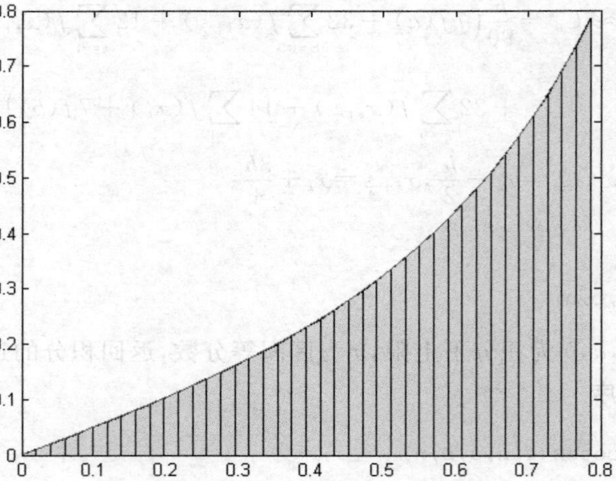

图 5.3 复合梯形公式示意图

由此可见，在计算同样多函数值的情况下，复合 Simpson 公式比复合梯形公式的精度高，而复合 Cotes 公式又比复合 Simpson 公式的精确高。

5.2 变步长的求积公式

用复合求积公式计算定积分的近似值是比较简单的，但是为了达到精度要求，就需要将积分区几等分（即 n 取多大），则需要根据余项公式事先估计，这就要分析被积函数的高阶导数，而一般情况下，这是很困难的。因此常采用变步长的求积分公式，即根据精度要求，让步长逐次折半，反复利用复合求积公式，直到相邻的两次计算结果之差的绝对值小于要求的精度为止。

5.2.1 变步长的梯形公式

1. 功能

用复合梯形公式计算定积分 $S=\int_a^b f(x)\mathrm{d}x$ 的近似值，使相邻的两次计算结果之差的绝对值小于要求的精度。

2. 计算方法

根据复合梯形公式的误差估计，可得 $S\approx T_{2n}+(T_{2n}-T_n)/3$。如果 $|T_{2n}-T_n|<\varepsilon$（允许精度），那么可以认为 T_{2n} 已经满足精度要求。

将积分区间 n 等分，用复合梯形公式计算 T_n，然后将积分区间 $2n$ 等分，用复合梯形公式计算 T_{2n}，直到 $|T_{2n}-T_n|<\varepsilon$ 为止。

3. 使用说明

```
trapzstep(fun,a,b,ep)
```

fun 为被积函数，a，b 为积分下上限，ep 为允许精度，默认 ep $=10^{-6}$，返回积分的近似值。

4. MATLAB 程序

```
function s=trapzstep(fun,a,b,ep)
%递归次数即为二等分区间的次数
if nargin==3
    ep=0.000001;
end
n=1;
Tn=comtrapz(fun,a,b,n);                          %利用符合梯形公式
m=2 * n;
T2n=comtrapz(fun,a,b,m);
count=1;
while abs(T2n-Tn)>=ep
    Tn=T2n;
    m=2 * m;
    count=count+1;
```

```
    T2n=comtrapz(fun,a,b,m);
  end
  fprintf('递归%d次后求得积分近似值为\n',count);
  s=T2n;
  end
  function s=comtrapz(fun,a,b,n)
  %复合梯形公式,n为区间等分数
  if n<1
      error('使用此公式n不能小于1')
  end
  if a>b
      c=a; a=b; b=c;
  end
  h=(b-a)/n;
  I=0;
  for k=1:n-1
      I=I+2*feval(fun,a+k*h);
  end
  s=(h/2)*(feval(fun,a)+I+feval(fun,b));
  end
```

例 5.4 利用变步长的梯形公式计算积分 $\int_1^3 \frac{dx}{\ln(1+x^2)}$。

解 输入如下命令,计算得

```
>>fun=inline('1/log(1+x^2)');
>>trapzstep(fun,1,3);
递归11次后求得积分近似值为
ans=1.41730272534172
```

5.2.2 变步长的 Simpson 公式

1. 功能

用复合 Simpson 公式计算定积分 $S=\int_a^b f(x)dx$ 的近似值,使相邻的两次计算结果之差的绝对值小于要求的精度。

2. 计算方法

根据复合 Simpson 公式的误差估计,可得 $S\approx S_{2n}+\frac{S_{2n}-S_n}{15}$。如果 $|S_{2n}-S_n|<\varepsilon$(允许精度),那么可以认为 S_{2n} 已经满足精度要求。

将积分区间 n 等分,用复合 Simpson 公式计算 S_n,然后将积分区间 $2n$ 等分,用复合 Simpson 公式计算 S_{2n},直到 $|S_{2n}-S_n|<\varepsilon$ 为止。

3. 使用说明

```
simpstep(fun,a,b,ep)
```

fun 为被积函数，a，b 为积分下上限，ep 为允许精度，默认 ep $=10^{-6}$，返回积分的近似值。

4. MATLAB 程序

```
function s=simpstep(fun,a,b,ep)
%递归次数即为二等分区间的次数
if nargin<3
    error('输入参数太少');
elseif nargin>4
    error('输入参数太多');
elseif nargin==3
    ep=1.0e-6;
end
n=1;
m=2 * n;
Sn=comsimp(fun,a,b,n);                          %复合 Simpson 公式,见 5.1.2 节
S2n=comsimp(fun,a,b,m);
count=1;
while abs(S2n-Sn)>=ep
    Sn=S2n;
    m=2 * m;
    count=count+1;
    S2n=comsimp(fun,a,b,m);
end
fprintf('递归%d 次后求得积分近似值为\n',count);
s=S2n;
```

5.2.3 变步长的 Cotes 公式

1. 功能

用复合 Cotes 公式计算定积分 $S=\int_a^b f(x)\mathrm{d}x$ 的近似值，使相邻的两次计算结果之差的绝对值小于要求的精度。

2. 计算方法

根据复合 Cotes 公式的误差估计，可得 $S\approx C_{2n}+(C_{2n}-C_n)/63$。如果 $|C_{2n}-C_n|<\varepsilon$（允许精度），那么可以认为 C_{2n} 已经满足精度要求。

将积分区间 n 等分，用复合 Cotes 公式计算 C_n，然后将积分区间 $2n$ 等分，用复合 Cotes 公式计算 C_{2n}，直到 $|C_{2n}-C_n|<\varepsilon$ 为止。

3. 使用说明

```
cotestep(fun,a,b,ep)
```

fun 为被积函数，a，b 为积分下上限，ep 为允许精度，默认 ep $=10^{-6}$，返回积分的近似值。

4. MATLAB 程序

```
function s=cotestep(fun,a,b,ep)
%递归次数即为二等分区间的次数
if nargin<3
    error('输入参数太少');
elseif nargin>4
    error('输入参数太多');
elseif nargin==3
    ep=1.0e-6;
end
n=1;
m=2*n;
Cn=comcotes(fun,a,b,n);                          %复合 Cotes 公式,见 5.1.3 节
C2n=comcotes(fun,a,b,m);
count=0;
while abs(C2n-Cn)>=ep
    Cn=C2n;
    m=2*m;
    count=count+1;
    C2n=comcotes(fun,a,b,m);
end
fprintf('递归%d 次后求得积分近似值为\n',count);
s=C2n;
```

例 5.5 分别用变步长的 Simpson 公式和变步长的 Cotes 公式计算积分 $S=\int_1^3 e^{-\cos x}\mathrm{d}x$。

解 在 MATLAB 命令窗口输入

```
>>ff=inline('exp(-cos(x))');
simpstep(ff,1,3)
回车执行得
递归 5 次后求得积分近似值为
ans=3.15850411828054
>>cotestep(ff,1,3)
递归 2 次后求得积分近似值为
ans=3.15850413150534
```

5.3 Romberg 积分法

用复合梯形公式计算定积分 $S=\int_a^b f(x)\mathrm{d}x\approx T_n$，记 T_n 为 $T_1(h)$，利用 Richardson 外推算法，选取 $q=\frac{1}{2}$，可得如下算法：

$$T_{m+1}(h)=\frac{4^m T_m\left(\frac{h}{2}\right)-T_m(h)}{4^m-1}\quad (m=1,2,\cdots)\tag{5.5}$$

$T_{m+1}(h)$逼近 S 的误差为$O(h^{2(m+1)})$，这种算法称为 Romberg 算法。

当 $m=1$ 时，由(5.5)式得

$$T_2(h)=\frac{4}{3}T_1\left(\frac{h}{2}\right)-\frac{1}{3}T_1(h)。$$

$T_1\left(\frac{h}{2}\right)=T_{2n}$，易计算得 $T_2(h)=S_n$。从而有

$$S_n=\frac{4}{3}T_{2n}-\frac{1}{3}T_n。\tag{5.6}$$

类似可推得，$m=2$ 时，

$$C_n=\frac{16}{15}S_{2n}-\frac{1}{15}S_n。\tag{5.7}$$

当 $m=3$ 时，

$$R_n=\frac{64}{63}C_{2n}-\frac{1}{63}C_n。\tag{5.8}$$

(5.8)式称为 Romberg 公式。从变步长的梯形序列$\{T_{2^k}\}$出发，根据(5.6)式、(5.7)式和(5.8)式，可分别求得 Simpson 序列$\{S_{2^k}\}$，Cotes 序列$\{C_{2^k}\}$和 Romberg 序列$\{R_{2^k}\}$。

1. 功能

用 Romberg 公式计算定积分 $S=\int_a^b f(x)\mathrm{d}x$ 的近似值，使相邻的两次计算结果之差的绝对值小于要求的精度。

2. 计算方法

(1) 根据梯形公式，计算 $T_1=\frac{1}{2}(f(a)+f(b))$。

(2) 把区间逐次折半，计算 $T_{2n}(n=2^k)$。

(3) 根据(5.6)式、(5.7)式和(5.8)式，计算加速值 S_n,C_n,R_n。

(4) 随时计算相邻的 R_n,R_{2n}之差的绝对值，直到$|R_{2n}-R_n|<\varepsilon$ 为止。

3. 使用说明

```
romberseq(fun,a,b,ep)
```

fun 为被积函数，a,b 为积分下上限，ep 为允许精度，默认 ep$=10^{-6}$，返回积分的近似值。

4. MATLAB 程序

```
function s=romberseq(fun,a,b,ep)
if nargin==3
    ep=1.0e-6;
elseif nargin<3
    error
end
```

```
    t1=10000;
    t2=-10000;
    n=0;
    m=1;
    h=b-a;
    t(1,1)=0.5*(b-a)*(feval(fun,a)+feval(fun,b));
    while abs(t2-t1)>=ep
        area=0.0;
        n=n+1;
        h=h/2;
        for i=1:m
            area=area+feval(fun,h*(2*i-1)+a);
        end
        t(n+1,1)=0.5*t(n,1)+area*h;
        m=2*m;
        if n>4
            for j=1:3
                for i=1:n-j
                    t(i,j+1)=(4^(j)*t(i+1,j)-t(i,j))/(4^(j)-1);
                end
            end
            t1=t(n-4,4);
            t2=t(n-3,4);
        end
    end
    disp('用Romberg序列求得积分近似值为');
    s=t2;
```

例 5.6 用 Romberg 公式计算定积分 $S=\int_0^2 \frac{\sqrt{x}(\sin((51+x)e^{-3x^2})+2)}{x^2+1}dx$。

解 建立如下脚本文件，并存为 ex5_6.m。

```
exf5_6=inline('sqrt(x)/(x^2+1)*(sin((51+x)*exp(-3*x^2))+2)');
fplot(exf5_6,[0,2])
romberseq(exf5_6,0,2)
```

在 MATLAB 命令窗口输入

```
>>ex5_6
```

回车后，屏幕显示结果为(图像为图 5.4)

```
用Romberg序列求得积分近似值为
ans=1.82913329837370
```

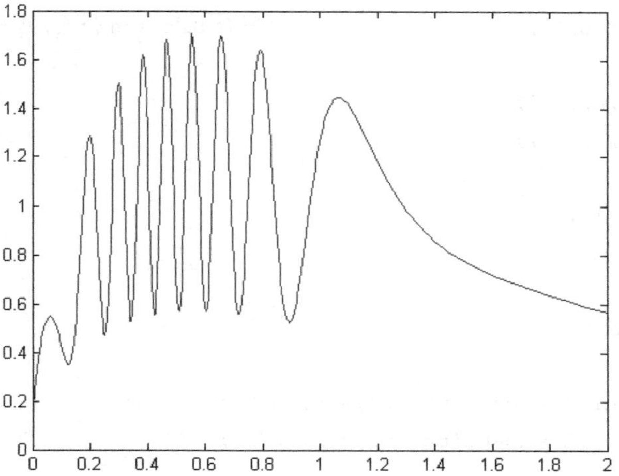

图 5.4 例 5.6 的被积函数图像

5.4 自适应积分法

复合求积公式要求使用等距节点，在整个区间上使用相同的小步长 h，以保证精度要求。当曲线的某部分变化剧烈，而在其他地方变化平缓时，应用等距节点的复合公式不是很合适。为了达到精度要求又要节省计算量，则可在函数变化剧烈的部分增加节点，而在函数变化平缓的地方减少节点，这种方法称为自适应积分法。

1. 功能

用自适应 Simpson 求积法计算定积分 $S=\int_a^b f(x)\mathrm{d}x$ 的近似值。

2. 计算方法

从整个积分区间$\{[a,b],\varepsilon\}$开始，其中 ε 是$[a,b]$上数值积分的容差。用 Simpson 公式计算在$[a,b]$上的积分值 S。取 c 为$[a,b]$的中点，分别在$[a,c]$,$[c,b]$上的用 Simpson 公式计算积分值 S_1,S_2。令 $S_{12}=S_1+S_2$，利用 $\mathrm{err}=|S_{12}-S|/15$，计算 S_{12}的误差 err，如果误差在容差范围内(即 $\mathrm{err}<\varepsilon$)，则终止，并返回积分值 S_{12}。否则，对$[a,c]$,$[c,b]$两个小区间都用同样的程序，并带有容差 $\varepsilon/2$，直到最深层满足误差条件。注意此算法是递归算法。

3. 使用说明

```
[s,nodes,err]=adapsimp(fun,a,b,ep)
```

fun 为被积函数，a,b 为积分下上限，ep 为允许精度，默认 $\mathrm{ep}=10^{-6}$，可返回三个参数，即积分近似值、所用节点和近似误差返回积分的近似值。

4. MATLAB 程序

```
function [s,nodes,err]=adapsimp(fun,a,b,ep)
if nargin==3
    ep=10^(-6);
```

```
    end
    s=comsimp(fun,a,b,1);                          %复合 Simpson 公式,见 5.1.2 节
    c=(a+b)/2;
    s1=comsimp(fun,a,c,1);
    s2=comsimp(fun,c,b,1);
    s12=s1+s2;
    err=abs(s12-s)/15;
    if err<ep
        s=s12;
        nodes=[a c b];
    else
       [s1,nodes1,err1]=adapsimp(fun,a,c,ep/2);
       [s2,nodes2,err2]=adapsimp(fun,c,b,ep/2);
        s=s1+s2;
        err=err1+err2;
        nodes=[nodes1 nodes2(2:length(nodes2))];
    end
```

例 5.7 利用自适应积分法求 $S=\int_0^{10}(1+\sin(x^2)\mathrm{e}^{-\frac{1}{5}x})\mathrm{d}x$。

解 建立如下脚本文件,并存为 ex5_7.m。

```
exf5_7=inline('1+sin(x^2) * exp(-x/5)');
fplot(exf5_7,[ 0,10])
adapsimp('exf5_7',0,10)
```

在 MATLAB 命令窗口输入

```
>>ex5_7
```

回车后,屏幕显示结果为(图像为图 5.5)

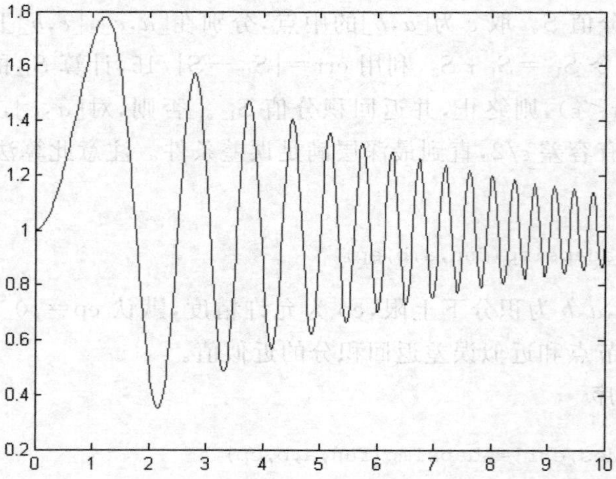

图 5.5　例 5.7 的被积函数图像

```
s=10.52711303020488
err=3.065768799276568e-007
```

即积分值 $S\approx 10.5271130320488$，误差约为 $3.065768799276568\times 10^{-7}$。

5.5 Gauss 求积公式

插值型求积公式

$$\int_a^b f(x)\mathrm{d}x \approx \sum_{k=0}^{n} A_k f(x_k), \quad a=x_0<x_1<\cdots<x_n=b \tag{5.9}$$

的代数精度至少是 n，其最大代数精度是多少？可以证明插值型求积公式(5.9)的代数精度至多是 $2n+1$。若插值型求积公式(5.9)的代数精度是 $2n+1$，则称它为 Gauss 型求积公式，其相应的求积节点称为 Gauss 点。

Gauss 型求积公式是具有最高代数精度的插值型求积公式，其求积节点(Gauss 点)是区间$[a,b]$上关于权函数 $\rho(x)$的 $n+1$ 次正交多项式的 $n+1$ 个互异的实根。因此，对不同类型的正交多项式，就有不同的 Gauss 型求积公式。

5.5.1 Gauss-Legendre 求积公式

1. 功能

用 Gauss-Legendre 求积公式计算定积分 $S=\int_a^b f(x)\mathrm{d}x$ 的近似值。

2. 计算方法

(i) 区间$[-1,1]$上的 Legendre 正交多项式 $P_n(x)$(权函数 $\rho(x)=1$)，

$$P_n(x)=\frac{1}{2^n n!}\frac{\mathrm{d}^n}{\mathrm{d}x^n}[(x^2-1)^n]。$$

递推公式：$P_0(x)=1, P_1(x)=x, (n+1)P_{n+1}(x)=(2n+1)xP_n(x)-nP_{n-1}(x), n=1,2,\cdots$。根据递推公式，编写求 n 次 Legendre 正交多项 $P_n(x)$的程序，并由此求得 $P_n(x)$的零点。

(ii) n 个节点的 Gauss-Legendre 求积公式为

$$\int_{-1}^{1} f(x)\mathrm{d}x \approx \sum_{k=1}^{n} A_k f(x_k),$$

其中，$x_1,x_2,\cdots,x_n$ 是 $P_n(x)$的零点，求积系数 $A_k=\frac{2}{n}\frac{1}{P_{n-1}(x_k)P'_n(x_k)}$，　$k=1,2,\cdots,n$。

(iii) 区间$[a,b]$上的 Gauss-Legendre 求积公式为

$$\int_a^b f(x)\mathrm{d}x \approx \frac{b-a}{2}\sum_{k=1}^{n} A_k f(t_k),$$

其中，$t_k=\frac{b-a}{2}x_k+\frac{b+a}{2}$ x_k, A_k 同(ii)，$k=1,2,\cdots,n$。

3. 使用说明

```
gausslegendre(fun,n,a,b)
```

fun 为被积函数，n 为节点数，a,b 为积分下上限，默认 $a=-1$,$b=1$，返回积分的近似值。

4. MATLAB 程序

```
function I=gausslegendre(fun,n,a,b)
if n<=0,
    fprintf('Gauss-Legendre 求积公式中的 n 应是正整数');
end
if nargin==2
    a=-1; b=1;
end
L=legendpoly(n);
t=roots(L(n+1,:));
for k=1:n
    A(k)=2/(polyval(L(n,:),t(k))*(polyval(polyder(L(n+1,:)),t(k)))*n);
    x(k)=((b-a)*t(k)+a+b)/2;
    fx(k)=feval(fun,x(k));
end
I=A*fx'*(b-a)/2;
function P=legendpoly(n)
%此函数用来计算 n 次 Legendre 多项式的系数,P0(x)的系数放在第一行,P1(x)的系数放在第二
行,…,按降幂排列
P=zeros(n+1);
if n==0
    P=1;
end
P(1,n+1)=1;
P(2,n:n+1)=[1 0];
for k=2:n
  P(k+1,n-k+1:n+1)=((2*(k-1)+1)*[P(k,n-k+2:n+1)0]-(k-1)*[0 0 P(k-1,n-k+
   3:n+1)])/k;
end
```

例 5.8 利用 Gauss-Legendre 求积公式分别计算 $\int_0^1 50e^{-2x^2}dx$, $\int_{-1}^1 xe^{-2x^2}dx$。

解 用 MATLAB 程序求解，用 M 文件定义被积函数，并分别存为 exf5_8_1.m, exf5_8_2。

```
function  y=exf5_8_1(x)
y=50*exp(-2*x^2);
function  y=exf5_8_2(x)
y=x*exp(-2*x^2);
```

在 MATLAB 命令窗口调用程序 gausslegendre，执行后有下述结果。

```
>>gausslegendre('exf5_8_1',16,0,1)
ans=29.90720033315092
```

由积分的性质可知，第二个积分为零，用 16 个节点代入程序计算得

```
>>gausslegendre('exf5_8_2',16)
```

```
ans=2.205458038417874e-013
```

5.5.2 Gauss-Chebyshev 求积公式

1. 功能

用 Gauss-Chebyshev 求积公式计算定积分 $S=\int_{-1}^{1}\frac{1}{\sqrt{1-x^2}}f(x)\mathrm{d}x$ 或 $\int_a^b f(x)\mathrm{d}x$（$[a,b]\neq[-1,1]$）的近似值。

2. 计算方法

(i) 区间$[-1,1]$上的 Chebyshev 正交多项式 $T_n(x)$ $\left(\text{权函数 } \rho(x)=\frac{1}{\sqrt{1-x^2}}\right)$，

$$T_n(x)=\cos(n\arccos(x))。$$

(ii) n 个节点的 Gauss-Chebyshev 求积公式为

$$\int_{-1}^{1}\frac{1}{\sqrt{1-x^2}}f(x)\mathrm{d}x\approx\sum_{k=1}^{n}A_k f(x_k),$$

其中 $x_k=\cos\left(\frac{(2k-1)\pi}{2n}\right)$是 $T_n(x)$的零点，求积系数 $A_k=\frac{\pi}{n}$，$k=1,2,\cdots,n$。

(iii) 对积分 $S=\int_a^b f(x)\mathrm{d}x$，作变换 $x=\frac{b-a}{2}t+\frac{b+a}{2}$，则

$$S=\frac{b-a}{2}\int_{-1}^{1}f\left(\frac{b-a}{2}t+\frac{b+a}{2}\right)\mathrm{d}t=\frac{b-a}{2}\int_{-1}^{1}\frac{f\left(\frac{b-a}{2}t+\frac{b+a}{2}\right)}{\sqrt{1-t^2}}\cdot\sqrt{1-t^2}\,\mathrm{d}t。$$

对函数 $f\left(\frac{b-a}{2}t+\frac{b+a}{2}\right)\cdot\sqrt{1-t^2}$ 应用(ii)中的公式即可。

3. 使用说明

```
gausschebys(fun,n,a,b)
```

fun 为被积函数 $f(x)$，n 为节点数，a，b 为积分下上限，返回积分的近似值。

4. MATLAB 程序

```
function I=gausschebys(fun,n,a,b)
t=zeros(1,n);
x=zeros(1,n);
fx=zeros(1,n);
fxx=zeros(1,n);
A(1:n)=pi/n;
if(a==-1)&(b==1)
    for i=1:n
        t(i)=cos((2*i-1)*pi/(2*n));
        x(i)=((b-a)*t(i)+a+b)/2;
        fx(i)=feval(fun,x(i));
    end
I=A*fx';
else
```

```
    for i=1:n
        t(i)=cos((2*i-1)*pi/(2*n));
        x(i)=((b-a)*t(i)+a+b)/2;
        fxx(i)=feval(fun,x(i))*sqrt(1-(t(i))^2);
    end
I=A*fxx'*(b-a)/2;
end
```

例 5.9 利用 Gauss-Chebyshev 求积公式计算 $\int_{-1}^{1}\frac{400x(1-x)\mathrm{e}^{-2x}}{\sqrt{1-x^2}}\mathrm{d}x$。

解 利用 MATLAB 程序 gausschebys 计算,并用其函数 int 验证。定义两个函数:

```
function y=exf5_9(x)
y=400*x*(1-x)*exp(-2*x);
function y=exfs5_9(x)
syms x;
y=400*x*(1-x)*exp(-2*x)/sqrt(1-x^2);
```

并存为 exf5_9.m,和 exfs5_9.m。

在 MATLAB 命令窗口调用程序 gausschebys 和 int,执行后有下述结果。

```
>>gausschebys('exf5_9',17,-1,1)
ans=-3.864037987031664e+003
>>vpa(int(exfs5_9,-1,1))
Warning:Explicit integral could not be found.
>In sym.int at 58
ans=-3864.0379870316644302003853123064
```

由此可见,17 个节点的 Gauss-Chebyshev 求积公式可达到相当高的精度。

例 5.10 利用 Gauss-Chebyshev 求积公式计算 $S=\int_{0}^{2}\frac{x^2-2x+2}{\sqrt{x(2-x)}}\mathrm{d}x$。

解 方法一:由于积分区间不是$[-1,1]$,先作积分变换 $t=x+1$,则 $S=\int_{-1}^{1}\frac{t^2+1}{\sqrt{1-t^2}}\mathrm{d}t$,可用 Gauss-Chebyshev 求积公式,此时 $f(t)=t^2+1$ 是二次多项式,所以用两个节点以上的 Gauss-Chebyshev 求积公式即可得到积分的精确值。

在 MATLAB 命令窗口输入

```
>>exf5_10=inline('(x^2+1)');
>>gausschebys(exf5_10,2,-1,1)
ans=4.71238898038469
```

方法二:建立被积函数,直接代入程序计算。

```
function y=exfs5_10(x)
y=(x^2-2*x+2)/sqrt(x*(2-x));
```

存为 exfs5_10.m,在 MATLAB 命令窗口调用程序 gausschebys,执行后有下述结果。

```
>>gausschebys('exfs5_10',2,0,2)
ans=4.71238898038469
```

注：$1.5*\pi=4.71238898038469$，可见用两个节点的 MATLAB 程序 gausschebys 得到了积分的精确值。

例 5.11 利用 Gauss-Chebyshev 求积公式计算 $S_1=\int_1^3 x\sqrt{4x-x^2-3}\,dx$。

解 利用 MATLAB 程序 gausschebys 计算，定义函数：

```
function y=exf5_11(x)
y=x*sqrt(4*x-x^2-3);
```

并存为 exf5_11.m，在 MATLAB 命令窗口调用程序 gausschebys，执行后有下述结果。

```
>>gausschebys('exf5_11',3,1,3)
ans=3.14159265358979
```

例 5.12 利用 Gauss-Chebyshev 求积公式计算 $S_2=\int_{-1}^{1}\frac{1}{\sqrt{x+1}}dx$。

解 因为积分区间为$[-1,1]$，但是被积函数中没出现权函数 $\rho(x)=\frac{1}{\sqrt{1-x^2}}$ 因子，不能直接应用程序 gausschebys 计算。将积分改写为 $S_2=\int_{-1}^{1}\frac{\sqrt{1-x^2}}{\sqrt{1-x^2}\sqrt{x+1}}dx$，就可对函数 $\frac{\sqrt{1-x^2}}{\sqrt{x+1}}$，应用程序求解了。定义函数：

```
function y=exf5_12(x)
y=sqrt(1-x^2)/sqrt(x+1);
```

并存为 exf5_12.m，在 MATLAB 命令窗口调用程序 gausschebys，执行后有下述结果。

```
>>gausschebys('exf5_12',60,-1,1)
ans=2.82850790025213
```

易求得该积分的精确值为 $2\sqrt{2}\approx 2.82842712474619$。是何原因致使例 12 计算结果的精度比较差？比较例 5.10、例 5.11、例 5.12 可见，表面上它们都是无理积分，但是当化为区间$[-1,1]$上的积分时，例 5.10、例 5.11 中的被积函数(不含权函数)是多项式，所以用几个节点就可得到精确解。例 5.12 的情况就不同了，它的被积函数(不含权函数)远非多项式，可通过增加节点来提高精度。如计算 500 个节点时，有

```
>>gausschebys('exf5_12',500,-1,1)
ans=2.82842828789058
```

5.5.3 Gauss-Laguerre 求积公式

1. 功能

用 Gauss-Laguerre 求积公式计算定积分 $S=\int_0^{+\infty}e^{-x}f(x)dx$ 的近似值。

2. 计算方法

(i) 区间$[0,+\infty)$上的 Laguerre 正交多项式 $L_n(x)$(权函数 $\rho(x)=e^{-x}$)，

$$L_0(x)=1,$$

$$L_n(x)=\mathrm{e}^x\frac{\mathrm{d}^n}{\mathrm{d}x^n}(x^n\mathrm{e}^{-x}),\quad n=1,2,\cdots。$$

递推公式：$L_0(x)=1,L_1(x)=1-x,L_{n+1}(x)=(2n+1-x)L_n(x)-n^2L_{n-1}(x),n=1,2,\cdots$。根据递推公式，编写求 n 次 Laguerre 正交多项 $L_n(x)$ 的程序，并由此求得 $L_n(x)$ 的零点。

(ii) n 个节点的 Gauss-Laguerre 求积公式为

$$\int_0^{+\infty}\mathrm{e}^{-x}f(x)\mathrm{d}x\approx\sum_{k=1}^{n}A_kf(x_k),$$

其中 $x_1,x_2,\cdots,x_n$ 是 $L_n(x)$ 的零点，求积系数 $A_k=\dfrac{(n!)^2}{L_{n+1}(x_k)L'_n(x_k)},k=1,2,\cdots,n$。

3. 使用说明

```
gausslaguerre(fun,n)
```

fun 为被积函数 $f(x)$(不含权函数)，n 为节点数，返回积分的近似值。

4. MATLAB 程序

```
function I=gausslaguerre(fun,n)
if n<=0
    fprintf('Gauss-Laguerre 求积公式中的 n 应是正整数');
end
L=laguep(n);
t=roots(L);
L1=laguep(n+1);
w=(prod(1:n))^2;
for k=1:n
    A(k)=w/(polyval(L1,t(k))*(polyval(polyder(L),t(k))));
    fx(k)=feval(fun,t(k));
end
I=A*fx';
function L=laguep(n)
%此函数用来计算 n 次 Laguerre 多项式的系数,递归调用 Legendp(n),给出 n 次 Legendre 正交多项式的系数
if n<=0
    L=1;
elseif n==1
    L=[-1 1];
else
    L=(2*n-1)*[0 laguep(n-1)]-[laguep(n-1) 0]-(n-1)^2*[0 0 laguep(n-2)];
end
```

例 5.13 求 $S_3=\int_0^{+\infty}\mathrm{e}^{-x}x^2\cos x\mathrm{d}x$。

解 利用 MATLAB 程序 gausslaguerre 计算，并用 MATLAB 的函数 int 验证。在编辑窗口定义函数：

```
function y=exf5_13(x)
y=x^2 * cos(x);
function y=exfs5_13t(x)
syms x;
y=exp(-x) * x^2 * cos(x);
```

并分别存为 exf5_13. m，exfs5_13. m。在 MATLAB 命令窗口调用程序 gausslaguerre 和 int，执行后有下述结果。

```
>>gausslaguerre('exf5_13',15)
ans=-0.49999985383389
>>int(exfs5_13,0,+inf)
ans=-1/2
```

例 5.14 求 $S_4=\int_0^{+\infty}\frac{x\mathrm{e}^{-3x^2}}{\sqrt{1+x^2}}\mathrm{d}x$。

解 由于被积函数中未出现权函数 $\rho(x)=\mathrm{e}^{-x}$，作变量代换 $x=\sqrt{\frac{t}{3}}$，则 $S_4=\int_0^{+\infty}\frac{\mathrm{e}^{-t}}{6\sqrt{1+\frac{t}{3}}}\mathrm{d}t$。利用 MATLAB 程序 gausslaguerre 计算，在编辑窗口定义函数：

```
function y=exf5_14(x)
y=1/(6 * sqrt(1+x/3));
```

并存为 exf5_14. m。在 MATLAB 命令窗口调用程序 gausslaguerre，执行后有下述结果。

```
>>gausslaguerre('exf5_14',12)
ans=0.147021987263569
```

5.5.4 Gauss-Hermite 求积公式

1. 功能

用 Gauss-Hermite 求积公式计算定积分 $S=\int_{-\infty}^{+\infty}\mathrm{e}^{-x^2}f(x)\mathrm{d}x$ 的近似值。

2. 计算方法

(i) 区间$(-\infty,+\infty)$上的 Hermite 正交多项式 $H_n(x)$（权函数 $\rho(x)=\mathrm{e}^{-x^2}$），

$$H_0(x)=1,$$

$$H_n(x)=(-1)^n\mathrm{e}^{-x^2}\frac{\mathrm{d}^n}{\mathrm{d}x^n}(\mathrm{e}^{-x^2}),\quad n=1,2,\cdots。$$

递推公式：$H_0(x)=1,H_1(x)=2x,H_{n+1}(x)=2xH_n(x)-2nH_{n-1}(x),n=1,2,\cdots$。根据递推公式，编写求 n 次 Hermite 正交多项 $H_n(x)$的程序，并由此求得 $H_n(x)$的零点。

(ii) n 个节点的 Gauss-Hermite 积公式为

$$\int_{-\infty}^{+\infty}\mathrm{e}^{-x^2}f(x)\mathrm{d}x\approx\sum_{k=1}^{n}A_kf(x_k),$$

其中，$x_1,x_2,\cdots,x_n$ 是 $H_n(x)$的零点，求积系数 $A_k=\dfrac{2^{n+1}n!\sqrt{\pi}}{(H_{n+1}(x_k))^2}$，$k=1,2,\cdots,n$。

3. 使用说明

```
gausshermite(fun,n)
```

fun 为被积函数，n 为节点数，返回积分的近似值。

4. MATLAB 程序

```
function I=gausshermite(fun,n)
if n<=0
   fprintf('Gauss-Hermite求积公式中的n应是正整数');
end
t=roots(hermitep(n));
H1=hermitep(n+1);
H2=hermitep(n);
w=-2^(n+1)*prod(1:n)*sqrt(pi);
for k=1:n
   A(k)=w/(polyval(H1,t(k))*(polyval(polyder(H2),t(k))));
   fx(k)=feval(fun,t(k));
end
I=A*fx';
function H=hermitep(n)
%此函数用来计算n次Hermite多项式的系数，递归调用hermite(n)，给出n次Hermite正交多
项式的系数
if n<=0
   H=1;
elseif n==1
   H=[2 0];
else
   H=2*[hermitep(n-1)0]-2*(n-1)*[0 0 hermitep(n-2)];
end
```

例 5.15 求 $S_5=\int_{-\infty}^{+\infty}e^{-x^2}\sin^2 x\mathrm{d}x$。

解 利用 MATLAB 程序 gausshermite 计算，在编辑窗口定义函数：

```
function y=exf5_15(x)
y=(sin(x))^2;
```

存为 exf5_15.m。在 MATLAB 命令窗口调用程序 gausshermite，执行后有下述结果。

```
>>gausshermite('exf5_15',12)
ans=0.56020225936784
```

例 5.16 求 $S_6=\int_{-\infty}^{+\infty}\dfrac{e^{-x^2}}{\sqrt{1+x^2}}\mathrm{d}x$。

解 利用 MATLAB 程序 gausshermite 计算，并用 MATLAB 的函数 int 验证。在编辑

窗口定义函数：

```
function y=exf5_16(x)
y=1/sqrt(1+x^2);
function y=exfs5_16t(x)
syms x;
y=exp(-x^2)/sqrt(1+x^2);
```

并分别存为 exf5_16.m，exfs5_16t.m。在 MATLAB 命令窗口调用程序 gausshermite 和 int，执行后有下述结果。

```
>>gausshermite('exf5_16',26)
ans=1.52410766261304
>>vpa(int(exfs5_16,-inf,inf))
ans=1.5241093857739095300229150933188
```

5.6 预先给定节点的 Gauss 求积公式

Gauss 型求积公式是具有最高代数精度的插值型求积公式，其求积节点（Gauss 点）是区间$[a,b]$上关于权函数 $\rho(x)$的 n 次正交多项式的 n 个互异的实根。有些应用中，希望区间的一个或两端点预先固定，最常用的是积分区间$[-1,1]$上，固定端点 -1 的 Gauss-Radau 求积公式和两个端点 $-1,1$ 都固定的 Gauss-Lobatto 求积公式。

5.6.1 Gauss-Radau 求积公式

1. 功能

用 Gauss-Radau 求积公式计算定积分 $S=\int_{-1}^{1} f(x)\mathrm{d}x$ 的近似值。

2. 计算方法

n 个节点的 Gauss-Radau 求积公式为

$$\int_{-1}^{1} f(x)\mathrm{d}x \approx \frac{2}{n^2}f(-1)+\sum_{k=2}^{n}A_k f(x_k),$$

其中，$x_2,\cdots,x_n$ 是多项式 $\Psi_{n-1}(x)=\frac{1}{x+1}(P_{n-1}(x)+P_n(x))$，$x\in[-1,1]$的零点，$P_n(x)$是 n 次 Legendre 正交多项，求积系数 $A_k=\frac{2}{1-x_k}\frac{1}{[P'_{n-1}(x_k)]^2}$，$k=2,3,\cdots,n$。

3. 使用说明

```
gaussradau(fun,n)
```

fun 为被积函数，n 为节点数，返回积分的近似值。

4. MATLAB 程序

```
function I=gaussradau(fun,n)
if n<=1
    fprintf('Gauss-Radau 求积公式中的 n 应大于或等于 2');
```

```
end
L=legendpoly(n);                                   %求 n 次 Legendre 正交多项式,参见 5.5.1 节
pp=L(n+1,:)+L(n,:);
q1=[1 1];
[q,r]=deconv(pp,q1);
t=roots(q);
for k=1:n-1
    A(k)=1/((1-t(k))*(polyval(polyder(L(n,:)),t(k)))^2);
    fx(k)=feval(fun,t(k));
end
I=2*feval(fun,-1)/n^2+A*fx';
```

例 5.17 求积分 $\int_{-1}^{1} e^{-x^2}\,dx$。

解 在 MATLAB 命令窗口输入

```
>>exf5_17=inline('exp(-x^2)');
>>gaussradau(exf5_17,10)
```

回车执行后屏幕显示结果为

```
ans=1.49364826562483
```

5.6.2 Gauss-Lobatto 求积公式

1. 功能

用 Gauss-Lobatto 求积公式计算定积分 $S=\int_{-1}^{1} f(x)\,dx$ 的近似值。

2. 计算方法

n 个节点的 Gauss-Lobatto 求积公式为

$$\int_{-1}^{1} f(x)\,dx \approx \frac{2}{n(n-1)}[f(-1)+f(1)]+\sum_{k=2}^{n-1} A_k f(x_k),$$

其中,$x_2,\cdots,x_{n-1}$ 是多项式 $P'_{n-1}(x)$ 的零点,$P_{n-1}(x)$ 是 $n-1$ 次 Legendre 正交多项,求积系数 $A_k=\dfrac{2}{n(n-1)[P_{n-1}(x_k)]^2}$,$k=2,3,\cdots,n-1$。

3. 使用说明

```
gausslobatto(fun,n)
```

fun 为被积函数,n 为节点数,返回积分的近似值。

4. MATLAB 程序

```
function I=gausslobat(fun,n)
if n<=2
    fprintf('Gauss-Lobatto 求积公式中的 n 应大于或等于 3');
end
L=Legendp(n-1);
```

```
pp=polyder(L);
t=roots(pp);
for k=1:n-2
    A(k)=2/(n*(n-1)*(polyval(L,t(k)))^2);
    fx(k)=feval(fun,t(k));
end
I=2/(n*(n-1))*(feval(fun,-1)+feval(fun,1))+A*fx';
function pp=Legendp(n)
% 递归调用 Legendp(n),给出 n 次 Legendre 正交多项式的系数
if n<=0
    pp=1;
elseif n==1
    pp=[1 0];
else
    pp=((2*n-1)*[Legendp(n-1) 0]-(n-1)*[0 0 Legendp(n-2)])/n;
end
```

例 5.18 求积分 $S=\int_{-1}^{1}e^{\frac{3\pi}{8}(x+1)}\sin\left(\frac{\pi}{4}(x+1)\right)dx$。

解 首先用函数 int 计算其精确值,然后取不同的节点数,用 gausslobatto 程序计算,从下面的计算结果发现,并非节点越多,结果越精确。从理论上讲,节点越多,求积公式的代数精度越高,这是对被积函数为多项式而言,有些情况并非如此。

定义函数:

```
function y=exfs5_18(x)
syms x;
y=exp(3*pi*(x+1)/8)*sin(pi*(x+1)/4);
```

并存为 exfs5_18.m。在 MATLAB 命令窗口调用程序 int,执行后有下述结果。

```
>>int(exfs5_18,-1,1)
ans=8/13*(3*exp(pi)^(3/4)+2)/pi
```

即

$$S=\frac{8}{13}\frac{2+3e^{\frac{3}{4}\pi}}{\pi}\approx 6.59188868308368677。$$

建立如下脚本文件,并存为 ex5_18.m。

```
exf5_18=inline('exp(3*pi*(x+1)/8)*sin(pi*(x+1)/4)');
S6=gausslobatto(exf5_18,6)                     %用 6 个节点计算
S10=gausslobatto(exf5_18,10)
S20=gausslobatto(exf5_18,20)
S30=gausslobatto(exf5_18,30)
```

在 MATLAB 命令窗口执行 ex5_18,则有

```
>>ex5_18
S6=6.59188872552336
```

```
S10=6.59188868308368
S20=6.59188868313187
S30=6.59188862964446
```

5.7 二重积分的数值计算

考虑二元函数 $f(x,y)$ 在区域 $D:=\{(x,y)|a\leqslant x\leqslant b,c(x)\leqslant y\leqslant d(x)\}$ 上的二重积分 $S=\iint_D f(x,y)\mathrm{d}x\mathrm{d}y$，将其化为二次积分 $S=\int_a^b \mathrm{d}x\int_{c(x)}^{d(x)} f(x,y)\mathrm{d}y$。二重积分的数值公式的一般形式为 $S(a,b,c(x),d(x))=\sum_{i=1}^{m}u_i\sum_{j=1}^{n}v_j f(x_i,y_{i,j})$，这里的权值 u_i,v_j 依赖于定积分所用的方法。

5.7.1 复合 Simpson 公式

1. 功能

用复合 Simpson 公式求二重积分 $S=\iint_D f(x,y)\mathrm{d}x\mathrm{d}y=\int_a^b \mathrm{d}x\int_{c(x)}^{d(x)} f(x,y)\mathrm{d}y$ 的近似值。

2. 计算方法

将二重积分化为两个定积分，$g(x)=\int_{c(x)}^{d(x)} f(x,y)\mathrm{d}y, S=\int_a^b g(x)\mathrm{d}x$，然后对每个定积分采用复合 Simpson 求积公式，计算步骤如下：

(1) 对固定的 x_k，在区间 $[c(x_k),d(x_k)]$ 上对函数 $f(x_k,y)$ 用复合 Simpson 求积公式，求得 $g(x_k)$。

(2) 将区间 $[a,b]$ M 等分，小区间为 $[x_k,x_{k+1}]$ $(k=0,1,\cdots,M-1)$，在 $[a,b]$ 上用复合 Simpson 求积公式，则可得二重积分 S 的近似值。即

$$S\approx\frac{h}{6}\sum_{k=0}^{M-1}(g(x_k)+4g(x_{k+\frac{1}{2}})+g(x_{k+1})),$$

其中，$x_{k+\frac{1}{2}}=\frac{1}{2}(x_k+x_{k+1})$，$g(x_k)$ 按(1)求得。

3. 使用说明

```
simp2int(fun,a,b,c,d,M,N)
```

fun 为被积函数，用函数定义，a,b 是 x 的积分下、上限，都是常数；c,d 是 y 的积分下、上限，用函数定义。M,N 分别为 x 和 y 方向上的区间等分数，返回积分的近似值。参见 MATLAB 的 dblquad 函数。

4. MATLAB 程序

```
function s=simp2int(fun,a,b,c,d,M,N)
%利用复合 Simpson 公式，求二元函数 f(x,y)在 R={(x,y)|a<=x<=b,c(x)<=y<=d(x)}
上的二重积分。这里的 M,N 分别是区间[a,b],[c(x),d(x)]的等分数
if mod(M,2)~=0
    M=M+1;
```

```
end
hx=(b-a)/M;
for k=1:M+1;
    x(k)=a+(k-1)*hx;
    if isnumeric(c)
        cx(k)=c;
    else
        cx(k)=feval(c,x(k));                %若 c(x)是函数,取其在 x(k)处的函数值
    end
    if isnumeric(d)
        dx(k)=d;
    else
        dx(k)=feval(d,x(k));
    end
    sx(k)=simpfxy(fun,x(k),cx(k),dx(k),N);
end
M1=M/2;
ss=0;
for k=1:M1
    ss=ss+2*sx(2*k-1)+4*sx(2*k);
end
s=hx/3*(ss+sx(M+1)-sx(1));
function s=simpfxy(fun,x,c,d,N)
%用复合 Simpson 公式,求函数 f(x,y)在 Ry={c≤y≤d}上的定积分,x-固定,N 为区间等分数
if nargin<5
    N=100;
end
if abs(d-c)<eps|N<=0
    s=0;
end
h=(d-c)/N;
s=0;
for k=1:N
    s1=feval(fun,x,c+(k-1+1/2)*h);
    if s1==-inf
        s1=-realmax;
    end
    if s1==inf
        s1=realmax;
    end
    s2=feval(fun,x,c+k*h);
    if s2==-inf
        s2=-realmax;
    end
    if s2==inf
```

```
        s2=realmax;
    end
    s=s+4*s1+2*s2;
end
s=(h/6)*(feval(fun,x,c)+s-feval(fun,x,d));
```

例 5.19 求二重积分 $S=\iint_D x^2y^2\mathrm{d}x\mathrm{d}y$，区域 D 是由 x^2 及 x^3 围成。

解 输入如下命令，画出积分区域 D（见图 5.6）。

```
>>fplot('x^2',[0,1])
hold on
fplot('x^3',[0,1])
```

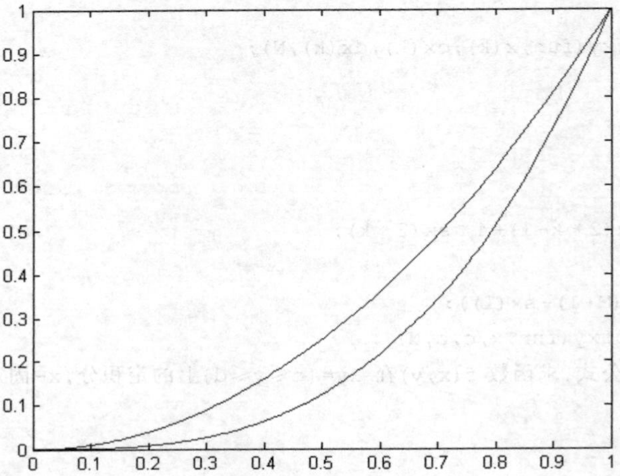

图 5.6　例 5.19 的积分区域

利用 MATLAB 程序 simp2int 计算，定义函数：

```
function y=exf5_19(x,y)
z=x^2*y^2;
function y=c1(x)
y=x^3;
function y=d1(x)
y=x^2;
```

并分别存为 exf5_19.m，c1.m，d1.m。在 MATLAB 命令窗口调用程序 simp2int，执行后有下述结果。

```
>>simp2int('exf5_19',0,1,'c1','d1',100,100)
ans=0.00925924715888513
```

或在 MATLAB 命令窗口输入：

```
>>ex519=inline('x^2*y^2');
```

```
>>c1=inline('x^3');
>>d1=inline('x^2');
```

然后调用程序 simp2int,则有

```
>>simp2int(ex519,0,1,c1,d1,100,100)
ans=0.00925924715888513
```

积分的精确值为 $S=1/108$,可见所求结果比较精确。

例 5.20 求介于图形 $z=4-x^2-y^2$ 与 $z=2-x$ 之间的图形的体积。

解 积分区域由圆 $4-x^2-y^2=2-x$,即 $(x-1/2)^2+y^2=9/4$ 确定(见图 5.7)。所以积分区域

$$D:=\left\{(x,y)\left|\left(x-\frac{1}{2}\right)^2+y^2\leqslant\frac{9}{4}\right.\right\}$$
$$=\left\{(x,y)\left|\frac{1}{2}-\frac{1}{2}\sqrt{9-4y^2}\leqslant x\leqslant\frac{1}{2}+\frac{1}{2}\sqrt{9-4y^2},-\frac{3}{2}\leqslant y\leqslant\frac{3}{2}\right.\right\}。$$

因此所求体积为

$$V=\iint_D[(4-x^2-y^2)-(2-x)]\mathrm{d}S$$
$$=\int_{-\frac{3}{2}}^{\frac{3}{2}}\mathrm{d}y\int_{\frac{1}{2}-\frac{1}{2}\sqrt{9-4y^2}}^{\frac{1}{2}+\frac{1}{2}\sqrt{9-4y^2}}[(4-x^2-y^2)-(2-x)]\mathrm{d}x。$$

由于积分区域写成了 y 型区域,此时仍可用程序 simp2int 计算此二重积分,但需注意下面两个问题:(i)被积函数和积分上、下限函数必须以函数形式定义;(ii)定义被积函数时,应该按(y,x)顺序,调用程序时,x,y 的上下限位置互换,即将 y 的下、上限作为第二、三个参数,将 x 的下、上限作为第四、五个参数。

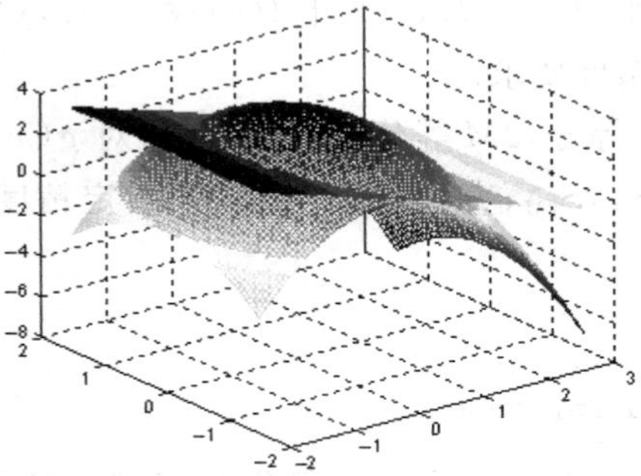

图 5.7 例 5.20 的空间区域

利用 MATLAB 程序求解,建立 MATLAB 脚本文件如下:

```
x=[-2:0.05:3];
y=[-3/2:0.05:3/2];
[X,Y]=meshgrid(x,y);
exam5_20=inline('4-x.^2-y.^2','x','y');
exam5_201=inline('2-x','x','y');
exa5_20=inline('2-x.^2-y.^2+x','y','x')%此处变量的顺序是(y,x),不是(x,y)
```

```
Z=exam5_20(X,Y);
Z1=exam5_201(X,Y);
mesh(X,Y,Z);
hold on;
mesh(X,Y,Z1);
c=inline('1/2-sqrt(9-4*y.^2)./2','y');
d=inline('1/2+sqrt(9-4*y.^2)./2','y');
simp2int(exa5_20,-1.5,1.5,c,d,120,100)
```

存为 ex5_20.m。在 MATLAB 命令窗口调用 ex5_20，执行后，屏幕显示结果为

```
>>ex5_20
ans=7.95217603192043
```

利用 MATLAB 函数 int 计算，得积分的精确值 $V=\frac{81}{32}\pi\approx 7.95215640439916$。

5.7.2 变步长的 Simpson 公式

1. 功能

利用变步长的 Simpson 公式，求二重积分 $S=\iint_D f(x,y)\mathrm{d}x\mathrm{d}y=\int_a^b \mathrm{d}x\int_{c(x)}^{d(x)} f(x,y)\mathrm{d}y$ 的近似值。

2. 计算方法

将二重积分化为两个定积分，$g(x)=\int_{c(x)}^{d(x)} f(x,y)\mathrm{d}y$，$S=\int_a^b g(x)\mathrm{d}x$，然后对每个定积分采用变步长 的 Simpson 求积公式，计算步骤如下：

(1) 对固定的 x_k，在区间 $[c(x_k),d(x_k)]$ 上对函数 $f(x_k,y)$ 用变步长的 Simpson 求积公式，求得 $g(x_k)$，使其满足精度要求。

(2) 分别将区间 $[a,b]$ M 等分，$2M$ 等分，在 $[a,b]$ 上，对 $g(x)$ 用复合 Simpson 求积公式($g(x_j)$ 按(1)求得)，计算得 S_M，S_{2M}，直到 $|S_M-S_{2M}|<$ 指定精度。则可得二重积分 S 的近似值 S_{2M}。

3. 使用说明

```
simpch2int(fun,a,b,c,d,ep,counmax)
```

fun 为被积函数，用函数定义，a，b 是 x 的积分下、上限，都是常数；c，d 是 y 的积分下、上限，用函数定义，ep 是控制精度，counmax 是二等分区间的最大次数，默认 counmax=20；返回积分的近似值。

4. MATLAB 程序

```
function s=simpch2int(fun,a,b,c,d,ep,counmax)
%利用变步长的 Simpson 公式，求二元函数 f(x,y)在 R={(x,y)|a≤x≤b,c(x)≤y≤d(x)}
%上的二重积分。这里的 ep 是控制精度
if nargin==6
    counmax=20;
```

```
end
n=2;
m=2*n;
Sn=simpcomdint(fun,a,b,c,d,n,ep);
S2n=simpcomdint(fun,a,b,c,d,m,ep);
count=1;
while(abs(S2n-Sn)>=ep)&(count<counmax)
    Sn=S2n;
    m=2*m;
    count=count+1;
    S2n=simpcomdint(fun,a,b,c,d,m,ep);
end
s=S2n;
function s=simpcomdint(fun,a,b,c,d,M,ep)
%利用复合 Simpson 公式,求二元函数 f(x,y)在 R={(x,y)|a≤x≤b,c(x)≤y≤d(x)}
%上的二重积分。这里的 M 是区间[a,b]的等分数
hx=(b-a)/M;
for k=1:M+1;
    x(k)=a+(k-1)*hx;
    if isnumeric(c)
        cx(k)=c;
    else
        cx(k)=feval(c,x(k));                %若 c(x)是函数,取其在 x(k)处的函数值
    end
    if isnumeric(d)
        dx(k)=d;
    else
        dx(k)=feval(d,x(k));
    end
sx(k)=simpfxych(fun,x(k),cx(k),dx(k),ep);
end
M1=M/2;
ss=0;
for k=1:M1
    ss=ss+2*sx(2*k-1)+4*sx(2*k);
end
s=hx/3*(ss+sx(M+1)-sx(1));
function s=simpfxych(fun,x,c,d,ep)
%变步长的 Simpson 公式,当满足|Sn-S2n|<ep 时,退出,并返回积分近似值 s
n=1;
m=2*n;
Sn=simpfxy(fun,x,c,d,n);
S2n=simpfxy(fun,x,c,d,m);
count=1;
counmax=20;
```

```
while(abs(S2n-Sn)>=ep)&(count<counmax)
    Sn=S2n;
    m=2*m;
    count=count+1;
    S2n=simpfxy(fun,x,c,d,m);
end
s=S2n;
function s=simpfxy(fun,x,c,d,N)
%用复合 Simpson 公式,求函数 f(x,y)在 Ry={c≤y≤d}上的定积分,x-固定,N为区间等分数
if nargin<5
    N=100;
end
if abs(d-c)<eps|N<=0
    s=0;
end
h=(d-c)/N;
s=0;
for k=1:N
    s1=feval(fun,x,c+(k-1+1/2)*h);
    if s1==-inf
        s1=-realmax;
    end
    if s1==inf
        s1=realmax;
    end
    s2=feval(fun,x,c+k*h);
    if s2==-inf
        s2=-realmax;
    end
    if s2==inf
        s2=realmax;
    end
s=s+4*s1+2*s2;
end
s=(h/6)*(feval(fun,x,c)+s-feval(fun,x,d));
```

例 5.21 计算单位球 $x^2+y^2+z^2=1$ 的体积 V。

解 根据对称性,有

$$V=4\int_{-1}^{1}\mathrm{d}x\int_{0}^{\sqrt{1-x^2}}\sqrt{1-x^2-y^2}\,\mathrm{d}y。$$

利用 MATLAB 程序求解,建立 MATLAB 脚本文件如下:

```
d1=inline('sqrt(1-x^2)','x');
exam5_21=inline('sqrt(1-x^2-y^2)','x','y');
V=4*simpch2int(exam5_21,-1,1,0,d1,0.000001)
```

存为 ex5_21. m。在 MATLAB 命令窗口调用 ex5_21，执行后，屏幕显示结果为

```
>>ex5_21
V=4.188787868901560
```

单位球的体积 V 的精确值为$\frac{4\pi}{3}$，所以计算所得值 V 的绝对误差为 2. 34e－006。

例 5.22 计算二重积分 $S=\iint_D \frac{x+y}{x^2+y^2}\mathrm{d}x\mathrm{d}y$，其中 D 是由圆 $x^2+y_2\leqslant 1$ 和 $x+y\geqslant 1$ 所围成的区域。

解 $S=\iint_D \frac{x+y}{x^2+y^2}\mathrm{d}x\mathrm{d}y=\int_0^1\mathrm{d}x\int_{1-x}^{\sqrt{1-x^2}}\frac{x+y}{x^2+y^2}\mathrm{d}y$。

由于积分区域是由圆和直线围成，用极坐标更简单。

利用极坐标，则 $S=\int_0^{\frac{\pi}{2}}\mathrm{d}\theta\int_{\frac{1}{\sin\theta+\cos\theta}}^{1}\left(\frac{r(\sin\theta+\cos\theta)}{r^2}\right)r\mathrm{d}r=\int_0^{\frac{\pi}{2}}\mathrm{d}\theta\int_{\frac{1}{\sin\theta+\cos\theta}}^{1}(\sin\theta+\cos\theta)\mathrm{d}r$。

利用 MATLAB 程序求解，建立 MATLAB 脚本文件如下：

```
c2=inline('1/(sin(theta)+cos(theta))','theta');
exam5_22=inline('sin(theta)+cos(theta)','theta','r');
SS=simpch2int(exam5_22,0,pi/2,c2,1,0.00001)
```

存为 ex5_22. m。在 MATLAB 命令窗口调用 ex5_22，执行后，屏幕显示结果为

```
>>ex5_22
SS=0.42920373773511
```

积分的精确值为 $S=2-\frac{\pi}{2}$，因此由程序算得二重积分的绝对误差为 $\mathrm{err}=S-SS=6.453\times 10^{-8}$，可见，计算结果的精度比较高。

5.7.3 复合 Gauss 公式

1. 功能

用复合 Gauss 公式求二重积分 $S=\iint_D f(x,y)\mathrm{d}x\mathrm{d}y=\int_a^b\mathrm{d}x\int_{c(x)}^{d(x)}f(x,y)\mathrm{d}y$ 的近似值。

2. 计算方法

将二重积分化为两个定积分，$g(x)=\int_{c(x)}^{d(x)}f(x,y)\mathrm{d}y$，$S=\int_a^b g(x)\mathrm{d}x$，然后对每个定积分采用复合 Gauss 求积公式，计算步骤如下：

(1) 对固定的 x_k，将区间$[c(x_k),d(x_k)]$ N 等分，在每个小区间上用 5 点的 Gauss-Legendre 公式，在$[c(x_k),d(x_k)]$上对函数 $f(x_k,y)$，用复合 Gauss 求积公式，求得 $g(x_k)$。

(2) 将区间$[a,b]$$M$ 等分，在每个小区间$[x_j,x_{j+1}]$ 上用 5 点的 Gauss-Legendre 公式，在$[a,b]$上对 $g(x)$（$g(x_k)$按(1)求得）用复合 Gauss 求积公式，则可得二重积分 S 的近似值。

3. 使用说明

```
gauss2int(fun,a,b,c,d,M,N)
```

fun 为被积函数，用函数定义，a,b 是 x 的积分下、上限，都是常数；c,d 是 y 的积分下、上限，可用函数定义，M,N 分别为 x 和 y 方向上的区间等分数，返回积分的近似值。

4. MATLAB 程序

```
function ss=gauss2int(fun,a,b,c,d,M,N)
%利用复合 Gauss 公式，求二元函数 f(x,y)在 R={(x,y)|a≤x≤b,c(x)≤y≤d(x)}上的二重积分。这里的 M,N 分别是区间[a,b],[c(x),d(x)]的等分数。
t=[-0.90617984593866  -0.53846931010568  0  0.53846931010568  0.90617984593866];
A=[0.23692688505618  0.47862867049937  0.56888888888889  0.47862867049937
  0.23692688505618];
hx=(b-a)/M;
for k=1:M+1;
    x(k)=a+(k-1)*hx;
end
ss=0;
for k=1:M
    stt(1:5)=0;
    for j=1:5
        tt(j)=((x(k+1)-x(k))*t(j)+x(k+1)+x(k))/2;
        if isnumeric(c)
            ct(j)=c;
        else
            ct(j)=feval(c,tt(j));          %若 c(x)是函数，取其在 tt(j)处的函数值；
        end
        if isnumeric(d)
            dt(j)=d;
        else
            dt(j)=feval(d,tt(j));
        end
        stt(j)=gaussfy(fun,tt(j),ct(j),dt(j),N);
    end
    ss=ss+sum(A.*stt)*(x(k+1)-x(k))/2;
end
function s=gaussfy(fun,x,c,d,N)
%复合 Gauss-Legendre 求积公式，在每个小区间上用 5 个节点求 fun 在区间[c,d] 上的积分
s=0;
for k=1:N+1
    h=(d-c)/N;
    c1(k)=c+h*(k-1);
end
for k=1:N
    s=s+glegend(fun,x,c1(k),c1(k+1));
end
function I=glegend(fun,x,c,d)
%Gauss-Legendre 求积公式，用 5 个节点求 fun 在区间[c,d] 上的积分
```

```
if nargin==2
    c=-1;
    d=1;
end
t=[-0.90617984593866  -0.53846931010568  0  0.53846931010568  0.90617984593866];
A=[0.23692688505618  0.47862867049937  0.56888888888889  0.47862867049937
  0.23692688505618];
for k=1:5
    y(k)=((d-c)*t(k)+c+d)/2;
    fy(k)=feval(fun,x,y(k));
    s1=fy(k);
    if s1==-inf
        s1=-realmax;
    end
    if s1==inf
    s1=realmax;
    end
end
I=A*fy'*(d-c)/2;
```

例 5.23　计算二重积分 $S=\iint\limits_D y^2\sin x\mathrm{d}x\mathrm{d}y$，其中 D 是由 $y=\mathrm{e}^x$，$y=\sqrt{1+x^2}$ 和 $x=2$ 所围成的区域。

解　$S=\iint\limits_D y^2\sin x\mathrm{d}x\mathrm{d}y=\int_0^2\mathrm{d}x\int_{\sqrt{1+x^2}}^{\mathrm{e}^x}y^2\sin x\mathrm{d}y$。

利用 MATLAB 程序求解，建立 MATLAB 脚本文件如下：

```
c3=inline('sqrt(1+x^2)','x');
d3=inline('exp(x)','x');
exam5_23=inline('y^2*sin(x)','x','y');
S=gauss2int(exam5_23,0,2,c3,d3,30,30)
```

存为 ex5_23.m。在 MATLAB 命令窗口调用 ex5_23，执行后，屏幕显示结果为

```
>>ex5_23
S=40.03051531333419
```

5.8　三重积分的数值计算

1. 功能

用复合 Gauss 公式求三重积

$$V=\iiint\limits_{\Omega}f(x,y,z)\mathrm{d}x\mathrm{d}y\mathrm{d}z=\int_a^b\mathrm{d}x\int_{y_1(x)}^{y_2(x)}\mathrm{d}y\int_{z_1(x,y)}^{z_2(x,y)}f(x,y,z)\mathrm{d}z$$

的近似值。

2. 计算方法

将三重积分化为三个定积分，$g(x,y)=\int_{z_1(x,y)}^{z_2(x,y)} f(x,y,z)\mathrm{d}z, h(x)=\int_{y_1(x)}^{y_2(x)} g(x,y)\mathrm{d}y, V=\int_a^b h(x)\mathrm{d}x$，然后对每个定积分采用复合 Gauss 求积公式，计算步骤如下：

(1) 将区间$[a,b]N_1$ 等分，在每个小区间$[x_k,x_{k+1}]$上用 5 点的 Gauss-Legendre 公式，在$[a,b]$上对 $h(x)$ 用复合 Gauss 求积公式求得三重积分 V 的近似值，此时需调用程序 gaussfx2()计算 $h(x_k)$(见(2))。

(2) 对固定的 x_k，将区间$[y_1(x_k),y_2(x_k)]N_2$ 等分，在每个小区间上用 5 点的 Gauss-Legendre 公式，在$[y_1(x_k),y_2(x_k)]$上对函数 $g(x_k,y)$用复合 Gauss 求积公式求得 $h(x_k)$，此时需调用程序 gaussfx3()计算 $g(x_k,y_j)$(见(3))。

(3) 对固定的 x_k,y_j，将区间$[z_1(x_k,y_j),z_2(x_k,y_j)]N_3$ 等分，在每个小区间上用 5 点的 Gauss-Legendre 公式，在$[z_1(x_k,y_j),z_2(x_k,y_j)]$上对函数 $f(x_k,y_j,z)$用复合 Gauss 求积公式求得 $g(x_k,y_j)$。

3. 使用说明

```
gauss3int(fun,a1,a2,b1,b2,c1,c2,N1,N2,N3)
```

fun 为被积函数，需用函数定义，a_1,a_2 是 x 的积分下、上限，都是常数；b_1,b_2 是 y 的积分下、上限，需用函数定义；c_1,c_2 是 z 的积分下、上限，需用函数定义；N_1,N_2,N_3 分别为 x，y 和 z 方向上的区间等分数，返回积分的近似值。

4. MATLAB 程序

```
function ss=gauss3int(fun,a1,a2,b1,b2,c1,c2,N1,N2,N3)
%利用复合 Gauss 公式，求三元函数 f(x1,x2,x3)在 Q={(x1,x2,x3)|a1≤x1≤a2,b1(x1)≤x2≤
b2(x2),c1(x1,x2)≤x3≤c2(x1,x2)}上的三重积分。这里的 N1,N2,N3 分别是区间[a1,a2],
[b1(x1),b2(x1)],[c1(x1,x2),c2(x1,x2)]的等分数。
t=[-0.90617984593866  -0.53846931010568  0  0.53846931010568  0.90617984593866];
A=[0.23692688505618  0.47862867049937  0.56888888888889  0.47862867049937
   0.23692688505618];
hx1=(a2-a1)/N1;
for k=1:N1+1;
    x1(k)=a1+(k-1)*hx1;
end
ss=0;
for k=1:N1
    for j=1:5
        ta(j)=((x1(k+1)-x1(k))*t(j)+x1(k+1)+x1(k))/2;
        sta(j)=gaussfx2(fun,ta(j),b1,b2,c1,c2,N2,N3);
    end
    ss=ss+sum(A.*sta)*hx1/2;
end
function ss=gaussfx2(fun,x1,b1,b2,c1,c2,N2,N3)
t=[-0.90617984593866  -0.53846931010568  0  0.53846931010568  0.90617984593866];
```

```
A=[0.23692688505618  0.47862867049937  0.56888888888889  0.47862867049937
  0.23692688505618];
if isnumeric(b1)
    by1=b1;
else
    by1=feval(b1,x1);                          %若 b1(x)是函数,取其在 x1 处的函数值
end
if isnumeric(b2)
    by2=b2;
else
    by2=feval(b2,x1);
end
hx2=(by2-by1)/N2;
for k=1:N2+1;
    x2(k)=by1+(k-1)*hx2;
end
ss=0;
for k=1:N2
    for j=1:5
        tb(j)=((x2(k+1)-x2(k))*t(j)+x2(k+1)+x2(k))/2;
        stb(j)=gaussfx3(fun,x1,tb(j),c1,c2,N3);
    end
    ss=ss+sum(A.*stb)*hx2/2;
end
function s=gaussfx3(fun,x1,x2,c1,c2,N)
%在每个小区间上用 Gauss-Legendre 公式(5 点).
t=[-0.90617984593866  -0.53846931010568  0  0.53846931010568  0.90617984593866];
A=[0.23692688505618  0.47862867049937  0.56888888888889  0.47862867049937
  0.23692688505618];
if isnumeric(c1)
    cz1=c1;
else
    cz1=feval(c1,x1,x2);                       %若 c1(x,y)是函数,取其在 x1,x2 处的函数值
end
if isnumeric(c2)
    cz2=c2;
else
    cz2=feval(c2,x1,x2);
end
h=(cz2-cz1)/N;
s=0;
for k=1:N+1
    cc1(k)=cz1+h*(k-1);
end
for k=1:N
```

```
        for j=1:5
            x3(j)=((cc1(k+1)-cc1(k))*t(j)+cc1(k+1)+cc1(k))/2;
            fx3(j)=feval(fun,x1,x2,x3(j));
            s1=fx3(j);
            if s1==-inf
                s1=-realmax;
            end
            if s1==inf
                s1=realmax;
            end
            fx3(j)=s1;
        end
        s=s+A*(fx3)'*h/2;
    end
```

例 5.24 计算三重积分 $V=\int_0^{\frac{\pi}{4}}\mathrm{d}y\int_0^y\mathrm{d}z\int_0^{y+z}(x+2z)\sin y\mathrm{d}x$。

解 注意积分次序为 $x\to z\to y$，定义函数时用此相反的次序。利用 MATLAB 程序求解，建立 MATLAB 脚本文件如下：

```
b2=inline('y','y');
c2=inline('y+z ','y ','z ');
exam5_24=inline('(x+2*z)*sin(y)','y','z','x ');
V1=gauss3int(exam5_24,0,pi/4,0,b2,0,c2,10,10,10)
```

存为 ex5_24.m。在 MATLAB 命令窗口调用 ex5_24，执行后，屏幕显示结果为

```
>>ex5_24
V1=0.157205682755229
```

利用函数 int 计算得积分的精确值 $V=\frac{17}{8}\sqrt{2}\pi-\frac{17}{2}\sqrt{2}-\frac{17}{768}\sqrt{2}\pi^3+\frac{17}{64}\sqrt{2}\pi^2\approx 0.15720568275523$，可见计算结果比较精确。

例 5.25 求环面的体积，其球面坐标方程为 $\rho=\sin\varphi$。

解 一般情况，立体图形 Ω 的体积 V，由三重积分 $V=\iiint\limits_{\Omega}\mathrm{d}V$ 给出。因此，环面的体积 V 由下面的三次积分给出

$$V=\int_0^{2\pi}\int_0^{\pi}\int_0^{\sin\varphi}\rho^2\sin(\varphi)\mathrm{d}\rho\mathrm{d}\varphi\mathrm{d}\theta。$$

利用函数 int 计算得 V 的精确值 $V=\frac{1}{4}\pi^2$。利用 MATLAB 程序求解，建立 MATLAB 脚本文件如下：

```
theta=linspace(0,2*pi,100);
phi=theta;
[X,Y]=meshgrid(theta,phi);
x=((1+cos(X))./2).*cos(Y);
```

```
y=((1+cos(X))./2).*sin(Y);
z=sin(X)./2;
surf(x,y,z)
c4=inline('sin(phi)','theta ','phi ');
exam5_25=inline('rho^2*sin(phi)','theta','phi','rho');
V2=gauss3int(exam5_25,0,2*pi,0,pi,0,c4,10,10,10)
err=pi^2/4-V2                              %计算精确值与V2的误差
```

存为 ex5_25.m。在 MATLAB 命令窗口调用 ex5_25,执行后,屏幕显示结果为(图像为图 5.8)

```
>>ex5_25
V2=2.46740110027230
err=3.685940441755520e-014
```

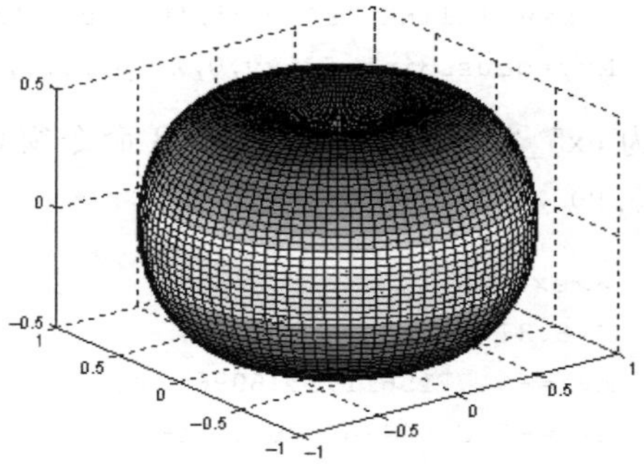

图 5.8 环面

例 5.26 设空间物体 Ω 由锥面 $x^2+y^2=z^2$ 的上半叶和平面 $z=2$ 围成,其密度函数为 $\mu(x,y,z)=\sqrt{x^2+y^2}$,求其重心。

解 物体的质量 $M=\iiint\limits_{\Omega}\mu(x,y,z)\mathrm{d}V$,$\Omega$ 的重心坐标:

$$x_0=\frac{M_{yz}}{M}=\frac{\iiint\limits_{\Omega}x\mu(x,y,z)\mathrm{d}V}{M},\quad y_0=\frac{M_{xz}}{M}=\frac{\iiint\limits_{\Omega}y\mu(x,y,z)\mathrm{d}V}{M},$$

$$z_0=\frac{M_{xy}}{M}=\frac{\iiint\limits_{\Omega}z\mu(x,y,z)\mathrm{d}V}{M}。$$

利用柱面坐标将三重积分化为三次积分,则有

$$M=\iiint\limits_{\Omega}\sqrt{x^2+y^2}\mathrm{d}V=\int_0^{2\pi}\mathrm{d}\theta\int_0^2\mathrm{d}r\int_r^2 r^2\mathrm{d}z,$$

$$M_{yz}=\iiint\limits_{\Omega}x\sqrt{x^2+y^2}\mathrm{d}V=\int_0^{2\pi}\mathrm{d}\theta\int_0^2\mathrm{d}r\int_r^2 r^3\cos\theta\mathrm{d}z,$$

$$M_{xz}=\iiint\limits_{\Omega}y\sqrt{x^2+y^2}\mathrm{d}V=\int_0^{2\pi}\mathrm{d}\theta\int_0^2\mathrm{d}r\int_r^2 r^3\sin\theta\mathrm{d}z,$$

$$M_{xy}=\iiint\limits_{\Omega}z\sqrt{x^2+y^2}\mathrm{d}V=\int_0^{2\pi}\mathrm{d}\theta\int_0^2\mathrm{d}r\int_r^2 r^2 z\mathrm{d}z。$$

所以重心的精确位置为:$\left(\frac{M_{yz}}{M},\frac{M_{xz}}{M},\frac{M_{xy}}{M}\right)=(0,0,1.6)$。

利用 MATLAB 程序求解,建立 MATLAB 脚本文件如下:

```
[X,Y]=meshgrid(-2:0.1:2);
Z=sqrt(X.^2+Y.^2);
surf(X,Y,Z)
hold on;
```

```
ezmesh('2',[-2,2,-2,2])
funp=inline('r^2','theta','r','z');
c1=inline('r','theta','r');
M=gauss3int(funp,0,2*pi,0,2,c1,2,10,10,10)
funyz=inline('r^3*cos(theta)','theta','r','z');
Myz=gauss3int(funyz,0,2*pi,0,2,c1,2,10,10,10)
funxz=inline('r^3*sin(theta)','theta','r','z');
Mxz=gauss3int(funxz,0,2*pi,0,2,c1,2,10,10,10)
funxy=inline('r^2*z','theta','r','z');
Mxy=gauss3int(funxy,0,2*pi,0,2,c1,2,10,10,10)
```

存为 ex5_26.m。在 MATLAB 命令窗口调用 ex5_26,执行后,屏幕显示结果为(图像为图 5.9)

```
>>ex5_26
M=8.37758040957265
Myz=-7.771561172376096e-016
Mxz=-7.216449660063518e-016
Mxy=13.40412865531626
```

所以重心坐标为$\left(\frac{M_{yz}}{M},\frac{M_{xz}}{M},\frac{M_{xy}}{M}\right)=(-9.276622e-017,-8.614002e-017,1.6)\approx(0,0,1.6)$,近似计算的结果比较精确。

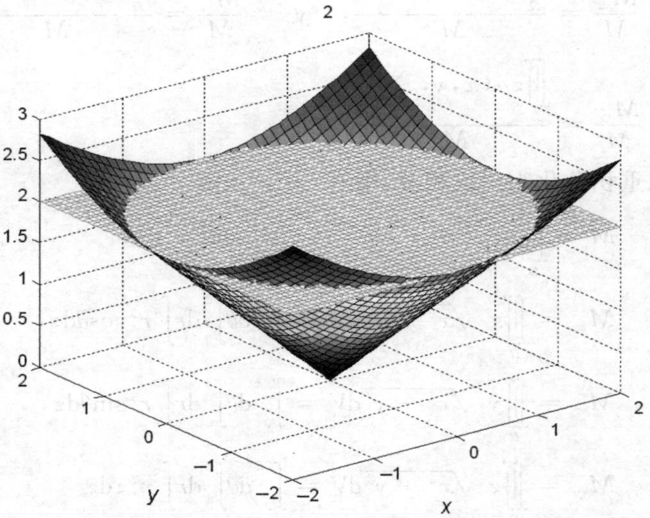

图 5.9 介于锥面 $x^2+y^2=z^2$ 的上半叶和平面 $z=2$ 之间的物体

第6章 数值优化

数值优化就是求目标函数 $f(x)$，受约束于 $x \in S$ 的极小(极大)值，当对 x 没有约束时，或等价地 S 是全域时，称为无约束优化，否则称为约束优化。本章主要讨论几种无约束优化的算法及其实现，如黄金分割搜索法、二次逼近法、牛顿法等。

6.1 一元函数的极小值

6.1.1 黄金分割搜索法

1. 功能

求闭区间$[a,b]$上单峰函数 $f(x)$(即 $f(x)$在$[a,b]$内有唯一极小值)的极小值。

2. 计算方法

(1) 在闭区间$[a,b]$内选取两点，$c=a+(1-r)h$，$d=a+rh$，其中 $r=\dfrac{\sqrt{5}-1}{2}$，$h=b-a$。

(2) 如果 $f(x)$在 a，b 两点的值几乎相等(即 $f(a)\approx f(b)$)且区间长度充分小(即 $h\approx 0$)，则停止迭代退出循环，并根据 $f(c)<f(d)$(或 $f(c)>f(d)$)，得所求解为 $p=c$(或 $p=d$)，否则转向(3)。

(3) 如果 $f(c)<f(d)$，将区间的右端点 b 换为 $d(b\leftarrow d)$；否则将区间的左端点 a 换为 $c(a\leftarrow c)$。转向(1)。

3. 使用说明

```
[xp,fp]=goldenopt(fun,a,b,delta,epsilon)
```

fun 是目标函数，a，b 是区间端点，delta 是横坐标的容差，epsilon 是纵坐标的容差。输出极小值点 xp 和极小值 fp。

4. MATLAB 程序

```
function [xp,fp]=goldenopt(fun,a,b,delta,epsilon)
%如果 fun 是用 M-文件定义的函数,调用时用@,即[xp,fp]=goldenopt(@fun,a,b,delta,
epsilon)或[xp,fp]=goldenopt('fun',a,b,delta,epsilon)。如果 fun 是用内联函数 inline 定
义的,则直接调用。如,ff=inline('x^2-sin(x)'),调用[xp,fp]=goldenopt(ff,a,b,delta,
```

```
epsilon)
h=b-a; r=(sqrt(5)-1)/2; c=a+(1-r)*h; d=a+r*h;
fc=feval(fun,c); fd=feval(fun,d);
if(abs(h)<delta & abs(fc-fd)<epsilon)
    if fc<=fd
        xp=c; fp=fc;
    else
        xp=d; fp=fd;
    end
else
    if fc<fd
        [xp,fp]=goldenopt(fun,a,d,delta,epsilon);
    else
        [xp,fp]=goldenopt(fun,c,b,delta,epsilon);
    end
end
```

例 6.1 求函数 $f(x)=-\sin(x)-x+\frac{x^2}{2}$ 在[0.8,1.6]上的极小值。

解 利用 MATLAB 程序求解，建立脚本文件如下：

```
ff=inline('-sin(x)-x+x^2/2');
ezplot(ff,[0.8,1.6]);
[xp,fp]=goldenopt(ff,0.8,1.6,0.000000001,0.000000001)
```

存为 ex6_1.m。在 MATLAB 命令窗口调用 ex6_1，运行后有如下结果(图像为图 6.1)。

```
>>ex6_1
xp=1.28342874520606
fp=-1.41882737360661
```

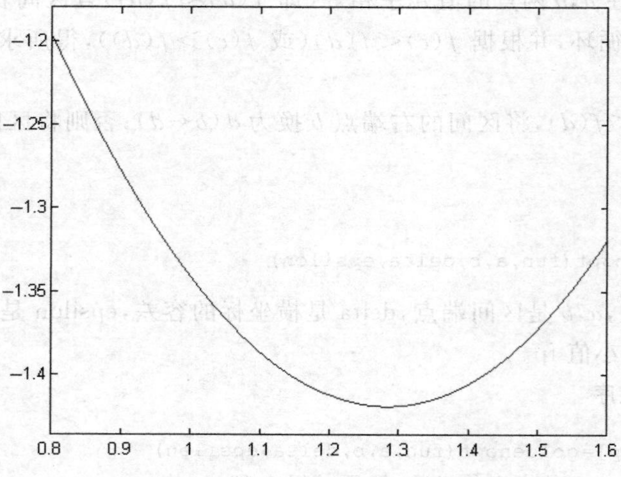

图 6.1 函数 $-\sin(x)-x+\frac{x^2}{2}$ 的图像

6.1.2 Fibonacci 搜索法

1. 功能

求闭区间$[a,b]$上单峰函数 $f(x)$（即 $f(x)$在$[a,b]$内有唯一极小值）的极小值。

2. 计算方法

(1) 设 Fibonacci 数列为$\{F_k\}_{k=0}^{\infty}$，即 $F_0=0, F_1=1, F_n=F_{n-1}+F_{n-1}, n=2,3,\cdots$。对给定的横坐标容差 ε，求最小的 n 使得$\frac{b-a}{F_n}<\varepsilon$。

(2) 记闭区间$[a,b]$为$[a_0,b_0]$，在$[a_0,b_0]$内选取两点，$c_0=a_0+(1-r_0)h_0$，和 $d_0=a_0+r_0h_0$，其中，$r_0=\frac{F_{n-1}}{F_n}$，$h_0=b_0-a_0$。如果 $f(c_0)>f(d_0)$，则取 $a_1=c_0, b_1=b_0$，否则，取 $a_1=a_0, b_1=d_0$。

(3) 在区间$[a_1,b_1]$内选取两点，$c_1=a_1+(1-r_1)h_1$，和 $d_1=a_1+r_1h_1$，其中，$r_1=\frac{F_{n-2}}{F_{n-1}}$，$h_1=b_1-a_1$。如果 $f(c_1)>f(d_1)$，则取 $a_2=c_1, b_2=b_1$，否则，取 $a_2=a_1, b_2=d_1$。一般地，可在区间$[a_k,b_k]$内选取两点，$c_k=a_k+(1-r_k)h_k$，和 $d_k=a_k+r_kh_k$，其中，$r_k=\frac{F_{n-1-k}}{F_{n-k}}$，$h_k=b_k-a_k(k=0,1,\cdots,n-3)$。

(4) 当 $k=n-3$ 时，$r_{n-3}=\frac{F_2}{F_3}=\frac{1}{2}$，此时 c_{n-3} 与 d_{n-3} 重合为区间的中点，取其为极小值点。

3. 使用说明

```
[xp,fp]=fibopt(fun,a,b,delta)
```

fun 是目标函数，a，b 是区间端点，delta 是横坐标的容差。输出极小值点 xp 和极小值 fp。

4. MATLAB 程序

```
function [xp,fp]=fibopt(fun,a,b,delta)
%确定 n 使(b-a)/Fn<delta
i=1;
F=1;
while F<=(b-a)/delta
    F=fib(i);
    i=i+1;
end
n=i-1;
ak=a;
bk=b;
for k=1:n-3
    rk=fib(n-1-k)/fib(n-k);
    hk=bk-ak;
    ck=ak+(1-rk)*hk;
```

```
        dk=ak+rk * hk;
        if feval(fun,ck)>feval(fun,dk)
            ak=ck;
        else
            bk=dk;
        end
    end
    xp=ck;
    fp=feval(fun,xp);
    function y=fib(n)
    fb(1)=1; fb(2)=1;
    for j=3:n
        fb(j)=fb(j-1)+fb(j-2);
    end;
    y=fb(n);
```

例 6.2 求函数 $f(x)=\frac{x^2}{2}-4x-x\cos(x)$ 在 $[0.5,2.5]$ 上的极小值。

解 利用 MATLAB 程序求解,建立脚本文件如下:

```
fun1=inline(' x^2/2-4 * x-x * cos(x)');
ezplot(fun1,[0.5,2.5]);
[xp,fp]=fibopt(fun,0.5,2.5,0.00000001)
```

存为 ex6_2.m。在 MATLAB 命令窗口调用 ex6_2,运行后有如下结果(图像为图 6.2)。

```
>>ex6_2
xp=1.89072090776876
fp=-5.18084864167415
```

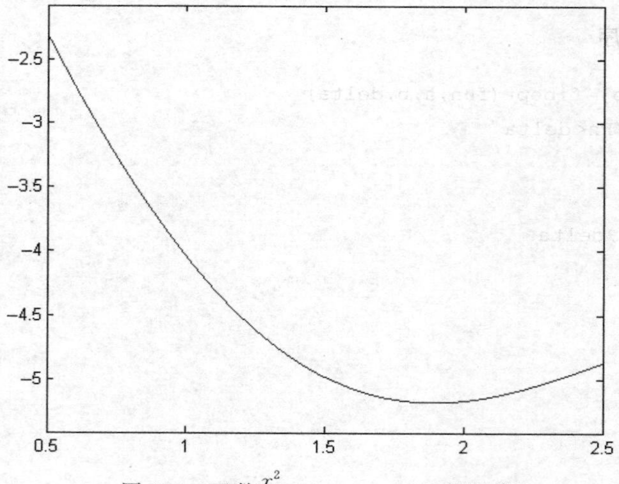

图 6.2 函数 $\frac{x^2}{2}-4x-x\cos(x)$ 的图像

6.1.3 二次逼近法

1. 功能

求闭区间$[a,b]$上单峰函数 $f(x)$(即 $f(x)$在$[a,b]$内有唯一极小值)的极小值。

2. 计算方法

对三个测试点$\{(x_0,f(x_0)),(x_1,f(x_1)),(x_2,f(x_2))\}$,其中 $x_0<x_1<x_2$,求二次插值多项式 $P_2(x)$,然后用 $P_2(x)$的极小值(即 $P_2'(x)=0$ 的根 x_3)替换三个点 x_0,x_1,x_2 中的一个,这里

$$x_3=\frac{f(x_0)(x_1^2-x_2^2)+f(x_1)(x_2^2-x_0^2)+f(x_2)(x_0^2-x_1^2)}{2[f(x_0)(x_1-x_2)+f(x_1)(x_2-x_0)+f(x_2)(x_0-x_1)]}。\tag{6.1}$$

特别地,如果上述三点是等距的(即 $x_2-x_1=x_1-x_0=h$),则上述公式变为

$$x_3=x_0+h\frac{3f(x_0)-4f(x_1)+f(x_2)}{2(-f(x_0)+2f(x_1)-f(x_2))}。\tag{6.2}$$

我们一直更新这三点直到$|x_2-x_0|\approx 0$ 或$|f(x_2)-f(x_0)|\approx 0$ 时停止,并把 x_3 作为极小值点。更新这三点的规则如下:

(1) 如果 $x_0<x_3<x_1$,则根据是否有 $f(x_3)\leqslant f(x_1)$,取$\{x_0,x_3,x_1\}$或$\{x_3,x_1,x_2\}$为新的三点。

(2) 如果 $x_1<x_3<x_2$,则根据是否有 $f(x_3)\leqslant f(x_1)$,取$\{x_1,x_3,x_2\}$或$\{x_0,x_1,x_3\}$为新的三点。

3. 使用说明

```
[xp,fp]=quadopt(fun,a,b,tolx,tolf)
```

fun 是目标函数,a,b 是区间端点,tolx 是横坐标的容差,tolf 是纵坐标的容差。输出极小值点 xp 和极小值 fp。

4. MATLAB 程序

```
function [xp,fp]=quadopt(fun,a,b,tolx,tolf)
x0=a; x2=b; x1=(x0+x2)/2;
f0=feval(fun,x0); f1=feval(fun,x1); f2=feval(fun,x2);
ab=[x0,x1,x2];  ff=[f0,f1,f2];
[xp,fp]=quadopt1(fun,ab,ff,tolx,tolf);
function [xp,fp]=quadopt1(fun,ab,ff,tolx,tolf)
x0=ab(1);  x1=ab(2);  x2=ab(3);
f0=ff(1);  f1=ff(2);  f2=ff(3);
nd=[f0-f2,f1-f0,f2-f1]*[x1*x1 x2*x2 x0*x0; x1 x2 x0]';
x3=nd(1)/2/nd(2);                          %(6.1)式
f3=feval(fun,x3);
if abs(x2-x0)<tolx|abs(f2-f0)<tolf
    xp=x3;  fp=f3;
else
    if x3<x1
        if f3<f1
```

```
            ab=[x0,x3,x1];   ff=[f0,f3,f1];
        else
            ab=[x3,x1,x2];   ff=[f3,f1,f2];
        end
    else
        if f3<=f1
            ab=[x1,x3,x2];   ff=[f1,f3,f2];
        else
            ab=[x0,x1,x3];   ff=[f0,f1,f3];
        end
    end
[xp,fp]=quadopt1(fun,ab,ff,tolx,tolf);
end
```

例 6.3 求函数 $f(x)=e^{-x^2}(1-2x)$在[0.6,1.8]上的极小值。

解 利用 MATLAB 程序求解,建立脚本文件如下:

```
fun2=inline('exp(-x^2)*(1-2*x)');
[xp,fp]=quadopt(fun2,0.6,1.8,0.0001,0.0001)
ezplot(fun2,[0.5,2.5]);
disp('用 MATLAB 的 fminbnd 程序检验的结果为')
[xp1,fp1]=fminbnd(fun2,0.6,1.8)
```

存为 ex6_3.m。在 MATLAB 命令窗口调用 ex6_3,运行后有如下结果(图像为图 6.3)。

```
>>ex6_3
xp=1
fp=-0.36787944117144
用 MATLAB 的 fminbnd 程序检验的结果为
xp1=1.00001484628902
fp1=-0.36787944092819
```

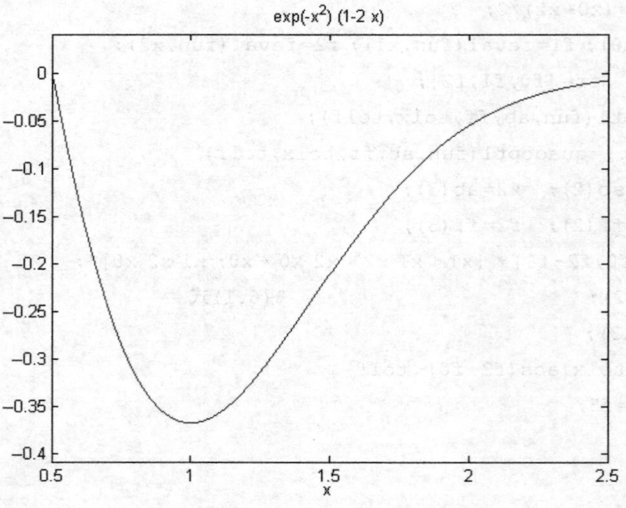

图 6.3 函数 $e^{-x^2}(1-2x)$的图像

6.1.4 三次插值法

1. 功能

求闭区间$[a,b]$上单峰函数 $f(x)$的极小值。

2. 计算方法

三次插值法是在函数可导的前提下,利用两点处的函数值和导数值构造三次多项式 $p(x)$去逼近给定的函数 $f(x)$,并将 $p(x)$在区间$[a,b]$内的极小值点作为 $f(x)$极小值点的一个近似。从区间$[a,b]$进行探索,此时,$p(x)$的极小值点可表示为

$$x_p = a + (b-a)\left(1 - \frac{f'(b) + w + z}{f'(b) - f'(a) + 2w}\right), \tag{6.3}$$

其中,$z=3(f(b)-f(a))/(b-a)-f'(a)-f'(b)$,$w=\sqrt{z^2-f'(a)f'(b)}$。

若$|f'(x_p)|$充分小,则取 x_p 作为 $f(x)$的极小值点。否则,视 $f'(x_p)<0$ 或 $f'(x_p)>0$ 取 $a=x_p$ 或 $b=x_p$,然后对新的区间$[a,b]$重复上述过程,直到$|f'(x_p)|$小于给定的精度为止。

3. 使用说明

```
[xp,fp]=triopt(fun,a,b,ep)
```

fun 是目标函数,a ,b 是区间端点,ep 是容差。输出极小值点 xp 和极小值 fp。

4. MATLAB 程序

```
function [xp,fp]=triopt(fun,a,b,ep)
if nargin==3
    ep=10^(-6);
end
dfun=diff(fun);
tol=100;
while tol>ep
fa=subs(fun,a); fb=subs(fun,b);
dfa=subs(dfun,a); dfb=subs(dfun,b);
    z=3*(fb-fa)/(b-a)-dfa-dfb;
    w=sqrt(z^2-dfa*dfb);
    xp=a+(b-a)*(1-(dfb+w+z)/(dfb-dfa+2*w));
    dfxp=subs(dfun,xp);
    tol=abs(dfxp);
    if dfxp<0
        a=xp;
    else
        b=xp;
    end
end
fp=subs(fun,xp);
```

例 6.4 求函数 $f(x)=\dfrac{2x^3+x^2-12x+1}{3x^4-9x^3+7x+18}$在 $[1,2]$上的极小值。

解 利用 MATLAB 程序求解，建立脚本文件如下：

```
syms x;
%由于需要求导，所以目标函数需要定义为符号函数
fun3=(2*x^3+x^2-12*x+1)/(3*x^4-9*x^3+7*x+18);
[xp,fp]=triopt(fun3,1,2,0.000001)
disp('用 MATLAB 的 fminbnd 程序检验的结果为')
fun='(2*x^3+x^2-12*x+1)/(3*x^4-9*x^3+7*x+18)';
[xp1,fp1]=fminbnd(fun,1,2)
ezplot(fun3,[1,2])
```

存为 ex6_4.m。在 MATLAB 命令窗口调用 ex6_4，运行后有如下结果(图像为图 6.4)。

```
>>ex6_4
xp=1.65859123225312
fp=-0.62466649801306
用 MATLAB 的 fminbnd 程序检验的结果为
xp1=1.65858608035606
fp1=-0.62466649798024
```

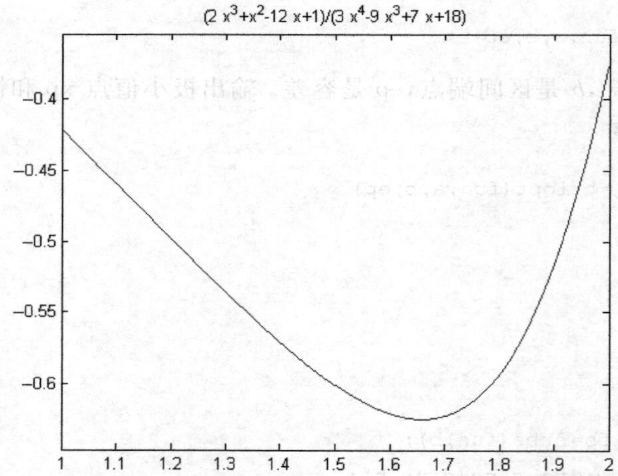

图 6.4

6.1.5 牛顿法

1. 功能

求闭区间$[a,b]$上单峰函数 $f(x)$的极小值。

2. 计算方法

利用 Taylor 展开得到 $f(x)$的局部二次逼近，

$$f(x+h) \approx f(x) + f'(x)h + \frac{1}{2}f''(x)h^2。 \tag{6.4}$$

求得上述关于 h 的二次函数的极小值点为 $h = -\frac{f'(x)}{f''(x)}$。由此可构造迭代公式，

$$x_{k+1} = x_k - \frac{f'(x_k)}{f''(x_k)}, \quad k = 0,1,\cdots。$$

3. 使用说明

```
[xp,fp]=newtonopt(fun,x0,ep)
```

fun 是目标函数，x_0 是初始值，ep 是容差。输出极小值点 xp 和极小值 fp。

注：牛顿法可能发散或收敛到极大值点。

4. MATLAB 程序

```
function [xp,fp]=newtonopt(fun,x0,ep)
if nargin==2
    ep=1.0e-6;
end
dfun=diff(fun); ddfun=diff(dfun);
tol=100;
while tol>=ep
    tol=abs(subs(dfun,x0));
    x1=x0-subs(dfun,x0)/subs(ddfun,x0);
    x0=x1;
end
xp=x0;
fp=subs(fun,xp);
```

例 6.5 求函数 $f(x)=0.5-xe^{-x^2}$ 在 1 附近的极小值。

解 利用 MATLAB 程序求解，建立脚本文件如下：

```
syms x;                                   %由于需要求导,所以目标函数需要定义为符号函数
ff=0.5-x*exp(-x^2);
[xp,fp]=newtonopt(ff,1,0.00001)
disp('取初值 x0=-0.5 时的计算结果')
[xp1,fp1]=newtonopt(ff,-0.5,0.00001)
```

存为 ex6_5.m。在 MATLAB 命令窗口调用 ex6_5，运行后有如下结果(图像为图 6.5)。

```
>>ex6_5
```

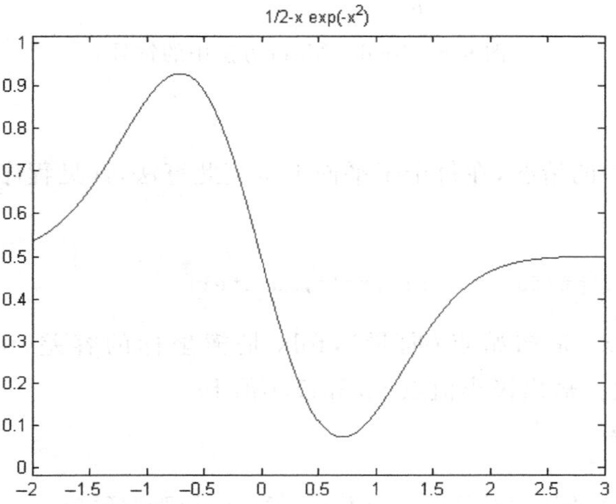

图 6.5

```
xp=0.70710678118655
fp=0.07111805751965
取初值 x0=-0.5 时的计算结果
xp1=-0.70710678118655
fp1=0.92888194248035
```

当取初值 $x_0=-0.5$ 时，则由 6.5 图可见，此时求出的是 $f(x)$ 的极大值。

6.2 Nelder-Mead 方法

1. 功能

用单纯形法求多元函数 $f(\boldsymbol{X})$ 的局部极小值。

2. 计算方法

(1) 设要求 $f(x,y)$ 的极小值。取初始三点 A,B,C（在平面上构成三角形-初始三角形），并设有 $f(A)<f(B)<f(C)$。可称 A 为最佳顶点，B 为次最佳顶点，C 是最差顶点。

(2) 如果这三点或它们的函数值充分接近，则终止程序，并将 A 作为所求的极小值点。

(3) 否则，我们期望所求的极小值点可能出现在最差顶点 C 的对边 AB 上（见图 6.6），取 $E=M+2(M-C)$，其中 $M=(A+B)/2$，如果 $f(E)<f(B)$，则取 E 为新的 C；否则，取 $R=(M+E)/2=2M-C$，如果 $f(R)<f(C)$，则取 R 为新的 C；如果 $f(R)\geqslant f(B)$，则取 $W=(C+M)/2$，并且当 $f(W)<f(C)$ 时，取 W 为新的 C；否则，放弃 B,C 两点，并取 M 和 $C_1=(A+C)/2$ 作为新的 B,C。

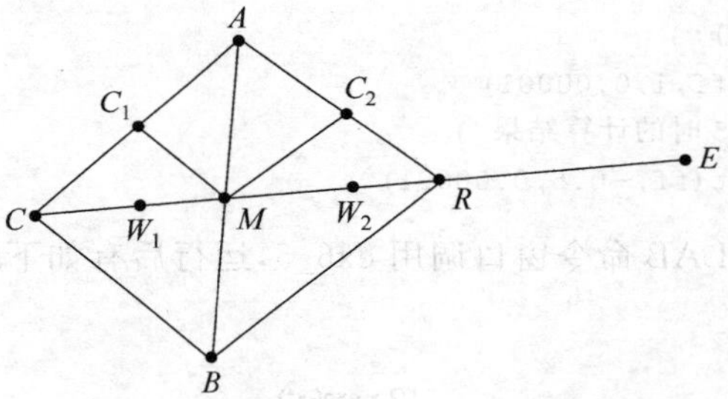

图 6.6 Nelder-Mead 方法中的符号

(4) 转向(1)。

(5) 对 n 维($n>2$)的情况，在每个子平面上重复此算法，详见程序 neldmeadopt。

3. 使用说明

```
[xp,fp]=neldmeadopt(fun,x0,tolx,tolf,maxiter)
```

fun 是目标函数，$\boldsymbol{x}_0$ 是初始点（向量），tolx 是横坐标的容差，tolf 是纵坐标的容差，maxiter 最大循环次数。输出极小值点 xp 和极小值 fp。

4. MATLAB 程序

```
function [xp,fp]=neldmeadopt(fun,x0,tolx,tolf,maxiter)
n=length(x0);
```

```
if n==1
    disp('输入的初始点的维数不对,若求一元函数的极值请选择其他程序');
end
[r,c]=size(x0);
if r>c
    x0=reshape(x0,c,r);                     %保证 x0 为行向量
end
S=eye(n);
for j=1:n                                   %对子平面调用此程序
    j1=j+1;
    if j1>n
        j1=1;
    end
    ABC=[x0; x0+S(j,:); x0+S(j1,:)];
    fABC=[feval(fun,ABC(1,:)); feval(fun,ABC(2,:)); feval(fun,ABC(3,:))];
    [x0,fp]=neldm(fun,ABC,fABC,tolx,tolf,maxiter);
    if n<3
        break;
    end
end
xp=x0;
function [xp,fp]=neldm(fun,ABC,fABC,tolx,tolf,k)
[fABC,s]=sort(fABC);
A=ABC(s(1),:); B=ABC(s(2),:); C=ABC(s(3),:);
fA=fABC(1); fB=fABC(2); fC=fABC(3); fAB=fB-fA; fBC=fC-fB;
if(k<=0)|(abs(fAB)+abs(fBC)<tolf)|(abs(A-B)+abs(C-B)<tolx)
    xp=A; fp=fA;
else
    M=(A+B)/2; E=3*M-2*C; fE=feval(fun,E);
    if fE<fB,
        C=E; fC=fE;
    else
        R=(M+E)/2; fR=feval(fun,R);
        if fR<fC
            C=R; fC=fR;
        end
        if fR>=fB
            W=(C+M)/2; fW=feval(fun,W);
            if fW<fC
                C=W; fC=fW;
            else
                B=M; C=(A+C)/2; fB=feval(fun,B); fC=feval(fun,C);
            end
        end
    end
```

```
[xp,fp]=neldm(fun,[A; B; C],[fA,fB,fC],tolx,tolf,k-1);
end
```

例 6.6 求函数 $f(x,y,z)=2x^2+2y^2+z^2-2xy+yz-7y-4z$ 的极小值。

解 建立脚本文件 ex6_6.m 如下：

```
ex6=inline('2*x(1)*x(1)+2*x(2)*x(2)+x(3)*x(3)-2*x(1)*x(2)+x(2)*x(3)-
7*x(2)-4*x(3)','x');
%精确解为(1,2,1),极小值-9。
x0=[-1 0 0]; tolx=0.000000001; tolf=10^(-9); maxiter=500;
[xp,fp]=neldmeadopt(ex6,x0,tolx,tolf,maxiter)
[xos,fos]=fminsearch(ex6,x0)                    %利用 MATLAB 函数 fminsearch 检验
```

在 MATLAB 命令窗口调用 ex6_6,运行后有如下结果。

```
>>ex6_6
xp=1.04762734976620  2.09523474622855  0.95239701712456
fp=-8.98866292848233
xos=0.99995753638163  1.99997926455065  1.00003364912703
fos=-8.99999999686024
```

注：在定义目标函数时,所有的变量 x,y,z 需写成用一个变量 x 的形式,然后用 $x(1)$, $x(2)$分别表示第一个变量 x,第二个变量 y 等,否则无法计算。也可用 function 建立目标函数。

6.3 最速下降法

1. 功能

用最速下降法(梯度法)求多元函数 $f(\boldsymbol{X})$的局部极小值。

2. 计算方法

(1) 从初始点 $\boldsymbol{X}_0$ 开始($k=1$),沿着 $f(\boldsymbol{X})$的负梯度方向 $-\boldsymbol{g}_{k-1}=-\boldsymbol{g}(\boldsymbol{X}_0)=-\nabla f(\boldsymbol{X}_0)=-\left(\frac{\partial f(\boldsymbol{X})}{\partial x_1},\cdots,\frac{\partial f(\boldsymbol{X})}{\partial x_n}\right)_{\boldsymbol{X}=\boldsymbol{X}_0}$,对 $\Phi(\gamma)=f(\boldsymbol{X}_{k-1}-\gamma\boldsymbol{g}_{k-1}/\|\boldsymbol{g}_{k-1})$进行一维搜索,用二次逼近法求 $\Phi(\gamma)$的局部极小值点 γ_{k-1},即得步长 γ_{k-1}。

(2) 用步长 γ_{k-1} 沿 $-\boldsymbol{g}_{k-1}$ 方向,构造下一个点 $\boldsymbol{X}_k$,$\boldsymbol{X}_k=\boldsymbol{X}_{k-1}-\gamma_{k-1}\boldsymbol{g}_{k-1}/\|\boldsymbol{g}_{k-1}\|$。

(3) 如果 $\boldsymbol{X}_k\approx\boldsymbol{X}_{k-1}$,且 $f(\boldsymbol{X}_k)\approx f(\boldsymbol{X}_{k-1})$,则将 $\boldsymbol{X}_k$ 作为所求的极小值点,终止程序,否则,转向(1)。

3. 使用说明

```
[xp,fp]=gradsopt(fun,x0,gamma0,tolx,tolf,maxiter)
```

fun 是目标函数,以字符形式定义,字符变量需以字母顺序,即用 x,y 而不可用 y,x 等。$\boldsymbol{x}_0$ 是初始点(向量),gamma0 是初始步长,tolx 是横坐标的容差,tolf 是纵坐标的容差,maxiter 最大循环次数。输出极小值点 xp 和极小值 fp。

4. MATLAB 程序

```
function [xp,fp]=gradsopt(fun,x0,gamma0,tolx,tolf,maxiter)
if nargin<6
    maxiter=200;
end
if nargin<5
    tolf=1e-8;                              %要求|f(xk)-f(xk-1)|<tolf
end
if nargin<4
    tolx=1e-8;                              %要求|x(k)-x(k-1)|<tolx
end
[r,c]=size(x0);
if r>c
    x0=reshape(x0,c,r);                     %保证 x0 为行向量
end
var=findsym(fun);                           %fun 的变量以字母顺序给出
xx=x0;
fx0=subs(fun,var,x0);
fxx=fx0;
gamma=gamma0;
for j=1:maxiter
    gradf=Jacobian(fun,var);
    grd=subs(gradf,var,xx);
    grd=grd/norm(grd);
    gamma=2*gamma;
    fx1=subs(fun,var,xx-2*gamma*grd);
    for k=1:50                              %用一维搜索求最佳步长 gamma
        fx2=fx1;
        fx1=subs(fun,var,xx-gamma*grd);
        if fx0>fx1+tolf & fx1<fx2-tolf
            gamma=gamma*(-3*fx0+4*fx1-fx2)/(4*fx1-2*fx0-2*fx2);
            xx=xx-gamma*grd;
            fxx=subs(fun,var,xx);
            break;
        else
            gamma=gamma/2;
        end
    end
    if(norm(xx-x0)<tolx & abs(fxx-fx0)<tolf)
        break;
    end
    x0=xx;
    fx0=fxx;
end
xp=xx;
```

```
fp=fxx;
```

例 6.7 求函数 $f(x,y)=x^2+y^2-xy-4x-y$ 的极小值。

解 建立目标函数文件及脚本文件如下：

```
function w=exa6_7(x,y)
%符号变量需以字母顺序出现
syms x y ;
w=x^2+y^2-x * y-y-4 * x;
```

将以上函数文件存为 exa6_7.m。

```
x0=[0 0]; x1=[1 0]; tolx=1e-6; tolf=1e-9; gamma=1; maxiter=100;
[xp,fp]=gradsopt(exa6_7,x0,gamma,tolx,tolf,maxiter)
[xp1,fp1]=gradsopt(exa6_7,x1,gamma,tolx,tolf,maxiter)          %取不同的初值
%精确解:极小值点(3,2),极小值:-7
```

将以上脚本文件存为 ex6_7.m。在 MATLAB 命令窗口执行 ex6_7,运行后有如下结果。

```
>>ex6_7
xp=2.99995270225745  1.99996846817101
fp=-6.99999999826005
xp1=3.00000000000000  2.00000000000000
fp1=-7
```

例 6.8 求函数 $f(u,x,y,z)=2(u^2+x^2+y^2+z^2)-x(y+z-u)+yz-9u-3x-8y-5z$ 的极小值。

解 建立目标函数文件及脚本文件如下：

```
function w=exa6_8(u,x,y,z)
syms u x y z ;
w=2 * (x^2+y^2+z^2+u^2)-x * (y+z-u)+y * z-8 * y-3 * x-5 * z-9 * u;
```

将以上函数文件存为 exa6_8.m。

```
x0=[0 1 1 1]; tolx=1e-6; tolf=1e-9; gamma=1; maxiter=100;
[xp,fp]=gradsopt(exa6_8,x0,gamma,tolx,tolf,maxiter)      %极小值点为 xp=(u,x,y,z)
ww=inline('2 * (x(1)^2+x(2)^2+x(3)^2+x(4)^2)-x(2) * (x(3)+x(4)-x(1))+x(3) * x(4)
-8 * x(3)-3 * x(2)-5 * x(4)-9 * x(1)','x');        %按此处定义的 x,x(1)-对应 u,x(2)-对应
                                                     x,x(3)-对应 y,x(4)-对应 z,所以极小值
                                                     点(的坐标顺序)为 xp1=(u,x,y,z)
[xp1,fp1]=fminsearch(ww,x0)                          %用 fminsearch 函数验证
```

将以上脚本文件存为 ex6_8.m。在 MATLAB 命令窗口执行 ex6_8,运行后有如下结果。

```
>>ex6_8
xp=1.99999328839829  1.00001688091589  2.00000174484059  1.00000148766060
fp=-20.99999999949473
xp1=1.99999169566631  1.00004664768248  1.99997737668049  1.00001753189648,
fp1=-20.99999999532794
```

6.4 牛顿法

1. 功能

用牛顿法求多元函数 $f(\boldsymbol{X})$ 的局部极小值。

2. 计算方法

(1) 从初始点 $\boldsymbol{X}_0$ 开始($k=1$)，取 $f(\boldsymbol{X})$ 在 X_0 处的二阶 Taylor 展开式，得

$$f(\boldsymbol{X}) \approx Q(\boldsymbol{X}) = f(\boldsymbol{X}_0) + \nabla f(\boldsymbol{X}_0)^{\mathrm{T}}(\boldsymbol{X}-\boldsymbol{X}_0) + \frac{1}{2}(\boldsymbol{X}-\boldsymbol{X}_0)^{\mathrm{T}}\nabla^2 f(\boldsymbol{X}_0)(\boldsymbol{X}-\boldsymbol{X}_0), \tag{6.5}$$

即 $Q(\boldsymbol{X})=f(\boldsymbol{X}_0)+g_0^{\mathrm{T}}(\boldsymbol{X}-\boldsymbol{X}_0)+\frac{1}{2}(\boldsymbol{X}-\boldsymbol{X}_0)^{\mathrm{T}}H_0(\boldsymbol{X}-\boldsymbol{X}_0)$。这里，$\boldsymbol{g}_0=\nabla f(\boldsymbol{X}_0)$，$\boldsymbol{H}_0=\nabla^2 f(\boldsymbol{X}_0)$，称为 f 在 $\boldsymbol{X}_0$ 处的 Hessian 矩阵。$Q(\boldsymbol{X})$ 的一个极小值在 $\nabla Q(\boldsymbol{X})=0$ 或在 $\boldsymbol{g}_0+\boldsymbol{H}_0(\boldsymbol{X}-\boldsymbol{X}_0)=0$ 处取得。当 $\boldsymbol{H}_0$ 可逆，解得 $\boldsymbol{X}=\boldsymbol{X}_0+\boldsymbol{H}_0^{-1}\boldsymbol{g}_0$。用 $\boldsymbol{X}_{k-1}$ 替换 $\boldsymbol{X}_0$，得一般迭代公式

$$\boldsymbol{X}_k = \boldsymbol{X}_{k-1} - \boldsymbol{H}_{k-1}^{-1}\boldsymbol{g}_{k-1}, \tag{6.6}$$

其中，$\boldsymbol{g}_{k-1}=\nabla f(\boldsymbol{X}_{k-1})$，$\boldsymbol{H}_{k-1}=\nabla^2 f(\boldsymbol{X}_{k-1})$。

(2) 如果 $\boldsymbol{X}_k \approx \boldsymbol{X}_{k-1}$，则将 X_k 作为所求的极小值点，终止程序。

注：(6.6)式中用 Hessian 矩阵的逆求解，但实际计算中用求解线性方程组 $\boldsymbol{g}_{k-1}+\boldsymbol{H}_k(\boldsymbol{X}-\boldsymbol{X}_{k-1})=0$ 的方法会更好。

3. 使用说明

```
[xp,fp]=newtopt(fun,x0,tol)
```

fun 是目标函数，以字符形式定义，字符变量需以字母顺序。$\boldsymbol{x}_0$ 是初始点(向量)，tol 是容差。输出极小值点 xp 和极小值 fp。

4. MATLAB 程序

```
function [xp,fp]=newtopt(fun,x0,tol)
if nargin<3
    tol=1e-6;                              %要求|x(k)-x(k-1)|<tol
end
var=findsym(fun);                          %fun 的变量以字母顺序给出
fx0=subs(fun,var,x0);
[r,c]=size(x0);
if c>r
    x0=reshape(x0,c,r);                    %保证 x0 为列向量
end
tt=100;
while tt>=tol
    gradf=Jacobian(fun,var);
    grd=subs(gradf,var,x0);
    hessn=Jacobian(gradf,var);
    Hs=subs(hessn,var,x0);
```

```
    b=Hs*x0-grd';
    x1=Gausselimpiv(Hs,b);                    %选列主元的 Gauss 消元法解线性方程组,见 2.2 节
    tt=norm(x1-x0);
    x0=x1;
end
xp=x0';
fp=subs(fun,var,xp);
```

例 6.9 用牛顿法求例 6.8 中的函数的极小值。

解 在 MATLAB 命令窗口调用程序 newtopt,运行后有如下结果。

```
>>[xp,fp]=newtopt(exa6_8,[0,0,0,0],0.0001)
xp=2.00000000000000  1.00000000000000  2.00000000000000  1.00000000000000
fp=-21
>>[xp,fp]=newtopt(exa6_8,[-10,0,15,-3],0.0001)
xp=2.00000000000000  1.00000000000000  2.00000000000000  1.00000000000000
fp=-21
```

我们取了不同的初值,都得到了精确解。这是因为牛顿迭代法具有二阶收敛性,特别是当 $f(\boldsymbol{X})$为二次函数,且 Hessian 矩阵 $\boldsymbol{H}$ 正定时,只需迭代一步就得到精确解 x^*,具有这种有限迭代步求得正定二次函数极小值的方法,称为具有二次终止性。

例 6.10 用牛顿法求函数 $f(x,y)=\dfrac{x-y}{x^2+y^2+2}$的极小值。

解 建立目标函数文件如下:

```
function w=exa6_10(x,y)
syms x y ;
z=(x-y)/(x^2+y^2+2);
```

将以上函数文件存为 exa6_10.m。在 MATLAB 命令窗口调用程序 newtopt,运行后有如下结果。

```
>>[xp,fp]=newtopt(exa6_10,[-0.9,0.2])
xp=-1.00000000000000 1.00000000000000
fp=-0.50000000000000
```

经过 6 次迭代收敛到(−1,1),函数 $f(x,y)$的一个极小值点。如果取另一个初始点 $x_0=[-3,-2]$进行迭代,我们发现它是发散的。对牛顿法而言,好的初始值是保证收敛的必要条件。牛顿法一般情况下比最速下降法更有效,但不能保证达到极小值点。牛顿法的主要弱点是可能接近梯度为零的极值点,它不必是极小值点,但有可能是极大值点或是鞍点(见例 6.13)。

6.5 共轭梯度法

1. 功能

求 N 元函数 $f(\boldsymbol{X})$的局部极小值。

2. 计算方法

(1) 从初始点 $\boldsymbol{X}_0$ 开始($k=0$)，计算 $f(\boldsymbol{X}_0)$。初始化内循环的指标 $j=0$，临时解和搜索方向向量分别为 $\boldsymbol{X}(j)=\boldsymbol{X}_0$，$\boldsymbol{s}(j)=-\boldsymbol{g}_k=-\nabla f(\boldsymbol{X}_k)$，$\nabla(\boldsymbol{X})$表示 $f(\boldsymbol{X})$的梯度。

(2) 对 $j=0$ 到 $N-1$，重复下列事情：

(i) 对 $\Phi(\gamma)=f(\boldsymbol{X}(j)+\gamma\boldsymbol{s}(j))$进行一维搜索，用二次逼近法求 $\Phi(\gamma)$的局部极小值点 γ_j，即得步长 γ_j。

(ii) 更新临时解和搜索方向向量分别为

$$\boldsymbol{X}(j+1)=\boldsymbol{X}(j)+\gamma_j\boldsymbol{s}(j), \tag{6.7}$$

$$\boldsymbol{s}(j+1)=-\boldsymbol{g}_{j+1}+\beta_j\boldsymbol{s}(j), \tag{6.8}$$

其中，

$$\beta_j=\frac{(\boldsymbol{g}_{j+1}-\boldsymbol{g}_j)\boldsymbol{g}_{j+1}^{\mathrm{T}}}{\boldsymbol{g}_j\boldsymbol{g}_j^{\mathrm{T}}}(\mathrm{FR}) \quad 或 \quad \beta_j=\frac{\boldsymbol{g}_{j+1}\boldsymbol{g}_{j+1}^{\mathrm{T}}}{\boldsymbol{g}_j\boldsymbol{g}_j^{\mathrm{T}}}(\mathrm{PR}), \tag{6.9}$$

它们分别为 Fletcher-Reeves(FR)方法和 Polak-Ribiere(PR)算法。

(3) 更新近似解到 $\boldsymbol{X}_{k+1}=\boldsymbol{X}(N)$，这里 $\boldsymbol{X}(N)$是最后一个临时解。

(4) 如果 $\boldsymbol{X}_k\approx\boldsymbol{X}_{k-1}$，且 $f(\boldsymbol{X}_k)\approx f(\boldsymbol{X}_{k-1})$，则将 $\boldsymbol{X}_k$ 作为所求的极小值点，终止程序。否则，转向(1)。

3. 使用说明

```
[xp,fp]=conjgopt(fun,x0,gamma0,tol,KC)
```

fun 是目标函数，以字符形式定义，字符变量需以字母顺序。$\boldsymbol{x}_0$ 是初始点(向量)，tol 是容差。输出极小值点 xp 和极小值 fp。KC＝1：Fletcher-Reeves 共轭梯度法，KC＝2：Polak-Ribiere 共轭梯度法，默认 KC＝1。

4. MATLAB 程序

```
function [xp,fp]=conjgopt(fun,x0,gamma0,tol,KC)
if nargin<5
    KC=1;
end
if nargin<3
    gamma0=10;
end
if nargin<4
    tol=1e-8;
end
[r,c]=size(x0);
if r>c
    x0=reshape(x0,c,r);                    %保证 x0 为行向量
end
var=findsym(fun);                          %fun 的变量以字母顺序给出
gradf=Jacobian(fun,var);
xx=x0;
fx0=subs(fun,var,x0);
```

```
    fxx=fx0;
    N=length(x0);
    tt=100;
    k=1;
    while(tt>=tol)&(k<5000)
        xx0=xx; fxx0=fxx; grd=subs(gradf,var,xx); ss=-grd;
        for j=1:N
            gamma=gamma0;
            fx1=subs(fun,var,xx+2*gamma*ss);
            for n=1:50                                  %一维搜索步长
                fx2=fx1;
                fx1=subs(fun,var,xx+gamma*ss);
                if fx0>fx1+tol & fx1<fx2-tol %fx0>fx1<fx2
                    gamma=gamma*(-3*fx0+4*fx1-fx2)/(4*fx1-2*fx0-2*fx2);
                    xx=xx+gamma*ss; fxx=subs(fun,var,xx);
                break;
                elseif n==20
                    gamma=-gamma0;
                    fx1=subs(fun,var,xx+gamma*ss);
                else
                    gamma=gamma/2;
                end
            end
            x0=xx; fx0=fxx;
            if j<N
                gradf=Jacobian(fun,var);
                grd1=subs(gradf,var,xx);
                if KC<=1
                    ss=-grd1+(grd1-grd)*grd1'/(grd*grd')*ss;
                else
                    ss=-grd1+grd1*grd1'/(grd*grd')*ss;
                end
                grd=grd1;
            end
        end
        tt=min(norm(xx-xx0),abs(fxx-fxx0));
        k=k+1;
    end
    xp=xx;
    fp=fxx;
```

例 6.11 求函数 $f(u,x,y,z)=xyzu+\frac{1}{x}+\frac{1}{y}+\frac{1}{z}+\frac{1}{u}$的局部极小值。

解 建立目标函数文件及脚本文件如下：

```
function w=exa6_11(u,x,y,z)
```

```
syms u x y z ;
w=x * y * z * u+1/x+1/y+1/z+1/u;
```

将以上函数文件存为 exa6_11. m。

```
x0=[0.7 0.7 0.7 0.7];tol=1e-9; gamma=10; x1=[0.5,0.5,0.9,1.1]; x2=[-0.3,0.5,
-0.9,0.7];
[xp,fp]=conjgopt(exa6_11,x0,gamma,tol)
[xp1,fp1]=conjgopt(exa6_11,x1,gamma,tol)%取不同的初值
[xp2,fp2]=conjgopt(exa6_11,x2,gamma,tol)
```

将以上脚本文件存为 ex6_11. m。在 MATLAB 命令窗口调用 ex6_11,运行后有如下结果。

```
>>ex6_11
xp=0.99999999505510  0.99999999505510  0.99999999505510  0.99999999505510
fp=5
xp1=1.0e+005 *
    2.98217410755507  2.98217410755554  0.09598063228702  -5.87614995134436
fp1=-5.015826051549534e+020
xp2=1.0e+003 *
    0.88390740743906  -2.85938133290123  -3.08248005606084  -6.20446278592390
fp2=-4.833740265148314e+013
```

由此可见,初值对算法的收敛性影响很大,如果初值不合适,根本达不到极小值。

6.6 拟牛顿法

为了避免牛顿法计算二阶导数矩阵 $\boldsymbol{H}(\boldsymbol{X})$ 及其逆,可将求解非线性方程组的拟牛顿法用于解方程 $\nabla f(\boldsymbol{X})=0$,从而得到解无约束最优化问题的拟牛顿法,或称为变尺度法。常用的有 Davidon-Fletcher-Powell 变尺度法(简称为 DFP 法)和 Broyden-Fletcher-Goldfarb-Shanno 变尺度法(简称为 BFGS 法)。

6.6.1 DFP 法

1. 功能

求多元函数 $f(\boldsymbol{X})$ 的局部极小值。

2. 计算方法

(1) 给定初始点 $\boldsymbol{X}_0(k=0)$,取初始矩阵 $\boldsymbol{H}_0=\boldsymbol{H}(\boldsymbol{X}_0)^{-1}$(或 $\boldsymbol{H}_0=\boldsymbol{I}$,$\boldsymbol{I}$ 为单位矩阵),令 $\boldsymbol{g}_0=\nabla f(\boldsymbol{X}_0)$,$\boldsymbol{s}_0=-\boldsymbol{H}_0\boldsymbol{g}_0$。从初始点 $\boldsymbol{X}_0$ 出发,沿 $\boldsymbol{s}_0$ 方向进行一维搜索,求 γ_0 使得

$$f(\boldsymbol{X}_0+\gamma_0\boldsymbol{s}_0)=\min_{\gamma\geqslant 0}f(\boldsymbol{X}_0+\gamma\boldsymbol{s}_0)。$$

(2) 令 $\boldsymbol{X}_k=\boldsymbol{X}_{k-1}+\gamma_{k-1}\boldsymbol{s}_{k-1}$,$\boldsymbol{g}_k=\nabla f(\boldsymbol{X}_k)$,由 $\boldsymbol{H}_{k-1}$ 计算 $\boldsymbol{H}_k$,

$$\boldsymbol{H}_k=\boldsymbol{H}_{k-1}-\frac{\boldsymbol{H}_{k-1}\boldsymbol{y}_k\boldsymbol{y}_k^{\mathrm{T}}\boldsymbol{H}_{k-1}}{\boldsymbol{y}_k^{\mathrm{T}}\boldsymbol{H}_{k-1}\boldsymbol{y}_k}+\frac{\boldsymbol{\sigma}_k\boldsymbol{\sigma}_k^{\mathrm{T}}}{\boldsymbol{\sigma}_k^{\mathrm{T}}\boldsymbol{y}_k},\quad k=1,2,\cdots,\tag{6.10}$$

其中,$\boldsymbol{\sigma}_k=\boldsymbol{X}_k-\boldsymbol{X}_{k-1}$,$\boldsymbol{y}_k=\boldsymbol{g}_k-\boldsymbol{g}_{k-1}$。令 $\boldsymbol{s}_k=-\boldsymbol{H}_k\boldsymbol{g}_k$,然后求 γ_k 使 $f(\boldsymbol{X}_k+\gamma_k\boldsymbol{s}_k)=\min\limits_{\gamma\geqslant 0}f(\boldsymbol{X}_k+\gamma\boldsymbol{s}_k)$,得下一次的迭代点为 $\boldsymbol{X}_{k+1}=\boldsymbol{X}_k+\gamma_k\boldsymbol{s}_k$。

(3) 如果 $\| \boldsymbol{g}_k \| <$ tol(可用其他判别条件),则将 X_{k+1} 作为所求的极小值点,终止程序。否则,转向(2)。

3. 使用说明

```
[xp,fp]=dfpopt(fun,x0,tol)
```

fun 是目标函数,以字符形式定义,字符变量需以字母顺序。$\boldsymbol{x}_0$ 是初始点(向量),tol 是容差。输出极小值点 xp 和极小值 fp。

4. MATLAB 程序

```
function [xp,fp]=dfpopt(fun,x0,tol)
if nargin<3
    tol=1e-8;
end
[r,c]=size(x0);
if c>r
    x0=reshape(x0,c,r);                          %保证 x0 为列向量
end
var=findsym(fun);                                %fun 的变量以字母顺序给出
n=length(x0);
E=eye(n);
gradf=Jacobian(fun,var);
H0=E;
maxiter=200;                                     %最大迭代次数
j=1;
while(j<maxiter)
    grd=subs(gradf,var,x0);
    tt=norm(grd);
    if tt<tol
        break;
    end
    alpha0=1;
    dir=-H0*grd';
    [fx,x1,alpha,exitflag]=linesear(fun,x0,alpha0,dir);
    if  exitflag==-1
        H0=E;                                    %重新开始
    else
        s=x1-x0;
        grd1=subs(gradf,var,x1);
        yy=grd1-grd;
        H1=H0+(s*s')/(s'*yy'+eps)-(H0*yy'*yy*H0)/(yy*H0*yy'+eps);
        H0=H1; x0=x1;
    end
    j=j+1;
end
xp=x0';
```

```
fp=subs(fun,var,xp);
function [fx,xp,alpha,exitflag]=linesear(fun,x0,alpha0,dir)
%Linesearch 线搜索
%输入参数:fun-目标函数;x0-初始点;alpha0-步长的初始值;dir-搜索方向
%输出参数:fx-一维搜索完成后(可能的)函数极值; xp-(可能的)极值点;alpha-可接受步长;
exitflag 等于 0 表示线搜索成功,等于-1 表示线搜索失败
  l=0.15;     %l-简单线搜索的参数,介于 0 到 1 之间的数,此处取 l=0.15
  u=0.85;     %u-线搜索的参数,介于 0 到 1 之间的数,此处取 u=0.85
  rho=0.01;   %rho-线搜索的参数,介于 0 到 0.5 之间的数,此处取 rho=0.01
if nargin<3
    alpha0=1;
end
alpha=alpha0;
var=findsym(fun);                            %fun 的变量以字母顺序给出
gradf=Jacobian(fun,var);
grd=subs(gradf,var,x0);                      %函数 fun 在 x0 处的梯度
fx0=subs(fun,var,x0);
gd=dot(grd,dir);
x1=x0;
n=1;
while n<=50
    fx=subs(fun,var,x1+alpha * dir);
    n=n+1;
    if fx<fx0+alpha * rho * gd;
        x1=x1+alpha * dir;
        exitflag=0; xp=x1;
    end
    alpha1=-gd * alpha^2 * 0.5/(fx-fx0-alpha * gd);
    alpha1=max(alpha1,l * alpha);
    alpha=min(alpha1,u * alpha);
end
exitflag=0;
if n>=50 & fx>=fx0
    fx=fx0; x1=x0; alpha=0;
    exitflag=-1; xp=x1;
end
```

例 6.12 求函数 $f(x,y)=16x^2-20xy+10y^2-8y$ 的局部极小值。

解 建立目标函数文件及脚本文件如下:

```
function w=exa6_12(x,y)
syms x y  ;
z=16 * x^2-20 * x * y+10 * y^2-8 * y;
将以上函数文件存为 exa6_12.m。
x0=[0.1,0.3];  tol=1e-9;  x1=[-0.5,0.9];
[xp,fp]=dfpopt(exa6_12,x0,tol)
```

```
[xp1,fp1]=dfpopt(exa6_12,x1,tol)                    %取不同的初值
```

将以上脚本文件存为 ex6_12.m。在 MATLAB 命令窗口调用 ex6_12,运行后有如下结果。

```
>>ex6_12
xp=2/3      16/15
fp=-64/15
xp1=2/3     16/15
fp1=-64/15
```

易验证由两个不同的初值迭代得到的都是精确解,这是因为目标函数是二次函数,而 DFP 法具有二次终止性。

6.6.2 BFGS 法

1. 功能

求多元函数 $f(\boldsymbol{X})$的局部极小值。

2. 计算方法

(1) 给定初始点 $\boldsymbol{X}_0(k=0)$,取初始矩阵 $\boldsymbol{H}_0=\boldsymbol{H}(\boldsymbol{X}_0)^{-1}$(或 $\boldsymbol{H}_0=\boldsymbol{I}$,$\boldsymbol{I}$ 为单位矩阵),令 $\boldsymbol{g}_0=\nabla f(\boldsymbol{X}_0)$,$\boldsymbol{s}_0=-\boldsymbol{H}_0\boldsymbol{g}_0$。从初始点 $\boldsymbol{X}_0$ 出发,沿 $\boldsymbol{s}_0$ 方向进行一维搜索,求 γ_0 使得

$$f(\boldsymbol{X}_0+\gamma_0\boldsymbol{s}_0)=\min_{\gamma\geqslant 0}f(\boldsymbol{X}_0+\gamma\boldsymbol{s}_0)。$$

(2) 令 $\boldsymbol{X}_k=\boldsymbol{X}_{k-1}+\gamma_{k-1}\boldsymbol{s}_{k-1}$,$\boldsymbol{g}_k=\nabla f(\boldsymbol{X}_k)$,由 $\boldsymbol{H}_{k-1}$ 计算 $\boldsymbol{H}_k$,

$$\boldsymbol{H}_k=\left(\boldsymbol{I}-\frac{\boldsymbol{\sigma}_k\boldsymbol{y}_k^{\mathrm{T}}}{\boldsymbol{\sigma}_k^{\mathrm{T}}\boldsymbol{y}_k}\right)\boldsymbol{H}_{k-1}\left(\boldsymbol{I}-\frac{\boldsymbol{\sigma}_k\boldsymbol{y}_k^{\mathrm{T}}}{\boldsymbol{\sigma}_k^{\mathrm{T}}\boldsymbol{y}_k}\right)^{\mathrm{T}}+\frac{\boldsymbol{\sigma}_k\boldsymbol{\sigma}_k^{\mathrm{T}}}{\boldsymbol{\sigma}_k^{\mathrm{T}}\boldsymbol{y}_k},\quad k=1,2,\cdots,\tag{6.11}$$

其中,$\boldsymbol{\sigma}_k=\boldsymbol{X}_k-\boldsymbol{X}_{k-1}$,$\boldsymbol{y}_k=\boldsymbol{g}_k-\boldsymbol{g}_{k-1}$。令 $\boldsymbol{s}_k=-\boldsymbol{H}_k\boldsymbol{g}_k$,然后求 γ_k 使 $f(\boldsymbol{X}_k+\gamma_k\boldsymbol{s}_k)=\min\limits_{\gamma\geqslant 0}f(\boldsymbol{X}_k+\gamma\boldsymbol{s}_k)$,得下一次的迭代点为 $\boldsymbol{X}_{k+1}=\boldsymbol{X}_k+\gamma_k\boldsymbol{s}_k$。

(3) 如果 $\|\boldsymbol{g}_k\|<\mathrm{tol}$(可用其他判别条件),则将 $\boldsymbol{X}_{k+1}$ 作为所求的极小值点,终止程序。否则,转向(2)。

3. 使用说明

```
[xp,fp]=bfgsopt(fun,x0,tol)
```

fun 是目标函数,以字符形式定义,字符变量需以字母顺序。$\boldsymbol{x}_0$ 是初始点(向量),tol 是容差。输出极小值点 xp 和极小值 fp。

4. MATLAB 程序

```
function [xp,fp]=bfgsopt(fun,x0,tol)
if nargin<3
    tol=1e-8;
end
[r,c]=size(x0);
if c>r
    x0=reshape(x0,c,r);                              %保证 x0 为列向量
end
var=findsym(fun);                                    %fun 的变量以字母顺序给出
```

```
n=length(x0);
E=eye(n);
gradf=Jacobian(fun,var);
hessn=Jacobian(gradf,var);
H0=inv(subs(hessn,var,x0))
maxiter=500;                                    %最大迭代次数
j=1;
while(j<maxiter)
    grd=subs(gradf,var,x0);
    tt=norm(grd);
    if tt<tol
        break;
    end
    alpha0=1;
    dir=-H0*grd';
    [fx,x1,alpha,exitflag]=linesear(fun,x0,alpha0,dir);
    %调用线搜索程序 linesear,详见 6.6.1 节
    if exitflag==-1
        H0=E;                                   %重新开始
    else
        s=x1-x0;
        grd1=subs(gradf,var,x1);
        yy=grd1-grd;
        H1=(E-(s*(yy))/(s'*(yy)'+eps))*H0*(E-(s*yy)/(s'*(yy)'+eps))'+(s*
        s')/(s'*(yy)'+eps);
        H0=H1; x0=x1;
    end
    j=j+1;
end
xp=x1';
fp=subs(fun,var,xp);
```

现在,我们用上述几个关于无约束优化的 MATLAB 程序(包括 fminsearch 和 fminunc)去解同一问题,期望看出它们的细微差别,感受它们的不同。

例 6.13 用不同的方法,求函数 $f(x,y)=(x-0.5)^2(x+1)^2+(y+1)^2(y-1)^2$ 的局部极小值。

解 目标函数的等高线、极大值点、极小值点、鞍点描绘如图 6.7 所示。

建立目标函数文件及脚本文件如下:

```
function z=exam6_13(x,y)
syms x y;
z=(x-0.5)^2*(x+1)^2+(y+1)^2*(y-1)^2;
存为 exam6_13.m。
exa6_13=inline('(x(1)-0.5)^2*(x(1)+1)^2+(x(2)+1)^2*(x(2)-1)^2','x')
[X,Y]=meshgrid(-1.5:0.1:1,-1.5:0.1:1.50);
```

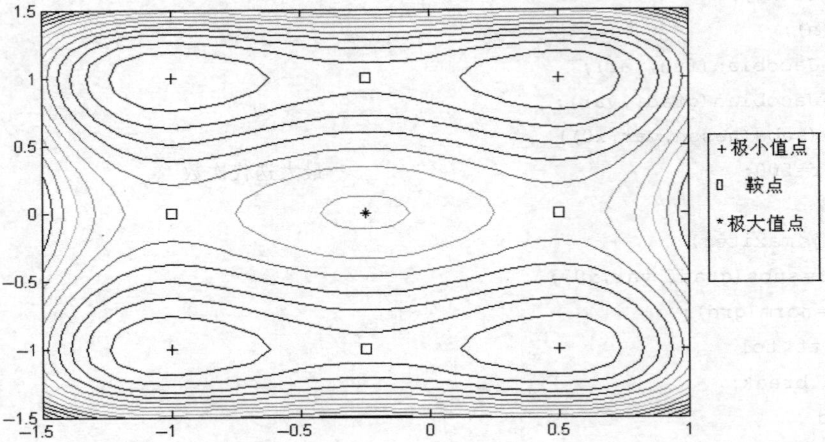

图 6.7 例 6.13 函数的等高线、极大值、极小值和鞍点

```
Z=(X-0.5).^2.*(X+1).^2+(Y+1).^2.*(Y-1).^2;
contour(X,Y,Z,13)
hold on
scatter([-1,-1,0.5,0.5],[-1,1,-1,1],'+')
hold on
scatter([-1,-0.25,-0.25,0.5],[0,-1,1,0],'d')
hold on
scatter([-0.25],[0],'*')
hold off                                                %如图 6.7 所示
tol=1e-6; tolx=tol; tolf=1e-8; gamma0=10; maxiter=100;
x0=[0,0]; x1=[0,0.5]; x2=[0.4,0.7]; x3=[-0.6,0.5]; x4=[-0.8,0.6];
                                                        %不同的初始值
[x0nm,f0nm]=neldmeadopt(exa6_13,x0,tolx,tolf,maxiter)
                                                        %Nedlder-Mead 法求极小值点、极小值
[x0gr,f0gr]=gradsopt(exam6_13,x0,gamma0,tolx,tolf,maxiter)
                                                        %最速下降法求极小值点、极小值
[x0nt,f0nt]=newtopt(exam6_13,x0,tol)                    %牛顿法求极小值点、极小值
[x0cg,f0cg]=conjgopt(exam6_13,x0,gamma0,tol)            %共轭梯度法求极小值点、极小值
[x0df,f0df]=dfpopt(exam6_13,x0,tol)                     %DFP 法求极小值点、极小值
[x0bf,f0bf]=bfgsopt(exam6_13,x0,tol)                    %BFGS 法求极小值点、极小值
[x0fs,f0fs]=fminsearch(exa6_13,x0)                      %fminsearch 法求极小值点、极小值
[x0fc,f0fc]=fminunc(exa6_13,x0)                         %fminunc 法求极小值点、极小值
```

将以上脚本文件存为 ex6_13.m。每个程序是否求得极小值主要取决于初始值，我们将运行 ex6_13 后的结果综合为表 6.1（注：此处只给出了各程序由初始值 x_0 的迭代，由其他初始值的迭代，见程序清单 ex6_13.m）。

由表 6.1 可见，基于梯度的优化程序，如最速下降法、牛顿法、共轭梯度法和 fminunc 法，有时会求得鞍点甚至极大值，但并不总是达到最接近初始点的极值点。有趣的是并非基于梯度的 MATLAB 内建程序 fminsearch 也有丢失的情况，Nedlder-Mead 法效果良好。从

表 6.1 各种无约束优化算法从不同初始点的运行结果

算法＼初始点	$X_0=[0,0]$	$X_1=[0,0.5]$	$X_2=[0.2,-0.3]$	$X_3=[-0.6,0.5]$	$X_4=[-0.8,0.6]$
Nedlder-Mead	(−1, 1) 极小	(0.5, 1) 极小	(−1, 1) 极小	(0.5, 1) 极小	(−1.0001, 1) 极小
最速下降法	(0.5,0) 鞍点	(0.5, 1) 极小	(0.5001, −1) 极小	(−1, 1) 极小	(−0.9999, 1) 极小
牛顿法	(−0.25, 0) 极大	(−0.25, −1) 鞍点	(0.5, 0) 鞍点	(0.5, −1) 极小	(−1, 1) 极小
共轭梯度法	(0.4998,0) 鞍点	(0.5, 1) 极小	(0.5, −0.9996) 极小	(−0.9998, 1) 极小	(−0.9999, 1) 极小
DFP 法	(0.5, 0) 鞍点	(0.5, 1) 极小	(0.5, −1) 极小	(−1, 1) 极小	(−1, 1) 极小
BFGS 法	(0.5, 0) 鞍点	(−1, −1) 极小	(0.5, −1) 极小	(0. 5, −1) 极小	(−1, 1) 极小
fminsearch 法	(0.5, 1) 极小	(0.0246, 1.0) 丢失	(0.5, −1) 极小	(−1, 1) 极小	(−1, 1) 极小
fminunc 法	(0.5, 0) 鞍点	(0.5, 1) 极小	(0.5, −1) 极小	(−1, 1) 极小	(−1, 1) 极小

同一初始点出发，不同的方法得到结果不尽相同。共轭梯度法的计算结果的精度稍差一些，这与一维搜索的方法和所求的步长有关。

6.7 模拟退火算法

模拟退火算法(Simulated Annealing Method，简称为 SA)是一种通用的随机搜索算法，是局部搜索法的扩展，理论上讲，它是一个全局最优算法。模拟退火算法的基本思想源于金属固体的退火过程。当加热固体的温度升到其溶解温度后，再逐渐冷却。加温时，固体内部粒子随温升变为无序状，内能增大，而逐渐降温时粒子渐趋有序，在每个温度都达到平衡态，最后在常温时达到基态，系统能量减为最小。模拟退火过程可用在温度 T 时，能量水平 E 的 Boltzmann 概率分布描述：

$$p(E)=\frac{1}{KT}e^{-\frac{E}{KT}}, \tag{6.12}$$

其中 K 为 Boltzmann 常数。

Kirkpatrick 等人把 Metropolis 等人对用固体在恒定问题下达到热平衡过程的模拟引入到优化过程中。即如果

$$\Delta f=f(x(t+\Delta t))-f(x(t))\leqslant 0\quad(\Delta t>0),$$

则接受新状态，否则按概率 $p(\Delta f)=e^{-\frac{\Delta f}{T}}$ 接受新状态。$T=T(t)$ 为随时间 t 增加而下降的参变量，相当于退火过程中的温度。这种利用优化问题求解与物理系统退火过程的相似性，使用 Metropolis 算法，适当控制温度下降的过程，实现模拟退火，从而达到求解全局优化问题的随机性方法称为“模拟退火算法”。

1. 功能

用模拟退火算法求多元函数 $f(\boldsymbol{X})$的极(最)小值。

2. 计算方法

(1) 选取初始值 $\boldsymbol{X}_0$ 和下界 $\boldsymbol{l}$,上界 $\boldsymbol{u}$,最大迭代次数 kmax,退火因子 $q>0$ 和函数值的容差 tolf。

(2) 令 $\boldsymbol{X}=\boldsymbol{X}_0, \boldsymbol{XX}_0=\boldsymbol{X}, f\boldsymbol{XX}_0=f(\boldsymbol{X})$。

(3) 对 $k=1$ 到 kmax,做如下事情:随机产生扰动 $\Delta\boldsymbol{X}$,得到新点 $\boldsymbol{X}_1=\boldsymbol{X}+\Delta\boldsymbol{X}$,要保证新点在区域$\{\boldsymbol{X}|\boldsymbol{l}\leqslant\boldsymbol{X}\leqslant\boldsymbol{u}\}$内。这里的 $\Delta\boldsymbol{X}=\boldsymbol{g}_\mu^{-1}(Y)(\boldsymbol{u}-\boldsymbol{l})$(按分量计算),其中 $\boldsymbol{Y}$ 是 $U[-1,1]$上的均匀分布的随机向量,

$$g_\mu^{-1}(y)=\frac{(1+\mu)^{|y|}-1}{\mu}\operatorname{sign}(y),\quad |y|\leqslant 1, \tag{6.13}$$

$$\mu=10^{100\left(\frac{k}{k\max}\right)^q},\quad q>0 \text{ 为退火因子。} \tag{6.14}$$

如果 $\Delta f=f(\boldsymbol{X}_1)-f(\boldsymbol{X})<0$,

{置 $\boldsymbol{X}\leftarrow\boldsymbol{X}_1$,且当 $f(\boldsymbol{X})<f\boldsymbol{XX}_0$ 时,置 $\boldsymbol{XX}_0\leftarrow\boldsymbol{X}, f\boldsymbol{XX}_0=f(\boldsymbol{XX}_0)$。}

否则,

{计算新点的接受概率 $p(\Delta\boldsymbol{X})=\exp\left(-\left(\frac{k}{k\max}\right)^q\frac{\Delta f}{f(X)\mathrm{tolf}}\right)$,

产生 $U[0,1]$上的均匀分布的随机数 r,若 $r<p(\Delta\boldsymbol{X})$,则置 $\boldsymbol{X}\leftarrow\boldsymbol{X}_1$}。 (6.15)

(4) 将 $\boldsymbol{XX}_0$ 视为我们所求的极小值点,也可将 $\boldsymbol{XX}_0$ 取为初始点,然后用任一(局部)优化算法搜索 $f(\boldsymbol{X})$的极小值点。

3. 使用说明

```
[xp,fp]=simanlopt(fun,x0,l,u,tolf,kmax,q)
```

fun 是目标函数,$\boldsymbol{x}_0$ 是初始点(行向量),$\boldsymbol{l},\boldsymbol{u}$ 分别为搜索区间的下、上限(行向量),tol 是容差,kmax 为最大迭代次数,q 为退火因子。输出最小值点 xp 和最小值 fp。

4. MATLAB 程序

```
function [xp,fp]=simanlopt(fun,x0,l,u,tolf,kmax,q)
N=length(x0);
x=x0; fx=feval(fun,x);
xp=x; fp=fx;
if nargin<7
    q=1;                                                   %退火因子
end
if nargin<6
    kmax=200;                                              %最大迭代次数
end
if nargin<5
    tolf=1e-8;
end
for k=0:kmax
    ti=(k/kmax)^q;
    mu=10^(ti*100);                                        %(6.14)式
```

```
    ddx=mu_inv(2*rand(size(x))-1,mu).*(u-l);                  %步长
    x1=x+ddx;
    x1=(x1<l).*l+(l<=x1).*(x1<=u).*x1+(u<x1).*u;   %确保 l<=x1<=u.
    fx1=feval(fun,x1);
    ddf=fx1-fx;
    if ddf<0|rand<exp(-ti*ddf/(abs(fx)+eps)/tolf)
       x=x1;  fx=fx1;
    end
    if fx<fp
       xp=x;  fp=fx1;
    end
end
function z=mu_inv(y,mu)                                    %逆 mu-律(6.13)式
z=(((1+mu).^abs(y)-1)/mu).*sign(y);
```

例 6.14 求函数 $f(x,y)=x^4-16x^2-5x+y^4-16y^2-5y$ 在区域 $\{-5\leqslant x\leqslant 5,-5\leqslant y\leqslant 5\}$ 内的极小值。

解 建立脚本文件如下：

```
fun=inline('x(1)^4-16*x(1)^2-5*x(1)+x(2)^4-16*x(2)^2-5*x(2)','x');
l=[-5-5];  u=[5 5];                                        %上、下界
x0=[0 0]; x1=[-0.5,-1]; kmax=500; q=1; tolf=1e-9;
[xos,fos]=fminsearch(fun,x0)                 %用 MATLAB 的函数 fminsearch 验证
[x1s,f1s]=fminsearch(fun,x1)
[xo_sa,fo_sa]=simanlopt(fun,x0,l,u,tolf,kmax,q)
[x1_sa,f1_sa]=simanlopt(fun,x1,l,u,tolf,kmax,q)
```

存为 ex6_14.m。在 MATLAB 命令窗口调用 ex6_14，运行后有如下结果。

```
>>ex6_14
xos=2.9035  2.9036
fos=-156.6647
x1s=-2.7468  -2.7468
f1s=-100.1178
xo_sa=2.9211  2.9027
fo_sa=-156.6539
x1_sa=2.9040  2.9030
f1_sa=-156.6646
```

由于模拟退火算法是随机搜索算法，所以每次运行的结果可能有差异。多次执行 ex6_14 的结果显示，即使其他算法失败的情况下，模拟退火算法也可给出全局最优解。但它并不总是成功，它的成功/失败部分依赖于初始值，部分靠运气，而其他程序的成功/失败仅依赖于初始值。

6.8 遗传算法

遗传算法(Genetic Algorithm，简称 GA)是由美国的 J. Holland 教授于 1975 年提出的，它是一类借鉴生物界自然选择和自然遗传机制的随机全局搜索算法。遗传算法模拟自

然选择和自然遗传过程中发生的繁殖、交叉和基因突变现象,在每次迭代中都保留一组候选解,并按某种指标从解群中选取较优的个体,利用遗传算子(选择、交叉和变异)对这些个体进行组合,产生新一代的候选解群,重复此过程,直到满足某种收敛指标为止(见图6.8)。

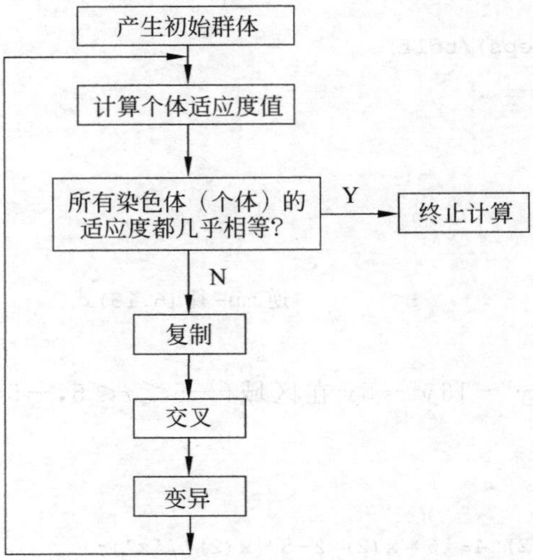

图6.8 遗传算法流程图

与传统搜索算法不同,遗传算法从一组随机产生的称为"种群(population)"的初始解开始搜索过程。种群中的每个个体都是问题的一个解,称为"染色体(chromosome)"。染色体是一串符号,比如一个二进制字符串。这些染色体在后续迭代中不断进化,称为遗传。在每一代中用"适度值(fitness)"来测量染色体的好坏,生成的下一代染色体称为后代(offspring)。后代是由前一代染色体通过交叉(crossover)或者变异(mutation)运算形成的。在新一代形成过程中,根据适度的大小选择部分后代,淘汰部分后代。从而保持种群大小是常数。适值高的染色体被选中的概率较高,这样经过若干代之后,算法收敛于最好的染色体,它很可能就是问题的最优解或次优解。

遗传算法的主要步骤如下:

(1) 编码:GA在进行搜索之前先将解空间的解数据表示成遗传空间的基因型串结构数据,这些串结构数据的不同组合便构成了不同的点。

(2) 初始群体的生成:随机产生 N 个初始串结构数据,每个串结构数据称为一个个体,N 个个体构成了一个群体。GA以这 N 个串结构数据作为初始点开始迭代。设置进化代数计数器 $t\leftarrow 0$;设置最大进化代数 T;随机生成 M 个个体作为初始群体 $P(0)$。

(3) 适应度值评估检测:适应性函数表明个体或解的优劣性。对于不同的问题,适应性函数的定义方式也不同。根据具体问题,计算群体 $P(t)$ 中各个个体的适应度。

(4) 选择:选择的目的是从当前群体个选出优良的个体,使它们有机会作为父代为下一代繁殖子孙。遗传算法通过选择过程体现这一思想,进行选择的原则是适应性强的个体为下一代贡献一个或多个后代的概率大。选择实现了达尔文的适者生存原则。

(5) 交叉:交叉操作是遗传算法中最主要的遗传操作。通过交叉操作可以得到新一代个体,新个体组合了其父辈个体的特性。交叉体现了信息交换的思想。

(6) 变异:变异首先在群体中随机选择一个个体,对于选中的个体以一定的概率随机地改变串结构数据中某个串的值。同生物界一样,GA中变异发生的概率很低,通常取值在0.001~0.01之间。变异为新个体的产中提供了机会。

(7) 终止条件判断:若 $t\leqslant T$,则 $t\leftarrow t+1$,转到(2);若 $t>T$,则以进化过程中所得到的具有最大适应度的个体作为最优解输出,终止计算。

1. 功能

用遗传算法求 N 元函数 $f(\boldsymbol{X})$ 在范围:$\boldsymbol{l}\leqslant\boldsymbol{X}\leqslant\boldsymbol{u}$ 的极(最)小值。

2. 计算方法

第 0 步 取初值 $\boldsymbol{x}_0=[x_{01},\cdots,x_{0N}]$，下界 $\boldsymbol{l}=[l_0,\cdots,l_N]$，上界 $\boldsymbol{u}=[u_0,\cdots,u_N]$，群体大小 N_p，向量 $\boldsymbol{N}_b=[N_{b1},\cdots,N_{bN}]$ 的分量由每个变量 x_i 的指定的二进制符号串的长度构成，P_c 为交叉概率，P_m 为变异概率，学习效率 $\eta(0<\eta\leqslant 1)$ 和最大迭代次数 $k_{\max}$。注意：群体大小 N_p 不能大于 2^{N_b}，以免有重复染色体，且为偶数以便在交叉过程中配对。

第 1 步 随机产生初始群体。

令 $\boldsymbol{x}^o=\boldsymbol{x}_0$，$f^o=f(\boldsymbol{x}_0)$，并令

$$\boldsymbol{X}_1(1)=\boldsymbol{x}_0,\quad \boldsymbol{X}_1(k)=\boldsymbol{l}+\textbf{rand}^*(\boldsymbol{u}-\boldsymbol{l}),\quad k=2,\cdots,N_p,\tag{6.16}$$

这里 **rand** 是 N 维随机向量。然后对群体组的每个数进行二进制编码，置

$$\begin{aligned}P_1\left(n,1+\sum_{i=1}^{m-1}N_{bi}:\sum_{i=1}^{m}N_{bi}\right)&=\boldsymbol{X}_1(n,m)\text{ 的 }N_{bm}\text{ 位的二进制串表示}\\&=(2^{N_{bm}}-1)\frac{\boldsymbol{X}_1(n,m)-\boldsymbol{l}(m)}{\boldsymbol{u}(m)-\boldsymbol{l}(m)},\\&n=1\cdots N_p,m=1\cdots N,\end{aligned}\tag{6.17}$$

这样，整个群体变为二元组，它的每一行是用 $\sum_i^N N_{bi}$ 位的二进制串表示的一个染色体。

第 2 步 对 $k=1$ 到 $k_{\max}$ 做下列事情：

(1) 将二元组中的每个数解码成（十进制）小数，其中

$$\begin{aligned}\boldsymbol{X}(n,m)&=P_1(n,1+\sum_{i=1}^{m-1}N_{bi}:\sum_{i=1}^{m}N_{bi})\text{ 的 }N_{bm}\text{ 位的十进制小数表示}\\&=P_k(n,\cdot)\frac{u(m)-l(m)}{2^{N_{bm}}-1}+l(m),\quad n=1,\cdots,N_p,m=1,\cdots,N,\end{aligned}\tag{6.18}$$

并计算每一行 $\boldsymbol{X}_k(n,:)=\boldsymbol{x}(n)$ 对应的染色体的函数值 $f(n)$，并求得极小者 $f_{\min}=f(n_b)$，对应于 $\boldsymbol{X}_k(n_b,:)=\boldsymbol{x}(n_b)$。

(2) 如果 $f_{\min}=f(n_b)<f^o$，则令 $f^o=f(n_b)$，$\boldsymbol{x}^o=\boldsymbol{x}(n_b)$。

(3) 将函数值转化为适应度值，其值为

$$f_1(n)=\operatorname*{Max}_{n=1}^{N_p}\{f(n)\}-f(n)。\tag{6.19}$$

(4) 如果 $\operatorname*{Max}_{n=1}^{N_p}\{f(n)\}\approx 0$，则终止程序，并将作为 $\boldsymbol{x}^o$ 最优解。否则，为在下一代中在最优点 $\boldsymbol{x}(n_b)$ 附近制造更多的染色体，用下面的复制规则

$$\boldsymbol{x}(n)\leftarrow\boldsymbol{x}(n)+\eta\frac{f_1(n_b)-f_1(n)}{f_1(n_b)}(\boldsymbol{x}(n_b)-\boldsymbol{x}(n)),\tag{6.20}$$

由此可得新群体 $\boldsymbol{X}_{k+1}$，这里 $\boldsymbol{X}_{k+1}(n,:)=\boldsymbol{x}(n)$，并将其按(6.17)式编码，构成新的二元组 P_{k+1}。

(5) 从二元组的行指标中随机配对染色体。

(6) 对两个随机相互配对的染色体，依据交叉概率 P_c 按照从某个随机位后的方式，相互交换其部分基因，得到两个新的个体，从而形成新的二元组 P'_{k+1}。

(7) 利用变异概率 P_m，对 P'_{k+1} 的(行)染色体的随机位进行逆反，形成新的二元组 P_{k+1}。

3. 使用说明

```
[xm,fm]=genetic(fun,x0,l,u,Np,Nb,Pc,Pm,eta,kmax)
```

fun 是目标函数；x_0 是初始点(行向量)；l,u 分别为搜索区域的下、上界(行向量)；N_p 为群体规模，建议的最优参数范围是：$N_p=20-100$；N_b 为每个数的二进制位数；P_c 为交叉概率，建议的最优参数范围是：$P_c=0.4\sim0.9$；P_m 为变异概率，建议的最优参数范围是：$P_m=0.001\sim0.01$；eta 为学习效率($0<\text{eta}\leqslant1$)；kmax 为最大迭代次数(一般 100～500)。输出最小值点 xm 和最小值 fm。

4. MATLAB 程序

```
function [xm,fm]=genetic(fun,x0,l,u,Np,Nb,Pc,Pm,eta,kmax)
N=length(x0);
if nargin<10
    kmax=100;                          %(一般 100~500)
end
if nargin<9|eta>1|eta<=0
    eta=1;                             %学习效率(0<eta<=1)
end
if nargin<8
    Pm=0.01;                           %变异概率,建议的最优参数范围是:Pm=0.001~0.01
end
if nargin<7
    Pc=0.5;                            %交叉概率,建议的最优参数范围是:Pc=0.4~0.9
end
if nargin<6
    Nb=8*ones(1,N);
end
if nargin<5,
    Np=20;                             %群体规模,建议的最优参数范围是:Np=20-100
end
%初始化群体组
NNb=sum(Nb);
xm=x0(:)';
l=l(:)'; u=u(:)';
fm=feval(fun,xm);
X(1,:)=xm;
for n=2:Np
    X(n,:)=l+rand(size(x0)).*(u-l);   %(6.16)式
end
P=gen_encode(X,Nb,l,u);                %(6.17)式
for k=1:kmax
    X=gen_decode(P,Nb,l,u);            %(6.18)式
    for n=1:Np
        fX(n)=feval(fun,X(n,:));
    end
    [fxb,nb]=min(fX);
    if fxb<fm,
        fm=fxb; xm=X(nb,:);
    end
```

```
    fX1=max(fX)-fX;                       %(6.19)式,构造非负的适应度向量
    fXm=fX1(nb);
    if fXm<eps
        return;                           %当所有的染色体几乎一致时,退出
    end
    %复制下一代
    for n=1:Np
        X(n,:)=X(n,:)+eta*(fXm-fX1(n))/fXm*(X(nb,:)-X(n,:));          %(6.20)式
    end
    P=gen_encode(X,Nb,l,u);
    %配对/交叉
    mat=shuffle([1:Np]);
    for n=1:2:Np-1
        if rand<Pc
            P(mat(n:n+1),:)=crossover(P(mat(n:n+1),:),Nb);
        end
    end
    %变异
    P=mutation(P,Nb,Pm);
end
function P=gen_encode(X,Nb,l,u)
%将 X 的每个个体编码成二进制串
Np=size(X,1);                             %群体规模  N=length(Nb);
for n=1:Np
    b2=0;
    for m=1:N
        b1=b2+1; b2=b2+Nb(m);
        Xnm=(2^Nb(m)-1)*(X(n,m)-l(m))/(u(m)-l(m));                    %(6.17)式
        P(n,b1:b2)=dec2bin(Xnm,Nb(m));
    end
end
function X=gen_decode(P,Nb,l,u)
%解码二进制串成为 X 的个体状态
Np=size(P,1);
N=length(Nb);
for n=1:Np
    b2=0;
    for m=1:N
        b1=b2+1;
        b2=b1+Nb(m)-1;
        X(n,m)=bin2dec(P(n,b1:b2))*(u(m)-l(m))/(2^Nb(m)-1)+l(m);      %(6.18)式
    end
end
function chrms2=crossover(chrms2,Nb)
%两个染色体的交叉
```

```
Nbb=length(Nb);
b2=0;
for m=1:Nbb
    b1=b2+1;
    bi=b1+mod(floor(rand*Nb(m)),Nb(m));
    b2=b2+Nb(m);
    tmp=chrms2(1,bi:b2);
    chrms2(1,bi:b2)=chrms2(2,bi:b2);
chrms2(2,bi:b2)=tmp;
end
function P=mutation(P,Nb,Pm)          %变异
Nbb=length(Nb);
for n=1:size(P,1)
    b2=0;
    for m=1:Nbb
        if rand<Pm
            b1=b2+1;
            bi=b1+mod(floor(rand*Nb(m)),Nb(m));
            b2=b2+Nb(m);
            if P(n,bi)=='1'
                P(n,bi)=int2str(0);
            else
                P(n,bi)=int2str(1);
            end
        end
    end
end
function mat=shuffle(mat)
L=length(mat);
for n=L:-1:2
    ss=ceil(rand*(n-1));
    tmp=mat(ss);
    mat(ss)=mat(n);
    mat(n)=tmp;
end
```

例 6.15 考察二元函数

$$f(x) = x_1^4 - 12x_1^2 - 4x_1 + x_2^4 - 16x_2^2 - 5x_2 - 20\cos(x_1 - 2.5)\cos(x_2 - 2.9), \tag{6.21}$$

其梯度向量函数为

$$\boldsymbol{g}(x) = \nabla f(x) = \begin{bmatrix} 4x_1^3 - 24x_1 - 4 + 20\sin(x_1 - 2.5)\cos(x_2 - 2.9) \\ 4x_2^3 - 32x_2 - 4 + 20\cos(x_1 - 2.5)\sin(x_2 - 2.9) \end{bmatrix}。\tag{6.22}$$

梯度函数有 9 个零点 $\boldsymbol{A}_1,\cdots,\boldsymbol{A}_9$，利用二阶偏导数可判断这些点是否为 $f(x)$ 极值或鞍点，详情见表 6.2。应用 Nelder-Mead 算法、SA 算法、GA 算法和 MATLAB 的 fminunc 函数、

fminsearch 函数求目标函数(6.21)的极小值。

表 6.2 函数(6.21)的极值点、鞍点

点	$\partial^2 f/\partial x_1^2$	$\partial^2 f/\partial x_2^2$	点的类型
$\mathbf{A}_1$(0.6965，−0.1423)	−	−	M-极大值
$\mathbf{A}_2$(2.5463，−0.1896)	+	−	S-鞍点
$\mathbf{A}_3$(2.5209，2.9027)	+	+	G-全局最优(最小)
$\mathbf{A}_4$(−0.3865，2.9049)	−	+	S
$\mathbf{A}_5$(−2.6964，2.9031)	+	+	m-极小值
$\mathbf{A}_6$(−1.6926，−0.1183)	+	−	S
$\mathbf{A}_7$(−2.6573，−2.8219)	+	+	m
$\mathbf{A}_8$(−0.3227，−2.4257)	−	+	S
$\mathbf{A}_9$(2.5216，−2.8946)	+	+	m

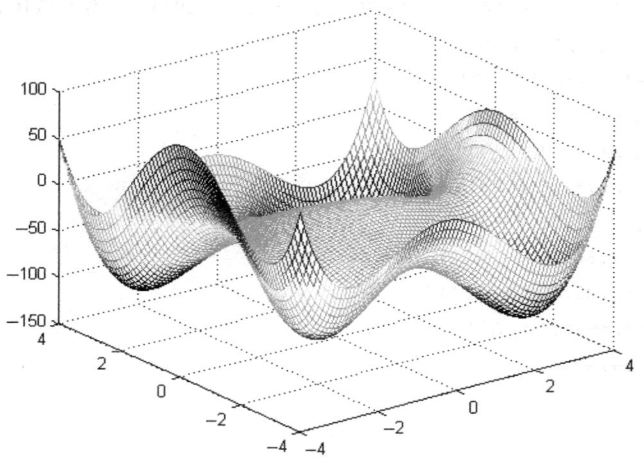

图 6.9 函数(6.21)的图像

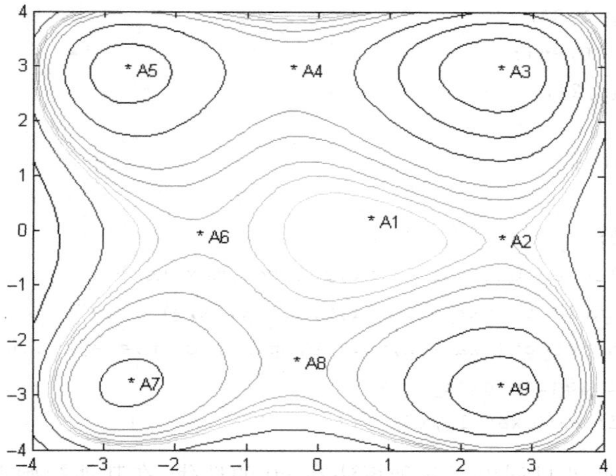

图 6.10 函数(6.21)的等高线、极大值、极小值和鞍点

解 建立目标函数及脚本文件如下：

```
exa6_15=inline('x(1)^4-12*x(1)^2-4*x(1)+x(2)^4-16*x(2)^2-5*x(2)-20*
cos(x(1)-2.5)*cos(x(2)-2.9)','x');
x1=-4:0.1:4;
x2=-4:0.1:4;
[X1,X2]=meshgrid(x1,x2);
for m=1:length(x1)
    for n=1:length(x2)
        F(n,m)=feval(exa6_15,[x1(m)x2(n)]);
    end
end
figure(1),clf,mesh(X1,X2,F)                                  %绘图,见图 6.9
figure(2),clf,
contour(x1,x2,F,[-125-100-75-50-40-30-25-20 0 50])       %等高线图,见图 6.10
text(0.6965,0.1423,'* A1')
text(2.5463 ,-0.1896,'* A2')
text(2.5209,2.9027,'* A3')
text(-0.3865,2.9049,'* A4')
text(-2.6964,2.9031,'* A5')
text(-1.6926 ,-0.1183,'* A6')
text(-2.6573,-2.8219,'* A7')
text(-0.3227,-2.4257,'* A8')
text(2.5216,-2.8946,'* A9')
l=[-4,-4]; u=[4,4];
tol=1e-9;
maxiter=200;
q=1;
x0=[0,0]; x1=[0,1];
x2=[1,1]; x3=[0,1];
x4=[-1,1]; x5=[-1,0];
x6=[-1,-1]; x7=[0,-1];
x8=[1,-1]; x9=[2,2];
x10=[-2,-2];
Np=30; Nb=[16,16];
Pc=0.5; Pm=0.01;
eta=1; kmax=200;
[xnm0,fnm0]=neldmeadopt(exa6_15,x0,tol,tol,maxiter)
[xsn0,fsn0]=simanlopt(exa6_15,x0,l,u,tol,kmax,q)
[xgen0,fgen0]=genetopt(exa6_15,x0,l,u,Np,Nb,Pc,Pm,eta,kmax)
[xfs0,ffs0]=fminsearch(exa6_15,x0)
[xfc0,ffc0]=fminunc(exa6_15,x0)
```

存为 ex6_15. m(注：此处只列出了各种算法在 x0 的迭代，在其他初始点的迭代见程序清单 ex6_15. m)。我们将运行 ex6_15 后的所有结果填在了表 6.3 中。

表 6.3 几种优化程序所达到的点

初始点	达到的点				
	Nelder-Mead	SA	GA	fminsearch	fminunc
$x_0=(0, 0)$	$\boldsymbol{A}_5/m$	$\approx\boldsymbol{A}_9/m$	$\boldsymbol{A}_3/G$	$\boldsymbol{A}_5/m$	$\boldsymbol{A}_5/m$
$x_1=(1, 0)$	$\boldsymbol{A}_3/G$	$\approx\boldsymbol{A}_5/m$	$\approx\boldsymbol{A}_3/G$	$\boldsymbol{A}_3/G$	$\boldsymbol{A}_3/G$
$x_2=(1, 1)$	$\boldsymbol{A}_3/G$	$\approx\boldsymbol{A}_3/G$	$\approx\boldsymbol{A}_3/G$	$\boldsymbol{A}_3/G$	$\boldsymbol{A}_3/G$
$x_3=(0, 1)$	$\boldsymbol{A}_3/G$	$\approx\boldsymbol{A}_3/G$	$\boldsymbol{A}_3/G$	$\boldsymbol{A}_3/G$	$\boldsymbol{A}_3/G$
$x_4=(-1, 1)$	$\boldsymbol{A}_5/m$	$\approx\boldsymbol{A}_5/m$	$\boldsymbol{A}_3/G$	$\boldsymbol{A}_5/m$	$\boldsymbol{A}_5/m$
$x_5=(-1, 0)$	$\boldsymbol{A}_5/m$	$\approx\boldsymbol{A}_3/G$	$\boldsymbol{A}_3/G$	$\boldsymbol{A}_5/m$	$\boldsymbol{A}_5/m$
$x_6=(-1, -1)$	$\boldsymbol{A}_7/m$	$\approx\boldsymbol{A}_3/G$	$\boldsymbol{A}_3/G$	$\boldsymbol{A}_7/m$	$\boldsymbol{A}_7/m$
$x_7=(0, -1)$	$\boldsymbol{A}_9/m$	$\approx\boldsymbol{A}_3/G$	$\boldsymbol{A}_3/G$	$\boldsymbol{A}_9/m$	$\boldsymbol{A}_7/m$
$x_8=(1, -1)$	$\boldsymbol{A}_9/m$	$\approx\boldsymbol{A}_9/m$	$\approx\boldsymbol{A}_3/G$	$\boldsymbol{A}_9/m$	$\boldsymbol{A}_9/m$
$x_9=(2, 2)$	$\boldsymbol{A}_3/G$	$\approx\boldsymbol{A}_3/G$	$\approx\boldsymbol{A}_3/G$	$\boldsymbol{A}_3/G$	$\boldsymbol{A}_3/G$
$x_{10}=(-2, -2)$	$\boldsymbol{A}_7/m$	$\approx\boldsymbol{A}_3/G$	$\boldsymbol{A}_3/G$	$\boldsymbol{A}_7/m$	$\boldsymbol{A}_7/m$

从表 6.3 可见，从初始点 $x_2=(1,1)$，$x_3=(0,1)$，$x_9=(2,2)$或 $x_1=(1,0)$出发，最易求得全局最优解。若从 $x_4=(-1,1)$或 $x_5=(-1,0)$ 出发，很可能接近局部最优 $\boldsymbol{A}_5$。无论从哪个初始点开始，全局最优化算法 SA 和 GA 的工作状态都良好，尽管它们不总是求得全局最优解。值得注意的是，经过多次执行程序发现 SA 每次求得的结果变化比较大，不是很稳定，而 GA 求得的结果比较稳定。

第7章 矩阵特征值与特征向量的计算

在许多物理学、力学和工程技术等问题中，经常会遇到求 n 阶方阵 $\boldsymbol{A}$ 的特征值与特征向量的问题。当矩阵 $\boldsymbol{A}$ 为实对称矩阵且其阶数不大时，可采用 Jacobi 方法求其全部特征值和特征向量。计算一般实矩阵特征值的最有效方法是 QR 方法。它首先用正交相似变换将实矩阵约化为上 Hessenberg 矩阵，然后再计算 Hessenberg 矩阵的特征值。用 QR 方法求出特征值后，可用反幂方法求其相应的特征向量。

7.1 上 Hessenberg 矩阵和 QR 分解

7.1.1 化矩阵为上 Hessenberg 矩阵

1. 功能

将实矩阵正交相似约化为上 Hessenberg 矩阵。

2. 计算方法

设 $w\in\mathbb{R}^n$，且 $\|w\|_2=1$，则矩阵 $\boldsymbol{H}=\boldsymbol{I}-2\boldsymbol{w}\boldsymbol{w}^{\mathrm{T}}$ 称为 **Householder** 变换或 **Householder** 矩阵。设 n 阶方矩阵 $\boldsymbol{A}=(\boldsymbol{a}_1,\boldsymbol{a}_2,\cdots,\boldsymbol{a}_k,\cdots,\boldsymbol{a}_n)$，其中 $\boldsymbol{a}_k$ 是 $\boldsymbol{A}$ 的第 k 列构成的向量。设 $\boldsymbol{a}_k=(a_{1k},a_{2k},\cdots,a_{nk})^{\mathrm{T}}$，由定理知，存在 Householder 矩阵 $\boldsymbol{P}_k$ 使得 $\boldsymbol{P}_k(a_{1k},a_{2k},\cdots,a_{nk})^{\mathrm{T}}=(a_{1k},a_{kk},m_k,0,\cdots,0)^{\mathrm{T}}=\boldsymbol{y}_k$，其中 $m_k=-\operatorname{sign}(a_{k+1k})\cdot\left(\sum\limits_{j=k+1}^{n}a_{jk}^2\right)^{\frac{1}{2}}$。$\boldsymbol{P}_k$ 的构造：令 $\boldsymbol{w}=\dfrac{\boldsymbol{a}_k-\boldsymbol{y}_k}{\|\boldsymbol{a}_k-\boldsymbol{y}_k\|_2}$，则 $\boldsymbol{P}_k=\boldsymbol{I}-2\boldsymbol{w}\boldsymbol{w}^{\mathrm{T}}$，$k=1,2,\cdots,n-2$。这样对 $\boldsymbol{A}$ 实施 $n-2$ 次正交相似变换 $\boldsymbol{P}_1$，$\boldsymbol{P}_2,\cdots,\boldsymbol{P}_{n-2}$ 后，$\boldsymbol{H}=\boldsymbol{P}_{n-2}\cdots\boldsymbol{P}_2\boldsymbol{P}_1\boldsymbol{A}\boldsymbol{P}_1\cdots\boldsymbol{P}_{n-2}$ 就是上 Hessenberg 矩阵。由于 $\boldsymbol{P}_k$ 是对称正交矩阵，令 $\boldsymbol{P}=\boldsymbol{P}_1\boldsymbol{P}_2\cdots\boldsymbol{P}_{n-2}$，则 $\boldsymbol{P}$ 是正交矩阵，且 $\boldsymbol{P}^{\mathrm{T}}\boldsymbol{A}\boldsymbol{P}=\boldsymbol{H}$。

3. 使用说明

```
[H,P]=hessenb(A)
```

输入实方阵 $\boldsymbol{A}$，执行程序后，返回 $\boldsymbol{A}$ 的上 Hessenberg 矩阵 $\boldsymbol{H}$ 和正交矩阵 $\boldsymbol{P}$ 使得 $\boldsymbol{H}=\boldsymbol{P}^{\mathrm{T}}\boldsymbol{A}\boldsymbol{P}$。当 $\boldsymbol{A}$ 为对称矩阵时，返回三对角矩阵。

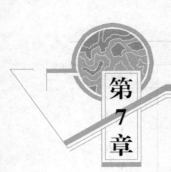

4. MATLAB 程序

```
function [H,P]=hessenb(A)
[n,n]=size(A);
E=eye(n);
P1=E;
for k=1:n-2
    s=-sign(A(k+1,k))*norm(A(k+1:n,k));
    W(1:k)=zeros(1,k);
    W(k+1)=(A(k+1,k)+s);
    W(k+2:n)=A(k+2:n,k)';
    if norm(W)~=0
         W=W/norm(W);
    end
    P=E-2*W'*W;
    A=P*A*P;
    P1=P*P1;
end
H=A;
P=P1;
```

例 7.1 用正交相似变换化矩阵 $\boldsymbol{A}=\begin{pmatrix} 3 & 2 & 3 & 4 & 5 & 6 \\ 11 & 1 & 2 & 3 & 4 & 5 \\ 2 & 8 & 9 & 1 & 2 & 3 \\ -4 & 2 & 9 & 11 & 13 & 15 \\ -1 & -2 & -3 & -1 & -1 & -1 \\ 3 & 2 & 3 & 4 & 13 & 15 \end{pmatrix}$为上 Hessenberg 矩阵。

解 用 MATLAB 程序计算。在 MATLAB 命令窗口输入矩阵 $\boldsymbol{A}$，调用程序 hessenb 即得如下结果。

```
>>A=[3,2,3,4,5,6;11,1,2,3,4,5;2,8,9,1,2,3;-4,2,9,11,13,15;-1,-2,-3,-1,-1,-1;
3,2,3,4,13,15];
>>[H,P]=hessenb(A)
H=3.0000   2.0345   4.4446  3.9089   4.9688   -5.1126
  12.2882   2.7682   1.5024  1.0678   3.3374   -2.7645
   0.0000   9.7369  12.5066  5.0721   7.2730  -11.6006
  -0.0000   0.0000  10.8440  9.3089  14.9474  -12.9915
   0.0000  -0.0000   0.0000  2.1659  11.0919   -5.7854
   0.0000  -0.0000   0.0000  0.0000   0.7978   -0.6757
P=1.0000       0        0        0        0        0
        0   0.8952   0.1628  -0.3255  -0.0814   0.2441
        0  -0.1375   0.8647   0.3266  -0.1942   0.2983
        0   0.3376  -0.3268   0.8720  -0.0184   0.1363
        0  -0.2278  -0.2371  -0.1357   0.2576   0.8984
        0  -0.1178  -0.2505  -0.0932  -0.9429   0.1603
```

7.1.2 矩阵的 QR 分解

1. 功能

将实矩阵分解为正交矩阵与上三角矩阵的乘积。

2. 计算方法

用 $n-1$ 次 Householder 变换将 n 阶矩阵 $\boldsymbol{A}$ 化为正交矩阵与上三角矩阵的乘积。由定理知，存在 Householder 矩阵 $\boldsymbol{P}_k$ 使得 $\boldsymbol{P}_k(a_{1k},a_{2k},\cdots,a_{nk})^{\mathrm{T}}=(a_{1k},a_{k-1k},m_k,0,\cdots,0)^{\mathrm{T}}=\boldsymbol{y}_k$，其中 $m_k=-\mathrm{sign}(a_{kk})\cdot\left(\sum_{j=k}^{n}a_{jk}^2\right)^{\frac{1}{2}}$。$\boldsymbol{P}_k$ 的构造：令 $\boldsymbol{w}=\dfrac{\boldsymbol{a}_k-\boldsymbol{y}_k}{\|\boldsymbol{a}_k-\boldsymbol{y}_k\|_2}$，则 $\boldsymbol{P}_k=\boldsymbol{I}-2\boldsymbol{w}\boldsymbol{w}^{\mathrm{T}},k=1,2,\cdots,n-2$。这样对 $\boldsymbol{A}$ 实施 $n-1$ 次正交变换 $\boldsymbol{P}_1,\boldsymbol{P}_2,\cdots,\boldsymbol{P}_{n-1}$ 后，$\boldsymbol{R}=\boldsymbol{P}_{n-1}\cdots\boldsymbol{P}_2\boldsymbol{P}_1\boldsymbol{A}$ 就是上三角矩阵。由于 $\boldsymbol{P}_k$ 是对称正交矩阵，令 $\boldsymbol{P}=\boldsymbol{P}_{n-1}\cdots\boldsymbol{P}_2\boldsymbol{P}_1,\boldsymbol{Q}=\boldsymbol{P}^{\mathrm{T}}$，则 $\boldsymbol{P},\boldsymbol{Q}$ 是正交矩阵，且 $\boldsymbol{A}=\boldsymbol{QR}$。由于对 $\boldsymbol{A}$ 实施正交变换 $\boldsymbol{P}_k$ 时，它不改变 $\boldsymbol{A}$ 的前 $k-1$ 行，所以 $\boldsymbol{R}$ 的第 k 列(理论上)就是 $\boldsymbol{y}_k$，故程序中直接令 $\boldsymbol{y}_k$ 为 $\boldsymbol{R}$ 的第 k 列。

3. 使用说明

```
[Q,R]=QRDecomhouse(A)
```

输入实方阵 $\boldsymbol{A}$，执行程序后，返回正交矩阵 $\boldsymbol{Q}$ 和上三角矩阵 $\boldsymbol{R}$ 使得 $\boldsymbol{A}=\boldsymbol{QR}$。本函数的功能类似于 MATLAB 的 QR 函数。

4. MATLAB 程序

```
function [Q,R]=QRDecomhouse(A)
[n,n]=size(A);
E=eye(n);
X=zeros(n,1);
R=zeros(n);
P1=E;
for k=1:n-1
    s=-sign(A(k,k))*norm(A(k:n,k));
    R(k,k)=-s;
    if k==1
        w=[A(1,1)+s,A(2:n,k)']';
    else
        w=[zeros(1,k-1),A(k,k)+s,A(k+1:n,k)']';
        R(1:k-1,k)=A(1:k-1,k);
    end
    if norm(w)~=0
        w=w/norm(w);
    end
    P=E-2*w*w';
    A=P*A;
    P1=P*P1;
    R(1:n,n)=A(1:n,n);
end
```

```
Q=P1';
```

例 7.2 求矩阵 $A_1=\begin{pmatrix}1 & 2 & 2 & 0\\ 2 & -3 & 1 & 0\\ 2 & 1 & 3 & 0\\ 1 & 1 & 1 & 0\end{pmatrix}$的 QR 分解。

解 在 MATLAB 命令窗口输入 A_1,调用程序 QRDecomhouse,即得如下结果。

```
>>A1=[1,2,2,0;2,-3,1,0;2,1,3,0;1,1,1,0];
>>[Q,R]=QRDecomhouse(A1)
                        Q=0.3162  -0.5440   0.0635   0.7746
                          0.6325   0.7254  -0.0846   0.2582
                          0.6325  -0.3109   0.4865  -0.5164
                          0.3162  -0.2850  -0.8673  -0.2582
                        R=3.1623  -0.3162   3.4785        0
                               0  -3.8601  -1.5803        0
                               0        0   0.6346        0
                               0        0        0        0
```

例 7.3 求矩阵 $A_2=\begin{pmatrix}1 & 3 & 4\\ 3 & 1 & 2\\ 4 & 2 & 1\end{pmatrix}$的 QR 分解。

解 在 MATLAB 命令窗口输入 A_2,调用程序 QRDecomhouse,即得如下结果。

```
>>A2=[1,3,4;3,1,2;4,2,1];
>>[Q2,R2]=QRDecomhouse(A2)
                        Q2=0.1961   0.9684   0.1543
                           0.5883  -0.2421   0.7715
                           0.7845  -0.0605  -0.6172
                        R2=5.0990   2.7456   2.7456
                                0   2.5420   3.3288
                                0        0   1.5430
```

7.2 乘幂法与反幂法

7.2.1 乘幂法

设实矩阵 $A\in\mathbb{R}^{n\times n}$的特征值为 $\lambda_1,\lambda_2,\cdots,\lambda_n$,相应的特征向量为 $u_1,u_2,\cdots,u_n$,且这 n 个特征向量线性无关。若有 $|\lambda_1|>|\lambda_2|\geqslant|\lambda_3|\geqslant\cdots\geqslant|\lambda_n|$,则称 λ_1 为主特征值(即按模最大的特征值),显然它是非零的、单的、实的,对应的特征向量 u_1 称为主特征向量。

1. 功能

用乘幂法求实矩阵的主特征值和主特征向量。

2. 计算方法

对任意初始向量 $x^{(0)}\in\mathbb{R}^n$,计算 $y^{(k)}=x^{(k)}/\max(x^{(k)})$,$x^{(k+1)}=Ay^{(k)}$,$k=0,1,\cdots$。其中

$\max(\boldsymbol{x}^{(k)})$表示$\boldsymbol{x}^{(k)}$中按模最大的分量。则$\lim\limits_{k\to\infty}\max(\boldsymbol{x}^{(k)})=\lambda_1$，$\lim\limits_{k\to\infty}(\boldsymbol{y}^{(k)})=\dfrac{\boldsymbol{u}_1}{\max(\boldsymbol{u}_1)}$。当$k$充分大，且$\|\boldsymbol{x}^{(k+1)}-\boldsymbol{x}^{(k)}\|$小于给定的精度时，结束迭代。

3. 使用说明

```
[lambda,V]=powereig(A,x0,ep,max1)
```

第一个参数$\boldsymbol{A}$为方阵，第二个参数$\boldsymbol{x}^{(0)}$是初始向量，第三个参数 ep 指定的精度要求，第四个参数 max1 是指定的最大迭代次数，如果不输入 max1，默认 max1=100。执行后返回主特征值 lambda 和主特征向量$\boldsymbol{V}$。

4. MATLAB 程序

```
function [lambda,V]=powereig(A,x0,ep,max1)
%注：初始值对迭代次数和特征值有很大影响.
count=0;
err=1;
lambda=0;
if nargin==3
    max1=10000;
end
while ((count<=max1)&(err>=ep))
     [m j]=max(abs(x0));
     y=(1/x0(j))*x0;                              %标准化 x0;
     x1=A*y
     err=norm(x1-x0);
     x0=x1;
     count=count+1;
end
[m j]=max(abs(x0));
lambda=x0(j);
V=y;
```

例 7.4 求矩阵$\boldsymbol{A}=\begin{bmatrix}8&-1&-3&-1\\-1&8&2&0\\-3&2&8&1\\-1&0&1&8\end{bmatrix}$的主特征值和主特征向量。

解 取初始向量$\boldsymbol{x}^{(0)}=[1,0,1,1.0]^{\mathrm{T}}$，取不同的 ep 和迭代次数，计算结果如下，其中 lam 是主特征值，$\boldsymbol{V}$是主特征向量。

```
>>x0=[1,0,1,1.0]ᵀ;
>>A=[8,-1,-3,-1;-1,8,2,0;-3,2,8,1;-1,0,1,8];
>>[lam,V]=powereig(A,x0,0.000001,30)
lam=12.46958411176703
V=[-0.91275602527780,0.65168086627298,1.00000000000000,0.42795430338766]ᵀ
>>[lam1,V1]=powereig(A,x0,0.0000000001,200)
lam=12.46958218544097
```

```
V1=[-0.91275496644551,0.65168394842155,1.00000000000000,0.42794938926133]T
```

用MATLAB的函数eig计算，则有下面的结果，可见乘幂法计算的结果是比较准确的。

```
>>eig(A)
ans=[4.79187113229335,6.68549266744549,8.05305401482610,12.46958218543506]T
```

7.2.2 反幂法

1. 功能

用反幂法求实矩阵的按模最小的特征值和特征向量。

2. 计算方法

设可逆矩阵 $\boldsymbol{A}\in\mathbb{R}^{n\times n}$ 的特征值为 $\lambda_1,\lambda_2,\cdots,\lambda_n$，相应的特征向量为 $\boldsymbol{u}_1,\boldsymbol{u}_2,\cdots,\boldsymbol{u}_n$，且这 n 个特征向量线性无关。若有 $|\lambda_1|\geqslant|\lambda_2|\geqslant\cdots\geqslant|\lambda_{n-1}|>|\lambda_n|$，则称 $\boldsymbol{A}^{-1}$ 的特征值满足 $|\lambda_n^{-1}|>|\lambda_{n-1}^{-1}|\geqslant\cdots\geqslant|\lambda_1^{-1}|$。$\lambda_n^{-1}$ 为 $\boldsymbol{A}^{-1}$ 的主特征值，将乘幂法用于 $\boldsymbol{A}^{-1}$ 就是**反幂法**。将乘幂法中的 $\boldsymbol{x}^{(k+1)}=\boldsymbol{A}^{-1}\boldsymbol{y}^{(k)}$，改为 $\boldsymbol{A}\boldsymbol{x}^{(k+1)}=\boldsymbol{y}^{(k)}$，然后求解方程组得到 $\boldsymbol{x}^{(k+1)}$。

3. 使用说明

```
[lambda,V]=fanpower(A,x0,ep,max1)
```

第一个参数 $\boldsymbol{A}$ 为方阵，第二个参数 $\boldsymbol{x}^{(0)}$ 是初始向量，第三个参数 ep 指定的精度要求，第四个参数 max1 是指定的最大迭代次数，如果不输入 max1，默认 max1=100。执行后返回按模的最小特征值和特征向量。

4. MATLAB 程序

```
function [lambda,V]=fanpower(A,x0,ep,max1)
count=0;
err=1;
if nargin==3
    max1=100;
end
while ((count<=max1)&(err>ep))
    [m j]=max(abs(x0));
    y=(1/x0(j))*x0;                          %标准化
    x1=gauss2(A,y,0.000000001);
    err=norm(x1-x0);
    x0=x1;
    count=count+1;
end
[m j]=max(abs(x0));
lambda=1/x0(j);
V=y;
disp('按模最小的特征值的近似值为 Lambda')
disp('相应的特征向量为 V')
```

例 7.5 求例 7.4 中矩阵的按模最小的特征值和特征向量。

解 取初始向量 $x^{(0)}=[1,0,1,1.0]^T$，取不同的 ep=0.000001 和迭代次数 60，计算结果如下。

```
>> [Lambda,V]=fanpower(A,x0,0.000001,60)
```

按模最小的特征值的近似值为 Lambda=4.79186783524492，相应的特征向量为
V=[0.79889048348171,-0.37438971245431,1.00000000000000,-0.06268259324233]^T。

7.2.3 移位反幂法

对非零数 α，称 $A-\alpha I$ 为 A 的原点移位，α 称为位移。若 λ，V 是矩阵 A 的特征对，$\alpha\neq\lambda$，则 $\frac{1}{(\lambda-\alpha)}$ 是 $(A-\alpha I)^{-1}$ 的特征对。

1. 功能

用移位反幂法求实矩阵的特征值和特征向量。

2. 计算方法

设矩阵 $A\in\mathbb{R}^{n\times n}$ 的 n 个特征值满足 $\lambda_1<\lambda_2<\cdots<\lambda_n$，$\alpha$ 是一个实数，满足 $|\lambda_j-\alpha|<|\lambda_i-\alpha|$，$i=1,2,\cdots,n$，且 $i\neq j$。即 $\mu=\frac{1}{(\lambda_j-\alpha)}$ 为 $(A-\alpha I)^{-1}$ 的主特征值，将反幂法用于 $A-\alpha I$ 求得 μ，从而 $\lambda_j=\alpha+\frac{1}{\mu}$。这种方法需要特征值的较好的近似值，然后用迭代可得比较精确的解，移位反幂法是求单个特征值和特征向量的有效方法。对于复特征值、重复特征值、存在绝对值相等或近似相等的特征值的情况，可能导致计算困难。

3. 使用说明

```
[lambda,V]=invshift(A,x0,alph,ep,max1)
```

第一个参数 **A** 为方阵，第二个参数 $x^{(0)}$ 是初始向量，第三个参数 alph 是位移，第四个参数 ep 指定精度要求，第五个参数 max1 是指定的最大迭代次数，如果不输入 max1，默认 max1=100。执行后返回特征值 λ_j 及其特征向量。

4. MATLAB 程序

```
function [lambda,V]=invshift(A,x0,alpha,ep,max1)
%移位反幂法求方阵 A 的主特征值 λj 和特征向量 Vj。设 n 个特征值满足
%λ1<λ2<…<λn,alpha 是实数,且|λj-alpha|<|λi-alpha| (i≠j)。
%x0 初始列向量,ep 是指定的精度,max1 最大迭代次数,默认 max1=100
%输出-lambda-主特征值,V-主特征值和特征向量。
[n,n]=size(A);
A=A-alpha*eye(n);
if nargin==3
    max1=10000;
end
count=0;
err=1;
while ((count<=max1)&(err>ep))
    [m j]=max(abs(x0));
```

```
    y=(1/x0(j))*x0;                                %标准化
    x1=gauss2(A,y,0.000000001);
    err=norm(x1-x0);
    x0=x1;
    count=count+1;
end
[m j]=max(abs(x0));
lambda=alpha+1/x0(j);
V=y;
disp('主特征值的近似值为 Lambda')
disp('相应的特征向量为 V')
```

例 7.6 利用移位反幂法求矩阵 $\boldsymbol{A}_1=\begin{pmatrix}6&5&-1&2\\-5&-7&4&-6\\1&6&6&7\\4&1&5&-3\end{pmatrix}$的特征对。已知矩阵 $\boldsymbol{A}_1$ 的特征值为 $\lambda_1=9.45888450412139$，$\lambda_2=2.95015754647767$，$\lambda_3=-0.32333284089797$，$\lambda_4=-10.08570920970111$，对 λ_1，λ_2 的情况分别选取适当的 α 和初始向量进行计算。

解 在 MATLAB 命令窗口输入 $\boldsymbol{A}_1$，先用 eig 求得 $\boldsymbol{A}_1$ 的特征值。

```
>>A1=[6,5,-1,2;-5,-7,4,-6;1,6,6,7;4,1,5,-3]
>>Te=eig (A1)
Te=[9.45888450412139,2.95015754647767,-0.32333284089797,-10.08570920970111]T。
```

对 $\lambda_1=9.45888450412139$ 的情况，取 $\alpha=7.5$，$x^{(0)}=[1,0,1,1]^{\mathrm{T}}$。

```
>>Te-7.5*[1,1,1,1]T
ans=[ 1.95888450412139,-4.54984245352233,-7.82333284089797,-17.58570920970111]T。
```

可见，$\lambda_1-7.5$ 是 $\boldsymbol{A}_1-7.5\boldsymbol{I}$ 的按模最小的特征值。代入移位反幂程序计算得

```
>>[lambda1,V1]=invshift(A1,x0,7.5,0.000001,30)
```

主特征值为 Lambda1=9.45888445002333，相应的特征向量为 $\boldsymbol{V}_1=[0.05838103616981,0.07011131279117,1.00000000000000,0.42569081669151]^{\mathrm{T}}$。

对 $\lambda_2=2.95015754647767$ 的情况，取 $\alpha=1.8$，$x^{(0)}=[1,1,0,1]^{\mathrm{T}}$。

```
>>Te-1.8*[1,1,1,1]T
ans=[7.65888450412139,1.15015754647767,-2.12333284089797,-11.88570920970111]T。
```

$\lambda_2-1.8$ 是 $\boldsymbol{A}_1-1.8\boldsymbol{I}$ 的按模最小的特征值，代入移位反幂程序计算得如下结果。

```
>>[Lambda2,V2]=invshift(A1,x0,1.8,0.00000001,100)
```

主特征值的近似值为 Lambda2=2.95015754414112，相应的特征向量为 $\boldsymbol{V}_2=[1.00000000000000,-0.82675587264071,0.02545954940906,0.55469823170192]^{\mathrm{T}}$。

可见，当已知特征值的近似值时，移位反幂法能很快收敛到精确解。

例 7.7 设 $\boldsymbol{A}_2=\begin{pmatrix}-5&-9&-7&-2\\1&0&0&0\\0&1&0&0\\0&0&1&0\end{pmatrix}$，已知 $\boldsymbol{A}_2$ 的特征值为 $\lambda_1=-2$，$\lambda_2=-1$（三重

根),利用移位反幂法求 A_2 的特征对。

解 在 MATLAB 命令窗口输入 A_2。

```
>>A2=[-5,-9,-7,-2;1,0,0,0;0,1,0,0;0,0,1,0]
```

对 $\lambda_1=-2$ 的情况,取 $\alpha=-3$,$x^{(0)}=[1,1,1,1]^T$,代入程序 invshift,执行后得

```
>>[Lambda,V]=invshift(A2,x0,-3,0.000000000000001,60)
```

主特征值为 Lambda=-2.00000000000000,相应的特征向量为

$V=[1.00000000000000,-0.50000000000000,0.25000000000000,-0.12500000000000]^T$。

易验证特征值 Lambda 和相应的特征向量 V 均为精确解。

对 $\lambda_2=-1$ 的情况,取 $\alpha=-0.5$ 和 -0.8,$x^{(0)}=[1,1,1,1]^T$,分别迭代 60 次、1000 次,得到如下结果。

```
>>[Lambda1,V1]=invshift(A2,x0,-0.5,0.000000000000001,60)
```

主特征值的近似值为 Lambda1=0.98380809595312,相应的特征向量为

$V_1=[-0.95103811590014,0.96722101711462,-0.98354164514791,1.00000000000000]^T$。

```
[Lambda2,V2]=invshift(A2,x0,-0.8,0.000000000000001,1000)
```

主特征值的近似值为 Lambda2=-0.99960075796549,相应的特征向量为

$V_2=[-0.99880131706406,0.99920079810588,-0.99960035908453,1.00000000000000]^T$。

通过上述计算可知,对重根的情况,迭代收敛的速度很慢。

7.3 Jacobi 方法

1. 功能

求实对称矩阵的全部特征值和特征向量。

2. 计算方法

设矩阵 $G_{pq}(\theta)=\begin{bmatrix}1 & & & & & & \\ & \ddots & & & & & \\ & & \cos\theta & & \sin\theta & & \\ & & & \ddots & & & \\ & & -\sin\theta & & \cos\theta & & \\ & & & & & \ddots & \\ & & & & & & 1\end{bmatrix}$,其中 $G_{pq}(\theta)$ 的所有非对角元素为零或 $\pm\sin\theta$,对角线上的元素为 1 或 $\cos\theta$。称 $G_{pq}(\theta)$ 为 Givens 矩阵(变换)。通过对 A 作一系列相似 Givens 变换 G_j,使之近似化为对角矩阵,即

$$A_k=G_kG_{k-1}\cdots G_1AG_1^TG_2^T\cdots G_k^T\approx D。$$

令 $R_k^T=G_kG_{k-1}\cdots G_1$,则 $AR_k=R_kD$,R_k 的列向量就是相应的特征向量。G_k,A_k,R_k 的具体计算公式如下:

设 $A_k=(a_{ij}^{(k-1)})$,$R_k=(r_{ij}^{(k-1)})$,其中,$A_0=A$,$R_0=I$(单位矩阵)。

(1) 选定 $\boldsymbol{A}_k=(a_{ij}^{(k-1)})$中的元素 $a_{pq}^{(k-1)}$满足：$|a_{pq}^{(k-1)}|=\max\limits_{2\leqslant i\leqslant n,1\leqslant j\leqslant i-1}|a_{ij}^{(k-1)}|$。

(2) 如果 $a_{pp}^{(k-1)}=a_{qq}^{(k-1)}$，取 $\theta=\pi/4$，否则，取

$$\tau=\cot 2\theta=\frac{a_{pp}^{(k-1)}-a_{qq}^{(k-1)}}{2a_{pq}^{(k-1)}},\quad t=\tan\theta=\mathrm{sign}(\tau)\cdot(-|\tau|+\sqrt{1+\tau^2}),$$

$$\cos\theta=1/\sqrt{1+\tan^2\theta}=1/\sqrt{1+t^2},\quad \sin\theta=t\cos\theta,$$

取(1)、(2)中确定的 p,q 和 θ 作为 Givens 变换 $\boldsymbol{G}_k$ 的参数。

(3) $\boldsymbol{A}_k=\boldsymbol{G}_k\boldsymbol{A}_{k-1}\boldsymbol{G}_k^{\mathrm{T}}$，其元素的计算公式为

$$\begin{cases}a_{pp}^{(k)}=a_{pp}^{(k-1)}\cos^2\theta+2a_{pq}^{(k-1)}\cos\theta\sin\theta+a_{qq}^{(k-1)}\sin^2\theta,\\ a_{qq}^{(k)}=a_{pp}^{(k-1)}\sin^2\theta-2a_{pq}^{(k-1)}\cos\theta\sin\theta+a_{qq}^{(k-1)}\cos^2\theta,\\ a_{pq}^{(k)}=\dfrac{1}{2}(a_{qq}^{(k-1)}-a_{pp}^{(k-1)})\sin 2\theta+a_{pq}^{(k-1)}\cos 2\theta。\end{cases}\tag{7.1}$$

$$\begin{cases}a_{pi}^{(k)}=a_{ip}^{(k)}=a_{ip}^{(k-1)}\cos\theta+a_{iq}^{(k-1)}\sin\theta\quad(i\neq p,q),\\ a_{qi}^{(k)}=a_{iq}^{(k)}=-a_{ip}^{(k-1)}\sin\theta+a_{iq}^{(k-1)}\cos\theta\quad(i\neq p,q)。\end{cases}\tag{7.2}$$

$$a_{ij}^{(k)}=a_{ij}^{(k-1)}\quad(i,j\neq p,q)。\tag{7.3}$$

(4) $\boldsymbol{R}_k$ 的元素计算公式为

$$\begin{cases}r_{ip}^{(k)}=r_{ip}^{(k-1)}\cos\theta+r_{iq}^{(k-1)}\sin\theta\quad(i=1,2,\cdots,n),\\ r_{iq}^{(k)}=-r_{ip}^{(k-1)}\sin\theta+r_{iq}^{(k-1)}\cos\theta\quad(i=1,2,\cdots,n),\\ r_{ij}^{(k)}=r_{ij}^{(k-1)}\quad(i=1,2,\cdots,n;j\neq p,q)。\end{cases}\tag{7.4}$$

3. 使用说明

```
[D,V]=Jacobieig(A,ep)
```

第一个参数 A 为实对称矩阵，第二参数 ep 指定精度要求，当非对角线的元素绝对值都小于 ep 时退出，默认 ep$=10^{-6}$，执行后返回全部特征值和特征向量。

4. MATLAB 程序

```
function [D,V]=Jacobieig(a,ep)
%输出对角矩阵 D,其元素为近似特征值。输出矩阵 V 的列向量为相应特征值的特征向量
if a~=a'
    disp('输入错误,应输入对称矩阵')
end
n=size(a);
if nargin==1
    ep=1.0e-6;
end
V=eye(n);
[m1 p]=max(abs(a-diag(diag(a))));
[m2 q]=max(m1);
p=p(q);
k=0;
while (m2>=ep)
    if a(p,p)==a(q,q)                              %取角度 theta=π/4
          c=sqrt(2)/2;
```

```
            s=c;
        elseif a(p,q)~=0
            tao=(a(q,q)-a(p,p))/(2*a(p,q));
            t=sign(tao)/(abs(tao)+sqrt(1+tao^2));
            c=1/sqrt(1+t^2);
            s=t*c;
        elseif a(p,q)==0
            c=1;
            s=0;
        end
        R=[c s;-s c];
        a([p q],:)=R'*a([p q],:);
        a(:,[p q])=a(:,[p q])*R;
        V(:,[p q])=V(:,[p q])*R;
        [m1 p]=max(abs(a-diag(diag(a))));
        [m2 q]=max(m1);
        p=p(q);
        k=k+1;
    end
    D=diag(diag(a));
```

例 7.8 求矩阵 $\boldsymbol{A}=\begin{pmatrix}10 & 8 & 12 & -9 & 7\\ 8 & -7 & 0 & 11 & 5\\ 12 & 0 & -6 & 9 & 12\\ -9 & 11 & 9 & -3 & 5\\ 7 & 5 & 12 & 5 & -9\end{pmatrix}$的全部特征值和特征向量。

解 在 MATLAB 命令窗口输入 $\boldsymbol{A}$，执行程序 Jacobieig 后，矩阵 $\boldsymbol{D}$ 的对角线上的元素为$\boldsymbol{A}$ 的特征值，矩阵 $\boldsymbol{V}$ 的列向量就是相应的特征向量。

```
>>A=[10,8,12,-9,7; 8,-7,0,11,5; 12,0,-6,9,12;-9,11,9,-3,5; 7,5,12,5,-9]
>>[D,V]=Jacobieig(A)
                    D=23.7229        0         0        0        0
                            0  -5.5496         0        0        0
                            0        0  -27.1214        0        0
                            0        0         0  11.0372        0
                            0        0         0        0 -17.0891
                    V=0.7174   0.2172  -0.3703  -0.4960  -0.2347
                      0.2917   0.7459   0.4861   0.3021   0.1762
                      0.4828  -0.5524   0.5547   0.2015  -0.3367
                      0.1145   0.0736  -0.5224   0.7596  -0.3627
                      0.3926  -0.2931  -0.2143   0.2124   0.8179。
```

运行 MATLAB 的 eig 程序得如下结果。

```
[R,DD]=eig(A)
```

```
R=-0.3703    0.2347    0.2172  -0.4960  -0.7174
   0.4861   -0.1762    0.7459   0.3021  -0.2917
   0.5547    0.3367   -0.5524   0.2015  -0.4828
  -0.5224    0.3627    0.0736   0.7596  -0.1145
  -0.2143   -0.8179   -0.2931   0.2124  -0.3926
DD=-27.1214        0         0        0        0
         0  -17.0891         0        0        0
         0         0   -5.5496        0        0
         0         0         0  11.0372        0
         0         0         0        0  23.7229。
```

可见所求特征值相同，只是顺序不同，特征向量相同或只差一个符号。

7.4 对称 QR 方法

1. 功能

求实对称矩阵的全部特征值。

2. 计算方法

用 $n-2$ 次 Householder 变换将 n 阶实方阵 $\boldsymbol{A}$ 正交相似约化为三对角矩阵 $\boldsymbol{T}$，对三对角矩阵 $\boldsymbol{T}$ 进行带原点移位的 QR 迭代，即 $\boldsymbol{T}_i-\mu_i\boldsymbol{I}=\boldsymbol{Q}_i\boldsymbol{R}_i\ (\boldsymbol{T}_1=\boldsymbol{T})$，$\boldsymbol{T}_{i+1}=\boldsymbol{R}_i\boldsymbol{Q}_i+\mu_i\boldsymbol{I}$，$i=1,2,\cdots,k$。

其中 $\boldsymbol{T}_i$ 是对称三对角矩阵 $\boldsymbol{T}_i=\begin{pmatrix} a_1 & b_1 & & & \\ b_1 & a_2 & b_2 & & \\ & \ddots & \ddots & \ddots & \\ & & b_{n-2} & a_{n-1} & b_{n-1} \\ & & & b_{n-1} & a_n \end{pmatrix}$，取二阶矩阵 $\begin{pmatrix} a_{n-1} & b_{n-1} \\ b_{n-1} & a_n \end{pmatrix}$ 的特征值中最接近 a_n 的作为移位 μ_i，这样重复执行带移位的 QR 迭代，直到 $b_{n-1}\approx 0$（即 $b_{n-1}<$ ep），即可得到第一个特征值 $\lambda_1=\mu_1+\mu_2+\cdots+\mu_k$。对 $\boldsymbol{T}_i$ 的 $n-1$ 阶主子矩阵重复上述过程。

3. 使用说明

```
symqr(A,ep)
```

第一个参数 $\boldsymbol{A}$ 为实对称矩阵，第二个参数 ep 指定精度要求，当元素 b_{n-1} 的绝对值小于 ep 时，求得一个特征值，默认 ep$=10^{-15}$，执行后返回全部特征值。

4. MATLAB 程序

```
function D=symqr(A,ep)
%求对称矩阵特征值的 QR 方法,先用 n-2 次 Householder 变换将对称矩阵 A 变为三对角矩阵
%然后用移位法进行 QR 分解,可求得矩阵 A 的近似特征值。ep 为控制精度,即次对角线元素的绝对
  值小于 ep。输出 D 为 A 的近似特征值
[n,n]=size(A);
[H,P]=hessen(A);
m=n;
```

```
D=zeros(n,1);
B=H;
if nargin==1
    ep=10^(-15);
end
count=0;
while (m>1)
    while (abs(B(m,m-1))>=ep)&(count<5000)
        T=eig(B(m-1:m,m-1:m));                          %求二阶矩阵的特征值
        [j,k]=min([abs(B(m,m)*[1 1]'-T)]);
        [Q,R]=qr(B-T(k)*eye(m));
        B=R*Q+T(k)*eye(m);
        count=count+1;
    end
    H(1:m,1:m)=B;                                       %将第m个特征值放在H(m,m)
    m=m-1;
    B=H(1:m,1:m);                                       %对H的m-1阶主子矩阵重复上述过程
end
H
D=diag(H);
function [H,P]=hessen(A)
%用n-2次Householder变换将矩阵A变为上Hessenberg矩阵,当A为对称矩阵时变为三对角
 矩阵
%输出H是上Hessenberg矩阵
%输出P是Householder变换的乘积-正交矩阵,即有H=PAP'.
[n,n]=size(A);
E=eye(n);
P1=E;
for k=1:n-2
    s=norm(A(k+1:n,k));
    if (A(k+1,k)<0)
        s=-s;
    end
    r=sqrt(2*s*(A(k+1,k)+s));
    W(1:k)=zeros(1,k);
    W(k+1)=(A(k+1,k)+s)/r;
    W(k+2:n)=A(k+2:n,k)'/r;
    P=E-2*W'*W;
    A=P*A*P;
    P1=P*P1;
end
H=A;
P=P1;
```

例 7.9 求矩阵 $\boldsymbol{A}=\begin{pmatrix}5 & -3 & 0 & 0 & 0\\ -3 & 8.5 & 0.5 & 0 & 0\\ 0 & 0.5 & 1 & -0.3 & 0\\ 0 & 0 & -0.3 & 3 & 5\\ 0 & 0 & 0 & 5 & 6\end{pmatrix}$ 的全部特征值。

解 建立矩阵 $\boldsymbol{A}$，代入程序 symqr 计算，有如下结果。

```
>>A=[5,-3,0,0,0;-3,8.5,0.5,0,0;0,0.5,1,-0.3,0;0,0,-0.3,3,5;0,0,0,5,6]
>>D=symqr(A)
D=[3.30360428750278,0.98296482338153,-0.75386729784520,10.24361497712806,
  9.72368320983283]ᵀ。
```

7.5 QR方法

7.5.1 上 Hessenberg 的 QR 方法

1. 功能

求实矩阵的全部特征值。

2. 计算方法

用 $n-2$ 次 Householder 变换将 n 阶实方阵 $\boldsymbol{A}$ 正交相似约化为上 Hessenberg 矩阵 $\boldsymbol{H}$，对矩阵 $\boldsymbol{H}$ 进行 QR 迭代，即 $\boldsymbol{H}_i=\boldsymbol{Q}_i\boldsymbol{R}_i(\boldsymbol{H}_1=\boldsymbol{H})$，$\boldsymbol{T}_{i+1}=\boldsymbol{R}_i\boldsymbol{Q}_i$，$i=1,2,\cdots$。

3. 使用说明

```
hessenqr(A,ep,max1)
```

第一个参数 $\boldsymbol{A}$ 为实矩阵，第二个参数 ep 指定精度要求，第三个参数 max1 是最大迭代次数，默认 max1=1000。当对角线以下的元素的绝对值最大者小于 ep，且迭代次数小于 max1 时退出，执行后返回准上三角矩阵，对角线上的一阶或二阶子矩阵块的特征值就是所求矩阵的特征值。

4. MATLAB 程序

```
function H=hessenqr(A,ep,max1)
[H,P]=hessen(A);                                    %调用 hessen 函数(见 7.4 节)
count=0;
m1=max(abs(tril(H,-1)));
dd=max(m1);
if nargin==2
    max1=1000;
end
while (dd>ep)&(count<max1)
[Q,R]=qr(H);
H=R*Q;
count=count+1;
m1=max(abs(tril(H,-1)));
dd=max(m1);
end
```

例 7.10 求矩阵 $\boldsymbol{A}=\begin{pmatrix}1 & 3 & 8\\ 3 & -1 & 0\\ 7 & 1 & 9\end{pmatrix}$ 的全部特征值。

解 在 MATLAB 名窗口输入 $\boldsymbol{A}$，调用程序 hessenqr，得到如下结果。

```
>>A=[1,3,8;3,-1,0;7,1,9]
>>hessenqr(A,10^(-15),38)
        ans=13.74784370558362  -1.24514683814712   0.12819908066170
             0.00000000000000  -4.89639915898505  -0.65815981886599
            -0.00000000000000  -0.00000000000000   0.14855545340143。
```

可见，矩阵 $\boldsymbol{A}$ 的特征值为 13.74784370558362，−4.89639915898505，0.14855545340143。

例 7.11 求矩阵 $\boldsymbol{A}_1=\begin{pmatrix}10 & 30 & 12 & -9 & 7\\ 8 & -7 & 0 & 11 & 5\\ 12 & 0 & -6 & 9 & 12\\ -9 & 11 & 3 & 17 & 5\\ 7 & 5 & 12 & 5 & -9\end{pmatrix}$ 的全部特征值。

解 在 MATLAB 名窗口输入 $\boldsymbol{A}_1$，调用程序 hessenqr，有如下结果。

```
>>A1=[10,30,12,-9,7;8,-7,0,11,5;12,0,-6,9,12;-9,11,3,17,5;7,5,12,5,-9]
>>hessenqr(A1,10^(-15),650)
        ans=-26.2360  -10.0263   4.4094    0.9574   12.3211
             -0.0000   24.1037  -6.5111   -3.0346   -8.9039
             -0.0000    1.2709  26.9147    4.3926    5.7971
             -0.0000    0.0000   0.0000  -16.7528   -6.7346
                   0         0        0         0   -3.0297。
```

可见，矩阵 $\boldsymbol{A}_1$ 的特征值为 −3.0297，−16.7528，−26.2360，及二阶对角块 $\begin{pmatrix}24.1037 & -6.5111\\ 1.2709 & 26.9147\end{pmatrix}$ 的特征值，即 25.5092±2.5099i。对于有复根的情况，QR 方法收敛较慢，经过多次试验，迭代次数至少 620 次以上，才收敛到对角线子块是一阶或二阶子矩阵的块三角矩阵。用 MATLAB 的 eig 程序验证，可见，所求结果相同。

```
>>eig(A1)
ans=[25.5092+2.5099i,25.5092-2.5099i,-26.2360,-3.0297,-16.7528]T。
```

7.5.2 原点移位的 QR 方法

1. 功能

求实矩阵的全部特征值。

2. 计算方法

用 $n-2$ 次 Householder 变换将 n 阶实方阵 $\boldsymbol{A}$ 正交相似约化为上 Hessenberg 矩阵 $\boldsymbol{H}$，对矩阵 $\boldsymbol{H}$ 进行 QR 分解，即 $\boldsymbol{H}_1=\boldsymbol{Q}_i\boldsymbol{R}_i(\boldsymbol{H}_1=\boldsymbol{H})$，对 Hessenberg 矩阵 $\boldsymbol{H}$ 进行带原点移位的 QR 分解，即 $\boldsymbol{H}_i-\mu_i\boldsymbol{I}=\boldsymbol{Q}_i\boldsymbol{R}_i(\boldsymbol{H}_1=\boldsymbol{H})$，$\boldsymbol{H}_{i+1}=\boldsymbol{R}_i\boldsymbol{Q}_i+\mu_i\boldsymbol{I}$，$i=1,2,\cdots,k$，其中 $\boldsymbol{H}_i$ 是上 Hessenberg 矩阵，

$$\boldsymbol{H}_i=\begin{pmatrix}h_{11} & h_{12} & \cdots & h_{1n-1} & h_{1n}\\ h_{21} & h_{22} & h_{23} & \cdots & h_{2n}\\ & \ddots & \ddots & \ddots & \vdots\\ & & h_{n-1n-2} & h_{n-1n-1} & h_{n-1n}\\ & & & h_{nn-1} & h_{nn}\end{pmatrix},$$

当二阶矩阵$\begin{pmatrix} h_{n-1n-1} & h_{n-1n} \\ h_{nn-1} & h_{nn} \end{pmatrix}$的特征值是实数时，选取最接近$h_{nn}$的特征值作为移位$\mu_i$，当它有复根时，取$h_{nn}$作为移位$\mu_i$，这样重复执行带移位的QR分解，直到$h_{nn-1}\approx 0$（即$h_{nn-1}$ <ep），可得到第一个特征值$\lambda_1=\mu_1+\mu_2+\cdots+\mu_k$，然后对$\boldsymbol{H}_i$的$n-1$阶主子矩阵重复上述过程。如果重复执行带移位的QR分解后，仍有$h_{nn-1}\geqslant$ep，但是$h_{n-1n-2}<$ep，这说明$\boldsymbol{H}$有复根，取二阶矩阵$\begin{pmatrix} h_{n-1n-1} & h_{n-1n} \\ h_{nn-1} & h_{nn} \end{pmatrix}$的特征值作为$\boldsymbol{H}$的特征值$\lambda_{n-1},\lambda_n$，然后对$\boldsymbol{H}_i$的$n-2$阶主子矩阵重复上述过程。

3. 使用说明

```
shiftqr(A,ep)
```

第一个参数$\boldsymbol{A}$为实矩阵，第二个参数ep指定精度要求，当元素h_{nn-1}的绝对值小于ep时，求得一个特征值，默认ep$=10^{-15}$，执行后返回全部特征值。

注：在程序内部，我们设置了原点移位的QR分解次数(count)不超过1000次，对一般情况，已足够了。实际应用时，可查看MATLAB程序中$\boldsymbol{H}$的返回值，如果$\boldsymbol{H}$是对角线子块是一阶或二阶子矩阵的块三角矩阵，说明迭代已经收敛到满足精度要求的解，否则，可增加分解次数。

4. MATLAB 程序

```
function D=shiftqr(A,ep)
[n,n]=size(A);[H,P]=hessen(A);
if nargin==1
    ep=10^(-15);
end
m=n;
D=zeros(n,1);
B=H;count=0;
while (m>1)
    while (abs(B(m,m-1))>=ep)&(count<1000)
            T=eig(B(m-1:m,m-1:m));                %求二阶矩阵的特征值,并判断是否为实数
            if isreal(T)
                [j,k]=min([abs(B(m,m)*[1 1]'-T)]);
                [Q,R]=qr(B-T(k)*eye(m));
                %取最接近 B(m,m)的特征值作为移位,对 B 移位后进行 QR 分解
                B=R*Q+T(k)*eye(m);%计算下一个 B
            else
                [Q,R]=qr(B-B(m,m)*eye(m));
                %取 B(m,m)作为移位,对 B 移位后进行 QR 分解
                B=R*Q+B(m,m)*eye(m);          %计算下一个 B
            end
            count=count+1;
    end
    if (abs(B(m,m-1))<ep)
```

```
            H(1:m,1:m)=B;                          %将第 m 个特征值放在 H(m,m)
            m=m-1;
            B=H(1:m,1:m);                          %对 H 的 m-1 阶子矩阵重复上述过程
        end
        if (m>2)&(abs(B(m,m-1))>=ep)&(abs(B(m-1,m-2))<ep)
            T=eig(B(m-1:m,m-1:m));                 %此二阶块有复根
            H(1:m,1:m)=B(1:m,1:m);
            H(m-1,m-1)=T(1);                       %将第 m-1,m 个特征值放在 H(m-1,m-1),H(m,m)
            H(m,m)=T(2);
            m=m-2;
            B=H(1:m,1:m);                          %对 H 的 m-2 阶主子矩阵重复上述过程
        end
        if (m==2)&(abs(B(m,m-1))>=ep)
            T=eig(B(m-1:m,m-1:m));
            H(1:m,1:m)=B(1:m,1:m);
            H(m-1,m-1)=T(1);                       %将第 m-1,m 个特征值放在 H(m-1,m-1),H(m,m)
            H(m,m)=T(2);
            if isreal(T(1))
                    H(m,m-1)=0;
            end
            m=m-2;
        end
    end
    H;
    D=diag(H);
```

例 7.12 用原点移位的 QR 方法,求矩阵 $\boldsymbol{A}_2=\begin{pmatrix}9&-2&-7&4&6\\6&-9&2&-1&-1\\-4&8&-8&9&3\\3&4&8&4&7\\8&-8&0&7&4\end{pmatrix}$ 的全部特征值。

解 建立矩阵 $\boldsymbol{A}_2$,代入程序 shiftqr 计算,用 MATLAB 的 eig 程序验证,有如下结果。

```
>>A2=[9,-2,-7,4,6;6,-9,2,-1,-1;-4,8,-8,9,3;3,4,8,4,7;8,-8,0,7,4]
>>shiftqr(A2)
ans=[17.01106480767610,-16.77225262178964,7.39716644137693,-8.14482764782386,
    0.50884902056048]ᵀ。
```

即所求特征值为 17.01106480767610,−16.77225262178964,7.39716644137693,−8.14482764782386,0.50884902056048。

```
>>eig(A2)
ans=[17.01106480767608,-16.77225262178965,7.39716644137693,-8.14482764782386,
    0.50884902056048]ᵀ。
```

可见,所求结果几乎完全相同。

例 7.13 用原点移位的 QR 方法,求矩阵

$$A_3 = \begin{pmatrix} 3 & 2 & 3 & 4 & 5 & 6 & 7 \\ 11 & 1 & 2 & 3 & 4 & 5 & 6 \\ 2 & 8 & 9 & 1 & 2 & 3 & 4 \\ -4 & 2 & 9 & 11 & 13 & 15 & 8 \\ -1 & -2 & -3 & -1 & -1 & -1 & -1 \\ 3 & 2 & 3 & 4 & 13 & 15 & 8 \\ -2 & -2 & -3 & -4 & -5 & -3 & -3 \end{pmatrix}$$

的特征值。

解 建立矩阵 A_3,代入程序 shiftqr 计算,用 MATLAB 的 eig 程序验证,有如下结果。

```
>>A3=[3,2,3,4,5,6,7;11,1,2,3,4,5,6;2,8,9,1,2,3,4;-4,2,9,11,13,15,8;-1,-2,-3,-
1,-1,-1,-1;3,2,3,4,13,15,8;-2,-2,-3,-4,-5,-3,-3];
>>shiftqr(A3)
ans=[ 18.41231853906610,11.18051965554917,1.70992818926670+4.25219686219269i,
1.70992818926670-4.25219686219269i,4.49831918927813,-2.23266683394613,
-0.27834692848069]T。
>>eig(A3)
ans=[18.41231853906615,11.18051965554918,4.49831918927814,1.70992818926671
+4.25219686219268i,1.70992818926671-4.25219686219268i,-2.23266683394614,
-0.27834692848069]T。
```

7.5.3 双重步 QR 方法

1. 功能

求实矩阵的全部特征值。

2. 计算方法

用 $n-2$ 次 Householder 变换将 n 阶实方阵 $\boldsymbol{A}$ 正交相似约化为上 Hessenberg 矩阵 $\boldsymbol{H}$,对矩阵 $\boldsymbol{H}$ 进行双重步 QR 分解。记 $s=h_{n-1n-1}+h_{nn}=\mu_1+\mu_2$,$t=h_{n-1n-1}h_{nn}+h_{nn-1}h_{n-1n}=\mu_1\mu_2$。取 μ_1 和 μ_2 为移位,在复数域上连续作两次原点移位 QR 变换:

$$\begin{cases} \boldsymbol{H}-\mu_1\boldsymbol{I}=\boldsymbol{Q}_1\boldsymbol{R}_1, & \text{(复 QR 分解)} \\ \boldsymbol{B}=\boldsymbol{R}_1\boldsymbol{Q}_1+\mu_1\boldsymbol{I}, \\ \boldsymbol{B}-\mu_2\boldsymbol{I}=\boldsymbol{Q}_2\boldsymbol{R}_2, & \text{(复 QR 分解)} \\ \boldsymbol{C}=\boldsymbol{R}_2\boldsymbol{Q}_2+\mu_2\boldsymbol{I}。 \end{cases} \tag{7.5}$$

可以证明双重步 QR 变换(7.5)等价于下面的一步实 QR 变换:

$$\begin{cases} \boldsymbol{M}=\boldsymbol{H}^2-s\boldsymbol{H}+t\boldsymbol{I}, \\ \boldsymbol{M}=\boldsymbol{Q}\boldsymbol{R}, & \text{(实 QR 分解)} \\ \boldsymbol{C}=\boldsymbol{Q}^{\mathrm{T}}\boldsymbol{H}\boldsymbol{Q}。 \end{cases} \tag{7.6}$$

用 $n-2$ 次 Householder 变换将 $\boldsymbol{C}$ 正交相似约化为上 Hessenberg 矩阵 $\boldsymbol{D}$,设

$$D=\begin{pmatrix} d_{11} & d_{12} & \cdots & d_{1n-1} & d_{1n} \\ d_{21} & d_{22} & d_{23} & \cdots & d_{2n} \\ & \ddots & \ddots & \ddots & \\ & & d_{n-1n-2} & d_{n-1n-1} & d_{n-1n} \\ & & & d_{nn-1} & d_{nn} \end{pmatrix},$$

在执行过程中同时判断收敛性。当二阶矩阵 $\begin{pmatrix} d_{n-1n-1} & d_{n-1n} \\ d_{nn-1} & d_{nn} \end{pmatrix}$ 满足 $d_{nn-1}\approx 0$（即 $d_{nn-1}<\text{ep}$）时，可得到第一个特征值 $\lambda_n=d_{nn}$，然后取 $\boldsymbol{D}$ 的 $n-1$ 阶主子矩阵作为 $\boldsymbol{H}$，重复上述过程。如果重复执行后，仍有 $d_{nn-1}\geqslant\text{ep}$，但是，$d_{n-1n-2}<\text{ep}$，这说明 $\boldsymbol{H}$ 有复特征值，取二阶矩阵 $\begin{pmatrix} d_{n-1n-1} & d_{n-1n} \\ d_{nn-1} & d_{nn} \end{pmatrix}$ 的特征值作为 H 的特征值 λ_{n-1}，λ_n，然后取 $\boldsymbol{D}$ 的 $n-2$ 阶主子矩阵作为 $\boldsymbol{H}$，重复上述过程。

3. 使用说明

```
shift2qr(A,ep)
```

第一个参数 $\boldsymbol{A}$ 为实矩阵，第二个参数 ep 指定精度要求，当元素 d_{nn-1} 的绝对值小于 ep 时，求得一个特征值，默认 $\text{ep}=10^{-15}$，执行后返回全部特征值。

注：参见 shiftqr 的使用说明，求复特征值时此法收敛速度比 shiftqr 快。

4. MATLAB 程序

```
function D=shift2qr(A,ep)
[n,n]=size(A);
if nargin==1
    ep=10^(-15);
end
[H,P]=hessen(A);
m=n;
D=zeros(n,1);
B=H;
count=0;
while (m>1)&(count<1000)
    E=eye(m);
    s=B(m-1,m-1)+B(m,m);
    t=B(m-1,m-1)*B(m,m)+B(m,m-1)*B(m-1,m);
    M=B*B-s*B+t*E;
    [Q,R]=houseqr(M);
    B=Q'*B*Q;
    if abs(B(m,m-1))<ep
          H(1:m,1:m)=B;                    %将第 m 个特征值放在 H(m,m)
          m=m-1;
          B=H(1:m,1:m);                    %对 H 的 m-1 阶主子矩阵重复上述过程
    end
    if (m>2)&(abs(B(m,m-1))>=ep)&(abs(B(m-1,m-2))<ep)
```

```
            T=eig(B(m-1:m,m-1:m));        %此二阶块有复根
            H(1:m,1:m)=B(1:m,1:m);
            H(m-1,m-1)=T(1);              %将第 m-1,m 个特征值放在 H(m-1,m-1),H(m,m)
            H(m,m)=T(2);
            m=m-2;
            B=H(1:m,1:m);                 %对 H 的 m-2 阶主子矩阵重复上述过程
        end
        if (m==2)&(abs(B(m,m-1))>=ep)
            T=eig(B(m-1:m,m-1:m));        %此二阶块有复根
            H(1:m,1:m)=B(1:m,1:m);
            H(m-1,m-1)=T(1);              %将第 m-1,m 个特征值放在 H(m-1,m-1),H(m,m)
            H(m,m)=T(2);
            if isreal(T(1))
                H(m,m-1)=0;
            end
            m=m-2;
        end
        B=hessen(B);
        count=count+1;
    end
    H
    disp('A 的特征值为');
    D=diag(H);
```

例 7.14 分别用原点移位的 QR 方法和双重步移位 QR 方法，求矩阵

$$
\boldsymbol{A}_4=\begin{pmatrix} 10 & 30 & 12 & -9 & 23 \\ 52 & 17 & 59 & 3 & 95 \\ 15 & 0 & -16 & 19 & 12 \\ 9 & 11 & -5 & 18 & 5 \\ -8 & 50 & 12 & 5 & 80 \end{pmatrix}
$$

的全部特征值。

解 建立矩阵 $\boldsymbol{A}_4$，代入程序 shiftqr，shift2qr 计算，并用 MATLAB 的 eig 程序验证，两种方法的计算结果相同。

```
>>A4=[10,30,12,-9,23;52,17,59,3,95;15,0,-16,19,12;9,11,-5,18,5;-8,50,12,5,80];
>>shiftqr(A4)
ans=1.0e+002 *
1.33756571508372
0.18134794708006+0.06841737466554i
0.18134794708006-0.06841737466554i
-0.30513080462192+0.11917201755006i
-0.30513080462192-0.11917201755006i
>>shift2qr(A4)
A4 的特征值为
ans=1.0e+002 *
```

```
1.33756571508372
-0.30513080462192+0.11917201755006i
-0.30513080462192-0.11917201755006i
0.18134794708006+0.06841737466554i
0.18134794708006-0.06841737466554i
>>eig(A4)
ans=1.0e+002 *
1.33756571508372
0.18134794708006+0.06841737466554i
0.18134794708006-0.06841737466554i
-0.30513080462192+0.11917201755006i
-0.30513080462192-0.11917201755006i
```

第8章 非线性方程求根

在许多实际问题中，经常需要求非解线性方程

$$f(x)=0。\tag{8.1}$$

本章主要介绍求解非线性方程的几种常用的数值解法，有迭代法、牛顿法、弦截法、试位法、改进的牛顿法、Brent 法和抛物线法等。

8.1 迭代法

1. 功能

求方程 $f(x)=0$ 在 x_0 附近的根。

2. 计算方法

(1) 将方程(8.1)等价地转化为方程

$$x=g(x)。\tag{8.2}$$

(2) 构造迭代公式

$$x_{k+1}=g(x_k),\quad k=0,1,\cdots,\tag{8.3}$$

上式称为**不动点迭代法**(它将求解方程 $f(x)=0$ 转化为求解函数 $g(x)$的不动点)，$g(x)$称为**迭代函数**。

(3) 检验迭代终止条件是否满足，若满足，则求得方程的近似解并退出，否则继续迭代。迭代终止的条件：$|x_{k+1}-x_k|<\mathrm{tol}\left(或\left|\dfrac{x_{k+1}-x_k}{x_{k+1}}\right|<\mathrm{tol}\right)$。

3. 使用说明

```
[xp,err,numiter]=fixiter(fun,x0,tol,maxiter)
```

fun 是迭代函数，x_0 是初始点，tol 是容差，maxiter 是最大迭代次数。输出根的近似值 xp、最后的$|x_{k+1}-x_k|$=err 和实际迭代次数 numiter。

4. MATLAB 程序

```
function [xp,err,numiter]=fixiter(fun,x0,tol,maxiter)
if nargin<4
```

```
        maxiter=1000;
    end
    if nargin<3
        tol=1e-8;
    end
    x1=feval(fun,x0);
    k=1;
    while abs(x1-x0)>=tol & (k<maxiter)
        x0=x1;
        x1=feval(fun,x0);
        k=k+1;
    end
    xp=x1;
    err=abs(x1-x0);
    numiter=k;
```

例 8.1 用迭代法求方程 $5x^2-21x+15=0$ 的根。

解 有多种方法将方程 $5x^2-21x+15=0$ 等价地转化为 $x=g(x)$。如

(a) $x=g_1(x)=\dfrac{21}{5}-\dfrac{3}{x}$；(b) $x=g_2(x)=x-5x^2+21x-15=-5x^2+22x-15$；

(c) $x=g_3(x)=\dfrac{5x^2+15}{21}$；(d) $x=g_4(x)=\dfrac{15}{21-5x}$；

(e) $x=g_5(x)=x-\dfrac{5x^2-21x+15}{2x+8}$。

原方程的两个根分别为$\dfrac{21}{10}+\dfrac{\sqrt{141}}{10}\approx3.287434209$ 和$\dfrac{21}{10}-\dfrac{\sqrt{141}}{10}\approx0.912565791$。我们选取多个初始点进行迭代，发现迭代后都收敛到较大的根。蓝色的路（虚线）是连接点$(x_1,x_1),(x_1,x_2),(x_2,x_2),(x_2,x_3),(x_3,x_3),\cdots$而成的。它是一条指向 $y=x$ 和 $y=g_1(x)$的右交点的路，并展示了序列 $x_1,x_2,x_3,\cdots$的收敛过程。画图程序如下：

```
fun1=inline(' 21/5-3/x ');
ff=inline('x');
x(1)=0.9;
for i=1:9
    x(i+1)=fun1(x(i));
end
xx=[x(1),x(1),x(2),x(2),x(3),x(3),x(4),x(4),x(5),x(6),x(6),x(7),x(7),x(8),x(8)];
yy=[x(1),x(2),x(2),x(3),x(3),x(4),x(4),x(5),x(6),x(6),x(7),x(7),x(8),x(8),x(9)];
fplot(fun1,[-20,8,-20,8],'r')
hold on
fplot(ff,[-20,8],'g:')
hold on
plot(xx,yy,'b--')
hold off
```

存为 ext8_1.m。在 MATLAB 命令窗口调用 ext8_1 得图 8.1。

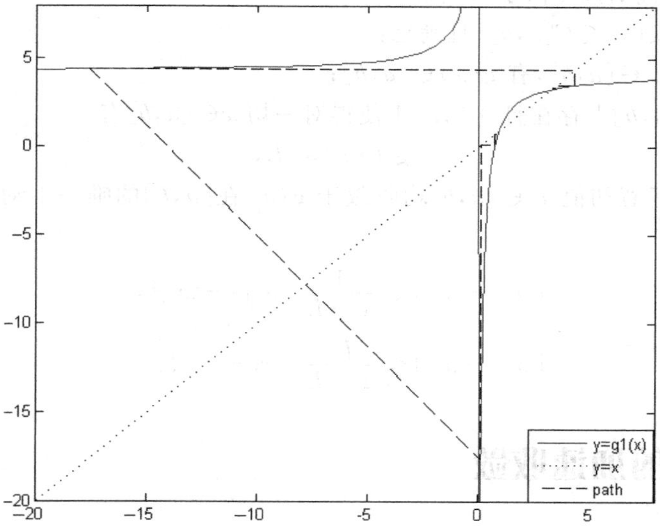

图 8.1 迭代序列收敛示意图

利用 MATLAB 程序求解，建立脚本文件如下：

```
fun1=inline(' 21/5-3/x ');
fun2=inline('-5*x^2+22*x-15 ');
fun3=inline('(5*x^2+15)/21');
fun4=inline('15/(21-5*x)');
fun5=inline('x-(5*x^2-21*x+15)/(2*x+8) ');
[xp1,err1,numiter1]=fixiter(fun1,0.9,0.000001)
[xp2,err2,numiter2]=fixiter(fun2,0.9,0.000001)
[xp3,err3,numiter3]=fixiter(fun3,0.9,0.000001)
[xp4,err4,numiter4]=fixiter(fun4,0.9,0.000001)
[xp5,err5,numiter5]=fixiter(fun5,0.9,0.000001)
[xp6,err6,numiter6]=fixiter(fun5,1.6,0.000001)
```

存为 ex8_1.m。在 MATLAB 命令窗口调用 ex8_1，运行后有如下结果：

```
>>ex8_1
xp1=3.28743436440863,err1=4.052075870397687e-007,numiter1=17。
xp2=-Inf,err2=NaN,numiter2=11。
xp3=0.91256522837511,err3=7.324760683546927e-007,numiter3=12。
xp4=0.91256566895802,err4=3.183739191170432e-007,numiter4=9。
xp5=NaN,err5=NaN,numiter5=874。
xp6=3.28743413986587,err6=3.026834454189498e-007,numiter6=12。
```

可见，由迭代函数 $g_1(x)$，$g_3(x)$ 和 $g_4(x)$ 生成的序列收敛，且收敛到两个不同的根，而(b)和(e)是发散的。对于(e)，取另一初始值 $x_0=1.6$，它就收敛了。对于同一个求根问题，不同的迭代函数可导致不同的结果。同一个迭代函数，对不同的初始值收敛性也不一定相同。如何选择迭代函数和初始点才能使迭代序列稳定且迅速收敛到要求的根呢？下面的收敛性定理为选择迭代函数提供了些线索。

定理 8.1 设 $g(x)\in C[a,b]$，且满足：

(1) 对任意的 $x\in[a,b]$，有 $g(x)\in[a,b]$；

(2) $g'(x)$在$[a,b]$上存在且 $0\leqslant L<1$ 使得对一切 $x\in[a,b]$有

$$|g'(x)|\leqslant L, \tag{8.4}$$

则 $x_{k+1}=g(x_k)$对任意初值 $x_0\in[a,b]$均收敛于 $g(x)$在$[a,b]$的唯一不动点 x^*，且有误差估计式

$$|x^*-x_k|\leqslant\frac{1}{1-L}|x_{k+1}-x_k|, \tag{8.5}$$

$$|x^*-x_k|\leqslant\frac{L^k}{1-L}|x_1-x_0|。 \tag{8.6}$$

8.2 迭代法的加速收敛

如果由(8.3)式生成的迭代序列收敛速度很慢时，可采用 Aitken 加速法和 Steffensen 加速法进行加速。

8.2.1 Aitken 加速法

1. 功能

求方程 $f(x)=0$ 在 x_0 附近的根。

2. 计算方法

(1) 对迭代公式 $x_{k+1}=g(x_k)$，$k=0,1,\cdots$，进行修正

$$\bar{x}_{k+1}=x_k-\frac{(x_{k+1}-x_k)^2}{x_{k+2}-2x_{k+1}+x_k},\quad k=0,1,\cdots, \tag{8.7}$$

此方法称为 **Aitken 加速法**。

(2) 检验迭代终止条件是否满足，若满足，则求得方程的近似解并退出，否则继续迭代。

迭代终止的条件：$|\bar{x}_{k+1}-\bar{x}_k|<\text{tol}\left(或\left|\dfrac{\bar{x}_{k+1}-\bar{x}_k}{\bar{x}_{k+1}}\right|<\text{tol}\right)$。

3. 使用说明

```
[xp,err,numiter]=aitkeniter(fun,x0,tol,maxiter)
```

fun 是迭代函数，x_0 是初始点，tol 是容差，maxiter 是最大迭代次数。输出根的近似值 xp、最后的$|\bar{x}_{k+1}-\bar{x}_k|=$err 和实际迭代次数 numiter。

4. MATLAB 程序

```
function [xp,err,numiter]=aitkeniter(fun,x0,tol,maxiter)
if nargin<4
    maxiter=1000;
end
if nargin<3
    tol=1e-8;
```

```
end
tt=100;
k=1;
x1=feval(fun,x0);
x2=feval(fun,x1);
xx0=x0;
while tt>=tol & (k<maxiter)
    xx1=x0-(x1-x0)^2/(x2-2*x1+x0);
    x3=feval(fun,x2);
    x0=x1;x1=x2;x2=x3;
    tt=abs(xx1-xx0);
    xx0=xx1;
    k=k+1;
end
xp=xx0;
err=tt;
numiter=k;
```

例 8.2 用 Aitken 加速法求方程 $x^3+2x^2-4=0$ 的根。

解 将 $x^3+2x^2-4=0$ 等价地转化为 $x=g(x)=\sqrt{2-\frac{x^3}{2}}$。利用 MATLAB 程序求解，建立脚本文件如下：

```
gg=inline('sqrt(2-x^3/2)');
[xp1,err1,numiter1]=fixiter(gg,1.5,0.000001)
[xp2,err2,numiter2]=aitkeniter(gg,1.5,0.000001)
```

存为 ex8_2.m。在 MATLAB 命令窗口调用 ex8_2,运行后有如下结果：

```
>>ex8_2
xp1=1.13039500989822,err1=9.260137918687406e-007,numiter1=83。
xp2=1.13039289726112,err2=9.921068289120427e-007,numiter2=33。
```

在精度基本相同的情况下，迭代法需要迭代 83 次，而 Aitken 加速法只需要迭代 33 次。可见加速是很明显的。

8.2.2 Steffensen 加速法

1. 功能

求方程 $f(x)=0$ 在 x_0 附近的根。

2. 计算方法

(1) 把 Aitken 加速技巧与不动点迭代法结合，则由(8.7)式可得到如下迭代法：

$$\begin{cases} y_k = g(x_k), z_k = g(y_k), \\ x_{k+1} = x_k - \dfrac{(y_k - x_k)^2}{z_k - 2y_k + x_k}, \quad k=0,1,\cdots。 \end{cases} \tag{8.8}$$

此方法称为 **Steffensen 加速法**。

(2) 检验迭代终止条件是否满足，若满足，则求得方程的近似解并退出，否则继续迭代。迭代终止的条件：$|x_{k+1}-x_k|<\text{tol}\left(\text{或}\left|\frac{x_{k+1}-x_k}{x_{k+1}}\right|<\text{tol}\right)$。

注：Steffensen 加速法是将不动点迭代法(8.3)计算两次合并成一步得到的，它可改写成一种不动点迭代法：

$$x_{k+1}=\psi(x_k),\quad k=0,1,\cdots, \tag{8.9}$$

其中，

$$\psi(x)=x-\frac{(g(x)-x)^2}{g(g(x))-2g(x)+x}。\tag{8.10}$$

在一定条件下，(8.9)式是平方收敛的。

3. 使用说明

```
[xp,err,numiter]=steffniter(fun,x0,tol,maxiter)
```

fun 是迭代函数，x_0 是初始点，tol 是容差，maxiter 是最大迭代次数。输出根的近似值 xp、最后的 $|x_{k+1}-x_k|$=err 和实际迭代次数 numiter。

4. MATLAB 程序

```
function [xp,err,numiter]=steffniter(fun,x0,tol,maxiter)
if nargin<4
   maxiter=1000;
end
if nargin<3
    tol=1e-8;
end
tt=100;
k=1;
while tt>=tol & (k<maxiter)
   y=feval(fun,x0);
   z=feval(fun,y);
    x1=x0-(y-x0)^2/(z-2*y+x0);
   tt=abs(x1-x0);
   x0=x1;
   k=k+1;
end
xp=x0;
err=tt;
numiter=k;
```

例 8.3 用 Steffensen 加速法求例 8.1 中方程的根，分别采用(b)和(e)中迭代发散的迭代函数 $g_2(x)$和 $g_5(x)$。

解 利用 MATLAB 程序求解，建立脚本文件如下：

```
fun2=inline('-5*x^2+22*x-15 ');
fun5=inline('x-(5*x^2-21*x+15)/(2*x+8) ');
[xp2,err2,numiter2]=steffniter(fun2,0.9,0.000001)
```

```
[xp5,err5,numiter5]=steffniter(fun5,0.9,0.000001)
```

存为 ex8_3.m。在 MATLAB 命令窗口调用 ex8_3,运行后有如下结果。

```
>>ex8_3
xp2=0.91256579129621,err2=6.503986238470816e-011,numiter2=5。
xp5=0.91256579129620,err5=6.382198458609878e-008,numiter5=4。
```

两个程序计算的结果基本相同,它说明即使迭代法(8.3)不收敛,用 Steffensen 加速法仍可能收敛。

8.3 二分法

1. 功能

若方程 $f(x)=0$ 在$[a,b]$内有唯一实根且 $f(a)f(b)<0$,求其根。

2. 计算方法

(1) 设 $c=\dfrac{a+b}{2}$,若 $f(c)\approx 0$ 或$\dfrac{1}{2}(b-a)\approx 0$,则停止迭代。

(2) 如果 $f(a)f(c)>0$,则 $a\leftarrow c$;否则 $b\leftarrow c$。转向(1)。

3. 使用说明

```
[xp,err]=bisect(fun,a,b,tol,maxiter)
```

输入:fun$=f(x)$,左右端点 a,b,$|x(k)-x(k-1)|$的上限 tol,maxiter=最大迭代次数。输出:根的近似值 xp,根的误差估计 err。

4. MATLAB 程序

```
function [xp,err]=bisect(fun,a,b,tol,maxiter)
fa=feval(fun,a);fb=feval(fun,b);
if fa*fb>0
    error('必须有 f(a)f(b)<0');
end
if nargin<5
    maxiter=60;
end
if nargin<4
    tol=1e-8;
end
k=0;
tt=100;
while (tt>=tol) & (k<maxiter)
    c=(a+b)/2;
    fc=feval(fun,c);
    err=(b-a)/2;
    if abs(fc)<eps| abs(err)<tol
        break;
```

```
        elseif fc*fa>0
            a=c;fa=fc;
        else
            b=c;
        end
        tt=err;
        k=k+1;
end
xp=c;
```

例 8.4 求方程 $e^x=4-x^2$ 的根。

解 首先画出 $y=e^x$ 和 $y=4-x^2$ 的图像(见图 8.2)。在 MATLAB 命令窗口输入

```
fun=inline('exp(x)-4+x^2');
fplot('exp(x)',[-2.5,2])
hold on
fplot('4-x^2',[-2.5,2],'r.-')
axis([-3,3,-1,5])
```

则绘图如下：

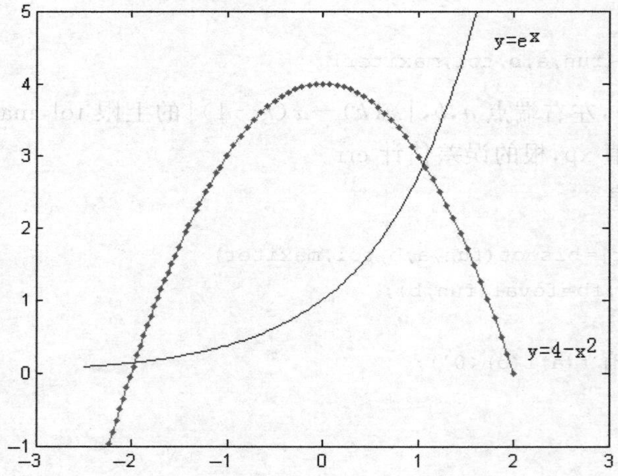

图 8.2 $y=e^x$ 和 $y=4-x^2$ 的图像

由图 8.2 可见，方程在－2 和 1 附近有两个根。分别取区间[－2.3，－1.6]和[0.8,1.5]，用二分法求其根。

在 MATLAB 命令窗口调用 bisect，有如下结果：

```
>>[xp1,err1]=bisect(fun,-2.3,-1.6)
[xp2,err2]=bisect(fun,0.8,1.5)
xp1=-1.96463559344411,err1=5.215406440051140e-009。
xp2=1.05800640061498,err2=5.215406440051140e-009。
```

注：二分法的优点是计算简单，收敛性有保证，但是它不能求偶重根和复根。

8.4 试位法

与二分法类似，假设 $f(x)$在$[a,b]$上连续且满足 $f(a)f(b)<0$。二分法使用$[a,b]$的中点进行下一次迭代，试位法(the false position or regula falsi method)对它进行了改进，它用经过点$(a,f(a))$和$(b,f(b))$的割线 L 与 x 轴的交点$(c,0)$进行下一次迭代，这里，

$$c=b-\frac{f(b)(b-a)}{f(b)-f(a)}=\frac{af(b)-bf(a)}{f(b)-f(a)}。\tag{8.11}$$

1. 功能

若方程 $f(x)=0$ 在$[a,b]$内有唯一实根且 $f(a)f(b)<0$，求其根。

2. 计算方法

(1) 取(8.11)式的 c，若 $f(c)\approx 0$ 或 $b-c\approx 0$，或 $c-a\approx 0$，则停止迭代。

(2) 如果 $f(a)f(c)>0$，则 $a\leftarrow c$；否则 $b\leftarrow c$。转向(1)。

3. 使用说明

```
[xp,err]=regfals(fun,a,b,tol,maxiter)
```

输入：fun$=f(x)$，左右端点 a,b，tol$=\min(|x(k)-a|,|b-x(k)|)$的误差上限，maxiter=最大迭代次数。输出：xp 为根的近似值，err=min(|xp$-a$|,|$b-$xp|)。

4. MATLAB 程序

```
function [xp,err]=regfals(fun,a,b,tol,maxiter)
fa=feval(fun,a);fb=feval(fun,b);
if fa*fb>0
    error('必须有 f(a)f(b)<0');
end
if nargin<5
    maxiter=200;
end
if nargin<4
    tol=1e-8;
end
for k=1:maxiter
    c=(a*fb-b*fa)/(fb-fa);fc=feval(fun,c);
    err=min(abs(c-a),abs(b-c));
    if abs(fc)<eps| abs(err)<tol
        break;
    elseif fc*fa>0
        a=c;fa=fc;
    else
        b=c;fb=fc;
    end
end
xp=c;
```

例 8.5 求 $f(x)=\tan(\pi-x)-x=0$ 在$[1.7,3]$上的根。

解 利用 MATLAB 程序求解,建立脚本文件如下:

```
fun=inline('tan(pi-x)-x');
[xp1,err1]=regfals(fun,1.7,3)
fplot(fun,[1.7,3])
hold on
plot([1.7,3],[0,0],'k-')
hold on
x1=1.7000;y1=fun(x1);XX=[3.0000,2.5805,2.3642,2.2400];
for k=1:4
    yy(k)=fun(XX(k));plot([x1,XX(k)],[y1,yy(k)],'r.--')
end
  hold off
```

存为 ex8_5.m。在 MATLAB 命令窗口调用 ex8_5,运行后有如下结果:

```
>>ex8_5
xp=2.02875785349056,err=7.758178544037264e-009。
```

注:试位法总是收敛的,但一般只有线性收敛。二分法的终止条件不适用于试位法。如果将这两种方法在第 n 次得到的有根区间记为$[a_n,b_n]$的话,则在二分法中必有 b_n-a_n 趋于0,而在试位法中,b_n-a_n 越来越小,但它可能不趋于0,图 8.3 就是这种情况。在图 8.3 中,左端点 a_n 始终不动,都是 1.7,而右端点 b_n(图中的 x_i)始终从根右侧接近于根。

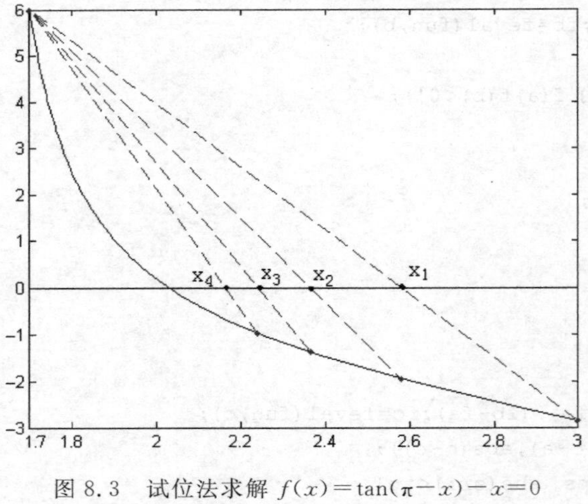

图 8.3 试位法求解 $f(x)=\tan(\pi-x)-x=0$

8.5 牛顿-拉夫森法

1. 功能

用牛顿-拉夫森(Newton-Raphson)迭代法求方程 $f(x)=0$ 的一个根。

2. 计算方法

牛顿-拉夫森迭代法是通过对非线性方程逐步线性化的迭代方法。若已知方程 $f(x)=0$

的根 x^* 的一个近似值 x_k，将 $f(x)$ 在 x_k 处 Taylor 展开

$$f(x)=f(x_k)+f'(x_k)(x-x_k)+\frac{f''(\xi)}{2!}(x-x_k)^2。$$

取其线性部分，即用线性方程

$$f(x_k)+f'(x_k)(x-x_k)=0 \tag{8.12}$$

近似 $f(x)=0$。若 $f'(x_k)\neq 0$，方程(8.12)的根记为 x_{k+1}，则得 x^* 的新近似值

$$x_{k+1}=x_k-\frac{f(x_k)}{f'(x_k)},\quad k=0,1,\cdots。 \tag{8.13}$$

(8.13)式称为**牛顿-拉夫森法迭代公式**，其迭代函数为

$$g(x)=x-\frac{f(x)}{f'(x)}。 \tag{8.14}$$

3. 使用说明

```
[xp,err,k]=newraph(fun,x0,tol,maxiter)
```

输入：fun$=f(x)$，需要定义为符号函数，x_0 为初始点，tol$=|(x(k+1)-x(k))/x(k+1)|$ 的误差上限，maxiter=最大迭代次数。输出：xp 为根的近似值，err 为根的误差估计，k 为实际迭代次数。

4. MATLAB 程序

```
function [xp,err,k]=newraph(fun,x0,tol,maxiter)
if nargin<4
    maxiter=200;
end
if nargin<3
    tol=1e-8;
end
df=diff(fun);
for k=1:maxiter
    fx0=subs(fun,x0);
    x1=x0-fx0/subs(df,x0);
    err=abs(x1-x0)/(abs(x1)+eps);
    x0=x1;
    if (err<tol)|(abs(fx0)<eps)
        break;
    end
end
xp=x0;
```

例 8.6 求方程 $f(x)=x^3-5x=0$ 的根。

解 如果取初始点 $x_0=1$，代入程序 newraph 计算，则迭代序列在 -1 和 1 之间一直重复。我们求得函数 $f(x)$ 在 $x=1$ 处的切线方程为 $y=-2x-2$，在 $x=-1$ 处的切线方程为 $y=-2x+2$，将这些方程画在同一图中，从图 8.4 中容易看出重复的原因。

如果改变初始值，则它很快收敛到方程的一个根 0，$\sqrt{5}$($\approx$2.23606797749979)或$-\sqrt{5}$。

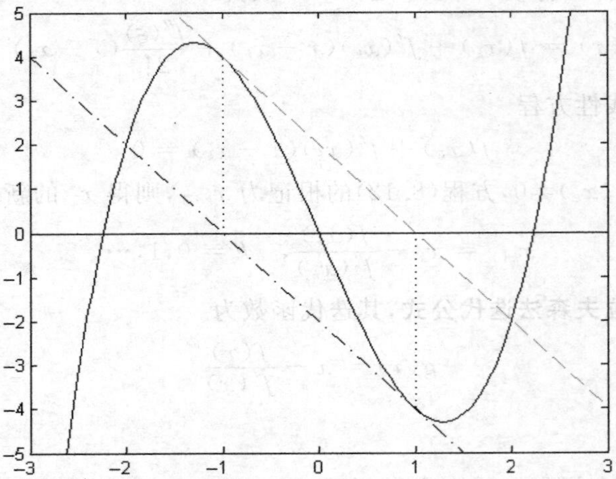

图 8.4 求解 $f(x)=x^3-5x=0$ 的牛顿-拉夫森迭代产生的循环序列

利用 MATLAB 程序求解，建立函数和脚本文件如下：

```
function y=exa8_6(x)
syms x;
y=x^3-5*x;
```

存为 exa8_6.m。

```
[xp1,err1,k1]=newraph(exa8_6,1,1e-6,10)
ezplot(exa8_6)
hold on
fplot('-2*x-2',[-3,3,-5,5],'r-.')
fplot('-2*x+2',[-3,3,-5,5],'g-.')
plot([-3,3],[0,0],'k')
plot([1,1],[0,-4],'m:')
plot([-1,-1],[0,4],'m:')
hold off
[xp2,err2,k2]=newraph(exa8_6,0.9,1e-6,30)
[xp3,err3,k3]=newraph(exa8_6,1.2,1e-6,50)
[xp4,err4,k4]=newraph(exa8_6,-1.1,1e-6,50)
```

将脚本文件存为 ex8_6.m。在 MATLAB 命令窗口调用 ex8_6，运行后有如下结果：

```
>>ex8_6
xp1=1,err1=2.00000000000000,k1=10。
xp2=0,err2=0,k2=6。
xp3=-2.23606797749979,err3=7.928185323318684e-010,k3=8。
xp4=2.23606797749979,err4=4.410370875292975e-011,k4=6。
```

例 8.7 求方程 $f(x)=\arctan x=0$ 的根。

解 如果取初值 $x_0=1.45$，它是发散的，见图 8.5。如果取初始点 $x_0=1.3$，则很快收

敛到精确解 $x^*=0$。利用 MATLAB 程序求解,建立函数和脚本文件如下:

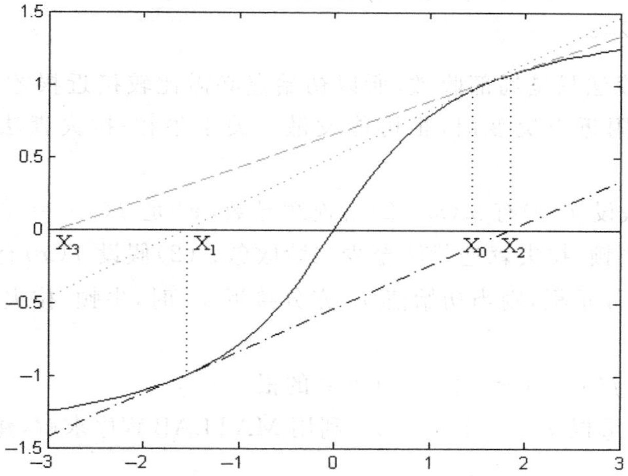

图 8.5 求解 $f(x)=\arctan x=0$ 的牛顿-拉夫森迭代产生的发散序列

```
function y=exa8_7(x)
syms x;
y=atan(x);
```

存为 exa8_7.m。

```
y1=inline('(x-1.45)/(1+1.45^2)+atan(1.45)');
y2=inline('(x+1.5503)/(1+1.5503^2)+atan(-1.5503)');
y3=inline('(x-1.8459)/(1+1.8459^2)+atan(1.8459)');
fun=inline('atan(x)');
fplot(fun,[-3,3,-1.5,1.5],'r')
hold on
fplot(y1,[-3,3],'g:')
fplot(y2,[-3,3],'m-.')
fplot(y3,[-3,3],'c--')
plot([-3,3],[0,0])
plot([1.45,1.45],[0,atan(1.45)],'k:')
plot([-1.5503,-1.5503],[0,atan(-1.5503)],'k:')
plot([1.8459,1.8459],[0,atan(1.8459)],'k:')
text(1.45,0,'x0')
text(-1.5503,0,'x1')
text(1.8459,0,'x2')
text(-2.8891,0,'x3')
hold off
[xp1,err1,k1]=newraph(exa8_7,1.45,1e-6,10)
[xp2,err2,k2]=newraph(exa8_7,1.3,1e-6,20) %取不同的初始值 x0=1.3
```

将脚本文件存为 ex8_7.m。在 MATLAB 命令窗口调用 ex8_7,运行后有如下结果(见图 8.5):

```
>>ex8_7
xp1=2.130989544165321e+070,err1=1,k1=10。
xp2=0,err2=0,k2=8。
```

由于牛顿-拉夫森法只是局部收敛，所以初始点必需比较接近根才可能收敛，特别地，当 $f(x)$的斜率在解附近有突变时，很可能发散。关于牛顿-拉夫森法的收敛性，有如下定理。

定理 8.2 (1)假设 $f(x)$有 $m(m>2)$阶连续导数，x^* 是 $f(x)=0$ 的单根，则当初始值 x_0 充分接近 x^* 时，牛顿-拉夫森迭代法至少二阶收敛；(2)假设 $f(x)$有 $q(q\geqslant 2)$阶连续导数，x^* 是 $f(x)=0$ 的 q 重根，则当初始值 x_0 充分接近 x^* 时，牛顿-拉夫森迭代法仅有线性收敛。

例 8.8 求方程 $f(x)=(x^2-2x-3)^8=0$ 的根。

解 显然方程有重根 $x_1=-1, x_2=3$。利用 MATLAB 程序求解，建立函数如下：

```
function y=exa8_8(x)
syms x;
y=(x^2-2*x-3)^8;
```

存为 exa8_8.m。在 MATLAB 命令窗口调用 newraph，运行后有如下结果：

```
>>[xp,err,k]=newraph(exa8_8,1.5,1e-8,100)
xp=2.99767245409354,err=1.110060081197866e-004,k=44。
```

当遇到重根时，牛顿-拉夫森迭代法变慢，为了提高收敛速度，需要对原迭代法做适当的修改或用 Steffensen 加速法。当知道根的重数 m 时，可将迭代函数变为

$$g(x)=x-m\frac{f(x)}{f'(x)}。\tag{8.15}$$

如果不知道根的重数，则用 $f(x)$构造函数

$$\eta(x)=\frac{f(x)}{f'(x)}。\tag{8.16}$$

若 x^* 是 $f(x)$的 $m(m\geqslant 2)$重根，则 x^* 是 $\eta(x)$的单根。对 $\eta(x)$用牛顿-拉夫森法则至少具有平方局部收敛。

如果用(8.16)式对例 8.8 改进，此时 $\eta(x)=\dfrac{f(x)}{f'(x)}=\dfrac{x^2-2x-3}{8(2x-2)}$，对 $\eta(x)$用牛顿-拉夫森法，求解如下。

```
function y=exa8_8g(x)
syms x;
y=(x^2-2*x-3)/(8*(2*x-2));
```

存为 exa8_8g.m。在 MATLAB 命令窗口调用 newraph，运行后有如下结果：

```
>>[xp,err,k]=newraph(exa8_8g,1.5,1e-8,100)
xp=3,err=8.585724723767877e-015,k=7。
```

仅迭代了 7 次就收敛到精确解，可见改进后的效果很好。

8.6 割线法

牛顿-拉夫森法用切线近似曲线 $y=f(x)$ 求得新的近似值,它需要计算导数 $f'(x_k)$。当计算 $f'(x)$ 比较困难时,可用 $f(x)$ 在一些点上的函数值来近似。例如,用曲线上两点确定的直线(割线)来近似曲线求得方程的近似根,这种方法称为**割线法**(**弦截法**)。如果用曲线上的三点作抛物线近似曲线,求得方程新的近似根的方法称为**抛物线法**(**Muller 法**)。

1. 功能

用割线法求方程 $f(x)=0$ 的一个根。

2. 计算方法

将牛顿-拉夫森迭代公式(8.13)中的 $f'(x_k)$ 用割线斜率 $\dfrac{f(x_k)-f(x_{k-1})}{x_k-x_{k-1}}$ 代替,即得割线法迭代公式

$$x_{k+1}=x_k-\frac{f(x_k)(x_k-x_{k-1})}{f(x_k)-f(x_{k-1})},\quad k=1,2,\cdots。\tag{8.17}$$

3. 使用说明

```
[xp,err,k]=secant(fun,x0,x1,tol,maxiter)
```

输入:fun$=f(x)$,初始点 x_0,x_1,tol$=|(x(k+1)-x(k))/x(k+1)|$ 的误差上限,maxiter=最大迭代次数。输出:xp 为根的近似值,err 为根的误差估计,k 为实际迭代次数。

4. MATLAB 程序

```
function [xp,err,k]=secant(fun,x0,x1,tol,maxiter)
if nargin<5
   maxiter=200;
end
if nargin<4
   tol=1e-8;
end
fx0=feval(fun,x0);
fx1=feval(fun,x1);
for k=1:maxiter
    x2=x1-fx1*(x1-x0)/(fx1-fx0);
    fx2=feval(fun,x2);
    err=abs(x2-x1)/(abs(x2)+eps);
    if (err<tol)|(abs(fx2)<eps)
          break;
    end
    x0=x1;x1=x2;
    fx0=fx1;fx1=fx2;
end
xp=x0;
```

例 8.9 求解方程 $9e^{-x}-\sin 2x-3=0$。

解 画出 $9e^{-x}$ 与 $\sin 2x+3$ 的图像(见图 8.6),可见它们在 0.8 附近有唯一的交点。

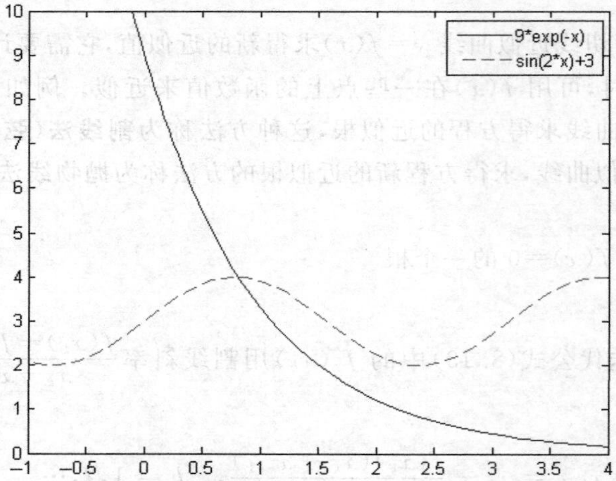

图 8.6 $9e^{-x}$ 与 $\sin 2x+3$ 的图像

建立脚本文件如下：

```
ff1=inline('9*exp(-x)');
ff2=inline('sin(2*x)+3');
fplot(ff1,[-1,4,0,10])
hold on
fplot(ff2,[-1,4,0,10],'r--')
legend('9*exp(-x)','sin(2*x)+3')
hold off
fun=inline('9*exp(-x)-sin(2*x)-3');
[xp1,err1,k1]=secant(fun,0.6,1.5,1e-6,50)
[xp2,err2,k2]=secant(fun,1,1.8,1e-6,50)
[xp3,err3,k3]=secant(fun,1,1.9,1e-6,50)
```

存为 ex8_9.m。在 MATLAB 命令窗口调用 ex8_9,运行后有如下结果：

```
>>ex8_9
xp1=0.81132990504576,err1=1.925631283531484e-007,k1=8。
xp2=0.81127143141713,err2=5.266246736074852e-009,k2=14。
xp3=-85.57652845396939,err3=0,k3=13。
```

可见若取初值 $x_0=1, x_1=1.9$,则出现错误的结果。这是因为割线法是局部收敛,只有初始值充分接近根时才收敛。

例 8.10 设 $f(x)=\dfrac{\operatorname{arcsinh}(1-\sin x+x^2)}{\sqrt{1+x^2}\ln(1+x\arctan x^2+e^{x^2})}$,求 $f(x)$ 的 3 阶导数 $f'''(x)$ 的所有零点。

解 记 $g(x)=f'''(x)$,由于 $g(x)$ 的表达式太复杂,所以用割线法求其根比较合适。割线法的收敛速度(收敛阶数为 $(1+\sqrt{5})/2\approx 1.618$)与牛顿-拉夫森法的相当,但不需要求导

数 $g'(x)$，$g'(x)$比 $g(x)$更复杂。由图 8.7 可见，$g(x)$共有 5 个根，选择合适的初始点，可用割线法求出它们(见下面的 x1，x2，x3，x4，x5)。

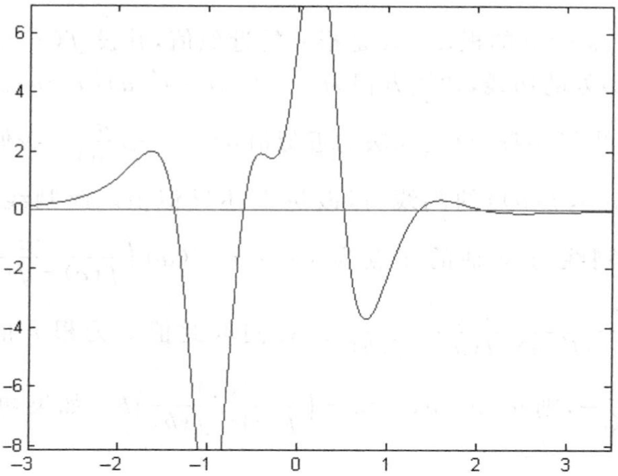

图 8.7 $f'''(x)$的图像

建立函数文件 exa8_10.m。

```
function y=exa8_10(x)
syms x;
y=asinh(1-sin(x)+x^2)/(sqrt(1+x^2)*log(1+x*atan(x)^2+exp(x^2)));
```

建立脚本文件如下：

```
g=diff(exa8_10,3);
fun=inline(…) %…为 g 的表达式,因太复杂,此处略去,详见 ex8_10.m 文件
ezplot(g,[-2,2.2])
hold on
plot([-3,3],[0,0],'r')
hold off
[x1,err1,k1]=secant(fun,-1.5,-1.2,1e-6,50)
[x2,err2,k2]=secant(fun,-0.8,-0.5,1e-6,50)
[x3,err3,k3]=secant(fun,0.3,0.8,1e-6,50)
[x4,err4,k4]=secant(fun,1.2,1.5,1e-6,50)
[x5,err5,k5]=secant(fun,1.7,2.5,1e-6,50)
```

存为 ex8_10.m。在 MATLAB 命令窗口调用 ex8_10，运行后有如下结果：

```
>>ex8_10
x1=-1.37896321368638,err1=5.558249774373341e-010,k1=7。
x2=-0.60784017972442,err2=3.030287193729654e-008,k2=7。
x3=0.50791561382835,err3=4.118536687008440e-008,k3=13。
x4=1.34994285855703,err4=4.519030203633412e-008,k4=7。
x5=2.06806261697640,err5=6.350186798652016e-009,k5=8。
```

8.7 改进的牛顿法

设 $x=r$ 是方程 $f(x)=0$ 的根，$x=a$ 是根 r 的近似值，并设 $f(x)$ 是可导的。考察曲线 $y=f(x)$ 在点 $(a,f(a))$ 处的切线，切线方程为 $y-f(a)=f'(a)(x-a)$。切线与 x 轴的交点为 $x=a-\frac{f(a)}{f'(a)}$，它给出了牛顿-拉夫森法的近似值 $b=a-\frac{f(a)}{f'(a)}$。我们考察曲线 $y=f(x)$ 上的两点 $(a,f(a))$ 和 $(b,f(b))$ 的割线，以改进上述近似值。此割线方程为 $y-f(a)=\frac{f(b)-f(a)}{b-a}(x-a)$，割线与 x 轴的交点为 $x=a-f(a)\left(\frac{b-a}{f(b)-f(a)}\right)$。因为 $b-a=-\frac{f(a)}{f'(a)}$，所以 $x=a-\frac{f(a)^2}{f'(a)(f(a)-f(b))}$。我们取此值 c 为根 r 的下一个近似值(见图 8.8)。如果 $h=\frac{f(a)}{f'(a)}$，则 $b=a-h$，$c=a-\left(\frac{f(a)}{f(a)-f(b)}\right)h$。如果初始点为 $a=x_0$，第一次近似值 $c=x_1$，则

$$x_1=x_0-\left(\frac{f(x_0)}{f(x_0)-f(x_0-h)}\right)h, \tag{8.18}$$

其中，$h=\frac{f(x_0)}{f'(x_0)}$。重复此过程可以得到近似序列 $x_0,x_1,x_2,\cdots$，一般地，

$$x_{k+1}=x_k-\left(\frac{f(x_k)}{f(x_k)-f(x_k-h)}\right)h, \tag{8.19}$$

其中，$h=\frac{f(x_k)}{f'(x_k)}$。可以连续应用此迭代公式直到求得满足精度要求的近似根。迭代公式(8.19)一般比牛顿-拉夫森迭代公式收敛速度更快。此法称为**跳点牛顿法或改进的牛顿法**(the improved Newton method)。

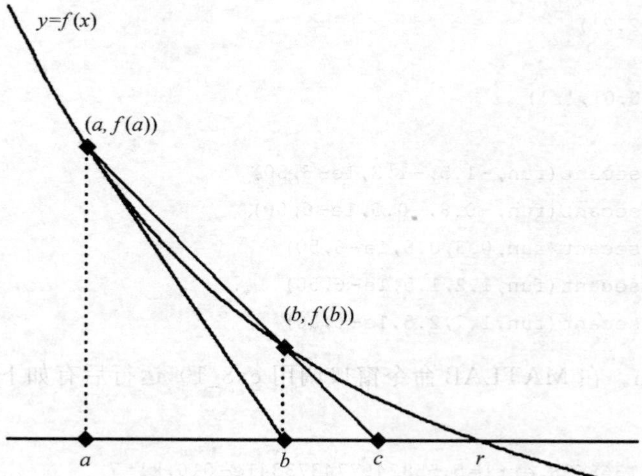

图 8.8 改进的牛顿法的几何解释

1. 功能

用改进的牛顿法求方程 $f(x)=0$ 的一个根。

2. 计算方法

利用迭代公式(8.19)。

3. 使用说明

```
[xp,err,k]=lfnewton(fun,x0,tol,maxiter)
```

输入：fun=$f(x)$,需要定义为符号函数,初始点 x_0,tol=$|(x(k+1)-x(k))/x(k+1)|$的误差上限,maxiter=最大迭代次数。输出：xp 为根的近似值,err 为根的误差估计,k 为实际迭代次数。

4. MATLAB 程序

```
function [xp,err,k]=lfnewton(fun,x0,tol,maxiter)
if nargin<4
    maxiter=200;
end
if nargin<3
    tol=1e-8;
end
df=diff(fun);
digits(60)
for k=1:maxiter
    fx0=subs(fun,x0);hh=fx0/subs(df,x0);
    fxh=subs(fun,x0-hh);x1=x0-(fx0/(fx0-fxh))*hh;
    err=abs(x1-x0)/(abs(x1)+eps);x0=x1;
    if (err<tol)|(abs(fx0)<eps)
        break;
    end
end
xp=x0;
```

例 8.11 求方程 $e^{-x^2}=x^3-x$ 的根。

解 先画出方程的图像(见图 8.9),可见方程在 1 附近有唯一实根。

利用 MATLAB 程序求解,建立函数、脚本文件如下：

```
function y=exa8_11(x)
syms x;
y=exp(-x^2)-x^3+x;
```

存为 exa8_11.m。

```
fplot('exp(-x^2)-x^3+x',[-2,2])
hold on
plot([-2,2],[0,0],'r:')
[xp1,err1,k1]=lfnewton(exa8_11,0.85,1e-6,50)
[xp2,err2,k2]=lfnewton(exa8_11,0.36,1e-6,50)
```

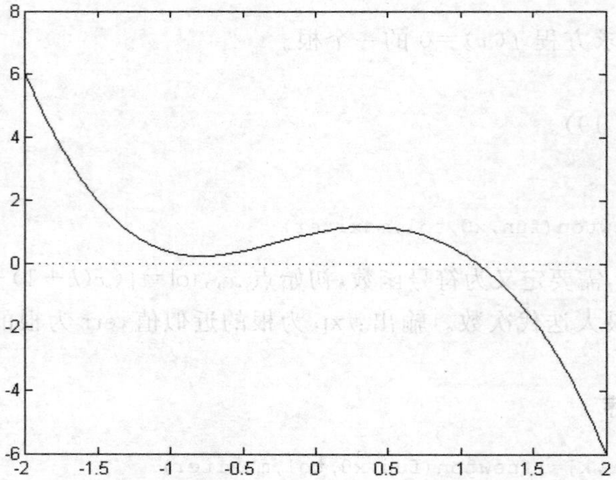

图 8.9　方程图像

```
[xp3,err3,k3]=lfnewton(exa8_11,0.357,1e-6,50)
[xp4,err4,k4]=lfnewton(exa8_11,0.356,1e-6,100)
[xp5,err5,k5]=lfnewton(exa8_11,0.3555,1e-6,100)
```

将以上脚本文件存为 ex8_11.m。在 MATLAB 命令窗口调用 ex8_11，运行后有如下结果：

```
>>ex8_11
xp1=1.12009374043393,err1=7.929500787639820e-016,k1=4。
xp2=1.12009374043393,err2=1.982375196909955e-016,k2=25。
xp3=1.12009374043393,err3=3.151976563086828e-014,k3=41。
xp4=1.12009374043393,err4=3.174377402811911e-012,k4=56。
xp5=1.120093740433926,err5=4.274895570464228e-009,k5=70。
```

注：当初始值接近临界点——$f(x)$的极大值点 0.3538379575 时（此时导数接近于 0），收敛速度减慢。

例 8.12　求方程 $x^3-3x^2-5=0$ 的全部根。

解　先画出方程的图像（见图 8.10），可见方程在 3.5 附近有唯一实根。

利用 MATLAB 程序求解，建立函数、脚本文件如下：

```
function y=exa8_12(x)
syms x;
y=x^3-3*x^2-5;
```

存为 exa8_12.m。

```
fplot('x^3-3*x^2-5',[-2,5])
hold on
plot([-2,5],[0,0],'r:')
[xp1,err1,k1]=lfnewton(exa8_12,2.8,1e-6,50)
[xp2,err2,k2]=lfnewton(exa8_12,2.003,1e-6,100)          %2是极小值点，导数等于0
```

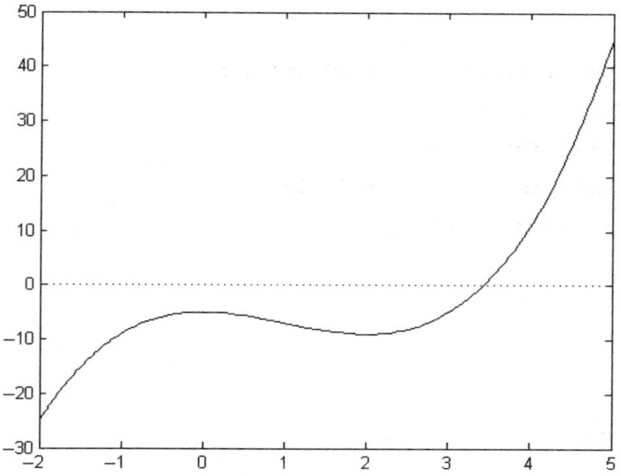

图 8.10 方程图像

```
[xp3,err3,k3]=lfnewton(exa8_12,1.3+2*i,1e-8,50)
%方程另有一共轭复根,适当选取初值为复数可求得
[xp4,err4,k4]=lfnewton(exa8_12,2-0.7*i,1e-8,50)
allroots=roots([1,-3,0,-5])
                     %用 MATLAB 的 roots 命令检验,[1,-3,0,5]为方程(多项式)的降幂系数
```

将以上脚本文件存为 ex8_12.m。在 MATLAB 命令窗口调用 ex8_12,运行后有如下结果:

```
>>ex8_12
xp1=3.42598875736162,err1=7.583632364948681e-012,k1=4。
xp2=3.42598875736162,err2=4.318096205265103e-007,k2=93。
xp3=-0.21299437868081+1.18914510810655i,err3=3.507003211297378e-016,k3=6。
xp4=-0.21299437868081-1.18914510810655i,err4=3.516923181908893e-013,k4=5。
allroots=
  3.42598875736162
-0.21299437868081+1.18914510810655i
-0.21299437868081-1.18914510810655i。
```

例 8.13 求方程 $f(x)=\arctan\left(\dfrac{x-1}{41}\right)^{\frac{1}{3}}+\dfrac{\sinh(x)}{179}=0$ 的实根。

解 为求得负实数的实立方根,我们必须用 MATLAB 函数 nthroot 建立立方根,且函数 nthroot 的变量必须是实数。因涉及导数,程序 lfnewton 中的参数 fun 需定义为符号函数,这样我们就无法直接用程序 lfnewton 求解此例题。为此,我们将 lfnewton 修改为如下的程序 lfnewton2。

```
function [xp,err,k]=lfnewton2(fun,dfun,x0,tol,maxiter)
%改进的牛顿法求方程 f(x)=0 的根,输入: fun=f(x),dfun 为 fun 的导数
%x0 为初始点,tol=|(x(k+1)-x(k))/x(k+1)|的误差上限,maxiter=最大迭代次数
%输出: xp 为根的近似值,err 为根的误差估计,k 为实际迭代次数
```

```
digits(60)
for k=1:maxiter
     fx0=feval(fun,x0);hh=fx0/feval(dfun,x0);
     fxh=feval(fun,x0-hh);
     x1=x0-(fx0/(fx0-fxh))*hh;
     err=abs(x1-x0)/(abs(x1)+eps);x0=x1;
     if (err<tol)|(abs(fx0)<eps)
         break;
     end
end
xp=x0;
```

建立脚本文件如下：

```
fun=inline('atan(nthroot((x-1)/41,3))+sinh(x)/179');
dfun=inline('1/123/atan(nthroot((1/41*x-1/41)^2,3))/(1+(1/41*x-1/41)^2)+1/
179*cosh(x)');
%dfun为fun的导数
fplot(fun,[-1,3])
hold on
plot([-1,3],[0,0],'r:')
[xp1,err1,k1]=lfnewton2(fun,dfun,0.5,1e-8,50)
[xp2,err2,k2]=lfnewton2(fun,dfun,1.01,1e-8,50)
```

存为 ex8_13.m。在 MATLAB 命令窗口调用 ex8_13，运行后有如下结果（见图 8.11、图 8.12）：

```
>>ex8_13
xp1=0.99998839726681,err1=1.784959573790299e-011,k1=13。
xp2=0.99998839726681,err2=2.109448222152705e-015,k2=11。
```

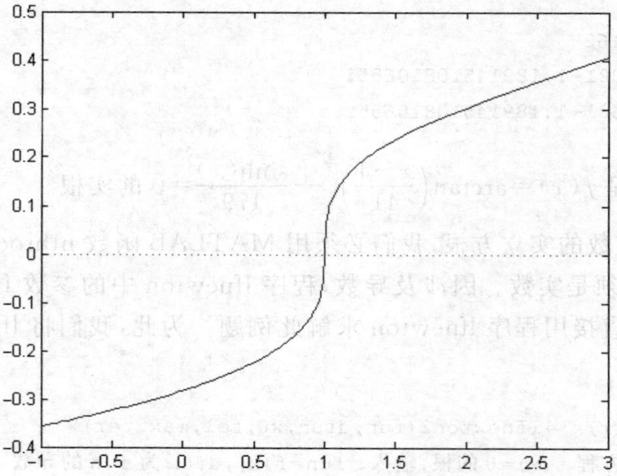

图 8.11　例 8.13 的函数图形

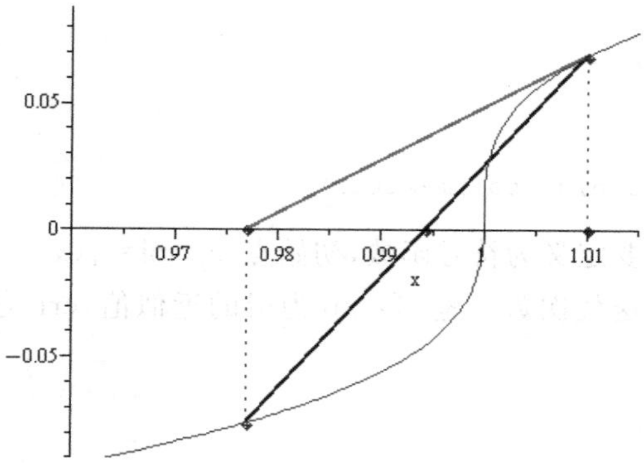

图 8.12 $x_0=1.01$ 时,第一次迭代的几何解释

注:此例用牛顿-拉夫森法无法求出正确的结果(除非初始值非常接近精确解),这也是改进后牛顿法比牛顿-拉夫森法的优越之处。

8.8 Halley 法

设 a 是方程 $f(x)=0$ 的根 r 的近似值,并设 $f(x)$ 有二阶导数。$f(x)$ 在 $x=a$ 处的二阶 Taylor 多项式是:$p(x)=f(a)+f'(a)(x-a)+\frac{1}{2}f''(a)(x-a)^2$。$p(x)$ 的零点将是 $f(x)$ 的零点 r 的更好的近似值,因此,考察方程 $f(a)+f'(a)(x-a)+\frac{1}{2}f''(a)(x-a)^2=0$。将方程改写为 $f(a)+(x-a)\left(f'(a)+\frac{f''(a)(x-a)}{2}\right)=0$,由此可得,

$$x=a-\frac{f(a)}{f'(a)+\frac{f''(a)(x-a)}{2}}。\tag{8.20}$$

将它与牛顿-拉夫森迭代公式对比,

$$x=a-\frac{f(a)}{f'(a)}。\tag{8.21}$$

一般情况下,(8.20)式分母中的 $x-a$ 与(8.21)式的 $x-a=-\frac{f(a)}{f'(a)}$ 比变化不大,$\frac{f''(a)(x-a)}{2}$ 比 $f'(a)$ 小。将(8.20)式分母中的 $x-a$ 替换为 $-\frac{f(a)}{f'(a)}$ 得到 $x=a-\frac{f(a)}{f'(a)-\frac{f(a)f''(a)}{2f'(a)}}$。给定方程 $f(x)=0$ 的根 r 的初始近似值 $x_0=a$,得公式

$$x_{k+1}=x_k-\frac{f(x_k)}{f'(x_k)-\frac{f(x_k)f''(x_k)}{2f'(x_k)}},\quad k=0,1,2,\cdots。\tag{8.22}$$

(8.22)式称为 **Halley 迭代公式**。

1. 功能

用 Halley 法求方程 $f(x)=0$ 的一个根。

2. 计算方法

利用迭代公式(8.22)。

3. 使用说明

```
[xp,err,k]=halley(fun,x0,tol,maxiter)
```

输入：fun$=f(x)$，需要定义为符号函数，初始点 x_0，tol$=|(x(k+1)-x(k))/x(k+1)|$的误差上限，maxiter＝最大迭代次数。输出：xp 为根的近似值，err 为根的误差估计，k 为实际迭代次数。

4. MATLAB 程序

```
function [xp,err,k]=halley(fun,x0,tol,maxiter)
if nargin<4
   maxiter=200;
end
if nargin<3
    tol=1e-8;
end
df=diff(fun);ddf=diff(df);digits(60)
for k=1:maxiter
    fx0=subs(fun,x0);dfv=subs(df,x0);ddfv=subs(ddf,x0);
    x1=x0-fx0/(dfv-fx0*ddfv/(2*dfv));
    err=abs(x1-x0)/(abs(x1)+eps);x0=x1;
    if (err<tol)|(abs(fx0)<eps)
        break;
    end
end
xp=x0;
```

例 8.14 求多项式 $x^3-3\pi x^2+\dfrac{78422406}{2648617}x-\dfrac{19349653}{624056}$的全部根。

解 画出函数的图像(见图 8.13)，可见方程在 3.3 附近有唯一实根。

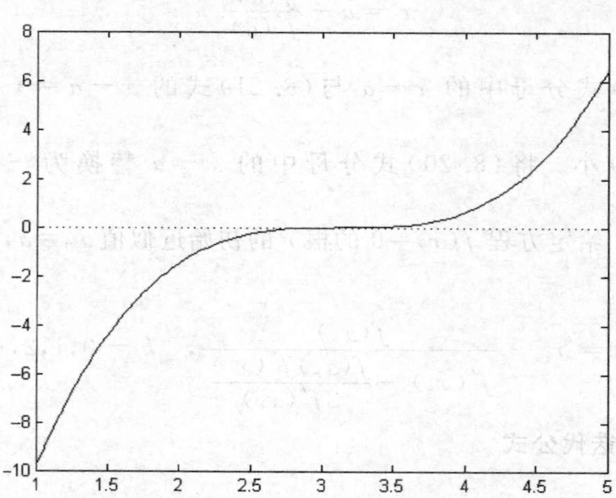

图 8.13 函数图像

利用 MATLAB 程序求解，建立函数、脚本文件如下：

```
function y=exa8_14(x)
syms x;
y=x^3-3*pi*x^2+78422406/2648617*x-19349653/624056;
```

存为 exa8_14.m。

```
fplot('x^3-3*pi*x^2+78422406/2648617*x-19349653/624056',[1,5])
hold on
plot([1,5],[0,0],'r:')
[xp1,err1,k1]=halley(exa8_14,3,1e-6,50)
[xp2,err2,k2]=halley(exa8_14,2.8-0.5*i,1e-6,50)
[xp3,err3,k3]=halley(exa8_14,2.9+0.6*i,1e-6,50)
allroots=roots([1,-3*pi,78422406/2648617,-19349653/624056])
%用 MATLAB 的 roots 命令检验
```

将以上脚本文件存为 ex8_14.m。在 MATLAB 命令窗口调用 ex8_14，运行后有如下结果：

```
>>ex8_14
xp1=3.14147672983924,err1=7.152216038976313e-007,k1=12。
xp2=3.14165066744899-0.00010048243730i,err2=5.623356975184704e-008,k2=18。
xp3=3.14165067153297+0.00010048846111i,err3=8.123395377153356e-007,k3=16。
allroots=3.14165056265101+0.00010030088510i,3.14165056265101-0.00010030088510i
3.14147683546735。
```

从相同的初始点开始，用牛顿-拉夫森法得到类似的结果，需要迭代 20 次，Halley 法一般比牛顿-拉夫森法收敛速度更快。

例 8.15 求 $f(x)=\tanh(x^7-1)+\frac{x}{24}=0$ 的实根。

解 $f(x)$有单实根，且曲线 $y=f(x)$有两条斜渐近线 $y=\frac{x}{24}\pm1$。对这个相当病态的函数，通过实验验证牛顿-拉夫森法收敛到 $f(x)$的零点的区间为 $0.8622255\leqslant x\leqslant1.130341$，而 Halley 法收敛的区间为 $0.34876917\leqslant x\leqslant1.3300023$。如果初始值取在相应的收敛区间之外，将导致迭代的值在 -24，24 之间重复，它们正是 $f(x)$的两条渐近线在 x 轴上的截距。

利用 MATLAB 程序求解，建立函数、脚本文件如下：

```
function y=exa8_15(x)
syms x;
y=tanh(x^7-1)+x/24;
```

存为 exa8_15.m。

```
fplot('tanh(x^7-1)+x/24',[-5,5])
hold on
fplot('x/24+1',[-5,5],'b:');
fplot('x/24-1',[-5,5],'b:');
```

```
plot([-5,5],[0,0],'r:')
[xp1,err1,k1]=halley(exa8_15,0.34876917,1e-6,50)
[xp2,err2,k2]=halley(exa8_15,1.3300023,1e-6,50)
[xp3,err3,k3]=halley(exa8_15,0.34876916,1e-6,50)      %此初始值导致迭代发散,见 xp3 的值
[xp4,err4,k4]=halley(exa8_15,1.3300024,1e-6,50)       %此初始值导致迭代发散,见 xp4 的值
```

存为 ex8_15.m。在 MATLAB 命令窗口调用 ex8_15,运行后有如下结果(见图 8.14):

```
>>ex8_15
xp1=0.99397219789925,err1=5.108979105606473e-007,k1=8。
xp2=0.99397219789925,err2=4.387737521082102e-012,k2=12。
xp3=24.00000000000000,err3=2.00000000000000,k3=50。
xp4=24.00000000000000,err4=2.00000000000000,k4=50。
```

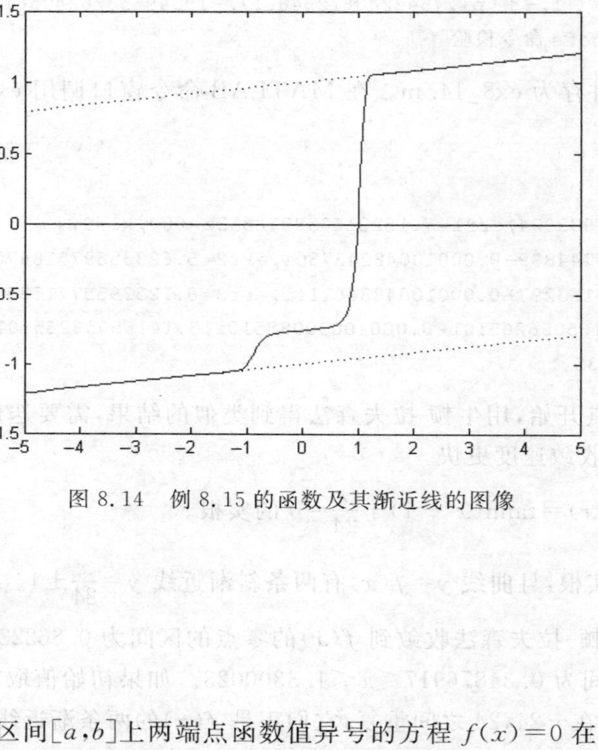

图 8.14　例 8.15 的函数及其渐近线的图像

8.9　Brent 法

1. 功能

用 Brent 法求在区间$[a,b]$上两端点函数值异号的方程 $f(x)=0$ 在$[a,b]$内的一个根。

本算法兼有二分法和反插值的优点,只要函数在方程的有根区间内可求值,则它的收敛速度比二分法快且对病态函数也总能保证收敛。

2. 计算方法

设$[a,b]$为方程 $f(x)=0$ 的一个有根区间,即 $f(a)f(b)<0$,不妨设$|f(b)|\leqslant|f(a)|$。具体计算方法为

(1) 取 $c=a$,$f(c)=f(a)$。

(2) 若$\frac{1}{2}|c-b|<\varepsilon$ 或 $f(b)=0$,则 b 为满足精度要求的根,程序终止;否则,执行(3)。

(3) 若 $a=c$,则用二分法求根的新近似值 x;若 $a\neq c$,则用$(a,f(a))$,$(b,f(b))$,

$(c,f(c))$作反二次插值，且让 $y=0$，则得出根的新近似值：

$$x = b + \frac{P}{Q}, \tag{8.23}$$

其中，

$$P = S(T(R-T)(c-b)-(1-R)(b-a)), \quad Q = (T-1)(R-1)(S-1),$$
$$R = \frac{f(b)}{f(c)}, \quad S = \frac{f(b)}{f(a)}, \quad T = \frac{f(a)}{f(c)}。 \tag{8.24}$$

用 x 代替原来的 b，将原来的 b 作为新的 a。在上述过程中 b 是当前根的最好近似值，P/Q 是对 b 的微小修正值。当修正值 P/Q 使新的根的近似值 x 落在区间$[c,b]$之外，以及当有根区间用反插值计算衰减很慢时，用二分法求根的近似值。返回(2)重复执行，直到求得满足精度要求的根或达到给定的最大迭代次数。

3. 使用说明

```
brent(fun,a,b,tol,maxiter)
```

输入：fun$=f(x)$，左右端点 a,b，tol 为精度要求，maxiter＝最大迭代次数。输出：xp 为根的近似值。

4. MATLAB 程序

```
function xp=brent(fun,a,b,tol,maxiter)
if nargin<5
    maxiter=200;
end
if nargin<4
    tol=1e-10;
end
fa=feval(fun,a);
fb=feval(fun,b);
c=a;fc=fa;
if fa*fb>0
    error('两端点的函数值必须异号');
end
for k=1:maxiter
   h1=b-a;
   if abs(fc)<abs(fb)
      a=b;b=c;c=a;
      fa=fb;fb=fc;fc=fa;
   end
   tolx=(1e-11)*abs(b)+0.5*tol;
   h2=(c-b)/2;
   if abs(h2)<tolx
       break;
   end
   if abs(h2)>=tolx & abs(fa)>abs(fb)
       S=fb/fa;
       if a==c
```

```
            P=2*h2*S;
            Q=1-S;
        else
            T=fa/fc;
            R=fb/fc;
            P=S*(2*h2*T*(R-T)-(b-a)*(1-R));
            Q=(T-1)*(R-1)*(S-1);
        end
        if P>0
            Q=-Q;
        end
        P=abs(P);
        if 2*P<min(abs(3*h2*Q-abs(tolx*Q)),abs(h1*Q))
            h2=P/Q;
        end
    end
    if abs(h2)<tolx
        if h2>0
            h2=tolx;
        else
            h2=-tolx;
            end
        end
        a=b;fa=fb;
        b=b+h2;
        if b==b+h2
           break;
        end
        fb=feval(fun,b);
        if ((fb>0 & fc>0)|(fb<0 & fc<0))
           c=a;fc=fa;
        end
end
xp=b;
```

例 8.16 求方程 $J_1(x)=\sin x$ 在区间[2,10]的所有根，其中 $J_1(x)$ 是第一类 Bessel 函数。

解 画出函数图像，由图 8.15 可见，方程分别在区间[2,3]，[5.5,6.5]和[9,9.5]上各有一个根，分别用 brent 程序计算。

利用 MATLAB 程序求解，建立脚本文件如下：

```
fun=inline('Besselj(1,x)-sin(x)');
fplot('Besselj(1,x)',[2,10])
hold on
fplot('sin(x)',[2,10],'k-.')
```

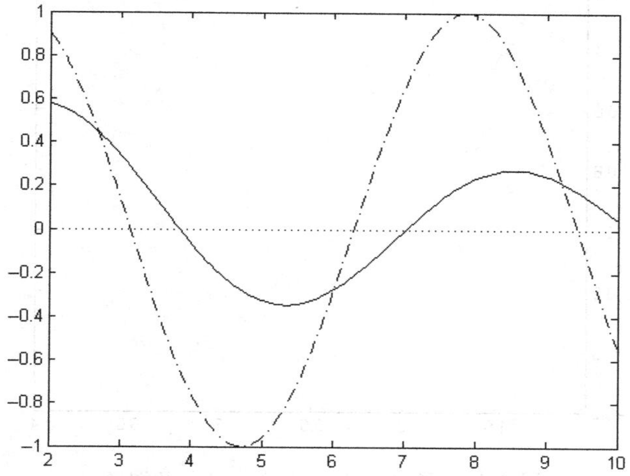

图 8.15 函数 $J_1(x)$与 $\sin x$ 的图像

```
plot([2,10],[0,0],'r:')
xp=brent(fun,2,3,1e-8)
xp1=brent(fun,5.5,6.5,1e-10)
xp2=brent(fun,9,9.5,1e-9)
X1=fzero(fun,2)                                        %用 MATLAB 的函数 fzero 检验
X2=fzero(fun,6)
X3=fzero(fun,9)
```

存为 ex8_16.m。在 MATLAB 命令窗口调用 ex8_16,运行后有如下结果:

```
>>ex8_16
xp=2.67614252308349,xp1=6.00357784855498,xp2=9.20672923974802。
X1=2.67614252308349,X2=6.00357784855498,X3=9.20672923974802。
```

可见用 Brent 法计算的结果比较精确。

例 8.17 求 $f(x)=\sin(x)^2-\dfrac{\sin(30x)^3}{18}$ 在[1,4]上的所有零点。

解 画出函数图像(见图 8.16、图 8.17),由于几个根比较集中,画出局部图。可见函数分别在区间[2.9,3],[3,3.1],[3.1,3.2]和[3.2,3.3]上各有一个零点。

利用 MATLAB 程序求解,建立脚本文件如下:

```
fun1=inline('sin(x)^2-sin(30*x)^3/18');
fplot(fun1,[1,4])
figure
fplot(fun1,[2.5,3.5])
hold on
plot([2.5,3.5],[0,0],'r:')
xp1=brent(fun1,2.9,3,1e-8)
xp2=brent(fun1,3,3.1,1e-10)
xp3=brent(fun1,3.1,3.2,1e-9)
```

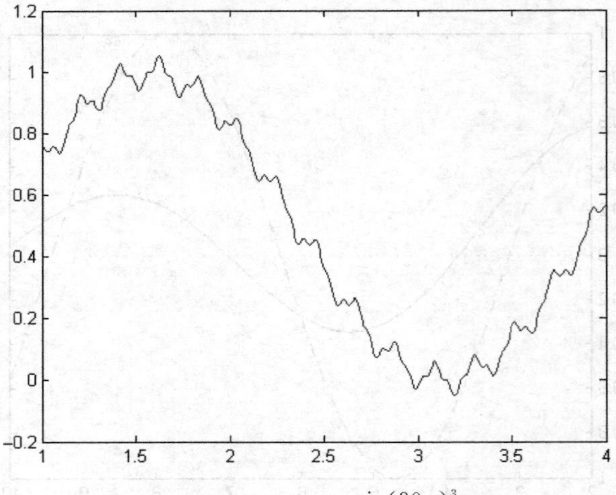

图 8.16　函数 $\sin(x)^2+\frac{\sin(30x)^3}{8}$ 的图像

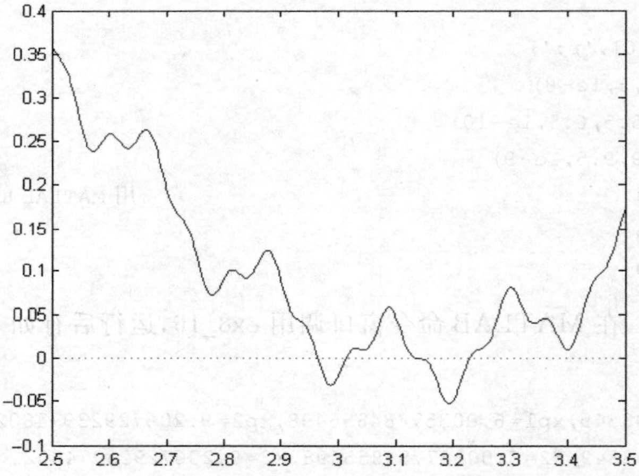

图 8.17　函数 $\sin(x)^2+\frac{\sin(30x)^3}{8}$ 的局部图像

```
xp4=brent(fun1,3.2,3.3,1e-9)
X=fzero(fun1,3.3)                          %用 MATLAB 的函数 fzero 检验
```

存为 ex8_17.m。在 MATLAB 命令窗口调用 ex8_17，运行后有如下结果：

```
>>ex8_17
xp 1=2.96442378144990,xp2=3.01247794154686,
xp3=3.14225945405870,xp4=3.22834979524399。
X=3.22834979524399。
```

8.10 抛物线法

给定曲线 $y=f(x)$ 上不共线的三点 $(x_0,f(x_0))$，$(x_1,f(x_1))$，$(x_2,f(x_2))$，通过这三点作抛物线 $y=p_2(x)$，选取 $p_2(x)=0$ 的一个合适的根 x_3 作为方程 $f(x)=0$ 的新近似根(见

图 8.18)。这样确定的迭代过程就是**抛物线法**，或称为 **Muller 法**。

1. 功能

用抛物线法求方程 f(x)=0 的一个根。

2. 计算方法

设通过三点 $(x_0, f(x_0))$, $(x_1, f(x_1))$, $(x_2, f(x_2))$的抛物线为

$$p_2(x) = a(x-x_2)^2 + b(x-x_2) + c。 \tag{8.25}$$

这里的常数 a,b 和 c 由下列条件确定

$$\begin{cases} f(x_0) = a(x_0-x_2)^2 + b(x_0-x_2) + c, \\ f(x_1) = a(x_1-x_2)^2 + b(x_1-x_2) + c, \\ f(x_2) = c。 \end{cases} \tag{8.26}$$

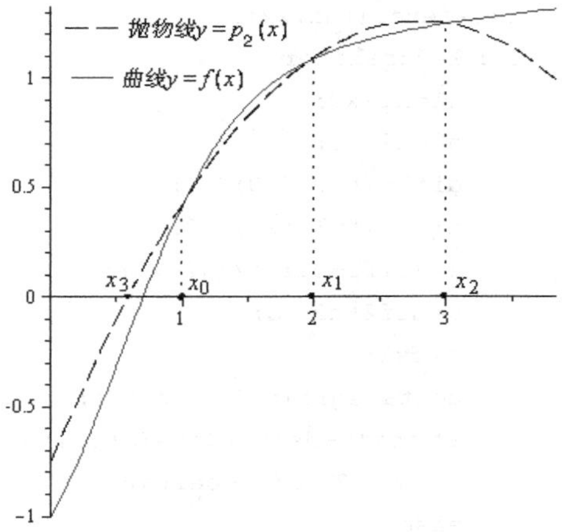

图 8.18 抛物线法的初始点 x_0, x_1, x_2 及新的近似值 x_3

求解线性方程组(8.26)得，

$$c = f(x_2), \tag{8.27}$$

$$b = \frac{(x_0-x_2)^2(f(x_1)-f(x_2)) - (x_1-x_2)^2(f(x_0)-f(x_2))}{(x_0-x_2)(x_0-x_1)(x_1-x_2)}, \tag{8.28}$$

$$a = \frac{(x_1-x_2)(f(x_0)-f(x_2)) - (x_0-x_2)(f(x_1)-f(x_2))}{(x_0-x_2)(x_0-x_1)(x_1-x_2)}。 \tag{8.29}$$

求解二次方程(8.25)，为避免有效位数的损失，用下列二次式求根

$$x_3 - x_2 = \frac{-2c}{b \pm \sqrt{b^2-4ac}}, \tag{8.30}$$

它与求二次根的标准公式等价。为确保方法的稳定性，选取(8.30)式中绝对值较小的根，即“+”或“−”的选取应与 b 相同。确定 x_3 后，用 x_1, x_2, x_3 替换 x_0, x_1, x_2，再确定下一个近似值。

3. 使用说明

```
[xp,err,k]=muller(fun,x0,x1,x2,tol,maxiter)
```

输入：fun=$f(x)$，x_0, x_1, x_2 是初始点，tol=$|(x(k+1)-x(k))/x(k+1)|$ 的误差上限，maxiter=最大迭代次数。输出：xp 为根的近似值，err 为根的误差估计，k 为实际迭代次数。

4. MATLAB 程序

```
function [xp,err,k]=muller(fun,x0,x1,x2,tol,maxiter)
if nargin<6
    maxiter=200;
end
if nargin<5
    tol=1e-8;
end
fx0=feval(fun,x0);
fx1=feval(fun,x1);
```

```
    fx2=feval(fun,x2);
    for k=1:maxiter
        h1=x1-x0;
        h2=x2-x1;
        dif1=(fx1-fx0)/h1;
        dif2=(fx2-fx1)/h2;
        a=(dif2-dif1)/(x2-x0);
        b=dif2+h2*a;
        c=fx2;
        delta=sqrt(b^2-4*a*c);
        if abs(b-delta)<abs(b+delta)
            h=-2*c/(b+delta);
        else
            h=-2*c/(b-delta);
        end
        x3=x2+h;fx3=feval(fun,x3);
        err=abs(h)/(abs(x3)+eps);
        if err<tol |abs(fx3)<eps
            break
        end
        x0=x1;x1=x2;x2=x3;
        fx0=fx1;fx1=fx2;fx2=fx3;
    end
    xp=x3;
```

例 8.18 求方程 $x^2+\frac{1}{12}\cos(64x)-2=0$ 的根。

解 画出函数的图像(见图 8.19,画图程序见 ex8_18.m),其零点不是很清楚,需更近一点观察,画出它的局部图像(见图 8.20),可见在 $x>0$ 的方向只有一个根在 1.4 和 1.5 之间。

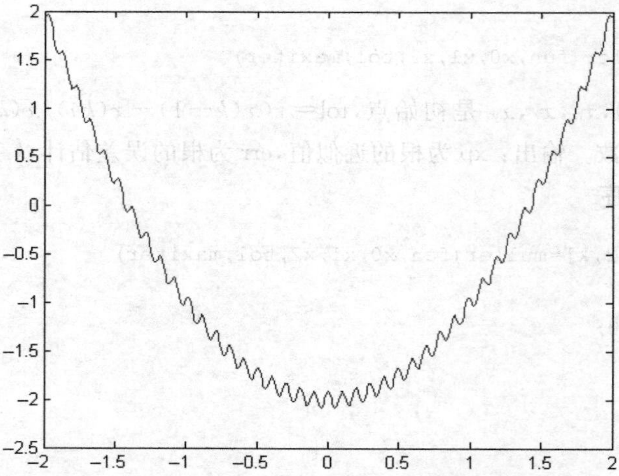

图 8.19 例 8.18 的函数图像

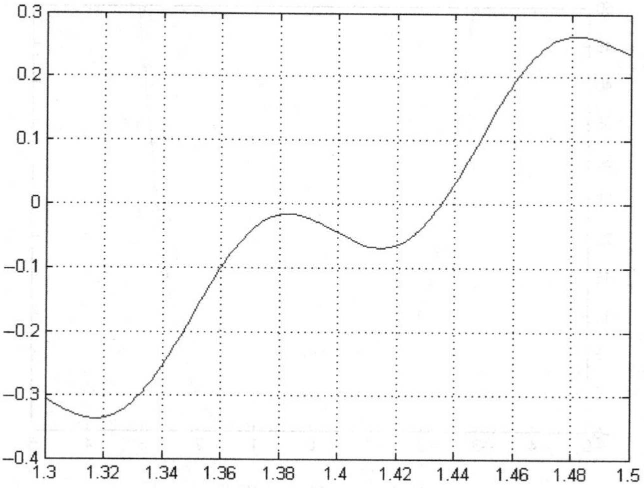

图 8.20 函数的局部图像

取 $x_0=1.1, x_1=2, x_2=3$ 等不同的初值，建立脚本文件如下：

```
fun=inline('x^2+cos(64*x)/12-2');
fplot(fun,[-2,2])
figure
fplot(fun,[1.3,1.5])
grid on
[xp1,err1,k1]=muller(fun,1.1,2,3)
[xp2,err2,k2]=muller(fun,0.5,2,2.3)
[xp3,err3,k3]=muller(fun,0.3,1.2,2.6)
X=fzero(fun,1.4)                          %用 MATLAB 的函数 fzero 检验
```

存为 ex8_18.m。在 MATLAB 命令窗口调用 ex8_18，运行后有如下结果：

```
>>ex8_18
xp1=1.43540970777813,err1=4.155497782826537e-011,k1=7。
xp2=1.43540970777813,err2=3.343695094430243e-011,k2=7。
xp3=1.43540970777813,err3=2.844275205857197e-010,k3=7。
X=1.43540970777813。
```

可见，抛物线法的计算结果比较精确，收敛速度比较快(在一定条件下，它的收敛阶约为1.839)，且对初始值的要求并不高。

例 8.19 求多项式 x^4-4x^2-3x+5 的所有根。

解 4 次多项式应该有 4 个根，画出它的图像(见图 8.21，画图程序见 ex8_19.m)，看它有几个实根。

由图 8.21 可见，此多项式有两个实根，分别在 1,2 附近。选取不同的初始值，建立如下脚本文件：

```
fun1=inline('x^4-4*x^2-3*x+5');
```

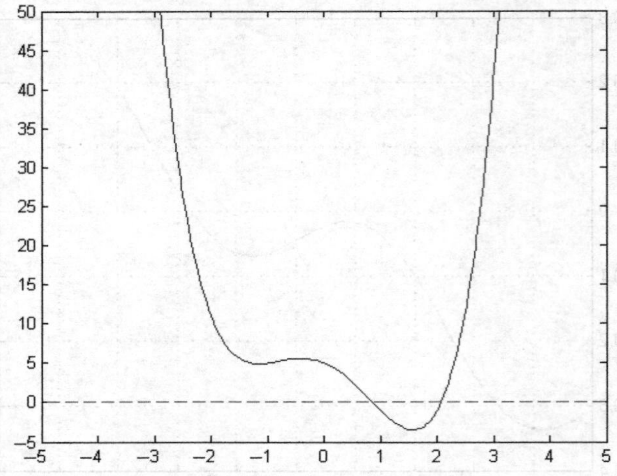

图 8.21　多项式图像

```
fplot(fun1,[-5,5,-5,50])
hold on
plot([-5,5],[0,0],'r--')
[xp1,err1,k1]=muller(fun1,0.5,0.8,1.5)
[xp2,err2,k2]=muller(fun1,1,1.7,2.6)
[xp3,err3,k3]=muller(fun1,-2,-1,0)
[xp4,err4,k4]=muller(fun1,-1,-1.5,-0.5)
[xp5,err5,k5]=muller(fun1,-1,1.5,-1.2-0.3*i)
[xp6,err6,k6]=muller(fun1,-1,1.5,-1.2+0.7*i)
[xp7,err7,k7]=muller(fun1,-1,0.6,1-2*i)
```

roots([1,0,−4,−3,5]) %用 MATLAB 的 roots 命令检验,[1,0,−4,−3,5]为多项式的降幂系数存为 ex8_19.m。在 MATLAB 命令窗口调用 ex8_19,运行后有如下结果:

```
>>ex8_19
xp1=0.86117353204546,err1=3.949816069417065e-013,k1=5。
xp2=2.06932294880707,err2=3.390026314920430e-014,k2=6。
xp3=-1.46524824042627-0.81167177199277i,err3=6.772181520547184e-013,k3=9。
xp4=-1.46524824042627-0.81167177199277i,err4=4.810631993020731e-012,k4=8。
xp5=-1.46524824042627-0.81167177199277i,err5=3.333723311160675e-012,k5=8。
xp6=-1.46524824042627+0.81167177199277i,err6=9.646809144274252e-009,k6=6。
xp7=0.86117353204546-0.00000000000000i,err7=9.223313905446687e-010,k7=6。
allroots=-1.46524824042627+0.81167177199277i
         -1.46524824042627-0.81167177199277i
         2.06932294880707
         0.86117353204546。
```

从上述计算可以看出,从实数的初始值出发,可以收敛到复数根或实根,从复数初始值出发也可以收敛到实根或复根。用 roots 函数检验发现,抛物线法的计算结果很精确。

第9章 非线性方程组的数值解法

n 个变量 n 个方程的非线性方程组的一般形式为

$$\begin{cases} f_1(x_1, x_2, \cdots, x_n) = 0, \\ \quad\quad\quad\quad \vdots \\ f_n(x_1, x_2, \cdots, x_n) = 0。 \end{cases} \tag{9.1}$$

其中 $f_i(x_1, x_2, \cdots, x_n)(i=1,2,\cdots,n)$ 是定义在 $D\subset\mathbb{R}^n$ 上的多元实值函数且至少有一个是非线性函数。简记为 $\boldsymbol{F}(\boldsymbol{x})=(f_1(\boldsymbol{x}), f_2(\boldsymbol{x}), \cdots, f_n(\boldsymbol{x}))=\boldsymbol{0}, \boldsymbol{x}\in\boldsymbol{D}\subset\mathbb{R}^n$。求解形如(9.1)的非线性方程组的问题越来越多地被提出来，而且非线性方程偏微分方程或常微分方程离散化后，常常需要求解这种方程组。本章主要介绍求解非线性方程的几种常用的数值解法，有不动点迭代法、牛顿法、拟牛顿法、数值延拓法和参数微分法。

9.1 不动点迭代法

1. 功能

求方程 $\boldsymbol{F}(\boldsymbol{x})=\boldsymbol{0}$ 在 $\boldsymbol{x}_0$ 附近的根。

2. 计算方法

(1) 将方程(9.1)等价地转化为方程

$$x_i = g_i(x_1, x_2, \cdots, x_n) \quad (i = 1,2,\cdots,n),$$

简记为

$$\boldsymbol{x} = \boldsymbol{G}(\boldsymbol{x}), \quad \boldsymbol{x} = (x_1, x_2, \cdots, x_n) \in D, \tag{9.2}$$

其中，$\boldsymbol{G}(\boldsymbol{x})=(g_1(\boldsymbol{x}), g_2(\boldsymbol{x}), \cdots, g_n(\boldsymbol{x}))^{\mathrm{T}}$。

(2) 构造迭代公式

$$\boldsymbol{x}^{(k+1)} = \boldsymbol{G}(\boldsymbol{x}^{(k)}), \quad k = 0,1,\cdots,n \tag{9.3}$$

上式称为**不动点迭代法**，$\boldsymbol{G}(\boldsymbol{x})$ 称为**迭代函数**。

(3) 检验迭代终止条件是否满足，若满足，则求得方程的近似解并退出，否则继续迭代。

迭代终止的条件：$\mathrm{norm}(\boldsymbol{x}^{(k+1)}-\boldsymbol{x}^{(k)})<\mathrm{tol}\left(或\dfrac{\mathrm{norm}(\boldsymbol{x}^{(k+1)}-\boldsymbol{x}^{(k)})}{\mathrm{norm}(\boldsymbol{x}^{(k+1)})}<\mathrm{tol}\right)$。

3. 使用说明

```
[xp,k]=mulfixiter(fun,x0,tolx,maxiter)
```

fun 是迭代函数，fun=[g_1，g_2，…]-向量形式，$\boldsymbol{x}^{(0)}$ 初始点-向量形式，tol 是容差，maxiter 是最大迭代次数。输出根的近似值 xp 和实际迭代次数 numiter。

4. MATLAB 程序

```
function [xp,k]=mulfixiter(fun,x0,tolx,maxiter)
fx0=feval(fun,x0);
[m1,n1]=size(fx0);[m2,n2]=size(x0);
if m1~=m2
    x0=x0';
    [m2,n2]=size(x0);
end
if (m1~=m2) | (n1~=n2)
    error('输入的方程组个数与向量维数不匹配');
end
if nargin<4
    maxiter=1000;
end
if nargin<3
   tolx=1e-8;
end
for k=1:maxiter
    x1=feval(fun,x0);
    err=norm(x1-x0)/(norm(x1)+eps);
    if err<tolx
       break
    end
    x0=x1;
end
xp=x1;
```

例 9.1 求非线性方程组$\begin{cases}f_1(x,y)=x^2-2x-y+0.5=0,\\f_2(x,y)=x^2+4y^2-4=0\end{cases}$的一组解。

解 首先将 $f_1(x,y)=0$ 转化为 $x=g_1(x,y)=\dfrac{x^2-y+0.5}{2}$，将 $f_2(x,y)=0$ 转化为 $y=g_2(x,y)=\dfrac{-x^2-4y^2+8y+4}{8}$。建立函数文件和脚本文件如下：

```
function z=exa9_1(x)
z=[(x(1)^2-x(2)+0.5)/2;(-x(1)^2-4*x(2)^2+8*x(2)+4)/8];
```

存为 exa9_1.m。

```
function z=exam9_1(x)
z=[x(1)^2-2*x(1)-x(2)+0.5;x(1)^2+4*x(2)^2-4];
```

存为 exam9_1. m。

```
ezplot('x^2+4*y^2-4',[-3,3,-1,2])                    %画图
grid
hold on
ezplot('x^2-2*x-y+0.5',[-3,3,-1,2])
[xp,k]=mulfixiter(@exa9_1,[0;1],1e-8,100)
fsolve(@ exam9_1,[0;1])                              %用 MATLAB 的 fsolve 检验
```

存为 ex9_1. m。在 MATLAB 命令窗口调用 ex9_1,运行后有如下结果(图像见图 9. 1):

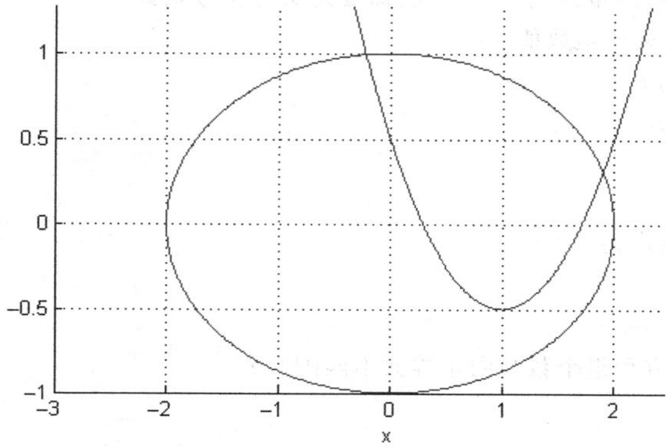

图 9. 1　$y=x^2-2x+0.5$ 和 $x^2+4y^2=4$ 的图像

```
>>ex9_1
xp=-0.22221455486850   0.99380841863633,
k=11。
Optimization terminated: first-order optimality is less than options. TolFun.
ans=-0.22221455505972   0.99380841859983。
```

9.2 牛顿法

1. 功能

求方程 $\boldsymbol{F}(\boldsymbol{x})=\boldsymbol{0}$ 在 $\boldsymbol{x}_0$ 附近的根。

2. 计算方法

牛顿法的迭代公式为

$$\boldsymbol{x}^{(k+1)}=\boldsymbol{x}^{(k)}-\boldsymbol{F}'(\boldsymbol{x}^{(k)})^{-1}\boldsymbol{F}(\boldsymbol{x}^{(k)}),\quad k=0,1,\cdots。\tag{9.4}$$

(1) 由 $\boldsymbol{x}^{(k)}$ 计算 $\boldsymbol{x}^{(k+1)}$ 的具体步骤:

(a) 计算 $\boldsymbol{F}'(\boldsymbol{x}^{(k)}),\boldsymbol{F}(\boldsymbol{x}^{(k)})$;

(b) 解线性方程组 $\boldsymbol{F}'(\boldsymbol{x}^{(k)})\Delta\boldsymbol{x}^{(k)}=-\boldsymbol{F}(x^{(k)})$,解得 $\Delta\boldsymbol{x}^{(k)}$;　(9. 5)

(c) 令 $\boldsymbol{x}^{(k+1)}=\boldsymbol{x}^{(k)}+\Delta\boldsymbol{x}^{(k)}$。

(2) 检验迭代终止条件是否满足,若满足,则求得方程的近似解并退出,否则继续迭代。

迭代终止的条件:$\mathrm{norm}(\boldsymbol{x}^{(k+1)}-\boldsymbol{x}^{(k)})<\mathrm{tol}\left(或\dfrac{\mathrm{norm}(\boldsymbol{x}^{(k+1)}-\boldsymbol{x}^{(k)})}{\mathrm{norm}(\boldsymbol{x}^{(k+1)})}<\mathrm{tol}\right)$。

3. 使用说明

```
[xp,fp,k]=mulnewton(fun,x0,tolx,maxiter)
```

fun=$\boldsymbol{F}(\boldsymbol{x})$-向量形式，$\boldsymbol{x}^{(0)}$初始点-向量形式，tol 是容差，maxiter 是最大迭代次数。输出根的近似值 xp，$\boldsymbol{F}(\boldsymbol{x})$在 xp 处的值 fp 和实际迭代次数 numiter。

注：由 fp 是否等于 **0** 或接近于 **0** 可以判断求得的 xp 是否为方程组的(近似)解。

4. MATLAB 程序

```
function [xp,fp,k]=mulnewton(fun,x0,tolx,maxiter)
%fun=[f1,f2,…],行向量或列向量形式,需要定义为符号函数
%输出 fp=fun 在 xp 处的函数值
[m1,n1]=size(fun);
[m2,n2]=size(x0);
if m1~=m2
    x0=x0';
    [m2,n2]=size(x0);
end
if (m1~=m2) | (n1~=n2)
    error('输入的方程组个数与向量维数不匹配');
end
if nargin<4
    maxiter=1000;
end
if nargin<3
    tolx=1e-6;
end
var=findsym(fun);
F=Jacobian(fun,var);                                   %fun 的 Jacobi 矩阵
for k=1:maxiter
    JF=subs(F,var,x0);
    fx0=subs(fun,var,x0);
    dx=Gausselimpiv(JF,-fx0);                          %用 Gauss 列主元法解方程组
    x1=x0+dx;
    err=norm(x1-x0)/(norm(x1)+eps);
if err<tolx
        break
end
x0=x1;
end;
xp=x1;
fp=subs(fun,var,xp);
```

例 9.2 求方程组$\begin{cases}8z+3z^2+2y^2+xy-4x^2+9xz-4=0,\\ -z+4z^2-4y^2+6xy-6x^2-4yz+39=0,\\ 9y-2z-3y^2+4xy-8yz+20=0\end{cases}$的一组解。

解 利用 MATLAB 程序求解，建立函数、脚本文件如下：

```
function w=exa9_2(x,y,z)
syms x y z;
w=[8*z+3*z^2+2*y^2+x*y-4*x^2+9*x*z-4,-z+4*z^2-4*y^2+6*x*y-6*x^2-4
*y*z+39,9*y-2*z-3*y^2+4*x*y-8*y*z+20];
```

存为 exa9_2。

```
[xp0,fp0,k0]=mulnewton(exa9_2,[-3,8,12],1e-8,50)
[xp1,fp1,k1]=mulnewton(exa9_2,[-3,-5,-1],1e-8,50)
[xp2,fp2,k2]=mulnewton(exa9_2,[5,-3,3],1e-8,50)
[xp3,fp3,k3]=mulnewton(exa9_2,[5,3,3+i],1e-8,50)
examp9_2=inline('[8*x(3)+3*x(3)^2+2*x(2)^2+x(1)*x(2)-4*x(1)^2+9*x(1)*x
(3)-4,-x(3)+4*x(3)^2-4*x(2)^2+6*x(1)*x(2)-6*x(1)^2-4*x(2)*x(3)+39,9*x
(2)-2*x(3)-3*x(2)^2+4*x(1)*x(2)-8*x(2)*x(3)+20]');
options=optimset('Display','off');
[xf0,Fval0,exitflag0]=fsolve(examp9_2,[-3,8,12],options)         %用 fsolve 检验
[xf1,Fval1,exitflag1]=fsolve(examp9_2,[-3,-5,-1],options)
```

将以上脚本文件存为 ex9_2.m。在 MATLAB 命令窗口调用 ex9_2,运行后有如下结果。

```
>>ex9_2
xp0=-1.00000000000000    2.00000000000000    1.00000000000000,
fp0=1.0e-014 *
        0.17763568394003      0       0,
k0=8。
xp1=-3.11489924110468    -1.84329570930170   -1.26968293849615,
fp1=1.0e-013 *
    0.03552713678801       -0.14210854715202  0,
k1=6。
xp2=1.95470480815962     -1.23364978056382   0.67531759066428,
fp2=1.0e-014 *
                 0       0          0.35527136788005,
k2=6。
xp3=4.83509362734322+3.37425550827603i  6.69098294763408-3.84982845151629i
    1.32823684202788+3.18156406103025i,
fp3=1.0e-013 *
    0.28421709430404+0.85265128291212i  -0.14210854715202+0.28421709430404i
    0-0.56843418860808i,
k3=10。
xf0=-1.00000000000000    2.00000000000000    1.00000000000000,
Fval0 =1.0e-014 *
     0.17763568394003                    0                  0,
exitflag0=1。
xf1=-3.05243704273091    -4.52254768794535   0.78536494968975,
Fval1=1.0e-01 3 *
              0          0.14210854715202    0.03552713678801,
exitflag1=1。
```

以上从不同的初值出发，经过几次迭代后均得到一组解，它们都是方程组的(实或复)近似解。

从上述计算的结果中发现，从同一初始值[−3，−5，−1]开始，mulnewton 和 fsolve 分别得到方程组的不同的解。

9.3 修正牛顿法

1. 功能

求方程 $\boldsymbol{F}(\boldsymbol{x})=\boldsymbol{0}$ 在 $\boldsymbol{x}_0$ 附近的根。

2. 计算方法

修正牛顿法的迭代公式为

$$\boldsymbol{x}^{(k+1)}=\boldsymbol{x}^{(k)}-\boldsymbol{F}'(\boldsymbol{x}^{(k)})^{-1}(\boldsymbol{F}(\boldsymbol{x}^{(k)})+\boldsymbol{F}(\boldsymbol{x}^{(k)}-\boldsymbol{F}'(\boldsymbol{x}^{(k)})^{-1}\boldsymbol{F}(\boldsymbol{x}^{(k)}))),\quad k=0,1,\cdots,\tag{9.6}$$

(1) 由 $\boldsymbol{x}^{(k)}$ 计算 $\boldsymbol{x}^{(k+1)}$ 的具体步骤：

(a) 计算 $\boldsymbol{F}'(\boldsymbol{x}^{(k)})$，$\boldsymbol{F}(\boldsymbol{x}^{(k)})$；

(b) 解线性方程组 $\boldsymbol{F}'(\boldsymbol{x}^{(k)})\Delta\boldsymbol{x}^{(k)}=-\boldsymbol{F}(\boldsymbol{x}^{(k)})$，解得 $\Delta\boldsymbol{x}^{(k)}$；

(c) 计算 $\boldsymbol{F}(\boldsymbol{x}^{(k)}+\Delta\boldsymbol{x}^{(k)})$，解线性方程组 $\boldsymbol{F}'(\boldsymbol{x}^{(k)})\Delta 2\boldsymbol{x}^{(k)}=-\boldsymbol{F}(\boldsymbol{x}^{(k)}+\Delta\boldsymbol{x}^{(k)})$，解得 $\Delta 2\boldsymbol{x}^{(k)}$；

(d) 令 $\boldsymbol{x}^{(k+1)}=\boldsymbol{x}^{(k)}+\Delta\boldsymbol{x}^{(k)}+\Delta 2\boldsymbol{x}^{(k)}$。

(2) 检验迭代终止条件是否满足，若满足，则求得方程的近似解并退出，否则继续迭代。

迭代终止的条件：$\text{norm}(\boldsymbol{x}^{(k+1)}-\boldsymbol{x}^{(k)})<\text{tol}\left(或\dfrac{\text{norm}(\boldsymbol{x}^{(k+1)}-\boldsymbol{x}^{(k)})}{\text{norm}(\boldsymbol{x}^{(k+1)})}<\text{tol}\right)$。

3. 使用说明

```
[xp,fp,k]=impmulnew(fun,x0,tolx,maxiter)
```

fun=$\boldsymbol{F}(\boldsymbol{x})$-向量形式，需要定义为符号函数，$\boldsymbol{x}^{(0)}$ 初始点-向量形式，tol 是容差，maxiter 是最大迭代次数。输出根的近似值 xp，$\boldsymbol{F}(\boldsymbol{x})$在 xp 处的值 fp 和实际迭代次数 numiter。

注：由 fp 是否等于 0 或接近于 0 可以判断求得的 xp 是否为方程组的(近似)解。

4. MATLAB 程序

```
function [xp,fp,k]=impmulnew(fun,x0,tolx,maxiter)
[m1,n1]=size(fun);
[m2,n2]=size(x0);
if m1~=m2
    x0=x0';
    [m2,n2]=size(x0);
end
if (m1 ~=m2) | (n1 ~=n2)
    error('输入的方程组个数与向量维数不匹配');
end
if nargin<4
    maxiter=1000;
end
```

```
if nargin<3
     tolx=1e-6;
end
var=findsym(fun);
F=Jacobian(fun,var);                          %fun 的 Jacobi 矩阵
for k=1:maxiter
    JF=subs(F,var,x0);
    fx0=subs(fun,var,x0);
    dx=Gausselimpiv(JF,-fx0);                 %用 Gauss 列主元法解方程组
    f2x0=subs(fun,var,x0+dx);
    d2x=Gausselimpiv(JF,-f2x0);
    x1=x0+dx+d2x;
    err=norm(x1-x0)/(norm(x1)+eps);
    if err<tolx
        break
    end
    x0=x1;
end;
xp=x1;
fp=subs(fun,var,xp);
```

例 9.3 求方程组 $\begin{cases}320-6x^2y-8xy^3-9x^3-3x^2-150x=0,\\5x^3y+6x^2y^2+xy^3+4x^2y+5x^2-50y-36=0\end{cases}$ 的一组解。

解 利用 MATLAB 程序求解，建立函数、脚本文件如下：

```
function w=exa9_3(x,y)
syms x y;
w=[320-6*x^3*y-8*x*y^3-9*x^3-3*x^2-150*x,5*x^3*y+6*x^2*y^2+x*y^3+4
*x^2*y+5*x^2-50*y-36];
```

存为 exa9_3。

脚本文件：

```
[xp1,fp1,k1]=impmulnew(exa9_3,[-5,-10],1e-8,50)
[xp2,fp2,k2]=impmulnew(exa9_3,[3,-3],1e-8,50)
examp9_3=inline('[320-6*x(1)^3*x(2)-8*x(1)*x(2)^3-9*x(1)^3-3*x(1)^2-150
*x(1),5*x(1)^3*x(2)+6*x(1)^2*x(2)^2+x(1)*x(2)^3+4*x(1)^2*x(2)+5*x(1)^2
-50*x(2)-36]');
options=optimset('Display','off');        %将'off' 换为 'iter',则显示迭代的中间结果
[xf1,Fval1,exitflag1]=fsolve(examp9_3,[-5,-10],options)  %用 fsolve 检验
[xf2,Fval2,exitflag2]=fsolve(examp9_3,[3,-3],options)
```

将以上脚本文件存为 ex9_3.m。在 MATLAB 命令窗口调用 ex9_3，运行后有如下结果：

```
>>ex9_3
xp1=2.00000000000000    -1.00000000000000,
```

```
fp1=1.0e-013 *
    -0.56843418860808   -0.07105427357601,
k1=9。
xp2=2.33514179034215    -1.41604650732755,
fp2=1.0e-013 *
    0.56843418860808                    0,
k2=6。
xf1=-0.51685359140872   -4.15202225985273,
Fval1=1.0e+002 *
      0.98567217814122   2.35993403310404,
exitflag1=-2。
xf2=2.33514179034224    -1.41604650732767,
Fval2=1.0e-011 *
      0.82991391536780  -0.11155520951434,
exitflag2=1。
```

可见两次迭代都收敛到方程组的解,收敛性及迭代次数与初始值密切相关。在一定条件下,修正牛顿法至少三阶收敛,它比牛顿法的平方收敛更快。从上述结果可以看出,当取初值 $x_0=[-5,-10]$时进行迭代,修正牛顿法收敛到方程组的解,而 fsolve 发散。

9.4 拟牛顿法

在解非线性方程组的牛顿法的迭代公式(9.4)中,用矩阵 $\boldsymbol{A}_k$ 近似代替 $\boldsymbol{F}'(\boldsymbol{x}_k)$,得到如下的迭代公式:

$$\boldsymbol{x}^{(k+1)}=\boldsymbol{x}^{(k)}-\boldsymbol{A}_k^{-1}\boldsymbol{F}(\boldsymbol{x}^{(k)}),\quad k=0,1,\cdots, \tag{9.7}$$

其中 $\boldsymbol{A}_k(k=0,1,\cdots)$均非奇异。为了避免每次迭代都计算逆矩阵,我们设法构造 $\boldsymbol{H}_k$ 直接逼近 $\boldsymbol{F}'(\boldsymbol{x}^{(k)})^{-1}$。由此得迭代公式:

$$\boldsymbol{x}^{(k+1)}=\boldsymbol{x}^{(k)}-\boldsymbol{H}_k\boldsymbol{F}(\boldsymbol{x}^{(k)}),\quad k=0,1,\cdots, \tag{9.8}$$

称迭代法(9.7)或(9.8)为**拟牛顿法**。

选取不同的矩阵序列$\{\boldsymbol{A}_k\}$或$\{\boldsymbol{H}_k\}$,将得到各类拟牛顿法。

9.4.1 Broyden 方法

1. 功能

求方程 $\boldsymbol{F}(\boldsymbol{x})=\boldsymbol{0}$ 在 $\boldsymbol{x}_0$ 附近的根。

2. 计算方法

Broyden 方法的迭代公式为

$$\begin{cases}\boldsymbol{x}^{(k+1)}=\boldsymbol{x}^{(k)}-\boldsymbol{A}_k^{-1}\boldsymbol{F}(\boldsymbol{x}^{(k)}),\\ \boldsymbol{A}_{k+1}=\boldsymbol{A}_k+\dfrac{(\Delta\boldsymbol{y}^{(k)}-\boldsymbol{A}_k\Delta\boldsymbol{x}^{(k)})(\Delta\boldsymbol{x}^{(k)})^{\mathrm{T}}}{(\Delta\boldsymbol{x}^{(k)})^{\mathrm{T}}\Delta\boldsymbol{x}^{(k)}},\quad k=0,1,\cdots,\end{cases} \tag{9.9}$$

其中,$\Delta\boldsymbol{x}^{(k)}=\boldsymbol{x}^{(k+1)}-\boldsymbol{x}^{(k)}$,$\Delta\boldsymbol{y}^{(k)}=\boldsymbol{F}(\boldsymbol{x}^{(k+1)})-\boldsymbol{F}(\boldsymbol{x}^{(k)})$。

具体计算步骤:

(1) 当 $k=0$ 时,取 $\boldsymbol{A}_0=\boldsymbol{F}'(\boldsymbol{x}^{(0)})$(或 $\boldsymbol{A}_0$ 取为 n 阶单位矩阵),计算 $\boldsymbol{F}(\boldsymbol{x}^{(0)})$,解线性方程

组 $\boldsymbol{A}_0\Delta\boldsymbol{x}^{(0)}=-\boldsymbol{F}(\boldsymbol{x}^{(0)})$，求得 $\Delta\boldsymbol{x}^{(0)}$ 及 $\boldsymbol{x}^{(1)}=\boldsymbol{x}^{(0)}+\Delta\boldsymbol{x}^{(0)}$；并计算 $\boldsymbol{F}(\boldsymbol{x}^{(1)})$，$\Delta\boldsymbol{y}^{(0)}$ 及 $\boldsymbol{A}_1$。

(2) 对 $k\geqslant 1$，解线性方程组 $\boldsymbol{A}_k\Delta\boldsymbol{x}^{(k)}=-\boldsymbol{F}(\boldsymbol{x}^{(k)})$ 得 $\Delta\boldsymbol{x}^{(k)}$，计算 $\boldsymbol{x}^{(k+1)}=\boldsymbol{x}^{(k)}+\Delta\boldsymbol{x}^{(k)}$，$\boldsymbol{F}(\boldsymbol{x}^{(k+1)})$，$\Delta\boldsymbol{y}^{(k)}$ 及 $\boldsymbol{A}_{k+1}$。

(3) 检验迭代终止条件是否满足，若满足，则求得方程的近似解并退出，否则继续迭代。迭代终止的条件：$\mathrm{norm}(\boldsymbol{x}^{(k+1)}-\boldsymbol{x}^{(k)})<\mathrm{tol}\left(\text{或}\dfrac{\mathrm{norm}(\boldsymbol{x}^{(k+1)}-\boldsymbol{x}^{(k)})}{\mathrm{norm}(\boldsymbol{x}^{(k+1)})}<\mathrm{tol}\right)$。

3. 使用说明

```
[xp,fp,k]=broyden(fun,x0,tolx,maxiter)
```

fun=$\boldsymbol{F}(\boldsymbol{x})$-向量形式，$\boldsymbol{x}^{(0)}$ 初始点-向量形式，tol 是容差，maxiter 是最大迭代次数。输出根的近似值 xp，$\boldsymbol{F}(\boldsymbol{x})$在 xp 处的值 fp 和实际迭代次数 numiter。

注：由 fp 是否等于 0 或接近于 0 可以判断求得的 xp 是否为方程组的(近似)解。

4. MATLAB 程序

```
function [xp,fp,k]=broyden(fun,x0,tolx,maxiter)
fx0=feval(fun,x0);
[m1,n1]=size(fx0);
[m2,n2]=size(x0);
if m1~=m2
    x0=x0';
    [m2,n2]=size(x0);
end
if (m1 ~=m2) | (n1 ~=n2)
    error('输入的方程组个数与向量维数不匹配');
end
if nargin<4
    maxiter=1000;
end
if nargin<3
    tolx=1e-6;
end
E=eye(max(m2,n2));
A0=E;
if m1<n1
    fx0=fx0';
    x0=x0';                          %统一转为列向量
end
for k=1:maxiter
    dx=Gausselimpiv(A0,-fx0);        %用 Gauss 列主元法解方程组
    x1=x0+dx;
    err=norm(x1-x0)/(norm(x1)+eps);
    if err<tolx
        break
    end
```

```
    fx1=feval(fun,x1);
    if m1<n1
        fx1=fx1';
    end
    dy=fx1-fx0;
    A1=A0+(dy-A0*dx)*dx'/(dx'*dx);
    x0=x1;
    A0=A1;
    fx0=fx1;
end;
xp=x1';
fp=feval(fun,xp);
```

例 9.4 求方程组$\begin{cases}x+\cos(xyz)-1=0,\\(1-x)^{\frac{1}{4}}+y+0.05z^2-0.15z-1=0,\\-x^2-0.1y^2+0.01y+z-1=0\end{cases}$的一组解。

解 利用 MATLAB 程序求解,建立脚本文件如下:

```
exa9_4=inline('[x(1)+cos(x(1)*x(2)*x(3))-1,(1-x(1))^(1/4)+x(2)+0.05*x(3)^2-0.
15*x(3)-1,-x(1)^2-0.1*x(2)^2+0.01*x(2)+x(3)-1]','x');          %建立方程组
x0=[0,3,-5];
[xp,fp,k]=broyden(exa9_4,x0,1e-8,50)
x1=[0.3,-1,5];
[xp1,fp1,k1]=broyden(exa9_4,x1,1e-8,50)
[xf,Fval,exitflag]=fsolve(exa9_4,x0)                            %用 fsolve 检验
[xf1,Fval1,exitflag1]=fsolve(exa9_4,x1)
```

存为 ex9_4.m。在 MATLAB 命令窗口调用 ex9_4,运行后有如下结果:

```
>>ex9_4
xp=0    0.10000000000000      1.00000000000000,
fp=1.0e-015 *
   0    0.44408920985006    -0.55511151231258,
k=9。
xp1=0.00000000000001     0.09999999999998     0.99999999999991,
fp1=1.0e-013 *
    0.12212453270877    -0.16986412276765    -0.85709217501062,
k1=12。
Optimization terminated: first-order optimality is less than options. TolFun.
xf=0.00000000000000     0.09999999999999     0.99999999999986,
Fval=1.0e-012 *
     0                0    -0.13955503419538,
exitflag=1。
Optimization terminated: first-order optimality is less than options. TolFun.
xf1=0.77331836100601  -1.20476301953890i  0.20329618545189  -0.61861979505372i
0.11039828114906  -1.88229713836148i,
```

```
Fval1=1.0e-008 *
0.12059624410199  -0.10222347412991i  0.00125439658660  -0.00146243572807i
-0.00356489282538  -0.00551956258477i,
exitflag1=1。
```

由上述计算结果可以看出，当取初值为=[0.3，－1,5]时，broyden 和 fsolve 求得方程组的两组不同的根。

9.4.2 DFP 方法

1. 功能

求方程 $\boldsymbol{F}(\boldsymbol{x})=\boldsymbol{0}$ 在 $\boldsymbol{x}_0$ 附近的根。

2. 计算方法

DFP 方法的迭代公式为

$$\begin{cases}\boldsymbol{x}^{(k+1)}=\boldsymbol{x}^{(k)}-\boldsymbol{H}_k\boldsymbol{F}(\boldsymbol{x}^{(k)}),\\ \boldsymbol{H}_{k+1}=\boldsymbol{H}_k+\dfrac{(\Delta\boldsymbol{x}^{(k)})(\Delta\boldsymbol{x}^{(k)})^{\mathrm{T}}}{(\Delta\boldsymbol{x}^{(k)})^{\mathrm{T}}\Delta\boldsymbol{y}^{(k)}}-\dfrac{\boldsymbol{H}_k(\Delta\boldsymbol{y}^{(k)})(\Delta\boldsymbol{y}^{(k)})^{\mathrm{T}}\boldsymbol{H}_k}{(\Delta\boldsymbol{y}^{(k)})^{\mathrm{T}}\boldsymbol{H}_k(\Delta\boldsymbol{y}^{(k)})},\quad k=0,1,\cdots,\end{cases}\tag{9.10}$$

其中，$\Delta\boldsymbol{x}^{(k)}=\boldsymbol{x}^{(k+1)}-\boldsymbol{x}^{(k)}$，$\Delta\boldsymbol{y}^{(k)}=\boldsymbol{F}(\boldsymbol{x}^{(k+1)})-\boldsymbol{F}(\boldsymbol{x}^{(k)})$。

具体计算步骤：

(1) 当 $k=0$ 时，取 $\boldsymbol{H}_0=\boldsymbol{F}'(\boldsymbol{x}^{(0)})^{-1}$（或 $\boldsymbol{H}_0$ 取为 n 阶单位矩阵），计算 $\boldsymbol{F}(\boldsymbol{x}^{(0)})$，求得 $\Delta\boldsymbol{x}^{(0)}$ 及 $\boldsymbol{x}^{(1)}=\boldsymbol{x}^{(0)}+\boldsymbol{\Delta x}^{(0)}$；并计算 $\boldsymbol{F}(\boldsymbol{x}^{(1)})$，$\Delta\boldsymbol{y}^{(0)}$ 及 $\boldsymbol{H}_1$；

(2) 对 $k\geqslant1$，计算 $\boldsymbol{x}^{(k+1)}=\boldsymbol{x}^{(k)}+\Delta\boldsymbol{x}^{(k)}$，$\boldsymbol{F}(\boldsymbol{x}^{(k+1)})$，$\Delta\boldsymbol{y}^{(k)}$ 及 $\boldsymbol{H}_{k+1}$；

(3) 检验迭代终止条件是否满足，若满足，则求得方程的近似解并退出，否则继续迭代。

迭代终止的条件：$\mathrm{norm}(\boldsymbol{x}^{(k+1)}-\boldsymbol{x}^{(k)})<\mathrm{tol}\left(或\dfrac{\mathrm{norm}(\boldsymbol{x}^{(k+1)}-\boldsymbol{x}^{(k)})}{\mathrm{norm}(\boldsymbol{x}^{(k+1)})}<\mathrm{tol}\right)$。

3. 使用说明

```
nonlsdfp(fun,x0,tolx,maxiter)
```

fun=$\boldsymbol{F}(\boldsymbol{x})$-向量形式，需要定义为符号函数，$\boldsymbol{x}^{(0)}$ 初始点-向量形式，tol 是容差，maxiter 是最大迭代次数。输出根的近似值 xp，$\boldsymbol{F}(\boldsymbol{x})$在 xp 处的值 fp 和实际迭代次数 k。

注：由 fp 是否等于 0 或接近于 0 可以判断求得的 xp 是否为方程组的(近似)解。

4. MATLAB 程序

```
function [xp,fp,k]=nonlsdfp(fun,x0,tolx,maxiter)
var=findsym(fun);
F=Jacobian(fun,var);          %fun 的 Jacobi 矩阵
fx0=subs(fun,var,x0);
[m1,n1]=size(fx0);
[m2,n2]=size(x0);
if m1~=m2
    x0=x0'
    [m2,n2]=size(x0);
end
if (m1 ~=m2) | (n1 ~=n2)
```

```
        error('输入的方程组个数与向量维数不匹配');
    end
    if nargin<4
        maxiter=1000;
    end
    if nargin<3
        tolx=1e-6;
    end
    if m1<n1
        fx0=fx0';
        x0=x0';                          %统一转为列向量
    end
    H0=subs(F,var,x0);
    H0=inv(H0);      %经过多例实践证明 H0 取(F'(x0))-1 效果较好,若取 H0 为单位矩阵,效果很差
    for k=1:maxiter
        dx=-H0*fx0;
        x1=x0+dx;
        fx1=subs(fun,var,x1);
        if m1<n1
            fx1=fx1';
        end
        dy=fx1-fx0;
        H1=H0+(dx*dx')/(dx'*dy)-(H0*dy*(dy)'*H0)/((dy)'*H0*dy);
        err=norm(x1-x0);
        if err<tolx
            break
        end
        x0=x1;
        H0=H1;
        fx0=fx1;
    end
    xp=x0';
    fp=fx0;
```

例 9.5 求方程组 $\begin{cases}2x^3-4x^2y+7y^3-5yz-4y^2+322=0,\\7yz^2+3x^2z+3xyz-5y^2z-5x^3+3z^2-635=0,\\3x^2z-2xz-9yz+xy+x-3y-269=0\end{cases}$ 的一组解。

解 建立函数、脚本文件如下:

```
function w=exa9_5(x,y,z)
syms x y z;
w=[2*x^3-4*x^2*y+7*y^3-5*y*z-4*y^2+322,7*y*z^(2)+3*x^2*z+3*x*y*z-5*
y^2*z-5*x^3+3* z^2-635,3 *x^2*z-2 *x* z-9 *y* z+x* y+x-3*y-269];
```

存为 exa9_5.m。

```
x0=[-5.8,-4.3,2.9];x1=[-1.4,-3.7,3.3];x2=[-1.5,-3.7,3.3];
```

```
[xp,fp,k]=nonlsdfp(exa9_5,x0,1e-8,50)
[xp1,fp1,k1]=nonlsdfp(exa9_5,x1,1e-8,150)
[xp2,fp2,k2]=nonlsdfp(exa9_5,x2,1e-8,150)
exam9_5=inline('[2*x(1)^3-4* x(1)^2*x(2)+7*x(2)^3-5*x(2)*x(3)-4*x(2)^2+
322,7* x(2)* x(3)^(2)+3*x(1)^2*x(3)+3* x(1)* x(2)* x(3)-5*x(2)^2*x(3)-5*
x(1)^3+3* x(3)^2-635,3*x(1)^2*x(3)-2 *x(1)* x(3)-9 *x(2)* x(3)+x(1)* x(2)
+ x(1)-3*x(2)-269]','x');
[x,Fval,exitflag]=fsolve(exam9_5,x0)          %用 fsolve 检验
[xf1,Fval1,exitflag1]=fsolve(exam9_5,x1)
[xf2,Fval2,exitflag2]=fsolve(exam9_5,x2)
```

将以上脚本文件存为 ex9_5. m。在 MATLAB 命令窗口调用 ex9_5,运行后有如下结果:

```
>>ex9_5
xp=-4.99999995086618    -3.99999998647735    2.00000003022032,
fp=1.0e-004 *
  0.03601911487294    -0.22857572275825    0.00013103942820,
k=19。
xp1=-17.65903573508457 -10.39605561166747   15.20099744512923,
fp1=1.0e+004 *
    -0.52312058969942     2.51552130383039    1.61081645954919,
k1=150。
xp2=-5.00000000114671   -4.00000000026104    1.99999999982930,
fp2=1.0e-006 *
    -0.05929427970841     0.51365930175962    0.06296204446699,
k2=44。
Optimization terminated: first-order optimality is less than options.TolFun.
x=-4.99999999999828    -4.00000000000015    1.99999999999951,
Fval=1.0e-009 *
      -0.06514255801449 -0.77693584898952    -0.17013235265040,
exitflag=1。
Optimization terminated: first-order optimality is less than options.TolFun.
xf1=-5.00000000000001   -4.00000000000005    1.99999999999997,
Fval1=1.0e-010 *
      -0.12335021892795    0.02387423592154   -0.01193711796077,
exitflag1=1。
Optimization terminated: first-order optimality is less than options.TolFun.
xf2=-5.00000000000000   -4.00000000000000    2.00000000000000,
Fval2=1.0e-012 *
      0.11368683772162                  0                  0,
exitflag2=1。
```

我们用了 3 个初值进行迭代计算,并用 MATLAB 的 fsolve 命令检验,从计算结果可以看出,尽管初值 $x_1=[-1.4,-3.7,3.3]$与 $x_2=[-1.5,-3.7,3.3]$的差别很小,但是用 DFP 方法迭代的结果相差甚远,多次实际计算表明 DFP 方法的稳定性较差。

9.4.3 BFS 方法

1. 功能

求方程 $\boldsymbol{F}(\boldsymbol{x})=\boldsymbol{0}$ 在 $\boldsymbol{x}_0$ 附近的根。

2. 计算方法

BFS 方法的迭代公式为

$$\begin{cases}\boldsymbol{x}^{(k+1)}=\boldsymbol{x}^{(k)}-\boldsymbol{H}_k\boldsymbol{F}(\boldsymbol{x}^{(k)}),\\ \boldsymbol{H}_{k+1}=\boldsymbol{H}_k+\dfrac{\mu_k\Delta\boldsymbol{x}^{(k)}(\Delta\boldsymbol{x}^{(k)})^{\mathrm{T}}-\boldsymbol{H}_k\Delta\boldsymbol{y}^{(k)}(\Delta\boldsymbol{x}^{(k)})^{\mathrm{T}}-\Delta\boldsymbol{x}^{(k)}(\Delta\boldsymbol{y}^{(k)})^{\mathrm{T}}\boldsymbol{H}_k}{(\Delta\boldsymbol{x}^{(k)})^{\mathrm{T}}\Delta\boldsymbol{y}^{(k)}},\quad k=0,1,\cdots,\end{cases} \tag{9.11}$$

其中，$\Delta\boldsymbol{x}^{(k)}=\boldsymbol{x}^{(k+1)}-\boldsymbol{x}^{(k)}$，$\Delta\boldsymbol{y}^{(k)}=\boldsymbol{F}(\boldsymbol{x}^{(k+1)})-\boldsymbol{F}(x^{(k)})$，$\mu_k=1+\dfrac{(\Delta\boldsymbol{y}^{(k)})^{\mathrm{T}}\boldsymbol{H}_k\Delta\boldsymbol{y}^{(k)}}{(\Delta\boldsymbol{x}^{(k)})^{\mathrm{T}}\Delta\boldsymbol{y}^{(k)}}$。

具体计算步骤：

(1) 当 $k=0$ 时，取 $\boldsymbol{H}_0=\boldsymbol{F}'(\boldsymbol{x}^{(0)})^{-1}$（或 $\boldsymbol{H}_0$ 取为 n 阶单位矩阵），计算 $\boldsymbol{F}(\boldsymbol{x}^{(0)})$，求得 $\Delta\boldsymbol{x}^{(0)}$ 及 $\boldsymbol{x}^{(1)}=\boldsymbol{x}^{(0)}+\Delta\boldsymbol{x}^{(0)}$；并计算 $F(\boldsymbol{x}^{(1)})$，$\Delta y^{(0)}$ 及 H_1。

(2) 对 $k\geqslant 1$，计算 $\boldsymbol{x}^{(k+1)}=\boldsymbol{x}^{(k)}+\Delta\boldsymbol{x}^{(k)}$，$\boldsymbol{F}(\boldsymbol{x}^{(k+1)})$，$\Delta\boldsymbol{y}^{(k)}$，$\mu_{k+1}$ 及 $\boldsymbol{H}_{k+1}$。

(3) 检验迭代终止条件是否满足，若满足，则求得方程的近似解并退出，否则继续迭代。

迭代终止的条件：$\mathrm{norm}(\boldsymbol{x}^{(k+1)}-\boldsymbol{x}^{(k)})<\mathrm{tol}\left(\text{或}\dfrac{\mathrm{norm}(\boldsymbol{x}^{(k+1)}-\boldsymbol{x}^{(k)})}{\mathrm{norm}(\boldsymbol{x}^{(k+1)})}<\mathrm{tol}\right)$。

3. 使用说明

```
nonlsbfs(fun,x0,tol,maxiter)
```

fun=$\boldsymbol{F}(\boldsymbol{x})$-向量形式，需要定义为符号函数，$\boldsymbol{x}^{(0)}$ 初始点-向量形式，tol 是容差，maxiter 是最大迭代次数。输出根的近似值 xp，fp 为 $\boldsymbol{F}(\boldsymbol{x})$ 在 xp 处的值和实际迭代次数 k。

注：由 fp 是否等于 0 或接近于 0 可以判断求得的 xp 是否为方程组的(近似)解。

4. MATLAB 程序

```
function [xp,fp,k]=nonlsbfs(fun,x0,tol,maxiter)
var=findsym(fun);
F=Jacobian(fun,var);              %fun 的 Jacobi 矩阵
fx0=subs(fun,var,x0);
[m1,n1]=size(fx0);[m2,n2]=size(x0);
if m1~=m2
    x0=x0';[m2,n2]=size(x0);
end
if (m1 ~=m2) | (n1 ~=n2)
    error('输入的方程组个数与向量维数不匹配');
end
if nargin<4
    maxiter=1000;
end
if nargin<3
```

```
    tolx=1e-6;
end
H0=subs(F,var,x0);
H0=inv(H0);     %经过多例实践证明 H0 取(F'(x0))^(-1)效果较好,若取 H0 为单位矩阵,效果很差
if m1<n1
    fx0=fx0';
    x0=x0';     %统一转为列向量
end
for k=1:maxiter
    dx=-H0 * fx0;x1=x0+dx;
    err=norm(x1-x0)/(norm(x1)+eps);
if err<tol
        break
end
    fx1=subs(fun,var,x1);
    if m1<n1
        fx1=fx1';
    end
    dy=fx1-fx0;
    mu=1+((dy)' * H0 * dy)/(dx' * dy);
    H1=H0+(mu * (dx * dx')-dx * (dy)' * H0-H0 * dy * dx')/(dx' * dy);
    x0=x1;H0=H1;
    fx0=fx1;
end;
xp=x0';
fp=fx0';
```

例 9.6 求方程组$\begin{cases}-9x^3z-8xyz^2+4x^3-4z^2-1000x+2508=0,\\ x^2yz+2x^2z^2-7xy^3+4x-300y-5z+623=0,\\ 2x^2z^2+3xyz^2+2xz^3+9x-500z+1194=0\end{cases}$的一组解。

解 建立函数、脚本文件如下:

```
function w=exa9_6(x,y,z)
syms x y z;
w=[2508-9 * x^3 * z-8 * x * y * z^2+4 * x^3-4 * z^2-1000 * x,x^2 * y * z+2 * x^2 * z^2-7 * x
* y^3+4 * x-300 * y-5 * z+623, * x^2 * z^2+3 * x * y * z^2+2 * x * z^3+9 * x-500 * z+1194];
```

存为 exa9_6. m。

```
exam9_6=inline('[2508-9 * x(1)^3 * x(3)-8 * x(1) * x(2) * x(3)^2+4 * x(1)^3-4 * x(3)^2
- 1000 * x(1),x(1)^2 * x(2) *  x(3)+2 * x(1)^2 * x(3)^2-7 * x(1) * x(2)^3+4 * x(1)-300 *
x(2)-5 * x(3)+623,2 * x(1)^2 * x(3)^2+3 * x(1) * x(2) * x(3)^2+2 * x(1) * x(3)^3+9 * x
(1)- 500 * x(3)+1194]');
x0=[1,-3,5];
x1=[3,2.7,6];
[xp,fp,k]=nonlsbfs(exa9_6,x0,1e-8,50)
```

```
[xp1,fp1,k1]=nonlsbfs(exa9_6,x1,1e-8,50)
[xf,Fval,exitflag]=fsolve(exam9_6,x0)      %用 fsolve 检验
[xf1,Fval1,exitflag1]=fsolve(exam9_6,x1)
```

将以上脚本文件存为 ex9_6.m。在 MATLAB 命令窗口调用 ex9_6，运行后有如下结果：

```
>>ex9_6
xp=1.99999999140018      2.00000000594695      3.00000000793171,
fp=1.0e-005 *
   0.90710493623192    -0.26856829435928    -0.34616568882484,
k=11。
xp1=2.00000000591583     1.99999998265204      2.99999998925706,
fp1=1.0e-005 *
   -0.28084034511267    0.76230771810515      0.31033814593684,
k1=19。
Optimization terminated: first-order optimality is less than options.TolFun.
x=2.00000000000000       2.00000000000000      2.99999999999999,
Fval=1.0e-011 *
    0.54569682106376   -0.17053025658242      0.38653524825349,
exitflag=1。
Optimization terminated: first-order optimality is less than options.TolFun.
x1=2    2    3,
Fval1=
    0    0    0,
exitflag1=1。
```

从计算结果可以看出，尽管从两个不同的初值开始迭代，BFS 方法都收敛到方程组的一组解(2,2,3)，但与 fsolve 相比其精度稍差些，因为在一定条件下，DFP 方法和 BFS 方法都是超线性收敛的。

9.5 数值延拓法

前面所述的求解非线性方程组的迭代法，基本上都是局部收敛的方法，即只有初始值 $\boldsymbol{x}^0$ 充分接近解 $\boldsymbol{x}^*$ 时，迭代序列才收敛到 $\boldsymbol{x}^*$，实际计算中要找到满足要求的初始值 $\boldsymbol{x}^0$ 往往很困难。延拓法(continuation)在映射 $\boldsymbol{F}$ 满足一定条件下，可从任一初始值 $\boldsymbol{x}^0$ 出发求得解 $\boldsymbol{x}^*$。延拓法的基本思想是在所求解的方程组 $\boldsymbol{F}(\boldsymbol{x})=\boldsymbol{0}$ 中进入参数 t，一般取 $t\in[0,1]$，构造一簇映射 $\boldsymbol{H}:\boldsymbol{D}\times[0,1]\subset R^n\times R^1\to R^n$ 代替映射 $\boldsymbol{F}$，使 $\boldsymbol{H}$ 满足条件

$$\boldsymbol{H}(\boldsymbol{x},0)=\boldsymbol{F}_0(\boldsymbol{x}),\quad \boldsymbol{H}(\boldsymbol{x},1)=\boldsymbol{F}(\boldsymbol{x}),\quad \forall\boldsymbol{x}\in\boldsymbol{D},\tag{9.12}$$

其中，$\boldsymbol{F}_0(\boldsymbol{x})=\boldsymbol{0}$ 的解 $\boldsymbol{x}^0$ 是已知的，而方程 $\boldsymbol{H}(\boldsymbol{x},1)=\boldsymbol{0}$ 就是原来的非线性方程组 $\boldsymbol{F}(\boldsymbol{x})=\boldsymbol{0}$。如果方程

$$\boldsymbol{H}(\boldsymbol{x},t)=\boldsymbol{0},\quad t\in[0,1],\tag{9.13}$$

有解 $\boldsymbol{x}=\boldsymbol{x}(t)$，$\boldsymbol{x}:[0,1]\to R^n$ 连续依赖于 t，当 $t=1$ 时，$\boldsymbol{x}(1)=\boldsymbol{x}^*$，即为方程 $\boldsymbol{F}(\boldsymbol{x})=\boldsymbol{0}$ 的解。映射 $\boldsymbol{H}:\boldsymbol{D}\times[0,1]\subset R^{n+1}\to R^n$ 称为**同伦(homotopy)映射**。延拓法就是把求方程 $\boldsymbol{F}(\boldsymbol{x})=\boldsymbol{0}$ 的问题转化为求同伦方程(9.13)的解，故又称为**同伦法**。因为延拓法是对原方程嵌入参

数 t 而得到的，故又称为**嵌入法**(embedding method)。

定理 9.1 设映射 $\boldsymbol{F}: \boldsymbol{D}\subset\mathbb{R}^n\to R^n$ 在 D 上连续可导，并假设存在开球 $\boldsymbol{S}=\boldsymbol{S}(\boldsymbol{x}^0,\boldsymbol{r})\subset\boldsymbol{D}$，使对 $\forall\boldsymbol{x}\in\boldsymbol{S}$，$\|\boldsymbol{F}'(\boldsymbol{x})^{-1}\|\leqslant\beta$ 成立，其中 $r\geqslant\beta\|\boldsymbol{F}(\boldsymbol{x}^0)\|$，则方程

$$\boldsymbol{F}(\boldsymbol{x}) = (1-t)\boldsymbol{F}(\boldsymbol{x}^0),\quad t\in[0,1],\boldsymbol{x}\in\boldsymbol{S} \tag{9.14}$$

存在唯一解 $\boldsymbol{x}: [0,1]\to\boldsymbol{S}\subset\mathbb{R}^n$，且 $\boldsymbol{x}(t)$ 连续可导并满足微分方程 Cauchy 问题：

$$\begin{cases}\boldsymbol{x}'(t) = -[\boldsymbol{F}'(\boldsymbol{x}(t))]^{-1}\boldsymbol{F}(\boldsymbol{x}^0), & \forall t\in[0,1],\\ \boldsymbol{x}(0)=\boldsymbol{x}^0。\end{cases} \tag{9.15}$$

定理 9.1 表明同伦方程

$$\boldsymbol{H}(\boldsymbol{x},t) = \boldsymbol{F}(\boldsymbol{x}) + (t-1)\boldsymbol{F}(\boldsymbol{x}^0) = 0 \tag{9.16}$$

存在唯一解 $\boldsymbol{x}=\boldsymbol{x}(t)$，且 $\boldsymbol{x}(t)$ 是微分方程(9.15)的解，因此通过求微分方程初值问题(9.15)的数值解，可得到方程 $\boldsymbol{F}(\boldsymbol{x})=\boldsymbol{0}$ 的解，这种方法称为**参数微分法**。

应用牛顿法求解方程(9.13)，可导出一个大范围收敛的牛顿迭代公式：

$$\begin{cases}\boldsymbol{x}^{k+1} = \boldsymbol{x}^k - \boldsymbol{F}'(\boldsymbol{x}^k)^{-1}\left[\boldsymbol{F}(\boldsymbol{x}^k) - \left(1-\dfrac{k}{N}\right)\boldsymbol{F}(\boldsymbol{x}^0)\right], & k=0,1,\cdots,N-1,\\ \boldsymbol{x}^{k+1} = \boldsymbol{x}^k - \boldsymbol{F}'(\boldsymbol{x}^k)^{-1}\boldsymbol{F}(\boldsymbol{x}^k), & k=N,N+1,\cdots,\end{cases} \tag{9.17}$$

这里 $\boldsymbol{x}^0$ 为任给的初值，(9.17)的第二式就是解方程 $\boldsymbol{F}(\boldsymbol{x})=\boldsymbol{0}$ 的牛顿迭代公式，第一式是通过数值延拓法求得足够好的初始近似值 $\boldsymbol{x}^N$，使牛顿迭代公式产生的序列收敛，在一定条件下它具有平方敛速。

1. 功能

求方程 $\boldsymbol{F}(\boldsymbol{x})=\boldsymbol{0}$ 在 $\boldsymbol{x}^0$ 附近的根。

2. 计算方法

(1) 先利用(9.17)的第一式计算得 $\boldsymbol{x}^N$，以 $\boldsymbol{x}^N$ 为初值代入(9.17)的第二式计算。

(2) 检验迭代终止条件是否满足，若满足，则求得方程的近似解并退出，否则继续迭代。迭代终止的条件：norm($\boldsymbol{x}^{(k+1)}-\boldsymbol{x}^{(k)}$)<tol(或 norm($\boldsymbol{x}^{(k+1)}-\boldsymbol{x}^{(k)}$)/norm($\boldsymbol{x}^{(k+1)}$)<tol)。

3. 使用说明

```
[xp,fp,k]=continu(fun,x0,N,tolx,maxiter)
```

fun= $\boldsymbol{F}(\boldsymbol{x})$-向量形式，需要定义为符号函数，$\boldsymbol{x}^{(0)}$ 初始点-向量形式，tolx 是容差，maxiter 是最大迭代次数。输出根的近似值 xp，$\boldsymbol{F}(\boldsymbol{x})$ 在 xp 处的值 fp 和实际迭代次数 numiter。

注：由 fp 是否等于 0 或接近于 0 可以判断求得的 xp 是否为方程组的(近似)解。

4. MATLAB 程序

```
function [xp,fp,k]=continu(fun,x0,N,tolx,maxiter)
[m1,n1]=size(fun);[m2,n2]=size(x0);
if m1~=m2
    x0=x0';
    [m2,n2]=size(x0);
end
if (m1 ~=m2) | (n1 ~=n2)
     error('输入的方程组个数与向量维数不匹配');
```

```
    end
    if nargin<5
        maxiter=1000;
    end
    if nargin<4
        tolx=1e-8;
    end
    if nargin<3
        N=60;
    end
    var=findsym(fun);
    F=Jacobian(fun,var);                          %fun 的 Jacobi 矩阵
    f0=subs(fun,var,x0);fxN=f0;
    for j=1:N
        bN=fxN-(1-(j-1)/N)*f0;
        JF=subs(F,var,x0);
        dxN=Gausselimpiv(JF,-bN);                 %用 Gauss 列主元法解方程组
        xN=x0+dxN;
        fxN=subs(fun,var,xN);x0=xN;
    end
    for k=1:maxiter
        JF=subs(F,var,x0);
        fx0=subs(fun,var,x0);
        dx=Gausselimpiv(JF,-fx0);                 %用 Gauss 列主元法解方程组
        x1=x0+dx;
        err=norm(x1-x0)/(norm(x1)+eps);
        if err<tolx
            break
        end
        x0=x1;
    end;
    xp=x1;
    fp=subs(fun,var,xp);
```

例 9.7 求方程组 $\begin{cases}6z^2+7yz+3x^2+7y^2-8x-231=0,\\ 9y^2-2xyz-7x^2y-3xy^2+3xz-432=0,\\ 8x^3z+4y^3z-4x^3y-4y^4+4z^3+8x^2y=0\end{cases}$ 的一组解。

解 利用 MATLAB 程序求解，建立函数、脚本文件如下：

```
function w=exa9_7(x,y,z)
syms x y z;
w=[6*z^2+7*y*z+3*x^2+7*y^2-8*x-231,9*y^2-2*x*y*z-7*x^2*y-3*x*y^2
+ 3*x*z-432,8*x^3*z+4*y^3*z-4*x^3*y-4*y^4+4*z^3+8*x^2*y];
```

存为 exa9_7.m。

```
[xp0,fp0,k0]=continu(exa9_7,[-3,8,12],80,1e-8,50)
```

```
[xp1,fp1,k1]=continu(exa9_7,[-3,8,12],30,1e-8,50)
[xp2,fp2,k2]=continu(exa9_7,[30,8,-70],60,1e-8,50)
examp9_7=inline('[6*x(3)^2+7*x(2)*x(3)+3*x(1)^2+7*x(2)^2-8*x(1)-231,9*x(2)^
2- 2*x(1)*x(2)*x(3)-7*x(1)^2*x(2)-3*x(1)*x(2)^2+3*x(1)*x(3)-432,8*x(1)
^3*x(3)+4*x(2)^3*x(3)-4*x(1)^3*x(2)-4*x(2)^4+4*x(3)^3+8*x(1)^2*x(2)]
');
                                    %用 inline 函数建立方程组,以便用 fsolve 验证。
options=optimset('Display','off');
[xf0,Fval0,exitflag0]=fsolve(examp9_7,[-3,8,12],options)        %用 fsolve 检验
[xf1,Fval1,exitflag1]=fsolve(examp9_7,[30,8,-70],options)
```

将以上脚本文件存为 ex9_7. m。在 MATLAB 命令窗口调用 ex9_7,运行后有如下结果:

```
>>ex9_7
xp0=-3     -3     -3,
fp0=0       0      0,
k0=4。
xp1=2.69117208502371   -3.96421150851224     7.36026285759382,
fp1=1.0e-013 *
     0.28421709430404                    0     -0.28421709430404,
k1=11。
xp2=10.12875085268047   -0.62845242614520    -0.25212716596276,
fp2=1.0e-012 *
     0.05684341886081    0.05684341886081     0.45474735088646,
k2=7。
xf0=-1.21386901563274    4.54449730375398     3.82073443356825,
Fval0=1.0e+002 *
      1.36829867286292  -1.89553314712601    -0.17201993776958,
exitflag0=-2。
xf1=-3.00000000000000   -3.00000000000000    -3.00000000000000,
Fval1=1.0e-012 *
      0.02842170943040                   0     0.17053025658242,
exitflag1=1。
```

从上述检验结果可见,用 continu 迭代都收敛到方程组的一组解,而且对初值的要求比较宽松,但是数值延拓法求初始近似值 $\boldsymbol{x}^N$ 的正整数 N,对最后求得的解有直接影响。而对初值[−3,8,12],fsolve 发散。

9.6 参数微分法

1. 功能

求方程 $\boldsymbol{F}(\boldsymbol{x})=0$ 在 $\boldsymbol{x}_0$ 附近的根。

2. 计算方法

用 4 阶 Runge-Kutta 公式求解微分方程(9.15)。具体计算步骤:

(1) 令 $h=\frac{1}{N}$，$\boldsymbol{b}=-h\boldsymbol{F}(\boldsymbol{x})(\boldsymbol{x}=\boldsymbol{x}_0$ 初值)，

(2) 对 $j=1,2,\cdots,N$，执行(i)～(v)，

(i) 令 $\boldsymbol{A}=\boldsymbol{J}(\boldsymbol{x})$($\boldsymbol{F}(\boldsymbol{x})$的 Jacobi 矩阵)，解线性方程组 $\boldsymbol{A}\boldsymbol{k}_1=\boldsymbol{b}$；

(ii) 令 $\boldsymbol{A}=\boldsymbol{J}\left(\boldsymbol{x}+\frac{1}{2}\boldsymbol{k}_1\right)$，解线性方程组 $\boldsymbol{A}\boldsymbol{k}_2=\boldsymbol{b}$；

(iii) 令 $\boldsymbol{A}=\boldsymbol{J}\left(\boldsymbol{x}+\frac{1}{2}\boldsymbol{k}_2\right)$，解线性方程组 $\boldsymbol{A}\boldsymbol{k}_3=\boldsymbol{b}$；

(iv) 令 $\boldsymbol{A}=\boldsymbol{J}(\boldsymbol{x}+\boldsymbol{k}_3)$，解线性方程组 $\boldsymbol{A}\boldsymbol{k}_4=\boldsymbol{b}$；

(v) 令 $\boldsymbol{x}=\boldsymbol{x}+\frac{1}{6}(\boldsymbol{k}_1+2\boldsymbol{k}_2+2\boldsymbol{k}_3+\boldsymbol{k}_4)$。

(3) 输出 $\boldsymbol{x}=(x_1,x_2,\cdots,x_n)$。

3. 使用说明

```
[xp,fp,k]=paramdif(fun,x0,N)
```

fun=$\boldsymbol{F}(\boldsymbol{x})$-向量形式，需要定义为符号函数，$\boldsymbol{x}^{(0)}$初始点-向量形式，$N$ 是迭代公式中的正整数。输出根的近似值 xp，fp 为 $\boldsymbol{F}(\boldsymbol{x})$在 xp 处的值和实际迭代次数 numiter。

注：由 fp 是否等于 0 或接近于 0 可以判断求得的 xp 是否为方程组的(近似)解。

4. MATLAB 程序

```
function [xp,fp,k]=paramdif(fun,x0,N)
[m1,n1]=size(fun);[m2,n2]=size(x0);
if m1~=m2
x0=x0';[m2,n2]=size(x0);
end
if (m1 ~=m2) | (n1 ~=n2)
    error('输入的方程组个数与向量维数不匹配');
end
if nargin<3
    N=30;
end
var=findsym(fun);
F=Jacobian(fun,var);                %fun 的 Jacobi 矩阵
h=1/N;b=-h*subs(fun,var,x0);
x1=x0;
for j=1:N
    JF=subs(F,var,x1);
    k1=Gausselimpiv(JF,b);          %用 Gauss 列主元法解方程组
    JF=subs(F,var,x1+k1/2);
    k2=Gausselimpiv(JF,b);
    JF=subs(F,var,x1+k2/2);
    k3=Gausselimpiv(JF,b);
    JF=subs(F,var,x1+k3);
    k4=Gausselimpiv(JF,b);
```

```
    x1=x1+(k1+2*k2+2*k3+k4)/6;
end
xp=x1;
fp=subs(fun,var,xp);
```

例 9.8　求方程组$\begin{cases}3x-\cos(xy)-0.5=0,\\ x^2-81(y+0.1)^2+\sin(z)+1.06=0,\\ e^{-xy}+20z+\dfrac{10\pi}{3}-1=0\end{cases}$的一组解。

解　利用 MATLAB 程序求解，建立函数、脚本文件如下：

```
function w=exa9_8(x,y,z)
syms x y z;
w=[3*x-cos(x*y)-0.5,x^2-81*(y+0.1)^2+sin(z)+1.06,exp(-x*y)+20*z+(10*pi-3)/3];
```

存为 exa9_8.m。

```
x0=[0,0,0];x1=[2,-0.3,0];
[xp0,fp0]=paramdif(exa9_8,x0,20)
[xp1,fp1]=paramdif(exa9_8,x1,30)
exam9_8=inline('[3*x(1)-cos(x(1)*x(2))-0.5,x(1)^2-81*(x(2)+0.1)^2+sin(x(3))
+1.06,exp(-x(1)*x(2))+20*x(3)+(10*pi-3)/3]');
                                     %用 inline 函数建立方程组，以便用 fsolve 验证
options=optimset('Display','off');
[xf0,Fval0,exitflag0]=fsolve(exam9_8,x0,options) %用 fsolve 检验
[xf1,Fval1,exitflag1]=fsolve(exam9_8,x1,options)
```

将以上脚本文件存为 ex9_8.m。在 MATLAB 命令窗口调用 ex9_8，运行后有如下结果：

```
>>ex9_8
xp0=0.49999999999334    0.00000000001596    -0.52359877559890,
fp0=1.0e-009 *
     -0.01997157994538   -0.26580027068235    -0.01993605280859。
xp1=0.49835197101312    -0.19961855130435    -0.52882861102824,
fp1=1.0e-007 *
     -0.01443218322628   0.58215889886526    -0.00292779134270。
xf0=0.50000000000885    0.00000000106413    -0.52359877557042,
Fval0=1.0e-007 *
       0.00026543656162  -0.17205853630742     0.00025568880346,
exitflag0=1。
xf1=0.49835197143021    -0.19961855509551    -0.52882861112232,
Fval1=1.0e-008 *
       0.00039764858073  -0.26320203794228     0.00045670134341,
exitflag1=1。
```

通过多次实验发现，好的初值是很关键的，如果它比较接近解，就易求得精度高的近似解，否则就无法求得近似解。N 的大小好像没什么规律。

第10章 常微分方程初值问题的数值解法

常微分方程求解问题是自然科学和工程技术领域中常见的数学模型。由于它们通常没有解析解,因而需要求其数值近似解。本章主要介绍一阶常微分方程初值问题

$$\begin{cases} \dfrac{\mathrm{d}y}{\mathrm{d}x} = f(x,y), \quad a \leqslant x \leqslant b, & (10.1) \\ y(a) = y_0 & (10.2) \end{cases}$$

的数值解法。

求初值问题(10.1)、(10.2)的解的一类数值方法是离散变量法:求初值问题的解析解 $y=y(x)$ 在一系列离散节点(通常取为等距的):$x_1,x_2,\cdots,x_N$ 处的近似值 $y_1,y_2,\cdots,y_N$。以下记初值问题(10.1)、(10.2)的精确解 $y=y(x)$ 在 x_k 点处的值为 $y(x_k)$,而在某一数值方法中 $y(x_k)$ 的近似值为 y_k,并记 $f_k=f(x_k,y_k)$。离散化初值问题(10.1)、(10.2)的方法通常有:以差商代替导数的方法、Taylor 级数法和数值积分法。

如果确定序列 $\{y_n\}$ 的计算方法是由 $y_{n+j},f_{n+j}(j=0,1,\cdots,k)$ 的线性关系组成,即

$$y_{n+k} = \sum_{j=0}^{k-1}\alpha_j y_{n+j} + h\sum_{j=0}^{k}\beta_j f_{n+j}, \tag{10.3}$$

则称此方法为 k 步的线性多步法,其中 α_0,β_0 不全为 0,$h=\dfrac{b-a}{N}$ 为步长。如果已知 $y_n,y_{n+1},\cdots,y_{n+k-1}$ 的值,就可通过(10.3)式计算 y_{n+k}。特别地,$k=1$ 时,称为线性单步法,其一般形式为

$$y_{n+1} = y_n + h\Phi(x_n,y_n,y_{n+1},h)。\tag{10.4}$$

在单步法中,初值问题的初始条件 y_0 的值可用(10.4)式逐步计算出 $y_1,y_2,\cdots$。

在(10.3)式中,若 $\beta_k\neq 0$,则称此方法为隐式的线性多步法,否则($\beta_k=0$)称为显式的线性多步法。在(10.3)式中,若函数 Φ 不显含 y_{n+1},则称此方法为显式的单步法,否则称为隐式的单步法。

10.1 Euler 方法

10.1.1 Euler 方法

Euler 方法是求解初值问题(10.1)、(10.2)的一种显式单步法,即

$$y_{n+1} = y_n + hf(x_n,y_n), \quad n=0,1,\cdots。\tag{10.5}$$

1. 功能

求解初值问题(10.1)、(10.2)的数值解。

2. 计算方法

按公式(10.5)计算。

3. 使用说明

```
eulerdif(fun,a,b,y0,h)
```

fun 是微分方程的一般表达式右端的函数 $f(x,y)$,a,b 为自变量的左右端点,y_0 为初始值,h 为步长。输出解的近似值。

4. MATLAB 程序

```
function E=eulerdif(fun,a,b,y0,h)
n=(b-a)/h;
T=zeros(1,n+1);Y=zeros(1,n+1);
T=a:h:b;Y(1)=y0;
for i=1:n
    Y(i+1)=Y(i)+h*feval(fun,T(i),Y(i));
end
E=[T',Y'];
```

例 10.1 求解初值问题 $\begin{cases}\dfrac{dy}{dx}=-3xy,0\leqslant x\leqslant 2,\\ y(0)=1,\end{cases}$,取步长 $h=0.1$。

解 用 MATLAB 程序求解,建立如下脚本文件:

```
exa10_1=dsolve('Dy=-3*x*y','y(0)=1','x');              %用 dsolve 求得解析解
exam10_1=inline('-3*x*y');                              %建立微分方程右端的函数 f(x,y)
E=eulerdif(exam10_1,0,2,1,0.1)
ezplot(exa10_1,[0,2])                                   %画解析解的图像
hold on
plot(E(:,1)',E(:,2)','r:')                              %画数值解的图像
legend('解析解','数值解')
hold off
figure
examp10_1=inline(vectorize('-3*x*y','x','y');
direction_field(examp10_1,0,2,0,2)                      %画方程的向量场
hold on
ezplot(exa10_1,[0,2])                                   %画解析解的图像
hold off
```

存为 ex10_1.m。在 MATLAB 命令窗口调用 ex10_1,执行后屏幕显示如下结果(见图 10.1、图 10.2):

```
>>ex10_1
exa10_1=exp(-3/2*x^2)
E=                 0     1.00000000000000
```

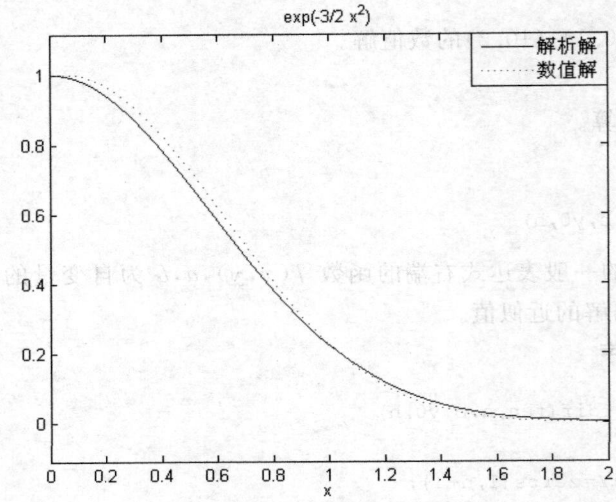

图 10.1　例 10.1 的数值解与解析解比较

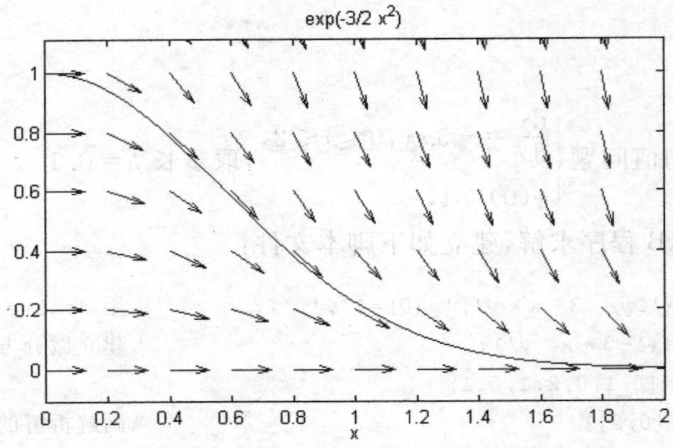

图 10.2　例 10.1 的微分方程的向量场与特解

```
0.10000000000000      1.00000000000000
0.20000000000000      0.97000000000000
0.30000000000000      0.91180000000000
0.40000000000000      0.82973800000000
0.50000000000000      0.73016944000000
0.60000000000000      0.62064402400000
0.70000000000000      0.50892809968000
0.80000000000000      0.40205319874720
0.90000000000000      0.30556043104787
1.00000000000000      0.22305911466495
1.10000000000000      0.15614138026546
1.20000000000000      0.10461472477786
1.30000000000000      0.06695342385783
```

```
1.40000000000000    0.04084158855328
1.50000000000000    0.02368812136090
1.60000000000000    0.01302846674850
1.70000000000000    0.00677480270922
1.80000000000000    0.00331965332752
1.90000000000000    0.00152704053066
2.00000000000000    0.00065662742818
```

此处用到画微分方程向量场的程序 direction_field,其源代码如下:

```
function[ ]=direction_field(f,a,b,c,d)
%画出一阶微分方程 y'=f(x,y)的向量场,a<=x<=b,c<=y<=d.
%例如,要画出微分方程 y'=y(4-y)(y-1)的向量场,用内联函数 inline 建立微分方程的右端
%函数: f=inline(vectorize('y*(4-y)*(y-1)'),'x','y'),然后执行本程序 direction_
field(f,-1,1-1,1)
[x,y]=meshgrid(a:0.2:b,c:0.2:d);
S=f(x,y);
K=inline(vectorize('1/sqrt(1+S*S)'),'S');
L=K(S);
quiver(x,y,L,S.*L,0.5)
axis equal tight
```

10.1.2 改进的 Euler 方法

1. 功能

求解初值问题(10.1)、(10.2)的数值解。

2. 计算方法

改进的 Euler 方法是一种显式单步法,计算公式为

$$y_{n+1} = y_n + \frac{h}{2}[f(x_n,y_n) + f(x_{n+1},y_n + hf(x_n,y_n))], \quad n = 0,1,\cdots。 \tag{10.6}$$

具体计算过程:$K_1 = f(x_n,y_n)$,$K_2 = f(x_n+h,y_n+hK_1)$,$y_{n+1} = y_n + \frac{h}{2}(K_1+K_2)$。

3. 使用说明

```
impeuler(fun,x0,xn,y0,h)
```

fun 是微分方程的一般表达式右端的函数 $f(x,y)$,x_0,x_n 为自变量的左右端点,y_0 为初始值,h 为步长。输出解的近似值。

4. MATLAB 程序

```
function S=impeuler(fun,x0,xn,y0,h)
n=(xn-x0)/h;
T=zeros(1,n+1);Y=zeros(1,n+1);
T(1)=x0;Y(1)=y0;
for i=1:n
```

```
    t1=y0+h*feval(fun,x0,y0);
    x0=x0+h;T(i+1)=x0;
    t2=y0+h*feval(fun,x0,t1);
    y0=(t1+t2)/2;Y(i+1)=y0;
end
S=[T',Y'];
```

例 10.2 求解初值问题$\begin{cases}\dfrac{dy}{dx}=y\cos(x),0\leqslant x\leqslant 3,\\ y(0)=1。\end{cases}$

解 用 MATLAB 程序求解，建立如下脚本文件：

```
exa10_2=dsolve('Dy=y*cos(x)','y(0)=1','x')      %用dsolve求得解析解
exam10_2=inline('cos(x)*y');                      %建立微分方程右端的函数f(x,y)
E=impeuler(exam10_2,0,3,1,0.2)                    %用改进的Euler公式求解
ezplot(exa10_2,[0,3])                             %画解析解的图像
hold on
plot(E(:,1)',E(:,2)','r:')                        %画数值解的图像
legend('解析解','数值解')
hold off
figure
examp10_2=inline(vectorize('cos(x)*y'),'x','y');
direction_field(examp10_2,0,3,0,3)                %画方程的向量场
hold on
ezplot(exa10_2,[0,3])                             %画解析解的图像
hold off
```

存为 ex10_2.m。在 MATLAB 命令窗口调用 ex10_2，执行后屏幕显示如下结果(见图 10.3、图 10.4)：

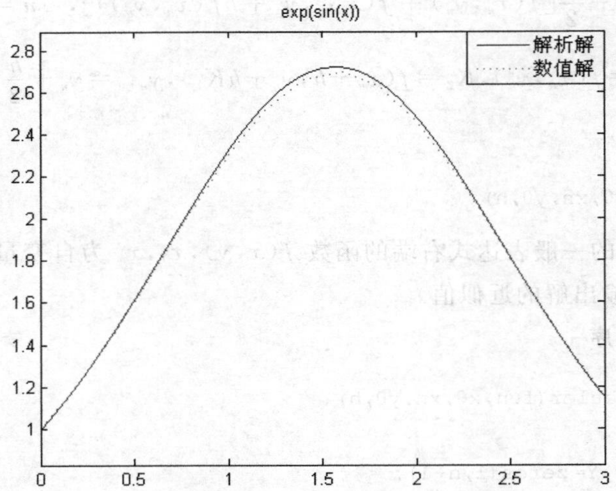

图 10.3　方程的数值解与解析解比较

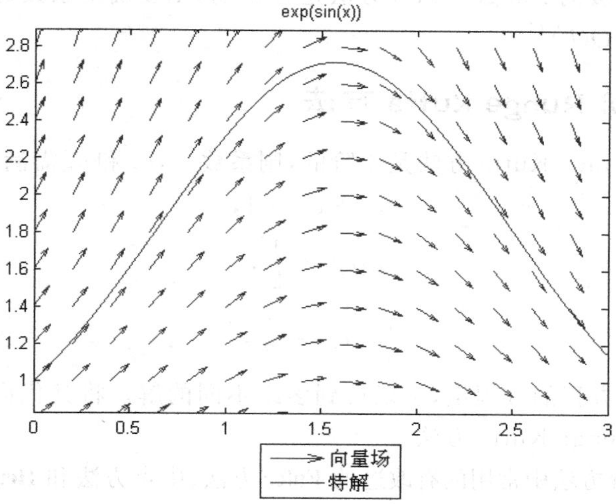

图 10.4 方程的向量场与特解

```
>>ex10_2
exa10_2=exp(sin(x))
E=                  0    1.00000000000000
  0.20000000000000    1.21760798934095
  0.40000000000000    1.47107352270300
  0.60000000000000    1.75034704794962
  0.80000000000000    2.03688685814278
  1.00000000000000    2.30418659650926
  1.20000000000000    2.52119871659372
  1.40000000000000    2.65851395913120
  1.60000000000000    2.69567334563101
  1.80000000000000    2.62691351748507
  2.00000000000000    2.46287878076206
  2.20000000000000    2.22750949005025
  2.40000000000000    1.95149802561336
  2.60000000000000    1.66503575844353
  2.80000000000000    1.39236365026337
  3.00000000000000    1.14930482252019
```

10.2 Runge-Kutta 方法

R 级的显式 Runge-Kutta 方法的一般形式为

$$y_{n+1} = y_n + h\sum_{r=1}^{R} c_r K_r, \quad n = 0,1,\cdots, \tag{10.7}$$

其中，

$$\begin{cases} K_1 = f(x_n, y_n), \\ K_r = f\left(x_n + a_r h, y_n + h\sum_{s=1}^{r-1} b_{rs} K_s\right), \quad r = 2,3,\cdots,R。\end{cases} \tag{10.8}$$

如果希望得到 R 级的 Runge-Kutta 方法是 R 阶的，则要确定系数 c_r，a_r 和 b_{rs}，使方法的局部截断误差 $T_{n+1}=O(h^{R+1})$。

10.2.1 二阶 Runge-Kutta 方法

要想使二级的 Runge-Kutta 方法是二阶的，则系数 c_r，a_r 和 b_{rs} 需满足

$$\begin{cases} c_1+c_2=1, \\ a_2c_2=\dfrac{1}{2}, \\ b_{21}c_2=\dfrac{1}{2}。 \end{cases} \tag{10.9}$$

这是四个未知数三个方程的方程组，可以得到多组不同的解。将其代回(10.7)，(10.8)，就可得到不同的二阶 Runge-Kutta 方法。

二阶 Runge-Kutta 方法中常用的有改进的 **Euler** 方法、中点方法和 **Heun** 方法。在(10.9)式中，令 $c_1=\frac{1}{4}$，$c_2=\frac{3}{4}$，$a_2=b_{21}=\frac{2}{3}$，代回(10.7)式和(10.8)式，就得到 Heun 方法：

$$y_{n+1}=y_n+\frac{h}{4}\left[f(x_n,y_n)+3f\left(x_n+\frac{2}{3}h,y_n+\frac{2}{3}hf(x_n,y_n)\right)\right],\quad n=0,1,\cdots。 \tag{10.10}$$

1. 功能

求解初值问题(10.1)、(10.2)的数值解。

2. 计算方法

$$K_1=f(x_n,y_n),\quad K_2=f\left(x_n+\frac{2}{3}h,y_n+\frac{2}{3}hK_1\right),\quad y_{n+1}=y_n+\frac{h}{4}(K_1+3K_2)。$$

3. 使用说明

```
heunsec(fun,x0,xn,y0,h)
```

fun 是微分方程的一般表达式右端的函数 $f(x,y)$，x_0，x_n 为自变量的左右端点，y_0 为初始值，h 为步长。输出解的近似值。

4. MATLAB 程序

```
function S=heunsec(fun,x0,xn,y0,h)
%二阶 Heun 方法求一阶微分方程 y'=f(x,y)的解
n=(xn-x0)/h;
T=zeros(1,n+1);
Y=zeros(1,n+1);
T(1)=x0;
Y(1)=y0;
for i=1:n
    k1=feval(fun,x0,y0);
    T(i+1)=T(1)+i*h;
    k2=feval(fun,x0+2*h/3,y0+2*h*k1/3);
    x0=x0+h;
    y0=y0+h*(k1+3*k2)/4;
```

```
    Y(i+1)=y0;
end
S=[T',Y'];
```

例 10.3 求初值问题 $\begin{cases}\dfrac{dy}{dx}=\sin(xy), -1\leqslant x\leqslant 1, \\ y(-1)=0.5\end{cases}$ 的解，取步长 $h=0.2$。

解 用 MATLAB 程序求解，建立如下脚本文件：

```
exa10_3=@ (x,y)sin(x*y);                          %建立微分方程右端的函数 f(x,y)
[t1,y1]=ode23(exa10_3,[-1:0.2:1],0.5);
                                  %用 dsolve 无法求得解析解,用 MATLAB 的 ode23 求数值解
E=heunsec(exa10_3,-1,1,0.5,0.2)
plot(E(:,1)',E(:,2)','r')                        %画 heunsec 的数值解图形
hold on
plot(t1,y1,'b*-.')                               %画 ode23 的数值解图形
legend('二阶 Heun 方法求得的解','ode23 求的解')
hold off
```

存为 ex10_3.m。在 MATLAB 命令窗口调用 ex10_3，执行后屏幕显示如下结果（见图 10.5）：

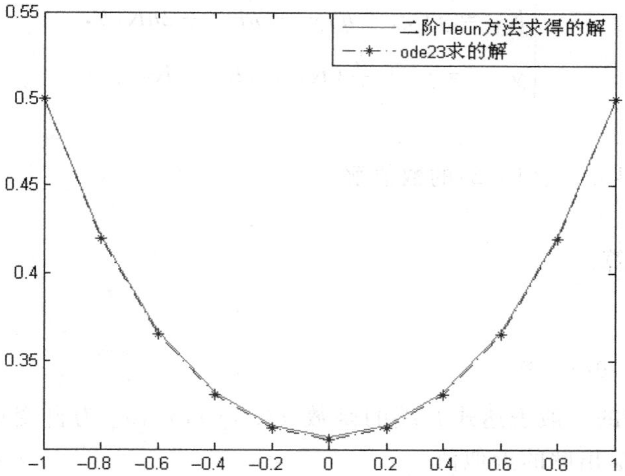

图 10.5 两种数值解的比较

```
>>ex10_3
E=-1.00000000000000    0.50000000000000
  -0.80000000000000    0.42067869696603
  -0.60000000000000    0.36689709551750
  -0.40000000000000    0.33243193854503
  -0.20000000000000    0.31322747598921
                  0    0.30704865743439
   0.20000000000000    0.31318791527777
   0.40000000000000    0.33236369196506
```

```
0.60000000000000     0.36683203212064
0.80000000000000     0.42069259043309
1.00000000000000     0.50024486639020
```

10.2.2 三阶 Runge-Kutta 方法

常用的三阶显式 Runge-Kutta 方法有 **Heun** 三阶方法和 **Kutta** 三阶方法。在方程组(10.9)中，令 $c_1=\frac{1}{4},c_2=0,c_3=\frac{3}{4},a_2=b_{21}=\frac{1}{3},b_{31}=0,a_3=b_{32}=\frac{2}{3}$，得到 Heun 三阶方法。

$$\begin{cases} K_1=f(x_n,y_n), \\ K_2=f\left(x_n+\frac{h}{3},y_n+\frac{h}{3}K_1\right), \\ K_3=f\left(x_n+\frac{2h}{3},y_n+\frac{2h}{3}K_2\right), \\ y_{n+1}=y_n+\frac{h}{4}(K_1+3K_3)。\end{cases} \tag{10.11}$$

Kutta 三阶方法为

$$\begin{cases} K_1=f(x_n,y_n), \\ K_2=f\left(x_n+\frac{h}{2},y_n+\frac{h}{2}K_1\right), \\ K_3=f(x_n+h,y_n-hK_1+2hK_2), \\ y_{n+1}=y_n+\frac{h}{6}(K_1+4K_2+K_3)。\end{cases} \tag{10.12}$$

1. 功能

求解初值问题(10.1)、(10.2)的数值解。

2. 计算方法

用(10.12)式计算。

3. 使用说明

```
kutta3(fun,x0,xn,y0,h)
```

fun 是微分方程的一般表达式右端的函数 $f(x,y)$，x_0，x_n 为自变量的左右端点，y_0 为初始值，h 为步长。输出解的近似值。

4. MATLAB 程序

```
function S=kutta3(fun,x0,xn,y0,h)
n=(xn-x0)/h;
T=zeros(1,n+1);
Y=zeros(1,n+1);
T(1)=x0;Y(1)=y0;
for i=1:n
    k1=feval(fun,x0,y0);
    T(i+1)=T(1)+i*h;
    k2=feval(fun,x0+h/2,y0+h*k1/2);
```

```
    k3=feval(fun,x0+h,y0-h*k1+2*h*k2);
    x0=x0+h;
    y0=y0+h*(k1+4*k2+k3)/6;
    Y(i+1)=y0;
end
S=[T',Y'];
```

例 10.4　求初值问题$\frac{dy}{dx}=-xy^2, 0\leqslant x\leqslant 2, y(0)=1$。

解　用 MATLAB 程序求解,建立如下脚本文件:

```
exa10_4=@(x,y)-x*y^2;                          %建立微分方程右端的函数 f(x,y)
exam10_4=dsolve('Dy=-x*y^2','y(0)=1','x')      %用 dsolve 求得解析解
E=kutta3(exa10_4,0,2,1,0.2)
ezplot(exam10_4,[0,2])                         %画解析解的图像
hold on
plot(E(:,1)',E(:,2)','r*-.')                   %画数值解的图像
legend('解析解','数值解')
hold off
figure
examp10_4=inline(vectorize('-x*y^2'),'x','y');
direction_field(examp10_4,0,2,0,1)             %画方程的向量场
hold on
ezplot(exam10_4,[0,2])                         %画解析解的图像
legend('向量场','特解')
hold off
```

存为 ex10_4.m。在 MATLAB 命令窗口调用 ex10_4,执行后屏幕显示如下结果(见图 10.6、图 10.7):

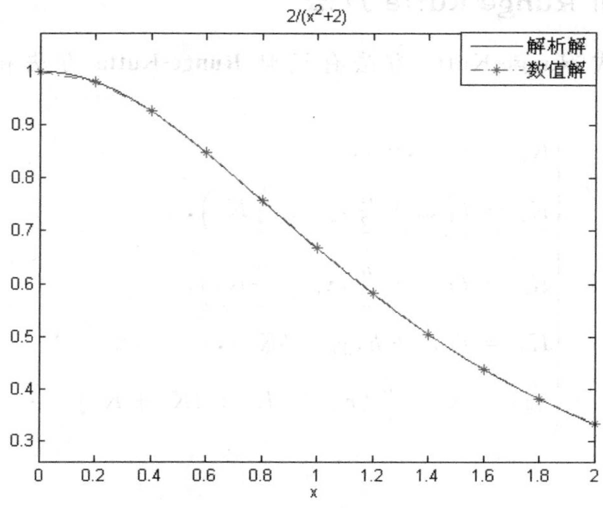

图 10.6　两种解的比较

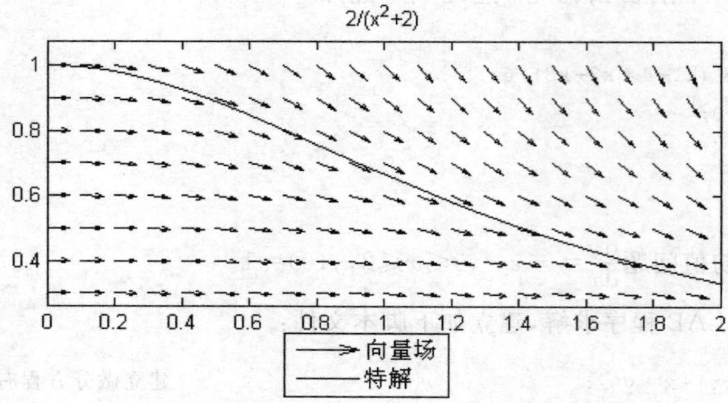

图 10.7 方程的向量场与特解

```
>>ex10_4
exam10_4=2/(x^2+2)
E=                 0    1.00000000000000
   0.20000000000000    0.98052266666667
   0.40000000000000    0.92615469409513
   0.60000000000000    0.84772428377259
   0.80000000000000    0.75782055672287
   1.00000000000000    0.66685214739010
   1.20000000000000    0.58151073381521
   1.40000000000000    0.50510351310056
   1.60000000000000    0.43860261802129
   1.80000000000000    0.38165451452368
   2.00000000000000    0.33329037855578
```

10.2.3 四阶 Runge-Kutta 方法

常用的四阶显式 Runge-Kutta 方法有经典 **Runge-Kutta** 方法和 **Gill** 方法。经典 Runge-Kutta 方法：

$$\begin{cases} K_1 = f(x_n, y_n), \\ K_2 = f\left(x_n + \dfrac{h}{2}, y_n + \dfrac{h}{2}K_1\right), \\ K_3 = f\left(x_n + \dfrac{h}{2}, y_n + \dfrac{h}{2}K_2\right), \\ K_4 = f(x_n + h, y_n + hK_3), \\ y_{n+1} = y_n + \dfrac{h}{6}(K_1 + 2K_2 + 2K_3 + K_4)。 \end{cases} \tag{10.13}$$

Gill 方法：

$$
\begin{cases}
K_1 = f(x_n, y_n), \\
K_2 = f\left(x_n + \dfrac{h}{2}, y_n + \dfrac{h}{2}K_1\right), \\
K_3 = f\left(x_n + \dfrac{h}{2}, y_n + \dfrac{\sqrt{2}-1}{2}hK_1 + \left(1 - \dfrac{\sqrt{2}}{2}\right)hK_2\right), \\
K_4 = f\left(x_n + h, y_n - \dfrac{\sqrt{2}}{2}hK_2 + \left(1 + \dfrac{\sqrt{2}}{2}\right)hK_3\right), \\
y_{n+1} = y_n + \dfrac{h}{6}(K_1 + (2-\sqrt{2})K_2 + (2+\sqrt{2})K_3 + K_4)。
\end{cases}
\tag{10.14}
$$

1. 功能

求解初值问题(10.1)、(10.2)的数值解。

2. 计算方法

用(10.13)式计算。

3. 使用说明

```
rungek4(fun,x0,xn,y0,h)
```

fun 是微分方程的一般表达式右端的函数 $f(x,y)$，x_0，x_n 为自变量的左右端点，y_0 为初始值，h 为步长。输出解的近似值。

4. MATLAB 程序

```
function S=rungek4(fun,x0,xn,y0,h)
n=(xn-x0)/h;
T=zeros(1,n+1);
Y=zeros(1,n+1);
T(1)=x0;
Y(1)=y0;
for i=1:n
    k1=feval(fun,x0,y0);
    T(i+1)=T(1)+i*h;
    k2=feval(fun,x0+h/2,y0+h*k1/2);
    k3=feval(fun,x0+h/2,y0+h*k2/2);
    k4=feval(fun,x0+h,y0+h*k3);
    x0=x0+h;
    y0=y0+h*(k1+2*k2+2*k3+k4)/6;
    Y(i+1)=y0;
end
S=[T',Y'];
```

例 10.5 用经典 Runge-Kutta 方法，求解初值问题 $\dfrac{dy}{dx}=\dfrac{2(9x^2-x+9)}{(1+x^2)^2}-18y, 0\leqslant x\leqslant 1, y(0)=3$，分别取步长 $h=0.2, 0.1$ 和 0.05，并与精确解对比。

解 用 MATLAB 程序求解，建立如下脚本文件：

```
exa10_5=@(x,y) 2*(9+9*x^2-x)/(1+x^2)^2-18*y;     %建立微分方程右端的函数 f(x,y);
exam10_5=dsolve('Dy=2*(9+9*x^2-x)/(1+x^2)^2-18*y','y(0)=3','x')
```

```
                                              %用 dsolve 求得解析解
E0=rungek4(exa10_5,0,1,3,0.2)                 %代入程序 rungek4 求解
E1=rungek4(exa10_5,0,1,3,0.1)
E2=rungek4(exa10_5,0,1,3,0.05)
example10_5=inline(exam10_5);
                    %用 inline 函数重新建立解析解函数,以方便后面的作图和求值
xx=[0: 0.05: 1];                              %节点
yy=feval(example10_5,xx)                      %解析解在节点处的函数值
ezplot(example10_5,[0,1,0,3])                 %画解析解的图像
hold on
plot(E1(:,1)',E1(:,2)','r*:')                 %画数值解的图像
plot(E2(:,1)',E2(:,2)','gd')
legend('解析解','数值解,步长=0.1','数值解,步长=0.05')
hold off
```

存为 ex10_5.m。在 MATLAB 命令窗口调用 ex10_5,将执行后的结果(见图 10.8)列入表 10.1(解析解为 exam10_5=2*exp(−18*x)+1/(1+x^2))。

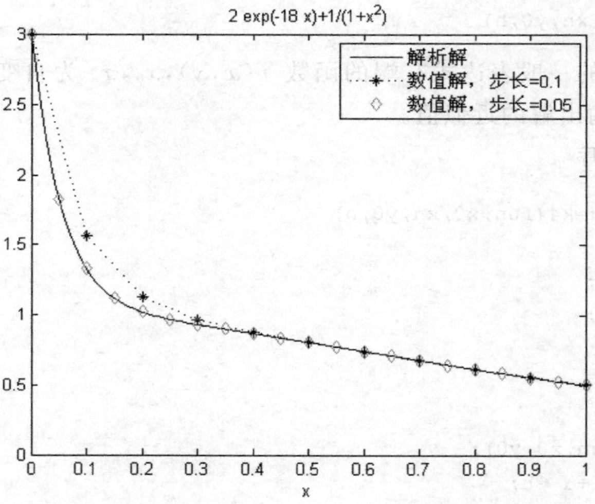

图 10.8　方程的解析解与不同步长的数值解比较

现将用不同步长求得的方程的数值解和解析解在相应节点处的值,及数值解的相对误差列表如下:

表 10.1　方程的解析解与不同步长的数值解比较

节点 x_i	步长 0.2 y_i	误差 $y_i-y(x_i)$	步长 0.1 y_i	误差 $y_i-y(x_i)$	步长 0.05 y_i	误差 $y_i-y(x_i)$	解析解 $y(x_i)$
0	3	0	3	0	3	0	3
0.05					1.819143626	0.00849807	1.810645554
0.10			1.559700931	0.23900414	1.327621998	0.00692521	1.320696786
0.15					1.116627914	0.00422178	1.112406136

续表

节点 x_i	步长 $0.2y_i$	误差 $y_i-y(x_i)$	步长 0.1 y_i	误差 $y_i-y(x_i)$	步长 0.05 y_i	误差 $y_i-y(x_i)$	解析解 $y(x_i)$
0.20	7.128474705	6.11228880	1.123020933	0.10683503	1.018462759	0.00227685	1.016185906
0.25					0.964535559	0.00114110	0.963394464
0.30			0.9626584670	0.03619412	0.927004585	0.00054023	0.926464355
0.35					0.894782672	0.00024147	0.894541206
0.40	19.96828138	19.1047192	0.874390925	0.01082879	0.863662347	0.00010021	0.863562137
0.45					0.832244974	0.00003706	0.8322079099
0.50			0.803202180	0.00295536	0.800258037	0.00001122	0.800246817
0.55					0.767857202	0.00000253	0.767854668
0.60	60.00162691	59.2662920	0.736124263	0.00078935	0.735336274	0.00000136	0.735334917
0.65					0.703007448	0.00000316	0.703004285
0.70			0.671467026	0.00031934	0.671153563	0.00000588	0.671147684
0.75					0.640011340	0.00000860	0.6400027420
0.80	184.4811525	183.871395	0.610053013	0.00029580	0.609768161	0.00001095	0.609757212
0.85					0.580564791	0.00001281	0.580551977
0.90			0.552840336	0.00035396	0.552500560	0.00001419	0.552486372
0.95					0.525639370	0.00001512	0.525624254
1.0	570.9514299	570.451430	0.500399247	0.00039922	0.500015690	0.00001566	0.500000030

从表 10.1 可见，当步长 $h=0.2$ 时，求得的结果相差很大，完全不可信。当步长 $h=0.1$ 时，求得的数值解与精确解的误差逐渐变小，但是在左端点附近的误差较大。当步长 $h=0.05$ 时，求得的数值解与精确解相当接近，结果比较可信。实验证明如果步长取得更小，则求得数值解与精确解更接近。

10.3 高阶 Runge-Kutta 方法

R 级的显式 Runge-Kutta 方法，在 $R=1,2,3,4$ 时，可以分别得到一、二、三、四阶的方法。但是，通常 R 级的方法不一定是 R 阶的。设 $p(R)$ 为 R 级显示式方法可以达到的最大阶数，有如下结果：

当 $R=1,2,3,4$ 时，$p(R)=R$。$p(5)=4$，$p(6)=5$，$p(7)=6$，$p(8)=6$，$p(9)=7$。当 $R=10,11,\cdots$ 时，$p(R)\leqslant R-2$。

10.3.1 Kutta-Nyström 五阶六级方法

1. 功能

求解初值问题(10.1)、(10.2)的数值解。

2. 计算方法

用(10.15)式计算。

$$\begin{cases} K_1 = f(x_n, y_n), \\ K_2 = f\left(x_n + \frac{1}{3}h, y_n + \frac{1}{3}hK_1\right), \\ K_3 = f\left(x_n + \frac{2}{5}h, y_n + \frac{1}{25}h(4K_1 + 6K_2)\right), \\ K_4 = f\left(x_n + h, y_n + \frac{1}{4}h(K_1 - 12K_2 + 15K_3)\right), \\ K_5 = f\left(x_n + \frac{2}{3}h, y_n + \frac{1}{81}h(6K_1 + 90K_2 - 50K_3 + 8K_4)\right), \\ K_6 = f\left(x_n + \frac{4}{5}h, y_n + \frac{1}{75}h(6K_1 + 36K_2 + 10K_3 + 8K_4)\right), \\ y_{n+1} = y_n + \frac{h}{192}(23K_1 + 125K_3 - 81K_5 + 125K_6)。 \end{cases} \tag{10.15}$$

3. 使用说明

```
kuttan5(fun,x0,xn,y0,h)
```

fun 是微分方程的一般表达式右端的函数 $f(x,y)$，x_0，x_n 为自变量的左右端点，y_0 为初始值，h 为步长。输出解的近似值。

4. MATLAB 程序

```
function S=kuttan5(fun,x0,xn,y0,h)
n=(xn-x0)/h;
T=zeros(1,n+1);
Y=zeros(1,n+1);
T(1)=x0;
Y(1)=y0;
for i=1:n
    k1=feval(fun,x0,y0);
    T(i+1)=T(1)+i*h;
    k2=feval(fun,x0+h/3,y0+h*k1/3);
    t3=y0+h*(4*k1+6*k2)/25;
    k3=feval(fun,x0+2*h/5,t3);
    t4=y0+h*(k1-12*k2+15*k3)/4;
    k4=feval(fun,x0+h,t4);
    t5=y0+h*(6*k1+90*k2-50*k3+8*k4)/81;
    k5=feval(fun,x0+2*h/3,t5);
    t6=y0+h*(6*k1+36*k2+10*k3+8*k4)/75;
    k6=feval(fun,x0+4*h/5,t6);
    x0=x0+h;
    y0=y0+h*(23*k1+125*k3-81*k5+125*k6)/192;
    Y(i+1)=y0;
end
S=[T',Y'];
```

10.3.2 Huta 六阶八级方法

1. 功能

求解初值问题(10.1)、(10.2)的数值解。

2. 计算方法

用如下的(10.16)式计算。

$$\begin{cases} K_1 = f(x_n, y_n), \\ K_2 = f\left(x_n + \frac{1}{9}h, y_n + \frac{1}{9}hK_1\right), \\ K_3 = f\left(x_n + \frac{1}{6}h, y_n + \frac{1}{24}h(K_1 + 3K_2)\right), \\ K_4 = f\left(x_n + \frac{1}{3}h, y_n + \frac{1}{6}h(K_1 - 3K_2 + 4K_3)\right), \\ K_5 = f\left(x_n + \frac{1}{2}h, y_n + \frac{1}{8}h(-5K_1 + 27K_2 - 24K_3 + 6K_4)\right), \\ K_6 = f\left(x_n + \frac{2}{3}h, y_n + \frac{1}{9}h(221K_1 - 981K_2 + 867K_3 - 102K_4 + K_5)\right), \\ K_7 = f\left(x_n + \frac{5}{6}h, y_n + \frac{1}{48}h(-183K_1 + 678K_2 - 472K_3 - 66K_4 + 80K_5 + 3K_6)\right), \\ K_8 = f\left(x_n + h, y_n + \frac{1}{82}h(716K_1 - 2079K_2 + 1002K_3 + 834K_4 - 454K_5 - 9K_6 + 72K_7)\right), \\ y_{n+1} = y_n + \frac{h}{840}(41K_1 + 216K_3 + 24K_4 + 272K_5 + 27K_6 + 216K_7 + 41K_8)。 \end{cases} \tag{10.16}$$

3. 使用说明

```
huta6(fun,x0,xn,y0,h)
```

fun 是微分方程的一般表达式右端的函数 $f(x,y)$，x_0，x_n 为自变量的左右端点，y_0 为初始值，h 为步长。输出解的近似值。

4. MATLAB 程序

```
function S=huta6(fun,x0,xn,y0,h)
n=(xn-x0)/h;
T=zeros(1,n+1);
Y=zeros(1,n+1);
T(1)=x0;Y(1)=y0;
for i=1:n
    k1=feval(fun,x0,y0);
    T(i+1)=T(1)+i*h;
    k2=feval(fun,x0+h/9,y0+h*k1/9);
    t3=y0+h*(k1+3*k2)/24;
    k3=feval(fun,x0+h/6,t3);
```

```
    t4=y0+h*(k1-3*k2+4*k3)/6;
    k4=feval(fun,x0+h/3,t4);
    t5=y0+h*(-5*k1+27*k2-24*k3+6*k4)/8;
    k5=feval(fun,x0+h/2,t5);
    t6=y0+h*(221*k1-981*k2+867*k3-102*k4+k5)/9;
    k6=feval(fun,x0+2*h/3,t6);
    t7=y0+h*(-183*k1+678*k2-472*k3-66*k4+80*k5+3*k6)/48;
    k7=feval(fun,x0+5*h/6,t7);
    t8=y0+h*(716*k1-2079*k2+1002*k3+834*k4-454*k5-9*k6+72*k7)/82;
    k8=feval(fun,x0+h,t8);
    x0=x0+h;
    y0=y0+h*(41*k1+216*k3+27*k4+272*k5+27*k6+216*k7+41*k8)/840;
    Y(i+1)=y0;
end
S=[T',Y'];
```

例 10.6 分别用 Kutta-Nyström 五阶六级方法 Huta 六阶八级方法求解初值问题：

$$\frac{dy}{dx}=xe^{3x}-2y,\quad 0\leqslant x\leqslant 1,\quad y(0)=0,$$

并计算它们与精确解的误差。

解 用 MATLAB 程序求解，建立如下脚本文件：

```
exa10_6=@(x,y) x*exp(3*x)-2*y;                          %建立微分方程右端的函数 f(x,y)
exam10_6=dsolve('Dy=x*exp(3*x)-2*y','y(0)=0','x')      %用 dsolve 求得解析解
E0=kuttan5(exa10_6,0,1,0,0.1)                           %代入程序 kuttan5 求解
E1=huta6(exa10_6,0,1,0,0.1)                             %代入程序 huta6 求解
example10_6=inline(exam10_6);   %用 inline 函数重新建立解析解-函数,以方便后面的作图和求值
xx=[0:0.1:1];                                           %节点
yy=feval(example10_6,xx)                                %解析解在节点处的函数值
err=yy-E0(:,2)'                                         %精确解与五阶方法的数值解的误差
err1=yy-E1(:,2)'                                        %精确解与六阶方法的数值解的误差
ezplot(example10_6,[0,1,0,3.5])                         %画解析解的图像
hold on
plot(E0(:,1)',E0(:,2)','r*:')                           %画数值解的图像
legend('解析解','kutta 五阶方法的数值解')
hold off
figure
ezplot(example10_6,[0,1,0,3.5])                         %画解析解的图像
hold on
plot(E1(:,1)',E1(:,2)','r*')
legend('解析解','huta 六阶方法的数值解')
```

存为 ex10_6.m。在 MATLAB 命令窗口调用 ex10_6，将执行后的结果(见图 10.9、图 10.10)列入表 10.2。

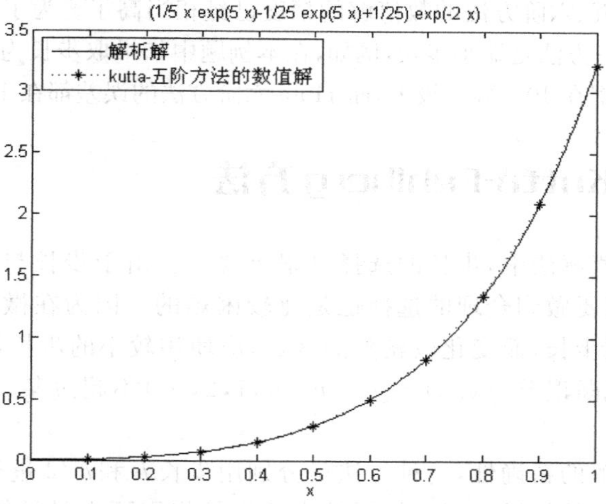

图 10.9　Kutta 五阶方法的数值解与解析解比较

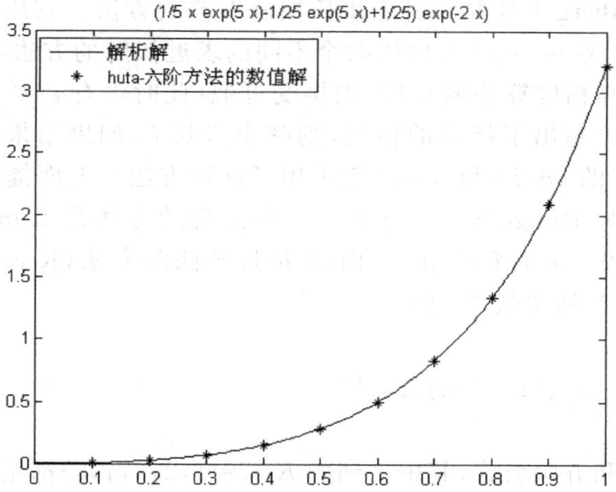

图 10.10　Huta 六阶方法的数值解与解析解比较

表 10.2　五、六阶方法的数值解与解析解的比较(步长 0.1)

节点 x_i	Kutta 五阶方法 y_i	误差 $y_i - y(x_i)$	Huta 六阶方法 y_i	误差 $y_i - y(x_i)$	解析解 $y(x_i)$
0	0	0	0	0	0
0.1	0.00575195289264	$0.0101\ 10^{-5}$	0.00575205380569	$0.0017\ 10^{-7}$	0.00575205397160
0.2	0.02681257033915	$0.0232\ 10^{-5}$	0.02681280145098	$0.0039\ 10^{-7}$	0.02681280184143
0.3	0.07114411975997	$0.0408\ 10^{-5}$	0.07114452695793	$0.0071\ 10^{-7}$	0.07114452766690
0.4	0.15077718220807	$0.0653\ 10^{-5}$	0.15077783430315	$0.0117\ 10^{-7}$	0.15077783547415
0.5	0.28361552223842	$0.1000\ 10^{-5}$	0.28361652002065	$0.0185\ 10^{-7}$	0.28361652186714
0.6	0.49601807369646	$0.1492\ 10^{-5}$	0.49601956279475	$0.0283\ 10^{-7}$	0.49601956562952
0.7	0.82647867649185	$0.2193\ 10^{-5}$	0.82648086553753	$0.0428\ 10^{-7}$	0.82648086981443
0.8	1.33085383383638	$0.3193\ 10^{-5}$	1.33085702002362	$0.0637\ 10^{-7}$	1.33085702639678
0.9	2.08976978264281	$0.4614\ 10^{-5}$	2.08977438760363	$0.0941\ 10^{-7}$	2.08977439701106
1.0	3.21909268520395	$0.6634\ 10^{-5}$	3.21909930525800	$0.1378\ 10^{-7}$	3.21909931903949

从上表可以看出，五、六阶方法的数值解的精度已经相当高了。为了提高数值解精度，除了用更高阶的公式外，另一方法是缩小步长，例如，在本例题中如果取步长为0.05，则在表10.2中，Kutta五阶方法的误差都在10^{-6}数量级上，而Huta六阶方法的误差都在10^{-9}数量级上。

10.4 Runge-Kutta-Fehlberg方法

在微分方程的数值解法中，步长的选择是很重要的。由于步长与问题本身和所用的数值方法都有关系，所以要做到合理的选择也是比较困难的。因为在微分方程解比较平缓的区域，可以使用较大的步长，而变化较剧烈的区域，应使用较小的步长，所以考虑变步长的方法，使各节点上整体截断误差$|y(x_n)-y_n|(n=0,1,2,\cdots)$不超过某一允许值，而使用的节点尽量少。

要保证初值问题解的精确性，一种方法是分别用步长h和$h/2$进行两次求解，并比较较大步长所对应的节点处的结果。但这样对较小的步长将需要大量计算，而且当结果不够好时必须重新计算。

Runge-Kutta-Fehlberg方法是一种变步长控制误差的方法。它用一个过程来确定是否使用了正确的步长h。在每一步中，使用两个不同的求近似解的方法，并比较其结果。如果低精度算法的结果与高精度算法的相近，则接受近似(此时没有必要减小h)；相反，如果两种算法得到的结果的差超出了指定的精度，则减小步长h；如果结果超过了要求的有效位数，则增加步长。内置的ode23和ode45就采用了这种方法。上面提到的两种(p阶和$p+1$阶)方法，可以都选为Runge-Kutta方法。一种流行的方法是Runge-Kutta-Fehlberg方法，简称为R-K-F方法。下面介绍$p=4$时的R-K-F四阶方法(R-K-F方法还有$p=5,6,7$等更高阶的情形，可参阅文献[2]等)。

1. 功能

求解初值问题(10.1)、(10.2)的数值解。

2. 计算方法

分别取以下四阶和五阶公式，其中用到的$K_i(i=1,2,3,4,5)$都是相同的。

$$\tilde{y}_{n+1}=y_n+\frac{25}{216}K_1+\frac{1408}{2565}K_3+\frac{2197}{4104}K_4-\frac{1}{5}K_5, \tag{10.17}$$

$$\hat{y}_{n+1}=y_n+\frac{16}{135}K_1+\frac{6656}{12825}K_3+\frac{28561}{56430}K_4-\frac{9}{50}K_5+\frac{2}{55}K_6, \tag{10.18}$$

其中，

$$\begin{cases}K_1=hf(x_n,y_n),\\ K_2=hf\left(x_n+\dfrac{h}{4},y_n+\dfrac{1}{4}K_1\right),\\ K_3=hf\left(x_n+\dfrac{3h}{8},y_n+\dfrac{3}{32}K_1+\dfrac{9}{32}K_2\right),\\ K_4=hf\left(x_n+\dfrac{12h}{13},y_n+\dfrac{1932}{2197}K_1-\dfrac{7200}{2197}K_2+\dfrac{7296}{32}K_3\right),\\ K_5=hf\left(x_n+h,y_n+\dfrac{439}{216}K_1-8K_2+\dfrac{3680}{513}K_3-\dfrac{845}{4104}K_4\right),\\ K_6=hf\left(x_n+\dfrac{h}{2},y_n-\dfrac{8}{27}K_1+2K_2+\dfrac{3544}{2565}K_3+\dfrac{1859}{4104}K_4-\dfrac{11}{40}K_5\right)。\end{cases}$$

一般选 q 为

$$q = 0.84 \times \left(\frac{\varepsilon h}{|\widetilde{y}_{n+1} - \hat{y}_{n+1}|}\right)^{\frac{1}{4}}。 \tag{10.19}$$

具体计算时,先选定一个 h(或取为上一步的 h),计算

$$\frac{|\hat{y}_{n+1} - \widetilde{y}_{n+1}|}{h} = \left|\frac{1}{360}K_1 - \frac{128}{4275}K_3 - \frac{2197}{75240}K_4 + \frac{1}{50}K_5 + \frac{2}{55}K_6\right| \Big/ h。$$

如果 $\frac{|\hat{y}_{n+1} - \widetilde{y}_{n+1}|}{h} < \varepsilon$,则按(10.17)式计算 y_{n+1},转入下一步。否则,按(10.19)式计算 q,再以 qh 为新的步长重新计算。

3. 使用说明

```
rungekf45(fun,x0,xn,y0,hmin,hmax,tol)
```

fun 是微分方程的一般表达式右端的函数 $f(x,y)$,x_0,x_n 为自变量的左右端点,y_0 为初始值,hmin 为步长最小值,默认 hmin=0.00001,hmax 为步长最大值,默认 hmax=0.1,tol 为容差,默认 1e−6。输出解的近似值。

4. MATLAB 程序

```
function S=rungekf45(fun,x0,xn,y0,hmin,hmax,tol)
if nargin<7
    tol=1e-6;
end
if nargin <6
    hmax=0.1;
end
if nargin <5
    hmin=0.00001;
end
T(1)=x0;Y(1)=y0;h=hmax;
k=2;
while x0 <xn
    k1=h * feval(fun,x0,y0);
    k2=h * feval(fun,x0+h/4,y0+k1/4);
    k3=h * feval(fun,x0+3 * h/8,y0+3 * k1/32+9 * k2/32);
    k4=h * feval(fun,x0+12 * h/13,y0+1932 * k1/2197-7200 * k2/2197+7296 * k3/2197);
    k5=h * feval(fun,x0+h,y0+439 * k1/216-8 * k2+3680 * k3/513-845 * k4/4104);
        k6=h * feval(fun,x0+h/2,y0-8 * k1/27+2 * k2-3544 * k3/2565+1859 * k4/4104-
11 * k5/40);
    R=abs(k1/360-128 * k3/4275-2197 * k4/75240+k5/50+2 * k6/55)/h;
    q=0.84 * (tol/R)^(1/4);
    if (R <tol)
        y0=y0+16 * k1/135+6656 * k3/12825+28561 * k4/56430-9 * k5/50+2 * k6/55;
                                                     %接受近似值
```

```
        x0=x0+h;T(k)=x0;Y(k)=y0;k=k+1;
    end
    if q<=0.1
        h=0.1*h;
    elseif q>=4
        h=4*h;
    else
        h=q*h;                                   %计算新的 h
    end
    if h>hmax
        h=hmax;
    end
    if x0+h>=xn
        h=xn-x0;
    elseif (h<hmin)
        disp('求解需要比 hmin 更小的步长');
    end
end
S=[T',Y'];
```

例 10.7 用 R-K-F 方法求解初值问题$\frac{dy}{dx}=y-x^2+1, 0\leqslant x\leqslant 1, y(0)=0.5$。

解 用 MATLAB 程序求解，建立如下脚本文件：

```
exa10_7=@(x,y) y-x^2+1;                                   %建立微分方程右端的函数 f(x,y)
exam10_7=dsolve('Dy=y-x^2+1','y(0)=0.5','x');             %用 dsolve 求得解析解
E0=rungekf45(exa10_7,0,1,0.5,0.001,0.2,1e-5)              %代入程序 rungekf45 求解
E1=rungekf45(exa10_7,0,1,0.5,0.001,0.1,1e-5)
example10_7=inline(exam10_7);   %用 inline 函数重新建立解析解-函数,以方便后面的作图和求值
xx0=E0(:,1);                                              %节点
yy0=feval(example10_7,xx)                                 %解析解在节点处的函数值
xx1=E1(:,1);                                              %节点
yy1=feval(example10_7,xx1)
err0=yy0-E0(:,2)                                          %解析解与数值解在节点处的差
err1=yy1-E1(:,2)
ezplot(example10_7,[0,1,0,3])                             %画解析解的图像
hold on
plot(E0(:,1)',E0(:,2)','r*')                              %画数值解的图像
plot(E1(:,1)',E1(:,2)','gs')
legend('解析解','rungekf45,h=0.2 的数值解','rungekf45,h=0.1 的数值解')
hold off
```

存为 ex10_7.m。在 MATLAB 命令窗口调用 ex10_7，将执行后的结果(见图 10.11)列入表 10.3。

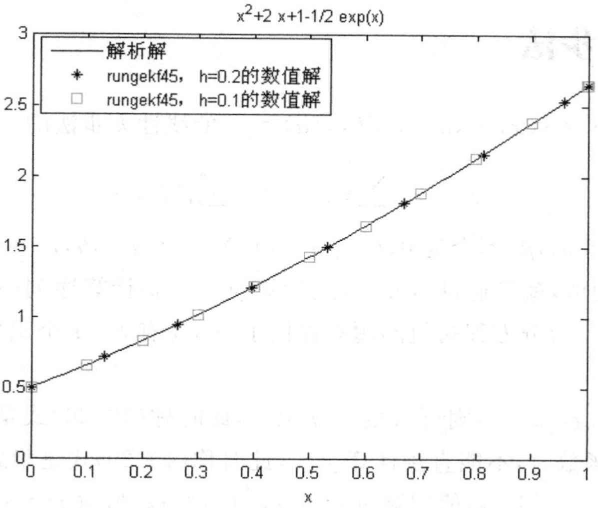

图 10.11　R-K-F 方法的数值解与解析解比较

表 10.3　方程的解析解与不同步长的数值解比较

节点 $x_i(h=0.2)$	数值解 y_i	解析解 $y(x_i)$	误差 $\|y(x_i)-y_i\|$
0	0.5	0.5	0
0.13233449735598	0.71143636816678	0.71143637348819	0.053214 10^{-7}
0.26374594844372	0.94615509606538	0.94615510689606	0.108307 10^{-7}
0.39689786217283	1.20772160898117	1.20772162608990	0.171087 10^{-7}
0.53221047732387	1.49632296570434	1.49632298997526	0.242709 10^{-7}
0.67025581538966	1.81238580211406	1.81238583455938	0.324453 10^{-7}
0.81185511532584	2.15677792433761	2.15677796610174	0.417641 10^{-7}
0.95826211272463	2.53120965927387	2.53120971160170	0.523278 10^{-7}
1.00000000000000	2.64085903121104	2.64085908577048	0.545594 10^{-7}

节点 $x_i(h=0.1)$	数值解 y_i	解析解 $y(x_i)$	误差 $\|y(x_i)-y_i\|$
0.1	0.657414539971	0.65741454096218	0.00990 10^{-7}
0.2	0.829298618884	0.82929862091992	0.02036 10^{-7}
0.3	1.015070593074	1.01507059621200	0.03137 10^{-7}
0.4	1.214087646884	1.21408765117936	0.04295 10^{-7}
0.5	1.425639359141	1.42563936464994	0.05509 10^{-7}
0.6	1.648940593027	1.64894059980475	0.06777 10^{-7}
0.7	1.883123638165	1.88312364626476	0.08099 10^{-7}
0.8	2.127229526283	2.12722953575377	0.09470 10^{-7}
0.9	2.380198433533	2.38019844442152	0.10888 10^{-7}
1.0	2.640859073424	2.64085908577048	0.12346 10^{-7}

注：(i) 从表中数据可以看出，R-K-F 方法有时不用等距节点，其结果已经相当精确；(ii) 在本程序中，影响结果精确度的有两个因素，即步长 hmax 和容差 tol，例如，在本例中，若取 $h=0.05$，tol$=10^{-6}$或 $h=0.1$，tol$=10^{-8}$，则误差都在 10^{-9} 数量级上。

10.5 线性多步法

求解初值问题 $y'=f(x,y),a\leqslant x\leqslant b,y(a)=y_0$ 的线性 k 步法的一般公式为

$$y_{n+k}=\sum_{j=0}^{k-1}\alpha_j y_{n+j}+h\sum_{j=0}^{k}\beta_j f_{n+j},\tag{10.20}$$

其中，α_j,β_j 为常数，且 α_0,β_0 不全为 0，$h=(b-a)/N,x_i=a+ih,i=0,1,\cdots,N$。如果已知 $y_n,y_{n+1},\cdots,y_{n+k-1}$ 的值，就可通过(10.20)式计算 y_{n+k}。要计算序列 $\{y_n\}$，首先需要 k 个出发值 $y_0,y_1,\cdots,y_{k-1}$。微分方程初值问题只提供了 y_0，还有 $k-1$ 个出发值 $y_1,\cdots,y_{k-1}$ 需要通过其他方法求得。

在(10.20)式中，若 $\beta_k=0$，则可直接计算 y_{n+k}，此时称(10.20)式是显式的；若 $\beta_k\neq 0$，则当 f 不是 y 的线性函数时，不能直接计算 y_{n+k}，此时称(10.20)式是隐式的。

在区间 $[x_{n+k-l},x_{n+k}]$ 上，初值问题 $y'=f(x,y),a\leqslant x\leqslant b,y(a)=y_0$ 的解满足

$$y(x_{n+k})=y(x_{n+k-l})+\int_{x_{n+k-l}}^{x_{n+k}}f(t,y(t))\mathrm{d}t。\tag{10.21}$$

如果用各种数值积分公式近似(10.21)式右端的积分式，就可得到多种计算 $y(x_{n+k})$ 的近似值 y_{n+k} 的计算方法，这些方法称为基于数值积分公式的方法。

在(10.21)式中，取 $k=l=2$，该式右端的积分式用节点 x_n,x_{n+1},x_{n+2} 的 Simpson 数值积分公式近似，再以 y_{n+j} 代替 $y(x_{n+j})(j=0,1,2)$，就得到如下的 **Simpson** 方法：

$$y_{n+2}=y_n+\frac{h}{3}(f_n+4f_{n+1}+f_{n+2}),\tag{10.22}$$

它是二步四阶的方法。

在(10.21)式中，取 $k=l=4$，该式右端函数用节点 x_{n+1},x_{n+2},x_{n+3} 的二次插值多项式近似，代入积分式后，再用 y_{n+j} 代替 $y(x_{n+j})(j=0,1,2,3,4)$，就得到

$$y_{n+4}=y_n+\frac{4h}{3}(2f_{n+1}-f_{n+2}+2f_{n+3}),\tag{10.23}$$

这就是 **Milne** 方法，它是四步四阶的方法。

在(10.21)式中，取 $l=1$，得到

$$y(x_{n+k})=y(x_{n+k-1})+\int_{x_{n+k-1}}^{x_{n+k}}f(t,y(t))\mathrm{d}t,\tag{10.24}$$

再用数值积分公式，这类方法称为 **Adams** 方法。

如果在(10.21)式中，$f(t,y(t))$ 用 $r+1$ 个节点 $\{x_{n+k-1-j}\}_{j=0}^{r}$ 的插值多项式代替，代入(10.24)式做积分，以近似值 y_{n+j} 代替 $y(x_{n+j})$，就得到如下的 **Adams-Bashforth** 方法。

$$y_{n+k}=y_{n+k-1}+h(\rho_{r0}f_{n+k-1}+\rho_{r1}f_{n+k-2}+\cdots+\rho_{rr}f_{n+k-1-r}),\tag{10.25}$$

其中

$$\rho_{rj}=\frac{1}{h}\int_{x_{n+k-1}}^{x_{n+k}}l_j(x)\mathrm{d}x,\quad j=0,1,\cdots,r,$$

$l_j(x)$ 是节点 $x_{n+k-1-j}$ 上的插值基函数。方法(10.25)是 $r+1$ 步的显式公式，也称 **Adams** 显式方法，其中的系数和阶如表 10.4 所示。

表 10.4　Adams 显式方法的系数表

R	$r+1$(步)	p(阶)	ρ_{r0}	ρ_{r1}	ρ_{r2}	ρ_{r3}	ρ_{r4}
0	1	1	1				
1	2	2	$\frac{3}{2}$	$-\frac{1}{2}$			
2	3	3	$\frac{23}{12}$	$-\frac{16}{12}$	$\frac{5}{12}$		
3	4	4	$\frac{55}{24}$	$-\frac{59}{24}$	$\frac{37}{24}$	$-\frac{9}{24}$	
4	5	5	$\frac{1901}{720}$	$-\frac{2774}{720}$	$\frac{2616}{720}$	$-\frac{1274}{720}$	$\frac{251}{720}$

如果在(10.21)式中，$f(t,y(t))$用 $r+1$ 个节点$\{x_{n+k-j}\}_{j=0}^{r}$的插值多项式代替，代入(10.24)式做积分，以近似值 y_{n+j} 代替 $y(x_{n+j})$，就得到如下的 **Adams-Moulton** 方法。

$$y_{n+k}=y_{n+k-1}+h(\rho_{r0}f_{n+k}+\rho_{r1}f_{n+k-1}+\cdots+\rho_{rr}f_{n+k-r}),\tag{10.26}$$

其中

$$\rho_{rj}=\frac{1}{h}\int_{x_{n+k-1}}^{x_{n+k}}l_j(x)\mathrm{d}x,\quad j=0,1,\cdots,r,$$

$l_j(x)$是节点 x_{n+k-j} 上的插值基函数。当 $r\geqslant 1$ 时，方法(10.26)是 r 步的隐式公式，也称 **Adams** 隐式方法，其中的系数和阶如表 10.5 所示。

表 10.5　Adams 隐式方法的系数表

R	步	p（阶）	ρ_{r0}	ρ_{r1}	ρ_{r2}	ρ_{r3}	ρ_{r4}
0	1	1	1				
1	1	2	$\frac{1}{2}$	$\frac{1}{2}$			
2	2	3	$\frac{5}{12}$	$\frac{8}{12}$	$-\frac{1}{12}$		
3	3	4	$\frac{9}{24}$	$\frac{19}{24}$	$-\frac{5}{24}$	$\frac{1}{24}$	
4	4	5	$\frac{251}{720}$	$\frac{646}{720}$	$-\frac{264}{720}$	$\frac{106}{720}$	$-\frac{19}{720}$

1. 功能

用 Adams 显式方法求解初值问题(10.1)、(10.2)的数值解。

2. 计算方法

(a) 如果提供两个初值 y_0,y_1，则用 **Adams-Bashforth** 二步（2 阶）显式公式：

$$y_{n+1}=y_n+\frac{h}{2}[3f(x_n,y_n)-f(x_{n-1},y_{n-1})],\quad n=1,2,\cdots,N-1。\tag{10.27}$$

(b) 如果提供三个初值 y_0,y_1,y_2，则用 **Adams-Bashforth** 三步显式公式：

$$y_{n+1}=y_n+\frac{h}{12}[23f(x_n,y_n)-16f(x_{n-1},y_{n-1})+5f(x_{n-2},y_{n-2})],\quad n=2,3,\cdots,N-1。\tag{10.28}$$

(c) 如果提供四个初值 y_0,y_1,y_2,y_3，则用 **Adams-Bashforth** 四步显式公式：

$$y_{n+1}=y_n+\frac{h}{24}[55f(x_n,y_n)-59f(x_{n-1},y_{n-1})$$

$$+37f(x_{n-2},y_{n-2})-9f(x_{n-3},y_{n-3})], \tag{10.29}$$

这里 $n=3,4,\cdots,N-1$。

(d) 如果提供五个初值 y_0,y_1,y_2,y_3,y_4,则用 **Adams-Bashforth** 五步显式公式:

$$y_{n+1}=y_n+\frac{h}{720}[1901f(x_n,y_n)-2774f(x_{n-1},y_{n-1})+2616f(x_{n-2},y_{n-2})$$
$$-1274f(x_{n-3},y_{n-3})+251f(x_{n-4},y_{n-4})],\quad n=4,5,\cdots,N-1。\tag{10.30}$$

3. 使用说明

```
adamsba(fun,x0,xn,y0,h)
```

fun 是微分方程的一般表达式右端的函数 $f(x,y)$,x_0,x_n 为自变量的左右端点,y_0 为初始值,h 为步长。输出解的近似值。输出解的近似值。程序将根据提供的初始向量的维数 $r(2\sim5)$,使用 Adams-Bashforth r 步显式公式进行计算。

4. MATLAB 程序

```
function S=adamsba(fun,x0,xn,y0,h)
[m,n]=size(y0);
n=max(m,n);
N=(xn-x0)/h;
if (n>5 | n<2)
    error('输入的初始值错误,本程序只能接受 2~5 个初始值,请重新输入!');
end
if n==2
    T(1)=x0;Y(1)=y0(1);x1=x0+h;T(2)=x1;Y(2)=y0(2);
    y1=Y(1);y2=Y(2);ff1=feval(fun,x0,y1);
    for i=3:N+1
        ff2=feval(fun,x1,y2);y3=y2+h*(3*ff2-ff1)/2;x2=x1+h;
        T(i)=x2;Y(i)=y3;y2=y3;x1=x2;ff1=ff2;
    end
end
if n==3
    T(1)=x0;Y(1)=y0(1);x1=x0+h;T(2)=x1;
    Y(2)=y0(2);x2=x1+h;T(3)=x2;Y(3)=y0(3);
    y1=Y(1);y2=Y(2);y3=Y(3);
    ff1=feval(fun,x0,y1);
    ff2=feval(fun,x1,y2);
    for i=4:N+1
        ff3=feval(fun,x2,y3);
        y4=y3+h*(23*ff3-16*ff2+5*ff1)/12;
        Y(i)=y4;x3=x2+h;T(i)=x3;y3=y4;
        x2=x3;ff1=ff2;ff2=ff3;
    end
end
if n==4
    T(1)=x0;Y(1)=y0(1);x1=x0+h;T(2)=x1;Y(2)=y0(2);
    x2=x1+h;T(3)=x2;Y(3)=y0(3);x3=x2+h;T(4)=x3;
```

```
    Y(4)=y0(4);y1=Y(1);y2=Y(2);y3=Y(3);y4=Y(4);
    ff1=feval(fun,x0,y1);
    ff2=feval(fun,x1,y2);
    ff3=feval(fun,x2,y3);
    for i=5:N+1
        ff4=feval(fun,x3,y4);
        y5=y4+h*(55*ff4-59*ff3+37*ff2-9*ff1)/24;
        Y(i)=y5;x4=x3+h;T(i)=x4;y4=y5;x3=x4;
        ff1=ff2;ff2=ff3;ff3=ff4;
    end
end
if n==5
    T(1)=x0;Y(1)=y0(1);x1=x0+h;T(2)=x1;Y(2)=y0(2);
    x2=x1+h;T(3)=x2;Y(3)=y0(3);x3=x2+h;T(4)=x3;
    Y(4)=y0(4);x4=x3+h;T(5)=x4;Y(5)=y0(5);
    y1=Y(1);y2=Y(2);y3=Y(3);y4=Y(4);y5=Y(5);
    ff1=feval(fun,x0,y1);ff2=feval(fun,x1,y2);
    ff3=feval(fun,x2,y3);ff4=feval(fun,x3,y4);
    for i=6:N+1
        ff5=feval(fun,x4,y5);
        y6=y5+h*(1901*ff5-2774*ff4+2616*ff3-1274*ff2+251*ff1)/720;
        Y(i)=y6;x5=x4+h;T(i)=x5;y5=y6;x4=x5;
        ff1=ff2;ff2=ff3;ff3=ff4;ff4=ff5;
    end
end
S=[T',Y'];
```

例 10.8 用 Adams-Bashforth 步(显式)方法求解初值问题 $y'=\left(1+\frac{3}{2}\cos(3x)\right)\sqrt{y}$，$0\leqslant x\leqslant 2, y(0)=1$。

解 用 MATLAB 程序求解，建立如下脚本文件：

```
exa10_8=@(x,y)(1+3/2*cos(3*x))*sqrt(y);  %建立微分方程右端的函数 f(x,y)
xx=0:0.1:2;
%用 dsolve 求得解析解为
example10_8=inline('(1/4)*x.^2+(1/4).*x.*sin(3*x)+x+(1/16)*sin(3*x).^2+(1/2)
*sin(3*x)+1');                         %用 inline 函数建立解析解，以方便后面的作图和求值
yy=feval(example10_8,xx)                        %解析解在节点处的函数值
y0=yy(1: 4);                  %取解析解的前 4 个值作为 Adams-Bashforth 四阶方法的初值
E=adamsba(exa10_8,0,2,y0,0.05)                  %代入程序 adamsba 求解
err1=yy'-E(:,2)                                 %解析解与数值解的差
EE=rungek4(exa10_8,0,2,yy(1),0.05)              %用经典四阶 RK 公式求解
err2=yy'-EE(:,2)
ezplot(example10_8,[0,2,0,4])                   %画解析解的图像
hold on
plot(E(:,1)',E(:,2)','rs')                      %画数值解的图像
plot(EE(:,1)',EE(:,2)','g*')
```

```
legend('解析解','adamsba 方法的数值解','经典四阶 RK 方法的数值解')
hold off
figure
plot(E(:,1)',err1','rs-')                    %解析解与 adamsba 方法的数值解的误差图像
hold on
plot(E(:,1)',err2','b*:')                    %解析解与经典四阶 RK 方法的数值解的误差
图像
legend('解析解与 adamsba 方法的数值解的误差','解析解与四阶 RK 方法的数值解的误差')
```

将以上脚本文件存为 ex10_8.m。在 MATLAB 命令窗口调用 ex10_8,将执行后的结果显示在图 10.12 和图 10.13 中,数据略去,详情可在执行程序后的屏幕显示中看到。

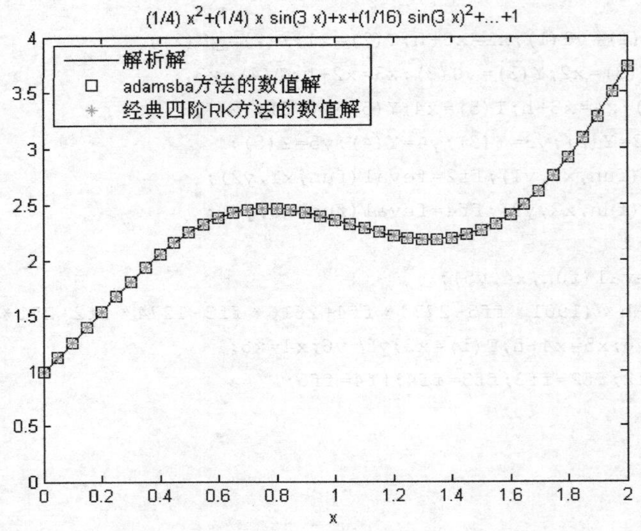

图 10.12　四阶 RK 方法及 Bashforth 四阶方法的数值解与解析解比较

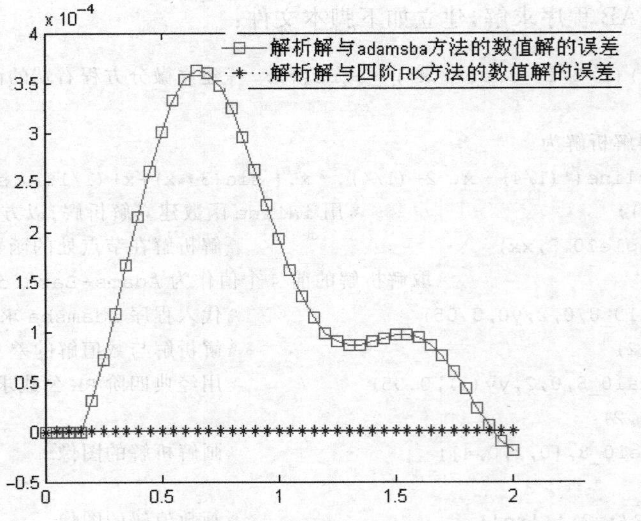

图 10.13　四阶 RK 方法及 Adams 四阶方法的数值解的误差比较

从图 10.12 和图 10.13 可见，Adams-Bashforth 四阶方法求得的解要比同阶的 Runge-Kutta 方法求得解的误差大很多。Adams-Bashforth 方法的优点在于它的计算量小，因为它每一步仅需要计算一个函数值，而 Runge-Kutta 四阶方法每一步需要计算四个函数值。Adams 显式方法一般不单独使用，将 Adams 显式方法与 Adams 隐式方法联合使用，则得到预测-校正方法。

10.6　预测-校正方法

不论单步法还是多步法，隐式法一般比同阶的显式法精确，而且数值稳定性好，但是在隐式公式中，通常很难解出 y_{n+1}，需要迭代法求解，这样又增加了计算量。在实际计算中，很少单独用显示公式或隐式公式，而是将它们联合使用：先用显示公式求出 $y(x_{n+1})$ 的预测值，记作 $\bar{y}_{n+1}$，再用隐式公式对预测值进行校正，求出 $y(x_{n+1})$ 的近似值 y_{n+1}，这样的数值方法称为预测-校正方法。

10.6.1　四阶 Adams 预测-校正方法

1. 功能

用四阶 Adams 预测-校正方法求解初值问题(10.1)、(10.2)的数值解。

2. 计算方法

(a) 首先用四阶 Runge-Kutta 公式计算出 y_1, y_2, y_3，以则 y_0, y_1, y_2, y_3 作为初值进行(b)～(c)；

(b) 预测

$$y_{n+1}^{(0)} = y_n + \frac{h}{24}[55f(x_n, y_n) - 59f(x_{n-1}, y_{n-1}) + 37f(x_{n-2}, y_{n-2}) - 9f(x_{n-3}, y_{n-3})];$$

(c) 校正

$$y_{n+1} = y_n + \frac{h}{24}[9f(x_{n+1}, y_{n+1}^{(0)}) + 19f(x_n, y_n) - 5f(x_{n-1}, y_{n-1}) + f(x_{n-2}, y_{n-2})]。$$

3. 使用说明

```
adprecor4(fun,x0,xn,y0,h)
```

fun 是微分方程的一般表达式右端的函数 $f(x,y)$，x_0，x_n 为自变量的左右端点，y_0 为初始值(向量)，h 为步长。输出解的近似值。

4. MATLAB 程序

```
function S=adprecor4(fun,x0,xn,y0,h)
n=(xn-x0)/h;T=zeros(1,n+1);
Y=zeros(1,n+1);T(1)=x0;Y(1)=y0;
for i=1:3
    k1=feval(fun,x0,y0);
    T(i+1)=T(1)+i*h;
    k2=feval(fun,x0+h/2,y0+h*k1/2);
    k3=feval(fun,x0+h/2,y0+h*k2/2);
```

```
    k4=feval(fun,x0+h,y0+h*k3);
    x0=x0+h;
    y0=y0+h*(k1+2*k2+2*k3+k4)/6;
    Y(i+1)=y0;
end
ff0=feval(fun,T(1),Y(1));
ff1=feval(fun,T(2),Y(2));
ff2=feval(fun,T(3),Y(3));
y4=Y(4);
for i=5:n+1
    ff3=feval(fun,T(1)+(i-2)*h,y4);
    ybar=y4+h*(55*ff3-59*ff2+37*ff1-9*ff0)/24;
    ff4=feval(fun,T(1)+(i-1)*h,ybar);
    y5=y4+h*(9*ff4+19*ff3-5*ff2+ff1)/24;
    Y(i)=y5;T(i)=T(1)+(i-1)*h;
    ff0=ff1;ff1=ff2;ff2=ff3;y4=y5;
end
S=[T',Y'];
```

例 10.9 用四阶 Adams 预测-校正方法求解初值问题 $y'=x^2y^2, 1\leqslant x\leqslant 2, y(0)=1/3$。

解 用 MATLAB 程序求解，建立如下脚本文件：

```
exa10_9=@(x,y) y^2*x^2;                              %建立微分方程右端的函数 f(x,y)
exam10_9=dsolve('Dy=y^2*x^2','y(1)=1/3','x');        %用 dsolve 求得解析解
xx=1:0.1:2;
example10_9=inline(exam10_9);         %用 inline 函数建立解析解,以方便后面的作图和求值
yy=feval(example10_9,xx)                             %解析解在节点处的函数值
E=adprecor4(exa10_9,1,2,1/3,0.1)                     %代入程序 adprecor4 求解
err1=yy'-E(:,2)                           %解析解与四阶 adams 预测校正方法的数值解的差
EE=rungek4(exa10_9,1,2,1/3,0.1)           %用经典四阶 RK 公式求解
err2=yy'-EE(:,2)
plot(E(:,1)',err1','rs-')                 %解析解与四阶 adams 预测校正方法的数值解的误
差图形
hold on
plot(E(:,1)',err2','b*:')                 %解析解与经典四阶 RK 方法的数值解的误差图形
legend('解析解与四阶 adams 预测校正方法的数值解的差','解析解与四阶 RK 方法的数值解的差')
hold off
```

将以上脚本文件存为 ex10_9.m。在 MATLAB 命令窗口调用 ex10_9，将执行后的数据结果略去，详情可在执行程序后的屏幕显示中看到，此处只给出图形结果(见图 10.14、图 10.15)。

通过多个实例的实验结果，我们发现四阶 Adams 预测-校正方法的误差一般都比四阶 RK 方法的误差大，其实还可对四阶 Adams 预测-校正方法加以修正，得到改进的四阶 Adams 预测-校正方法。

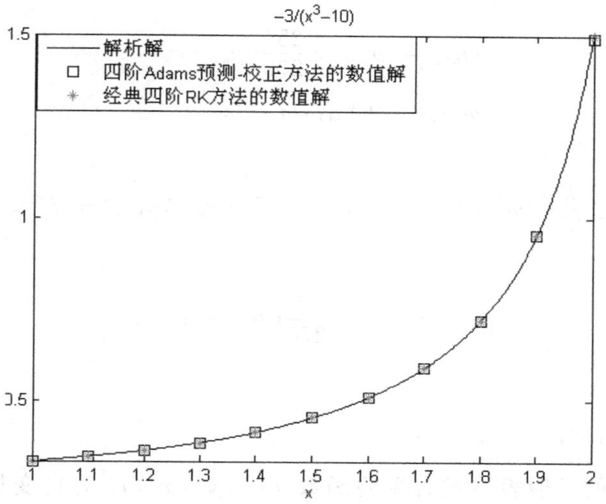

图 10.14　四阶 Adams 预测-校正方法的数值解与解析解比较

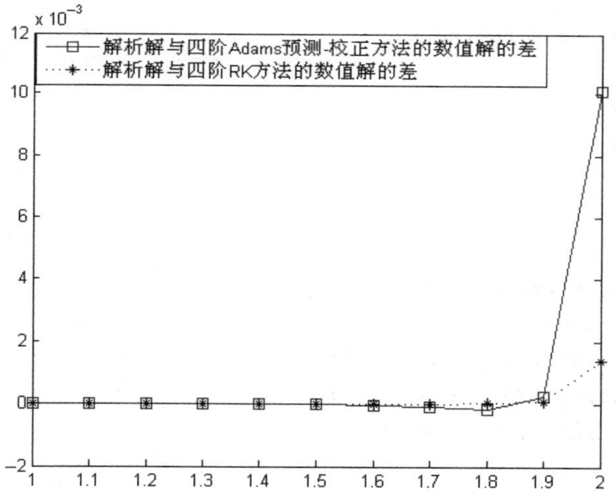

图 10.15　四阶 Adams 预测-校正方法及四阶 RK 方法的数值解的误差比较

10.6.2　改进的 Adams 四阶预测-校正方法

1. 功能

用改进的 Adams 四阶预测-校正方法求解初值问题(10.1)、(10.2)的数值解。

2. 计算方法

(a) 首先用四阶 Runge-Kutta 公式计算出 y_1, y_2, y_3，以则 y_0, y_1, y_2, y_3 作为初值进行(b)～(e)；

(b) 预测值

$$p_{n+1} = y_n + \frac{h}{24}[55f(x_n, y_n) - 59f(x_{n-1}, y_{n-1}) + 37f(x_{n-2}, y_{n-2}) - 9f(x_{n-3}, y_{n-3})];$$

(c) 修正预测值

$$m_{n+1} = p_{n+1} - \frac{251}{270}(p_n - c_n),$$
$$m'_{n+1} = f(x_{n+1}, m_{n+1});$$

(d) 校正值

$$c_{n+1} = y_n + \frac{h}{24}[9m'_{n+1} + 19f(x_n, y_n) - 5f(x_{n-1}, y_{n-1}) + f(x_{n-2}, y_{n-2})];$$

(e) 修正校正值

$$y_{n+1} = c_{n+1} + \frac{19}{270}(p_{n+1} - c_{n+1})。$$

3. 使用说明

```
imadprecor(fun,x0,xn,y0,h)
```

fun 是微分方程的一般表达式右端的函数 $f(x,y)$，x_0，x_n 为自变量的左右端点，y_0 为初始值(向量)，h 为步长。输出解的近似值。

4. MATLAB 程序

```
function S=imadprecor(fun,x0,xn,y0,h)
n=(xn-x0)/h;
T=zeros(1,n+1);
Y=zeros(1,n+1);
T(1)=x0;
Y(1)=y0;
for i=1:3
    k1=feval(fun,x0,y0);
    T(i+1)=T(1)+i*h;
    k2=feval(fun,x0+h/2,y0+h*k1/2);
    k3=feval(fun,x0+h/2,y0+h*k2/2);
    k4=feval(fun,x0+h,y0+h*k3);
    x0=x0+h;
    y0=y0+h*(k1+2*k2+2*k3+k4)/6;
    Y(i+1)=y0;
end
ff0=feval(fun,T(1),Y(1));
ff1=feval(fun,T(2),Y(2));
ff2=feval(fun,T(3),Y(3));
y4=Y(4);
c0=0;p0=0;
for i=5:n+1
    ff3=feval(fun,T(1)+(i-2)*h,y4);
    p1=y4+h*(55*ff3-59*ff2+37*ff1-9*ff0)/24;
    mm1=p1-251*(p0-c0)/270;
    mm=feval(fun,T(1)+(i-1)*h,mm1);
    c1=y4+h*(9*mm+19*ff3-5*ff2+ff1)/24;
```

```
    y5=c1+19*(p1-c1)/270;
    Y(i)=y5;
    T(i)=T(1)+(i-1)*h;
    ff0=ff1;ff1=ff2;ff2=ff3;
    y4=y5;
    c0=c1;p0=p1;
end
S=[T',Y'];
```

例 10.10 利用改进的 Adams 四阶预测-校正方法重新求解例 10.9 的初值问题,并与四阶 Adams 预测-校正方法的结果进行比较。

解 用 MATLAB 程序求解,建立如下脚本文件:

```
exa10_10=@(x,y) y^2*x^2;                %建立微分方程右端的函数 f(x,y)
exam10_10=dsolve('Dy=y^2*x^2','y(1)=1/3','x');       %用 dsolve 求得解析解
xx=1:0.05:2;
example10_10=inline(exam10_10);    %用 inline 函数建立解析解,以方便后面的作图和求值
yy=feval(example10_10,xx)          %解析解在节点处的函数值
E=imadprecor(exa10_10,1,2,1/3,0.05)    %代入程序 imadprecor 求解
err1=yy'-E(:,2)                        %解析解与数值解的差——即绝对误差
EE=adprecor4(exa10_10,1,2,1/3,0.05)    %代入程序 adprecor4 求解
err2=yy'-EE(:,2)
EEE=rungek4(exa10_10,1,2,1/3,0.05)     %用经典四阶 RK 公式求解
err3=yy'-EEE(:,2)
plot(E(:,1)',err1','rs-')          %解析解与改进的 Adams 四阶预测-校正方法的数值解的
误差图像
hold on
plot(E(:,1)',err2','gd--')          %解析解与四阶 Adams 预测-校正方法的数值解的误差
图像
plot(E(:,1)',err3','b*:')          %解析解与经典四阶 RK 方法的数值解的误差图像
legend('解析解与改进的 Adams 四阶预测-校正方法的数值解的差','解析解与四阶 Adams 预测
-校正方法的数值解的差','解析解与四阶 RK 方法的数值解的差')
hold off
figure
ezplot(example10_10,[1,2,1/3,1.5])         %画解析解的图像
hold on
plot(E(:,1)',E(:,2)','rs')                 %画数值解的图像
plot(EE(:,1)',EE(:,2)','g*')
legend('解析解','改进的 Adams 四阶预测-校正方法的数值解','经典四阶 RK 方法的数值解')
hold off
```

存为 ex10_10.m。在 MATLAB 命令窗口调用 ex10_10,即得结果。此处只给出执行后的图像(见图 10.16、图 10.17),将数据结果略去,详情可在执行程序后的屏幕显示中看到。

从图 10.16 中,可以看出改进的 Adams 四阶预测-校正方法解的精度比 Adams 四阶预测-校正方法解的精度有了明显的提高,但是比经典四阶 RK 方法解的精度还差些。

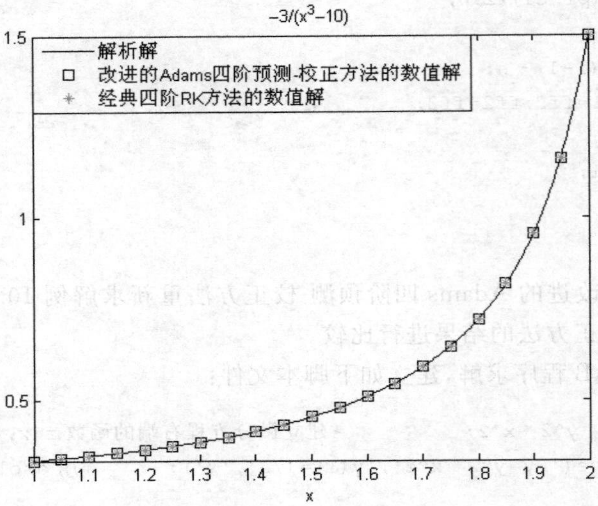

图 10.16

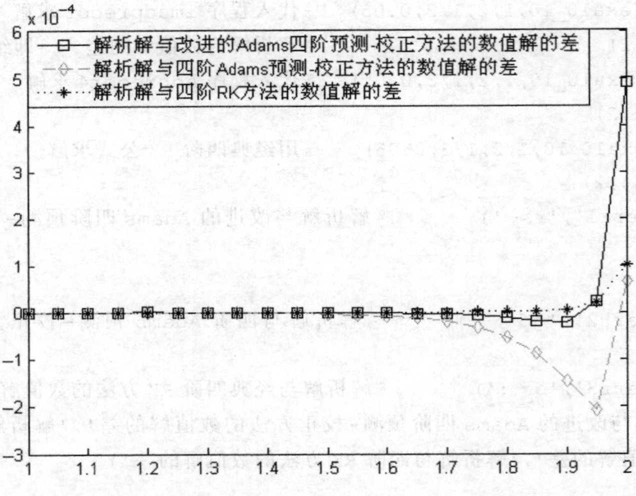

图 10.17

10.6.3 Hamming 预测-校正方法

1. 功能

用 Hamming 预测-校正方法求解初值问题(10.1)、(10.2)的数值解。

2. 计算方法

(a) 首先用四阶 Runge-Kutta 公式计算出 y_1, y_2, y_3，以则 y_0, y_1, y_2, y_3 作为初值进行(b)～(e)；

(b) 预测值

$$p_{n+1} = y_{n-3} + \frac{4h}{3}[2f(x_n, y_n) - f(x_{n-1}, y_{n-1}) + 2f(x_{n-2}, y_{n-2})];$$

(c) 修正预测值

$$q_{n+1}=p_{n+1}-\frac{112}{121}(p_n-c_n),\quad q'_{n+1}=f(x_{n+1},q_{n+1});$$

(d) 校正值

$$c_{n+1}=\frac{1}{8}[9y_n-y_{n-2}+3h(q'_{n+1}+2f(x_n,y_n)-f(x_{n-1},y_{n-1}))];$$

(e) 修正校正值

$$y_{n+1}=c_{n+1}+\frac{9}{121}(p_{n+1}-c_{n+1})。$$

3. 使用说明

```
hamprecor(fun,x0,xn,y0,h)
```

fun 是微分方程的一般表达式右端的函数 $f(x,y)$，x_0，x_n 为自变量的左右端点，y_0 为初始值(向量)，h 为步长。输出解的近似值。

4. MATLAB 程序

```
function S=hamprecor(fun,x0,xn,y0,h)
n=(xn-x0)/h;
T=zeros(1,n+1);
Y=zeros(1,n+1);
T(1)=x0;
Y(1)=y0;
yy0=y0;
for i=1:3
    k1=feval(fun,x0,y0);
    T(i+1)=T(1)+i*h;
    k2=feval(fun,x0+h/2,y0+h*k1/2);
    k3=feval(fun,x0+h/2,y0+h*k2/2);
    k4=feval(fun,x0+h,y0+h*k3);
    x0=x0+h;
    y0=y0+h*(k1+2*k2+2*k3+k4)/6;
    Y(i+1)=y0;
end
ff0=feval(fun,T(1),Y(1));
ff1=feval(fun,T(2),Y(2));
ff2=feval(fun,T(3),Y(3));
yy1=Y(2);
yy2=Y(3);
yy3=Y(4);
c0=yy3;
p0=yy3;
for i=5:n+1
    ff3=feval(fun,T(1)+(i-2)*h,yy3);
    p1=yy0+4*h*(2*ff3-ff2+2*ff1)/3;
    q1=p1-112*(p0-c0)/121;
```

```
        qq=feval(fun,T(1)+(i-1)*h,q1);
        c1=(9*yy3-yy1+3*h*(qq+2*ff3-ff2))/8;
        yy4=c1+9*(p1-c1)/121;
        Y(i)=yy4;
        T(i)=T(1)+(i-1)*h;
        ff1=ff2;
        ff2=ff3;
        yy0=yy1;
        yy1=yy2;
        yy2=yy3;
        yy3=yy4;
        c0=c1;p0=p1;
    end
    S=[T',Y'];
```

例 10.11 利用 Hamming 预测-校正方法求解初值问题$\frac{dy}{dx}=(1+2(x+1)\sin(3x))e^{-y}$，$0\leqslant x\leqslant 5$，$y(0)=0$，并与改进的 Adams 四阶预测-校正方法的结果进行比较。

解 用 MATLAB 程序求解，建立如下脚本文件：

```
exa10_11=@(x,y) (1+2*(x+1)*sin(3*x))*exp(-y);       %建立微分方程右端的函数 f(x,y)
exam10_11=dsolve('Dy=(1+2*(x+1)*sin(3*x))*exp(-y)','y(0)=0','x')
                                                                    %用 dsolve 求得解析解
xx=0:0.05:5;
example10_11=inline(exam10_11);  %用 inline 函数建立解析解,以方便后面的作图和求值
yy=feval(example10_11,xx)          %解析解在节点处的函数值
E=hamprecor(exa10_11,0,5,0,0.05) %代入程序 hamprecor 求解
err1=yy'-E(:,2)                    %解析解与数值解的差——即绝对误差
EE=imadprecor(exa10_11,0,5,0,0.05)%代入程序 imadprecor 求解
err2=yy'-EE(:,2)
EEE=rungek4(exa10_11,0,5,0,0.05) %用经典四阶 RK 公式求解
err3=yy'-EEE(:,2)
plot(E(:,1)',err1','m*-')          %解析解与 Hamming 预测-校正方法的数值解的误差图像
hold on
plot(E(:,1)',err2','b--') %解析解与改进的 Adams 四阶预测-校正方法的数值解的误差图像
plot(E(:,1)',err3','r')            %解析解与经典四阶 RK 方法的数值解的误差图像
legend('解析解与 Hamming 预测-校正方法的数值解的差','解析解与改进的 Adams 四阶预测校
正方法的数值解的差','解析解与四阶 RK 方法的数值解的差')
hold off
figure
ezplot(example10_11,[0,5,0,2.5]) %画解析解的图像
hold on
plot(E(:,1)',E(:,2)','rs')         %画数值解的图像
legend('解析解','Hamming 预测-校正方法的数值解')
hold off
```

存为 ex10_11. m。在 MATLAB 命令窗口调用 ex10_11，由于数据结果太多，故略去数据结果，此处只给出执行后的图像(见图 10.18、图 10.19)，详细的数据结果可在执行程序后的屏幕显示中看到。

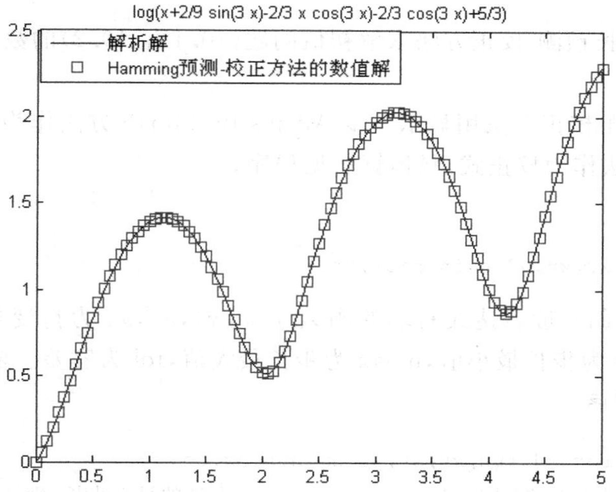

图 10.18

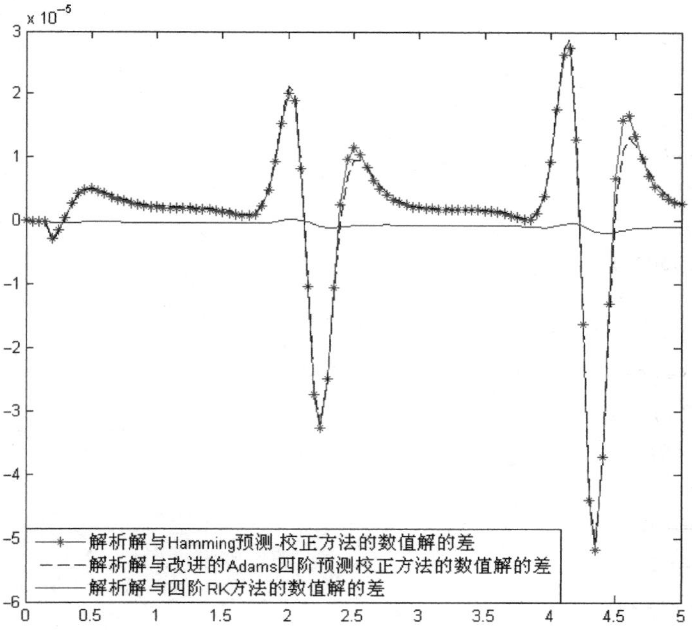

图 10.19

从图 10.19 可见，Hamming 预测-校正方法与改进的 Adams 四阶预测校正方法的数值解基本相同，但它们的误差都比四阶 RK 方法的误差大很多。

10.7 变步长的多步法

1. 功能

用 Adams 变步长预测-校正方法求解初值问题(10.1)、(10.2)的数值解。

2. 计算方法

此变步长的预测-校正方法用显示 4 步 Adams-Bashforth 方法作为预测式,用 3 步隐式 Adams-Moulton 方法作为校正式,具体算法见程序。

3. 使用说明

```
vsprecor4(fun,x0,xn,y0,hmin,hmax,tol)
```

fun 是微分方程的一般表达式右端的函数 $f(x,y)$, x_0, x_n 为自变量的左右端点, y_0 为初始值(向量),hmin 为步长最小值,hmax 为步长最大值,tol 为容差。输出解的近似值。

4. MATLAB 程序

```
function S=vsprecor4(fun,x0,xn,y0,hmin,hmax,tol)
%hmin-允许的最小步长 默认 hmin=0.00001,hmax-允许的最大步长,默认 hmax=0.1;
%tol-容差,默认 1e-6
if nargin<7
    tol=1e-6;
end
if nargin <6
    hmax=0.1;
end
if nargin <5
    hmin=0.00001;
end
h=hmax;
T(1)=x0;Y(1)=y0;
ff=zeros(5,1);
done=0;last=0;
flag=1;k=1;
while (done==0)
    if flag==1
       for i=1:3
          ff(i)=feval(fun,x0,y0);
          k1=feval(fun,x0,y0);
          k2=feval(fun,x0+h/2,y0+h*k1/2);
          k3=feval(fun,x0+h/2,y0+h*k2/2);
          k4=feval(fun,x0+h,y0+h*k3);
          x0=x0+h;y0=y0+h*(k1+2*k2+2*k3+k4)/6;
          T(i+k)=x0;
```

```
            Y(i+k)=y0;
        end
        k=k+3;
    end
    ff(4)=feval(fun,x0,y0);
    yp=y0+h*(55*ff(4)-59*ff(3)+37*ff(2)-9*ff(1))/24;            %预测
    ff(5)=feval(fun,x0+h,yp);
    y0=y0+h*(9*ff(5)+19*ff(4)-5*ff(3)+ff(2))/24;                %校正
    R=19*abs(y0-yp)/(270*h);
    q=(tol/(2*R))^(1/4);
    if (R<tol)
        k=k+1;x0=x0+h;
        T(k)=x0;Y(k)=y0;
        ff(1)=ff(2);
        ff(2)=ff(3);
        ff(3)=ff(4);
        if (last==1)
            done=1;
        elseif (R<0.1*tol| (x0+h)>xn)
            if (R <0.1*tol)
                h=min(hmax,min(q,4)*h);
            end;
            if ((x0+4*h)>xn)
                h=(xn-x0)/4;
                last=1;
            end
            flag=1;
        else
            flag=0;
        end
    else
        h=max(q,0.1)*h;
        if (h<hmin)
            disp('求解需要更小的步长!');
        end;
        if (flag==1)
            k=k-3;
        end
        x0=T(k);y0=Y(k);
        flag=1;
        if ((x0+4*h)>xn)
            h=(xn-x0)/4;
            last=1;
```

```
            else
                last=0;
            end;
        end;
    end;
    S=[T',Y'];
```

例 10.12 用 Adams 变步长预测-校正方法求解初值问题 $\frac{dy}{dx}=y(2-y)$，$0\leqslant x\leqslant 5$，$y(0)=1/20$。

解 建立如下脚本文件：

```
exa10_12=@(x,y) y*(2-y);                              %建立微分方程右端的函数 f(x,y)
exam10_12=dsolve('Dy=y*(2-y)','y(0)=0.05','x')%用 dsolve 求得解析解
E0=vsprecor4(exa10_12,0,5,0.05,0.01,0.25,1e-6) %代入程序 vsprecor4 求解
E1=vsprecor4(exa10_12,0,5,0.05,0.01,0.1,1e-6)
E2=vsprecor4(exa10_12,0,5,0.05,0.01,0.05,1e-5)
example10_12=inline(exam10_12);
                          %用 inline 函数重新建立解析解-函数,以方便后面的作图和求值
xx0=E0(:,1);                                          %节点
yy0=feval(example10_12,xx0);                          %解析解在节点处的函数值
xx1=E1(:,1);                                          %节点
yy1=feval(example10_12,xx1);
err0=yy0-E0(:,2)                                      %解析解与数值解在节点处的差
err1=yy1-E1(:,2)
err2=yy2-E2(:,2)
ezplot(example10_12,[0,5,0,2])                        %画解析解的图像
hold on
plot(E0(:,1)',E0(:,2)','r--')                         %画数值解的图像
plot(E1(:,1)',E1(:,2)','gs')
legend('解析解','变步长 vsprecor4 的数值解(h=0.25)','变步长 vsprecor4 的数值解(h=0.1)
')
hold off
figure
plot(E0(:,1)',err0,'r')        %画解析解与变步长 vsprecor4 的数值解的差(h=0.25)的图形
hold on
plot(E1(:,1)',err1','b*');plot(E2(:,1)',err2','g-s');
legend('解析解与变步长 vsprecor4 的数值解的差(h=0.25)','解析解与变步长的 vsprecor4
的数值解的差(h=0.1)','解析解与变步长的 vsprecor4 的数值解的差(h=0.05)')
hold off
```

将以上脚本文件存为 ex10_12.m。在 MATLAB 命令窗口调用 ex10_12，由于数据结果太多，故略去数据结果此处只给出执行后的图像(见图 10.20、图 10.21)，详细的数据结果可在执行程序后的屏幕显示中看到。

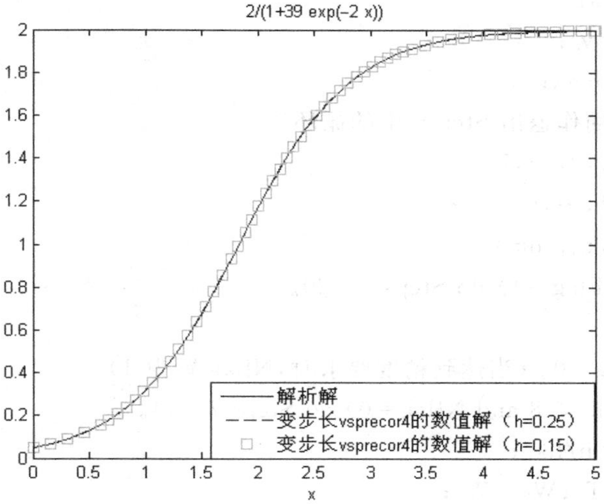

图 10.20

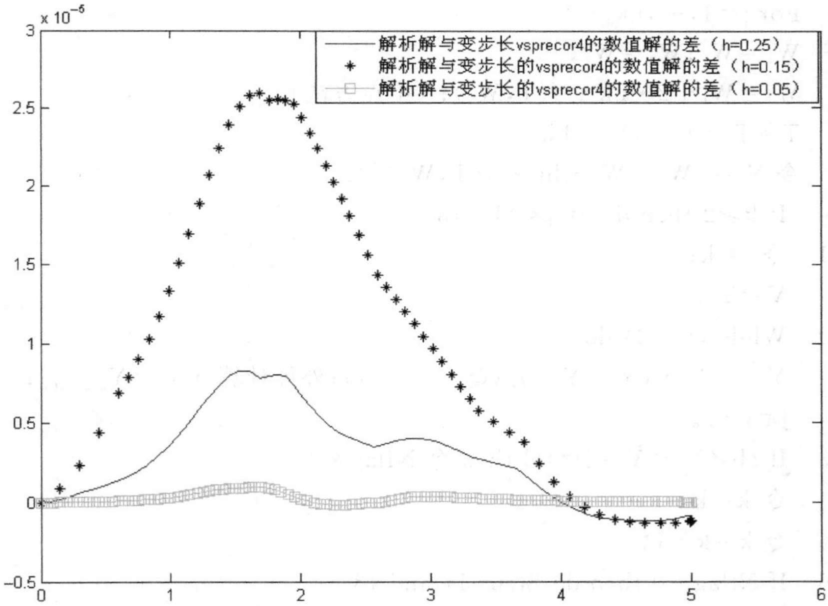

图 10.21

10.8 Gragg 外推法

1. 功能

用 Gragg 外推法求解初值问题(10.1)、(10.2)的数值解。

2. 计算方法

Step 1　nk=[2,4,6,8,12,16,24,32]。

Step 2　令 $T_0=a$;

$W_0=y_0$;

$h=hmax$;

Flag=1。(Flag 用作退出 Step 4 中的循环)

Step 3　For $i=1,2,\cdots,7$

For $j=1,\cdots,i$

令　$Q_{i,j}=(nk_{i+1}/nk_j)^2$。

Step 4　While (Flag=1) do Steps 5－20。

Step 5　令 $k=1$;

Nflag=0。(当达到精度要求时,Nflag 置为 1)

Step 6　While ($k<8$ and Nflag=0) do Steps 7－14。

Step 7　令 $hk=h/hk_k$;

$T=T_0$; $W_2=W_0$;

$W_3=W_2+hk\cdot f(T,W_2)$;

$T=T_0+hk$。

Step 8　For $j=1,\cdots,nk_k-1$

令　$W_1=W_2$; $W_2=W_3$;

$W_3=W_1+2\cdot hk\cdot f(T,W_2)$;(中点方法)

$T=T_0+(j+1)\cdot hk$。

Step 9　令 $Y_k=[W_3+W_2+hk\cdot f(T,W_3)]/2$。

Step 10　If $k\geqslant 2$ then do Steps 11－13。

Step 11　令 $j=k$;

$V=Y_1$。

Step 12　While ($j\geqslant 2$) do

令　$Y_{j-1}=Y_j+(Y_j-Y_{j-1})/(Q_{k-1,j-1}-1)$;外推计算 $Y_{j-1}=Y_{k,k-j+2}$;

$j=j-1$。

Step 13　If abs$(Y_1-V)<=tol$ then 令 Nflag=1。

Step 14　令 $k=k+1$。

Step 15　令 $k=k-1$。

Step 16　If Nflag=0 then do Steps 17 and 18

else do Steps 19 and 20。

Step 17　令 $h=h/2$。(拒绝 w 的新值,减小 h)

Step 18　If $h<hmin$ then

OUTPUT ('超出最小的 hmin ');

令 Flag=0。

Step 19　令 $W_0=Y_1$;

$T_0=T_0+h$;

OUTPUT (T_0,W_0,h)。

Step 20　If $T_0\geqslant b$ then 令 Flag=0;

else if $T_0+h>b$ then 令 $h=b-T_0$；

else if $(k<3$ and $h<0.5(hmax))$ then 令 $h=2h$。

Step 21 停止。

3. 使用说明

```
gragextra(fun,a,b,y0,hmin,hmax,tol)
```

fun 是微分方程的一般表达式右端的函数 $f(x,y)$，a，b 为自变量的左右端点，y_0 为初始值(向量)，hmin 为步长最小值，hmax 为步长最大值，tol 为容差。输出解的近似值。

4. MATLAB 程序

```
function S=gragextra(fun,a,b,y0,hmin,hmax,tol)
%Step 1
nk=[2,4,6,8,12,16,24,32];
%Step 2
S=[];t0=a;w0=y0;h=hmax;
Flag=1;                                          %Flag 用作退出 Step 4 中的循环
%Step 3
Q=zeros(8,8);
for i=1:7
    for j=1:i
          Q(i,j)=(nk(i+1)/nk(j))*(nk(i+1)/nk(j));
    end;
end;
%Step 4
while Flag==1
    %Step 5
    k=1;
    Nflag=0;                                     %当达到精度要求时,Nflag 置为 1
    Y=zeros(1,10);
    %Step 6
    while k <=8 & Nflag==0
          %Step 7
          hk=h/nk(k);T=t0;w2=w0;
          w3=w2+hk*feval(fun,T,w2);              %Euler 第一步
          T=t0+hk;M=nk(k)-1;                     %Step 8
          for j=1:M
              w1=w2;w2=w3;
              w3=w1+2*hk*feval(fun,T,w2);        %中点方法
              T=t0+(j+1)*hk;
          end;
          %Step 9
          Y(k)=(w3+w2+hk*feval(fun,T,w3))/2;
          %Step 10
          if k>=2
                %Step 11
```

```
                        j=k;V=Y(1);
                        %Step 12
                        while j>=2
                            Y(j-1)=Y(j)+(Y(j)-Y(j-1))/(Q(k-1,j-1)-1);
                            %外推计算 Y(j-1)=Y(k,k-j+2)
                            j=j-1;
                        end;
                        %Step 13
                        if abs(Y(1)-V)<=tol
                            Nflag=1;
                        end;
                        %接受 Y(1) 作为新的 w
                    end;
                    %Step 14
                    k=k+1;
            end;
              %Step 15
        k=k-1;
        %Step 16
    if Nflag==0
        %Step 17
        %拒绝 w 的新值,减小 h
        h=h/2;
        %Step 18
        if h <hmin
            printf('超出最小的 hmin\n');
            Flag=0;
        end;
    else
        %Step 19
          w0=Y(1);t0=t0+h;
          S=[S;t0,w0,h,k];
        %Step 20
          if t0>=b
              Flag=0;
          else
              if t0+h>b
                  h=b-t0;
              else
                  if k <=3 & h<0.5 * hmax
                      h=2 * h;
                  end;
              end;
          end;
              if h>hmax
```

```
            h=h/2;
        end;
    end;
end;
```

例 10.13 利用 Gragg 外推法求解初值问题 $\frac{dy}{dx}=\frac{\ln(x+2)+5\cos(3x)}{y^3}$，$0\leqslant x\leqslant 3$，$y(0)=1$。

解 用 MATLAB 程序求解，建立如下脚本文件：

```
exa10_13=@(x,y) (log(x+2)+5*cos(3*x))/y^3;              %建立微分方程右端的函数 f(x,y)
exam10_13=dsolve('Dy=(ln(x+2)+5*cos(3*x))/y^3','y(0)=1','x')    %用 dsolve 求得解析解
E0=gragextra(exa10_13,0,3,1,0.02,0.25,1e-6)            %代入程序 gragextra 求解
E1=gragextra(exa10_13,0,3,1,0.01,0.15,1e-6)
E2=gragextra(exa10_13,0,3,1,0.01,0.05,1e-6)
example10_13=inline(exam10_13);    %用 inline 函数重新建立解析解-函数,以便作图和求值
xx0=E0(:,1);                                            %节点
yy0=feval(example10_13,xx0)                             %解析解在节点处的函数值
xx1=E1(:,1);                                            %节点
yy1=feval(example10_13,xx1);
xx2=E2(:,1);                                            %节点
yy2=feval(example10_13,xx2);
err0=yy0-E0(:,2)                                        %解析解与数值解在节点处的差
err1=yy1-E1(:,2)
err2=yy2-E2(:,2)
ezplot(example10_13,[ 0,3,0,2.2])                       %画解析解的图像
hold on
plot(E0(:,1)',E0(:,2)','r:')                            %画数值解的图像
plot(E1(:,1)',E1(:,2)','gs')
legend('解析解','gragextra 外推法的数值解(h=0.25)','gragextra 外推法的数值解(h=0.
15)')
hold off
figure
plot(E0(:,1)',err0,'r')                                 %画数值解的图像
hold on
plot(E1(:,1)',err1','b--*')
plot(E2(:,1)',err2','g-s')
legend('解析解与 gragextra 外推法数值解的差(h=0.25)','解析解与 gragextra 外推法数值
解的差(h=0.15)','解析解 gragextra 外推法的数值解的差(h=0.05)')
hold off
```

将以上脚本文件存为 ex10_13.m。在 MATLAB 命令窗口调用 ex10_13，由于数据结果太多，故略去数据结果此处只给出执行后的图像（见图 10.22、图 10.23），详细的数据结果可在执行程序后的屏幕显示中看到。

注：此程序求得的数值解的精度与程序中三个参数 hmin，hmax 和 tol 都有密切关系。

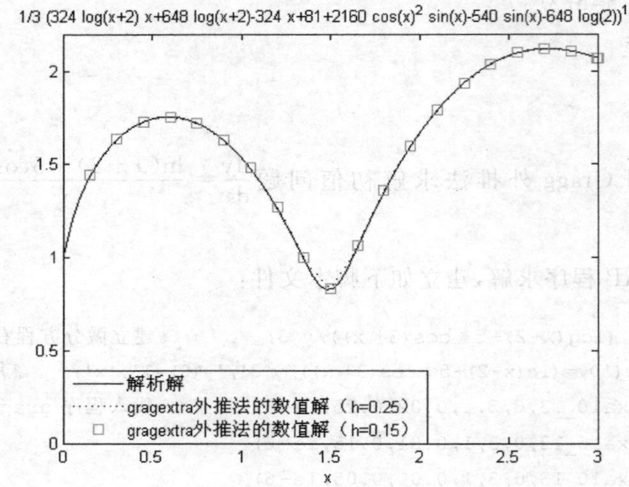

图　10.22

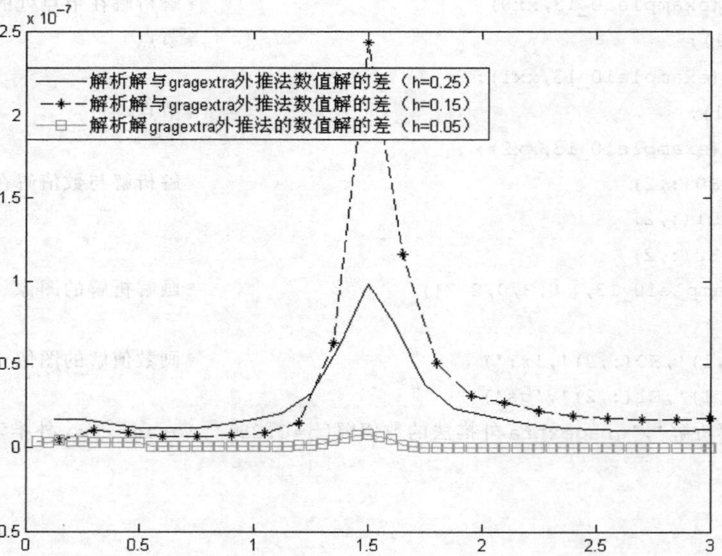

图　10.23

10.9　常微分方程组和高阶微分方程的数值解法

给定一阶微分方程组的初值问题：

$$\begin{cases} y_i' = f_i(x, y_1, \cdots, y_m), & i = 1, \cdots, m, a \leqslant x \leqslant b, \\ y_i(a) = \alpha_i, & i = 1, \cdots, m。\end{cases} \tag{10.31}$$

采用向量的记号，记

$$\begin{cases} \boldsymbol{y} = [y_1, \cdots, y_m]^{\mathrm{T}}, \\ \boldsymbol{y}(x) = [y_1(x), \cdots, y_m(x)]^{\mathrm{T}}, \\ \boldsymbol{f}(x, y) = [f_1(x, y), \cdots, f_m(x, y)]^{\mathrm{T}}, \\ \boldsymbol{y}' = [y'_1, \cdots, y'_m]^{\mathrm{T}}, \\ \boldsymbol{\alpha} = [\alpha_1, \cdots, \alpha_m]^{\mathrm{T}}, \end{cases}$$

则初值问题(10.31)可以简单地写成

$$\begin{cases} \boldsymbol{y}' = \boldsymbol{f}(x, \boldsymbol{y}), \quad a \leqslant x \leqslant b, \\ \boldsymbol{y}(a) = \boldsymbol{\alpha}。 \end{cases} \tag{10.32}$$

前面讨论的关于微分方程的初值问题的数值解法，完全适用于一阶微分方程组的初值问题(10.32)。本节将经典的四阶 Runge-Kutta 方法推广到求解一阶微分方程组的初值问题(10.32)。

10.9.1　常微分方程组的数值解法

1. 功能

用四阶 Runge-Kutta 方法求解一阶微分方程组的初值问题(10.32)。

2. 计算方法

计算公式：

$$\begin{cases} \boldsymbol{K}_1 = \boldsymbol{f}(x_j, \boldsymbol{w}_j), \\ \boldsymbol{K}_2 = \boldsymbol{f}\left(x_j + \dfrac{h}{2}, \boldsymbol{w}_j + \dfrac{h}{2}\boldsymbol{K}_1\right), \\ \boldsymbol{K}_3 = \boldsymbol{f}\left(x_j + \dfrac{h}{2}, \boldsymbol{w}_j + \dfrac{h}{2}\boldsymbol{K}_2\right), \\ \boldsymbol{K}_4 = \boldsymbol{f}(x_j + h, \boldsymbol{w}_j + h\boldsymbol{K}_3), \\ \boldsymbol{w}_{j+1} = \boldsymbol{w}_j + \dfrac{h}{6}(\boldsymbol{K}_1 + 2\boldsymbol{K}_2 + 2\boldsymbol{K}_3 + \boldsymbol{K}_4), \quad j = 0, 1, \cdots, N-1。 \end{cases}$$

其中 $h=(b-a)/N, x_{j+1}=x_j+h, j=0,1,\cdots,N-1, x_0=a, \boldsymbol{w}_0=\boldsymbol{\alpha}$。$\boldsymbol{w}_j$ 是问题(10.32)的解 $\boldsymbol{y}(x)$ 在 $x=x_j$ 处的数值解。

记 $\boldsymbol{w}_j=[w_{1,j}, w_{2,j}, \cdots, w_{m,j}]^{\mathrm{T}}$，则

$$y_i(x_j) \approx w_{i,j}, \quad \boldsymbol{w}_0 = [w_{1,0}, w_{2,0}, \cdots, w_{m,0}]^{\mathrm{T}} = [\alpha_1, \alpha_2, \cdots, \alpha_m]^{\mathrm{T}}。$$

再记 $\boldsymbol{K}_l=[k_{l,1}, k_{l,2}, \cdots, k_{l,m}]^{\mathrm{T}}, l=1,2,3,4$，则经典四阶 Runge-Kutta 方法的计算公式的分量形式为

$$\begin{cases} k_{1,i} = f_i(x_j, w_{1,j}, w_{2,j}, \cdots, w_{m,j}), \quad i = 1, 2, \cdots, m, \\ k_{2,i} = f_i\left(x_j + \dfrac{h}{2}, w_{1,j} + \dfrac{h}{2}k_{1,1}, w_{2,j} + \dfrac{h}{2}k_{1,2}, \cdots, w_{m,j} + \dfrac{h}{2}k_{1,m}\right), \quad i = 1, 2, \cdots, m, \\ k_{3,i} = f_i\left(x_j + \dfrac{h}{2}, w_{1,j} + \dfrac{h}{2}k_{2,1}, w_{2,j} + \dfrac{h}{2}k_{2,2}, \cdots, w_{m,j} + \dfrac{h}{2}k_{2,m}\right), \quad i = 1, 2, \cdots, m, \\ k_{4,i} = f_i(x_j + h, w_{1,j} + hk_{3,1}, w_{2,j} + hk_{3,2}, \cdots, w_{m,j} + hk_{3,m}), \quad i = 1, 2, \cdots, m, \\ w_{i,0} = \alpha_i, \quad i = 1, 2, \cdots, m, \\ w_{i,j+1} = w_{i,j} + \dfrac{h}{6}(k_{1,i} + 2k_{2,i} + 2k_{3,i} + k_{4,i}), \quad i = 1, \cdots, m, j = 0, 1, \cdots, N-1。 \end{cases}$$

3. 使用说明

```
rk4symeq(fun,a,b,alpha,h)
```

fun 是微分方程的一般表达式右端的函数 $f(x,y)$，a，b 为自变量的左右端点，alpha 为初始值(向量)，h 为步长。输出解的近似值。

4. MATLAB 程序

```
function S=rk4symeq(fun,a,b,alpha,h)
m=length(alpha);
N=ceil((b-a)/h);
if a>=b
    printf('左端点必须小于右端点');
end;
S=zeros(N+1,m+1);
w=zeros(1,m);v=zeros(1,m);
K1=zeros(1,m);K2=zeros(1,m);
K3=zeros(1,m);K4=zeros(1,m);
h=(b-a)/N;
t=a;S(1,1)=t;
w=alpha;S(1,2:m+1)=w;
for L=1:N
    K1=feval(fun,t,w);
    K2=feval(fun,t+h/2,w+h*K1/2);
    K3=feval(fun,t+h/2,w+h*K2/2);
    K4=feval(fun,t+h,w+h*K3);
    w=w+h*(K1+2*K2+2*K3+K4)/6;
    t=a+L*h;
    S(L+1,1)=t;
    S(L+1,2:m+1)=w;
end;
```

例 10.14 求解微分方程组
$$\begin{cases}\dfrac{dx}{dt}=-5x+17y,\\ \dfrac{dy}{dt}=-2x+5y+\sin(5t),\\ x(0)=1,\quad y(0)=-3。\end{cases}$$

解 用 MATLAB 程序求解，建立如下函数文件和脚本文件：

```
function w=ex10_14(t,y)
w=[-5*y(1)+17*y(2);-2*y(1)+5*y(2)+sin(5*t)];
```

存为 exa10_14.m。

```
S=rk4symeq('exa10_14',0,20,[1;-3],0.1)
plot(S(:,1),S(:,2),'b',S(:,1),S(:,3),'r*')
legend('图像 y1','图像 y2')
figure
```

```
plot(S(:,2),S(:,3),'r')
```

将以上脚本文件存为 ex10_14. m,在 MATLAB 命令窗口调用 ex10_14,由于数据结果太多,故略去,详细的数据结果可在执行程序后的屏幕显示中看到,执行后的图像见图 10.24 和图 10.25。

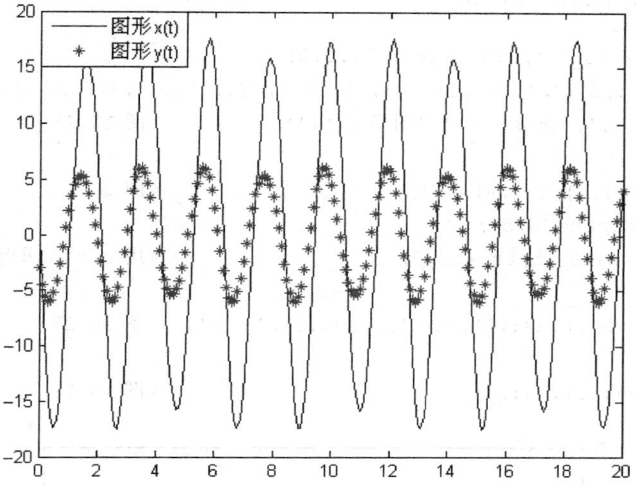

图　10.24

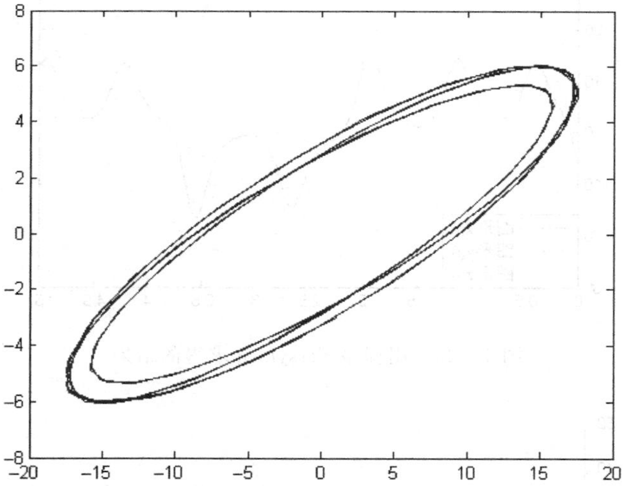

图 10.25　方程组的相图

例 10.15　求解 Lorenz 微分方程组

$$\begin{cases} \dfrac{dx}{dt}=-10x+10y, \\ \dfrac{dy}{dt}=28x-y-xz, \\ \dfrac{dz}{dt}=-\dfrac{8}{3}z+xy, \\ x(0)=-8,y(0)=8,z(0)=27。 \end{cases}$$

解 用 MATLAB 程序求解，建立如下函数文件和脚本文件：

```
function dy=exa10_15(t,y)
  dy=zeros(3,1);dy(1)=-10*y(1)+10*y(2);
    dy(2)=28*y(1)-y(2)-y(1)*y(3);dy(3)=y(1)*y(2)-8*y(3)/3;
```

将函数文件存为 exa10_15.m。

```
S=rk4symeq('exa10_15',0,5,[-8;8;27],0.01)
plot(S(:,1),S(:,2),'b',S(:,1),S(:,3),'r:',S(:,1),S(:,4),'g--')
legend('图形 x(t)','图形 y(t)','图形 z(t)')                     %图 10.26
figure
plot3(S(:,2),S(:,3),S(:,4),'b')                                  %图 10.27
x0=[-8,8,27];tspan=[0,5];
[t,x]=ode45(@exa10_15,tspan,x0)                                 %用 ode45 求解
figure
plot(t,x(:,1),'b',t,x(:,2),'r :',t,x(:,3),'g--')                %图 10.28
figure
plot3(x(:,1),x(:,2),x(:,3))                                      %图 10.29
```

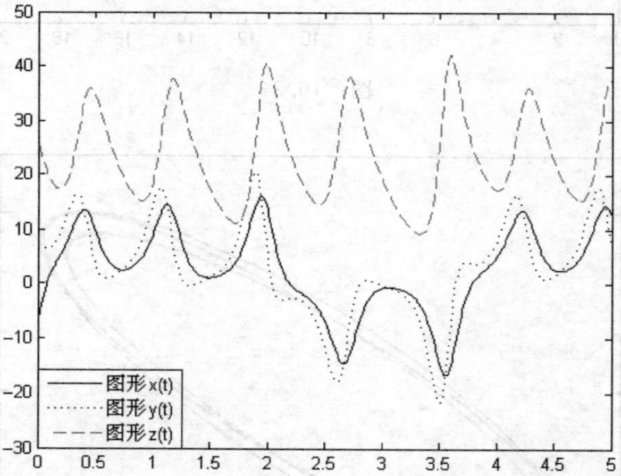

图 10.26 用程序 rk4symeq 求得的结果

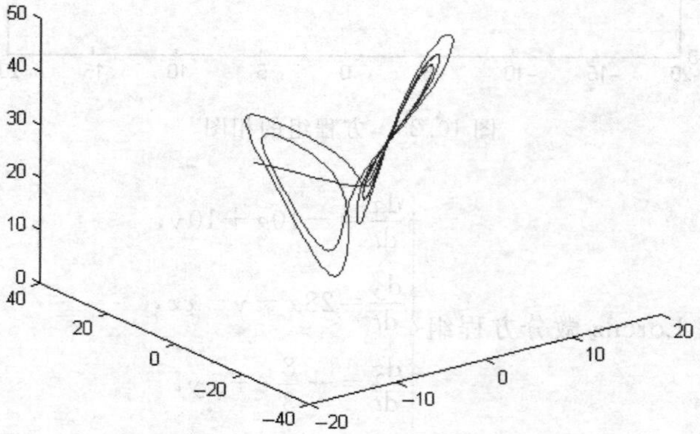

图 10.27 方程组的相图(rk4symeq)

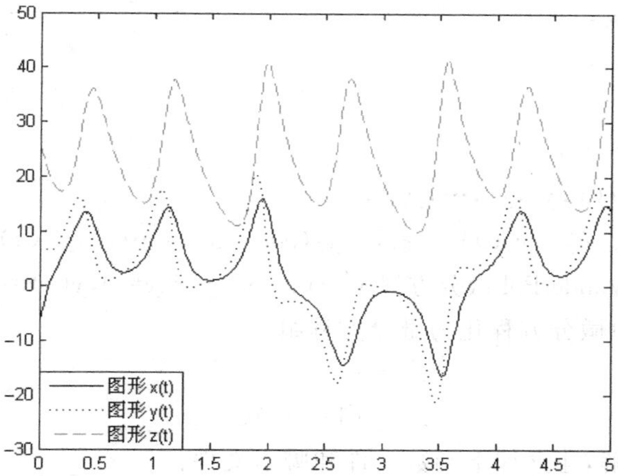

图 10.28 用程序 ode45 求得的结果

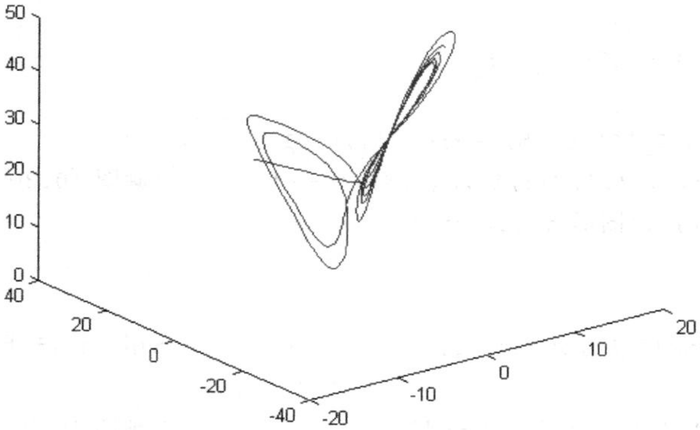

图 10.29 方程组的相图(ode45)

将以上脚本文件存为 ex10_15.m,在 MATLAB 命令窗口调用 ex10_15,由于数据结果太多,故略去,详细的数据结果可在执行程序后的屏幕显示中看到,执行后的图像分别为图 10.26、图 10.27。

注:我们分别用了 MATLAB 的 ode45(见图 10.28、图 10.29)和 rk4symeq 程序求解本例,从计算结果可知,它们的计算结果在区间[0,2]上基本一致,但是随着区间的加大,它们求得的结果之间的差别越来越大。因为 rk4symeq 使用的是四阶方法,精度较低,因此,较复杂的问题不易在较大区间上使用它。

10.9.2 高阶微分方程的数值解法

m 阶微分方程初值问题

$$\begin{cases} y^{(m)} = f(x, y, y', \cdots, y^{(m-1)}), \quad a \leqslant x \leqslant b, \\ y(a) = \alpha_1, \quad y'(a) = \alpha_2, \quad \cdots, \quad y^{(m-1)}(a) = \alpha_m, \end{cases} \tag{10.33}$$

可化为一阶微分方程组的初值问题。令

$$y_1 = y, \quad y_2 = y', \quad \cdots, \quad y_m = y^{(m-1)},$$

则(10.33)化为关于 $y_1, y_2, \cdots, y_m$ 的一阶微分方程组的初值问题

$$\begin{cases} y_1' = y_2, \\ y_2' = y_3, \\ \vdots \\ y_{m-1}' = y_m, \\ y_m' = f(x, y_1, y_2, \cdots, y_m), \end{cases}$$

$$a \leqslant x \leqslant b, \quad y_1(a) = \alpha_1, \quad y_2(a) = \alpha_2, \quad \cdots, \quad y_m(a) = \alpha_m。 \tag{10.34}$$

例 10.16 求解 VanderPol 微分方程 $y''-(1-y^2)y'+y=0, y(0)=-3, y'(0)=-0.1$。

解 令 $z=y'$ 则原微分方程化为微分方程组

$$\begin{cases} y' = z, \\ z' = (1-y^2)z - y。 \end{cases}$$

用 MATLAB 程序求解，建立如下函数文件和脚本文件：

```
function dy=exa10_16(t,y)
dy=zeros(2,1);
dy(1)=y(2);
dy(2)=(1-y(1)^2)*y(2)-y(1);
存为 exa10_16.m。
S=rk4symeq('exa10_16',0,15,[-3;-0.1],0.01)
plot(S(:,1),S(:,2),'r',S(:,1),S(:,3),'b--')          %画图 10.30
legend('图形 y(t)','图形 dy(t)/dt')
y0=[-3,-0.1];
tspan=[0,15];
[t,y]=ode45(@exa10_16,tspan,y0)                       %用 ode45 求解
figure
plot(t,y(:,1),'r',t,y(:,2),'b--')                     %画图 10.31,与图 10.30 基本相同
legend('图形 y(t)','图形 dy(t)/dt')
```

将以上脚本文件存为 ex10_16.m，在 MATLAB 命令窗口调用 ex10_16，由于数据结果太多，故略去，详细的数据结果可在执行程序后的屏幕显示中看到，执行后的图像为图 10.30。

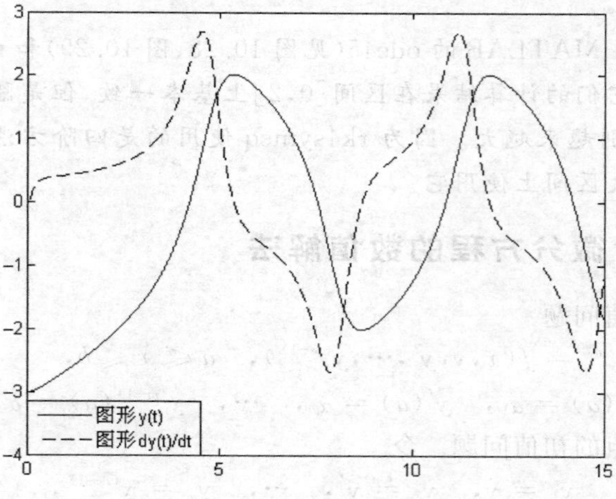

图 10.30

第11章 常微分方程边值问题的数值解法

二阶微分方程

$$y''=f(x,y,y'),\quad a\leqslant x\leqslant b,\quad -\infty<y<+\infty \tag{11.1}$$

的两点边值问题，简称边值问题，其边值条件有下面三类：

第一边界条件

$$y(a)=\alpha,\quad y(b)=\beta; \tag{11.2}$$

第二边界条件

$$y'(a)=\alpha,\quad y'(b)=\beta; \tag{11.3}$$

第三边界条件

$$y'(a)-\alpha_0 y(a)=\alpha_1,\quad y'(b)+\beta_0 y(b)=\beta_1, \tag{11.4}$$

其中 $\alpha_0\geqslant 0,\beta_0\geqslant 0,\alpha_0+\beta_0>0$。我们分别称它们为第一、第二、第三边界问题。

11.1 打靶法

11.1.1 线性边值问题的打靶法

对于线性边值问题

$$\begin{cases}y''=p(x)y'+q(x)y+r(x),\quad a\leqslant x\leqslant b, & (11.5)\\ y(a)=\alpha,\quad y(b)=\beta。 & (11.6)\end{cases}$$

考虑两个初值问题：

$$\begin{cases}y_1''=p(x)y_1'+q(x)y_1+r(x),\quad a\leqslant x\leqslant b, & (11.7)\\ y_1(a)=\alpha,\quad y_1'(a)=0, & (11.8)\end{cases}$$

以及

$$\begin{cases}y_2''=p(x)y_2'+q(x)y_2,\quad a\leqslant x\leqslant b, & (11.9)\\ y_2(a)=0,\quad y_2'(a)=1。 & (11.10)\end{cases}$$

设 y_1 是初值问题(11.7)、(11.8)的解，设 y_2 是初值问题(11.9)、(11.10)的解，并设 $y_2(b)\neq 0$，则边值问题(11.5)、(11.6)的解为

$$y(x)=y_1(x)+\frac{\beta-y_1(b)}{y_2(b)}y_2(x)。 \tag{11.11}$$

1. 功能

求解边值问题(11.5)、(11.6)的数值解。

2. 计算方法

用四阶 Runge-Kutta 方法分别求得初值问题(11.7)、(11.8)的解 $y_1(x)$ 和初值问题(11.9)、(11.10)的解 $y_2(x)$，然后利用公式(11.11)得到边值问题(11.5)、(11.6)的数值解，这就是线性边值问题的打靶法。

3. 使用说明

```
shootlin(fun1,fun2,a,b,alpha,beta,h)
```

fun1,fun2 分别是初值问题(11.7)、(11.8)和初值问题(11.9)、(11.10)的一阶微分方程，用 M 文件定义，a,b 为自变量的左右端点，alpha，beta 为初始值，h 为步长。输出解的近似值。

4. MATLAB 程序

```
function S=shootlin(fun1,fun2,a,b,alpha,beta,h)
N=ceil((b-a)/h);Za=[alpha;0];
Z=rk4symeq(fun1,a,b,Za,h);                    %解微分方程组 fun1
T=Z(:,1);U=Z(:,2);Za=[0;1];
Z=rk4symeq(fun2,a,b,Za,h);                    %解微分方程组 fun2
V=Z(:,2);
%求边值问题的解
W=U+(beta-U(N+1))*V/V(N+1);
S=[T,W];
```

例 11.1 用线性线性边值问题的打靶法求解 $y''(x)=y'(x)-y(x)+3e^{2x}-2\sin x$，$y(0)=5$，$y(2)=-10$。

解 先将二阶微分方程写为两个微分方程组，然后调用程序 shootlin 计算。建立如下函数文件：

```
function S=ex11_1
S=shootlin(@exa11_1a,@exa11_1b,0,2,5,-10,0.1);
plot(S(:,1),S(:,2));
legend('打靶法求得的数值解')
function dy=exa11_1a(t,y)
    dy=zeros(2,1);
    dy(1)=y(2);
    dy(2)=y(2)-y(1)+3*exp(2*t)-2*sin(t);
function dy=exa11_1b(t,y)
    dy=zeros(2,1);
    dy(1)=y(2);
    dy(2)=y(2)-y(1);
```

存为 ex11_1.m，在 MATLAB 命令窗口调用 ex11_1，屏幕显示如下结果(图像为图 11.1)。

```
>>S=ex11_1
```

```
S=                 0     5.00000000000000
   0.10000000000000      3.38664672574281
   0.20000000000000      1.60451773272671
   0.30000000000000     -0.33894647917298
   0.40000000000000     -2.43189538386601
   0.50000000000000     -4.65729023760591
   0.60000000000000     -6.99200650508196
   0.70000000000000     -9.40579345750320
   0.80000000000000    -11.86006198114694
   0.90000000000000    -14.30646483536916
   1.00000000000000    -16.68522522998313
   1.10000000000000    -18.92315930419662
   1.20000000000000    -20.93132545719828
   1.30000000000000    -22.60221798456103
   1.40000000000000    -23.80640348108725
   1.50000000000000    -24.38847520613605
   1.60000000000000    -24.16217212795721
   1.70000000000000    -22.90447451705917
   1.80000000000000    -20.34844533892204
   1.90000000000000    -16.17453458678030
   2.00000000000000    -10.00000000000000
```

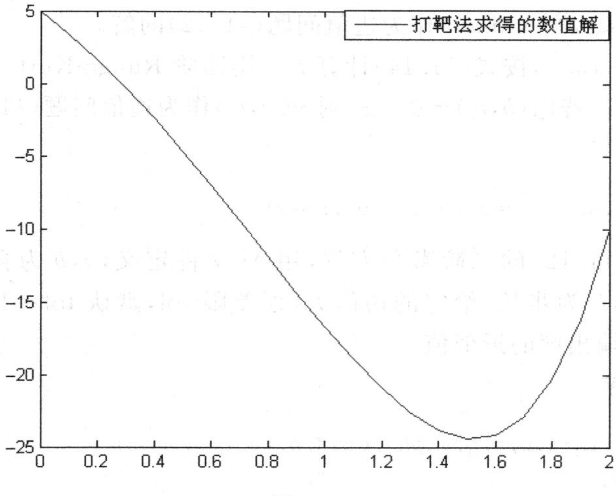

图 11.1

11.1.2 非线性边值问题的打靶法

解二阶微分方程的边值问题：

$$\begin{cases} y'' = f(x,y,y'), \quad a \leqslant x \leqslant b, -\infty < y < +\infty, \\ y(a) = \alpha, \quad y(b) = \beta。\end{cases} \tag{11.12}$$

的打靶法的基本思想是把边值问题化为初值问题来解。具体做法是通过反复调整初始时的斜率 $y'(a)=t$ 的值，使初值问题

$$\begin{cases} y'' = f(x,y,y'), \\ y(a) = \alpha, \quad y'(a) = t \end{cases} \tag{11.13}$$

的解 $y(x,t)$ 在 $x=b$ 的值 $y(b,t)$ 满足

$$y(b,t) = \beta \quad 或 \quad |y(b,t) - \beta| < \varepsilon,$$

其中 ε 为允许的误差界。这样，我们把 $y(b,t)$ 作为边值问题(11.12)的(近似)解。

要想成功地运用打靶法，就要求 $\lim\limits_{k\to\infty} y(b,t_k) = y(b) = \beta$。实际上，$\{t_k\}$ 可以看成非线性方程 $y(b,t)-\beta=0$ 的近似解序列。若用割线法解此非线性方程，则 t_k 的选取按式(11.14)计算。选取初值 t_0，t_1，则计算

$$t_k = t_{k-1} - \frac{(y(b,t_{k-1}) - \beta)(t_{k-1} - t_{k-2})}{y(b,t_{k-1}) - y(b,t_{k-2})}, \quad k = 2,3,\cdots, \tag{11.14}$$

直到 $|y(b,t_k)-\beta|<\varepsilon$ 为止，其中 ε 为允许的误差界。

1. 功能

求解边值问题(11.12)的数值解。

2. 计算方法

给定初值 t_0，误差限 tol，最大迭代次数 $n_{\max}$。

(1) 取 $t=t_0$，用四阶 Runge-Kutta 方法求得初值问题(11.13)的解 $y(x,t_0)$。若 $|y(b,t_0)-\beta|<\varepsilon$，则 $y(x,t_0)$ 作为边值问题(11.12)的解。

(2) 令 $t=t_1=\dfrac{\beta}{y(b,t_0)}t_0$，用四阶 Runge-Kutta 方法求得初值问题(11.13)的解 $y(x,t_1)$。若 $|y(b,t_1)-\beta|<\varepsilon$，则 $y(x,t_1)$ 作为边值问题(11.12)的解。

(3) 对 $k=2,3,\cdots,n_{\max}$，按式(11.14)计算 t_k。用四阶 Runge-Kutta 方法求得初值问题(11.13)的解 $y(x,t_k)$。若 $|y(b,t_k)-\beta|<\varepsilon$，则 $y(x,t_k)$ 作为边值问题(11.12)的解。

3. 使用说明

```
shtnlin(fun,a,b,alpha,beta,h,t0,tol,nmax)
```

fun 是初值问题(11.12)的二阶微分方程，用 M 文件定义，a，b 为自变量的左右端点，alpha，beta 为初始值，h 为步长，给定的初值 t_0，误差限 tol，默认 tol$=10^{-8}$，最大迭代次数 $n_{\max}$，默认 $n_{\max}=20$。输出解的近似值。

4. MATLAB 程序

```
function s=shtnlin(fun,a,b,alpha,beta,h,t0,tol,nmax)
N=ceil((b-a)/h);
if nargin<9
    nmax=20;
end
if nargin <8
    tol=1e-8;
end
if nargin <7
    t0=(beta-alpha)/(b-a);
end
bdc=[alpha;t0];
```

```
s1=rk4symeq(fun,a,b,bdc,h);
z1=s1(N+1,2);
if abs(z1-beta)<tol
    s=s1;
end
t1=beta/z1*t0;
bdc=[alpha;t1];
s2=rk4symeq(fun,a,b,bdc,h);
z2=s2(N+1,2);
if abs(z2-beta)<tol
    s=s2;
end
for k=2:nmax
    t=t1-(z2-beta)*(t1-t0)/(z2-z1);
    bdc=[alpha;t];
    s2=rk4symeq(fun,a,b,bdc,h);
    z2=s2(N+1,2);
    if abs(z2-beta)<tol
        s=s2;
    end
    t0=t1;t1=t;
end
s=s2;
```

例 11.2　用非线性边值问题的打靶法求解 $y''(t)=\frac{1}{t}y'+\frac{2}{y}y'$，$y(1)=4$，$y(2)=8$。

解　先将二阶微分方程写为微分方程组(令 $z=y'$)，然后调用程序 shtnlin 计算。用 MATLAB 程序求解，建立如下函数文件：

```
function S=ex11_2
S=shtnlin(@exa11_2,1,2,4,8,0.1,2);
plot(S(:,1),S(:,2),S(:,1),S(:,3),'r:')
legend('曲线 y(t)','曲线 dy/dt')
%用 MATLAB 的函数 bvp4c 计算
solinit=bvpinit(linspace(1,2,5),[8 4]);
sol=bvp4c(@exa11_2,@exa11_2bv,solinit)
xx=linspace(1,2,11);
yy=deval(sol,xx)
figure
plot(xx,yy(1,:)'-S(:,2));
legend('bvp4c 求的数值解与 shtnlin 求的数值解的差')
function dy=exa11_2(t,y)
  dy=zeros(2,1);
  dy(1)=y(2);
  dy(2)=y(2)/t+2*y(2)/y(1);
function res=exa11_2bv(ya,yb)                %边界条件函数
```

```
res=[ya(1)-4
     yb(1)-8];
```

存为 ex11_2.m,在 MATLAB 命令窗口调用 ex11_2,则屏幕显示如下结果(见图 11.2、图 11.3)。

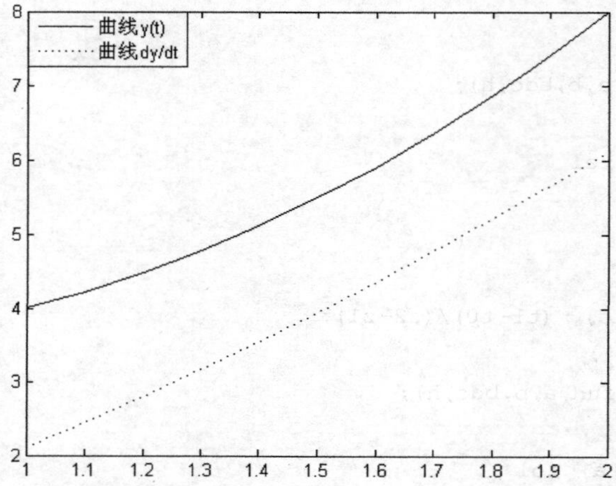

图 11.2

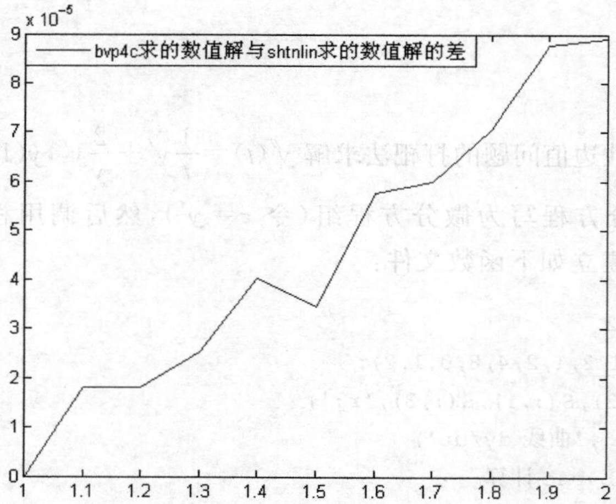

图 11.3

```
>>S=ex11_2
S=1.00000000000000    4.00000000000000    2.11733672587233
  1.10000000000000    4.22795707097240    2.44520380507081
  1.20000000000000    4.48970035254925    2.79286491993358
  1.30000000000000    4.78714738990744    3.15905151884532
  1.40000000000000    5.12208055507826    3.54234030992612
  1.50000000000000    5.49613503224230    3.94122185163137
  1.60000000000000    5.91079338846311    4.35416281324941
  1.70000000000000    6.36738587689686    4.77965788039986
```

```
1.80000000000000    6.86709532772555    5.21626946458332
1.90000000000000    7.41096539355176    5.66265520362789
2.00000000000000    7.99991098274821    6.11758450081359
```

S 的第 1 列为节点，第 2 列为微分方程的解 $y(t)$在节点处的近似值，第 3 列为 $y'(t)$在节点处的近似值。

```
sol=x: [1 1.25000000000000 1.50000000000000 1.75000000000000 2]
    y: [2x5 double]
    yp: [2x5 double]
    solver: 'bvp4c'
xx=1.0  1.1  1.2  1.3  1.4  1.5  1.6  1.7  1.8  1.9  2.0
yy=Columns 1 through 6
4.0000000000  4.2279749806  4.4897184434  4.7871724294  5.1221207076  5.4961693934
2.1173987450  2.4452845845  2.7929261647  3.1591120592  3.5424191770  3.9413118094
Columns 7 through 11
5.9108507896  6.3674458107  6.8671656312  7.4110532204  8.0000000000
4.3542557290  4.7797653694  5.2163841542  5.6627701060  6.1177175367。
```

yy 的第 1 行为微分方程的解 $y(t)$在节点处的近似值，第 2 行为 $y'(t)$在节点处的近似值。

11.2 有限差分法

差分方法是以差商代替导数，从而把微分方程离散化为一个差分方程组，然后以此方程组的解作为微分方程边值问题的近似解，它是解微分方程边值问题的一种基本数值方法。

11.2.1 线性边值问题的差分方法

考虑第一边值问题(11.5)、(11.6)。将区间$[a,b]$$N$等分，令 $x_n=a+nh$，$h=(b-a)/N$，$n=0,1,\cdots,N$。设 $y(x)$是第一边值问题的解，把 $y(x_{n+1})$和 $y(x_{n-1})$在 x_n 处按 Taylor 公式展开，略去余项就可得到解边值问题(11.5)，(11.6)截断误差为 $O(h^2)$的差分方程组：

$$\begin{cases} y_0=\alpha, \\ \dfrac{y_{n+1}-2y_n+y_{n-1}}{h^2}-p(x_n)\dfrac{y_{n+1}-y_{n-1}}{h^2}-q(x_n)y_n=r(x_n), \\ y_N=\beta, \end{cases} \tag{11.15}$$

其中 $y_n(n=1,\cdots,N-1)$是 $y(x_n)$的近似值，方程组写成矩阵形式为

$$\boldsymbol{A}\boldsymbol{y}=\boldsymbol{b}, \tag{11.16}$$

其中，

$$\boldsymbol{A}=\begin{pmatrix} 2+h^2q(x_1) & -1+\frac{h}{2}p(x_1) & & & \\ -1-\frac{h}{2}p(x_2) & 2+h^2q(x_2) & -1+\frac{h}{2}p(x_2) & & \\ & \ddots & \ddots & \ddots & \\ & & -1-\frac{h}{2}p(x_{N-2}) & 2+h^2q(x_{N-2}) & -1+\frac{h}{2}p(x_{N-2}) \\ & & & -1-\frac{h}{2}p(x_{N-1}) & 2+h^2q(x_{N-1}) \end{pmatrix},$$

$$\boldsymbol{y}=\begin{bmatrix} y_1 \\ y_2 \\ \vdots \\ y_{N-1} \end{bmatrix},\quad \boldsymbol{b}=\begin{bmatrix} -h^2 r(x_1)+\left(1+\dfrac{h}{2}p(x_1)\right)\alpha \\ -h^2 r(x_2) \\ \vdots \\ -h^2 r(x_{N-2}) \\ -h^2 r(x_{N-1})+\left(1-\dfrac{h}{2}p(x_{N-1})\right)\beta \end{bmatrix}。$$

1. 功能

求解边值问题(11.5)、(11.6)的数值解。

2. 计算方法

求解方程组(11.16)得到边值问题(11.5)、(11.6)的数值解。

3. 使用说明

```
findiff(fun1,fun2,fun3,a,b,alpha,beta,N)
```

fun1,fun2,fun3 分别是初值问题(11.5)的 $p(x)$,$q(x)$和 $r(x)$,需要用函数文件定义,或 inline 函数定义。a,b 为自变量的左右端点,alpha,beta 为初始值,N 为区间等分数。输出解的近似值。

4. MATLAB 程序

```
function s=findiff(fun1,fun2,fun3,a,b,alpha,beta,N)
h=(b-a)/N;
for i=1:N-1
    x(i)=a+i*h;
    q(i)=feval(fun2,x(i));
    v(i)=feval(fun3,x(i));
    r(i)=feval(fun1,x(i));
    g(i)=2+q(i)*h^2;
end
for i=1:N-2
    f(i)=-1-h*r(i+1)/2;
    c(i)=-1+h*r(i)/2;
end
d(1)=-v(1)*h^2+alpha*(1+h*r(1)/2);
d(N-1)=-v(N-1)*h^2+beta*(1-h*r(N-1)/2);
for i=2:N-2
    d(i)=-v(i)*h^2;
end
w=tridi(f,g,c,d);
for i=0:N
     x0(i+1)=a+i*h;
end
ww=[alpha,w,beta];
```

```
s=[x0',ww'];
function z=tridi(a,b,c,d)
n=length(d);
x=zeros(size(d));
c(1)=c(1)/b(1);
for j=2:n-1
    c(j)=c(j)/(b(j)-a(j-1)*c(j-1));
end
d(1)=d(1)/b(1);
for j=2:n
    d(j)=(d(j)-a(j-1)*d(j-1))/(b(j)-a(j-1)*c(j-1));
end
x(n)=d(n);
for j=n-1:-1:1
    x(j)=d(j)-c(j)*x(j+1);
end
x(1:n);
z=x;
```

例 11.3　求解边值问题 $y''=-\frac{2}{x}y'+\frac{2}{x^2}y+\frac{\sin(\ln x)}{x^2}, 1\leqslant x\leqslant 2, y(1)=1, y(2)=2$。

解　建立如下脚本文件：

```
fun1=inline('-2/x','x');                  %建立函数 p(x)
fun2=inline('2/x^2','x');                 %建立函数 q(x)
fun3=inline('sin(log(x))/x^2','x');       %建立函数 r(x)
a=1;
b=2;
alpha=1;
beta=2;
N=20;
s=findiff(fun1,fun2,fun3,a,b,alpha,beta,N)
yy=dsolve('D2y=-2/x*Dy+2/x^2*y+sin(log(x))/x^2','y(1)=1','y(2)=2','x');
                                          %用 dsolve 求解
yx=inline(yy);              %用 inline 函数重新建立解析解函数,以便求解析解在某些点的值
xx=1:0.05:2;
y=yx(xx)                                  %解析解在节点 xx 处的值
plot(xx,y,'r',s(:,1)',s(:,2)','b:*')
legend('解析解','数值解')
figure
plot(xx,y-s(:,2)','r')
legend('解析解与数值解的差')
```

存为 ex11_3.m。在 MATLAB 命令窗口调用 ex11_3，并将部分计算结果填入表 11.1（全部数据结果在可执行程序后看到）。

表 11.1

x_i	$y_i(h=0.05)$	$y(x_i)$	$\|y(x_i)-y_i\|$
1.0	1	1	0
1.1	1.09262206580487	1.09262929848129	7.2327 10^{-6}
1.2	1.18707436204029	1.18708484048368	1.0478 10^{-5}
1.3	1.28337093967120	1.28338236407913	1.1424 10^{-5}
1.4	1.38143492935581	1.38144595169699	1.1022 10^{-5}
1.5	1.48114958957516	1.48115941699981	9.8274 10^{-6}
1.6	1.58238428886651	1.58239246075638	8.1719 10^{-6}
1.7	1.68500770343384	1.68501396173410	6.2583 10^{-6}
1.8	1.78889432297141	1.78889853464195	4.2117 10^{-6}
1.9	1.89392739964207	1.89392950921118	2.1096 10^{-6}
2.0	2	2	0

由于数值解与解析解很接近，从图 11.4 中很难看出它们的差别，下面是作出它们的差的图像(见图 11.5)。

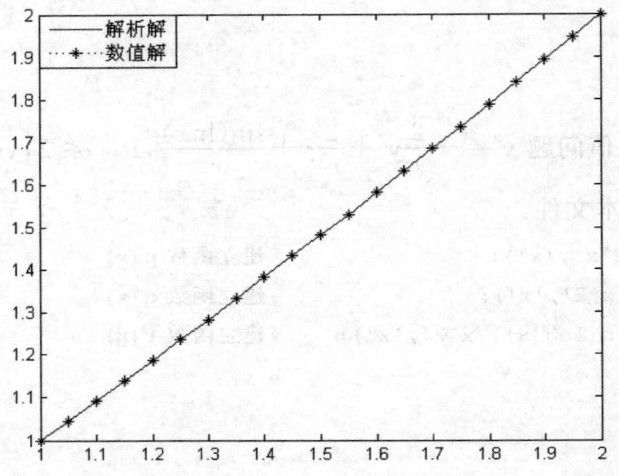

图 11.4

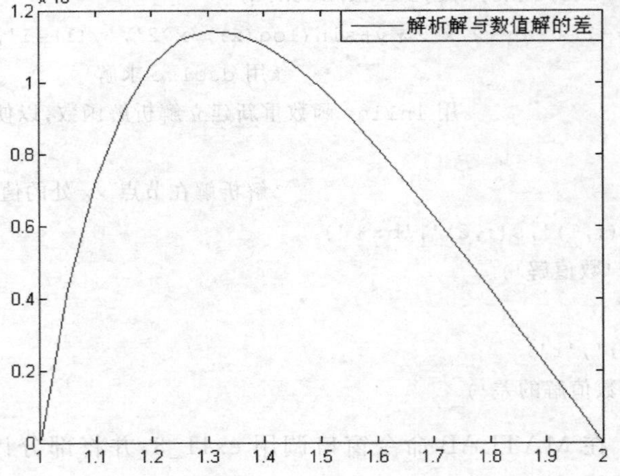

图 11.5

11.2.2 非线性边值问题的差分方法

1. 功能

求解边值问题(11.1)、(11.2)的数值解。

2. 计算方法

设 $y(x)$是第一边值问题的解，把 $y(x_{n+1})$和 $y(x_{n-1})$在 x_n 按 Taylor 公式展开，略去余项就可得到解边值问题(11.1)、(11.2)截断误差为 $O(h^2)$的差分方程组：

$$\begin{cases} y_0 = \alpha, \\ \dfrac{y_{n+1}-2y_n+y_{n-1}}{h^2} - f\left(x_n, y_n, \dfrac{y_{n+1}-y_{n-1}}{2h}\right) = 0, \quad n=1,2,\cdots,N-1, \\ y_N = \beta。\end{cases} \tag{11.17}$$

解方程组(11.17)可以选用解非线性方程组的牛顿法。将(11.17)式中的 $y_0=\alpha, y_N=\beta$ 代入 $n=1, n=N-1$ 的方程中，未知数写成向量 $\boldsymbol{y}=(y_1,\cdots,y_{N-1})^{\mathrm{T}}$，则牛顿法的迭代公式为

$$\boldsymbol{y}^{(k)} = \boldsymbol{y}^{(k-1)} - \boldsymbol{J}(\boldsymbol{y}^{(k-1)})^{-1}\boldsymbol{F}(\boldsymbol{y}^{(k-1)}), \tag{11.18}$$

其中 $\boldsymbol{J}(\boldsymbol{y})$是方程组左端函数的 Jacobi 矩阵，可写成一个三对角矩阵，第 i 行第 j 列的元素是

$$\boldsymbol{J}(\boldsymbol{y})_{ij} = \begin{cases} -1+\dfrac{h}{2}f_{y'}\left(x_i, y_i, \dfrac{y_{i+1}-y_{i-1}}{2h}\right), & i=j-1, j=2,3,\cdots,N-1, \\ 2+h^2 f_y\left(x_i, y_i, \dfrac{y_{i+1}-y_{i-1}}{2h}\right), & i=j, j=1,2,\cdots,N-1, \\ -1-\dfrac{h}{2}f_{y'}\left(x_i, y_i, \dfrac{y_{i+1}-y_{i-1}}{2h}\right), & i=j+1, j=1,2,\cdots,N-2, \end{cases}$$

其中 $y_0=\alpha, y_N=\beta$。

每迭代一步要解的三对角方程组是

$$\boldsymbol{J}(\boldsymbol{y})\begin{pmatrix} v_1 \\ v_2 \\ \vdots \\ v_{N-2} \\ v_{N-1} \end{pmatrix} = -\begin{pmatrix} 2y_1 - y_2 - \alpha + h^2 f\left(x_1, y_1, \dfrac{y_2-\alpha}{2h}\right) \\ -y_1 + 2y_2 - y_3 + h^2 f\left(x_2, y_2, \dfrac{y_3-y_1}{2h}\right) \\ \vdots \\ -y_{N-3} + 2y_{N-2} - y_{N-1} + h^2 f\left(x_{N-2}, y_{N-2}, \dfrac{y_{N-1}-y_{N-3}}{2h}\right) \\ -y_{N-2} + 2y_{N-1} - \beta + h^2 f\left(x_{N-1}, y_{N-1}, \dfrac{\beta - y_{N-2}}{2h}\right) \end{pmatrix},$$

其中系数矩阵和右端向量中的 y_i 均取为 $y_i^{(k-1)}$。解出 v_i 后，令 $y_i^{(k)}=y_i^{(k-1)}+v_i (i=1,2,\cdots,N-1)$，即完成一次迭代。

3. 使用说明

```
nonldiff(fun,a,b,alpha,beta,N,nmax)
```

fun 表示 $f(x,y,z)$，需要符号函数定义，z 表示 y 的导数 y'。a,b 为自变量的左右端点，alpha，beta 为初始值，N 为区间$[a,b]$的等分数，$n_{\max}$ 为最大迭代次数。输出解的近似值。

4. MATLAB 程序

```
function s=nonldiff(fun,a,b,alpha,beta,N,nmax)
if nargin<7
    nmax=10;
end
h=(b-a)/N;
for j=1:N-1
    w(j)=alpha+j*h*(beta-alpha)/(b-a);
end
k=1;
var=findsym(fun);
fy=diff(fun,'y');
fdy=diff(fun,'z');
while k<=nmax
    xx=a+h;
    t=(w(2)-alpha)/(2*h);
    d(1)=-(2*w(1)-w(2)-alpha+h^2*(subs(fun,{xx,w(1),t},var)));
    g(1)=2+h^2*subs(fy,{xx,w(1),t},var);
    c(1)=-1+(h/2)*(subs(fdy,{xx,w(1),t},var));
    for i=2:N-2
        xx=a+i*h;t=(w(i+1)-w(i-1))/(2*h);
        f(i-1)=-1-(h/2)*(subs(fdy,{xx,w(i),t},var));
        g(i)=2+h^2*subs(fy,{xx,w(i),t},var);
        c(i)=-1+(h/2)*(subs(fdy,{xx,w(i),t},var));
        d(i)=-(2*w(i)-w(i+1)-w(i-1)+h^2*(subs(fun,{xx,w(i),t},var)));
    end
    xx=b-h;t=(beta-w(N-2))/(2*h);
    f(N-2)=-1-(h/2)*(subs(fdy,{xx,w(N-1),t},var));
    g(N-1)=2+h^2*subs(fy,{xx,w(N-1),t},var);
    d(N-1)=-(2*w(N-1)-w(N-2)-beta+h^2*(subs(fun,{xx,w(N-1),t},var)));
    v=tridi(f,g,c,d);                    %追赶法解三对角方程组,见 11.2.1 节;
    w=w+v;
    k=k+1;
end
for i=0:N
    x0(i+1)=a+i*h;
end
ww=[alpha,w,beta];
s=[x0',ww'];
```

例 11.4 求解边值问题 $y''=\frac{1}{8}(32+2x^3-yy'),1\leqslant x\leqslant 3,y(1)=17,y(3)=\frac{43}{3}$。

解 用 MATLAB 程序求解,建立如下命令文件和脚本文件:

```
function dz=exa11_4(x,y,z)
```

```
syms x y z;
dz=(32+2*x^3-y*z)/8;
```

存为 exa11_4.m。

```
a=1;
b=3;
alpha=17;
beta=43/3;
s=nonldiff(exa11_4,a,b,alpha,beta,40,10)
```

存为 ex11_4.m。在 MATLAB 命令窗口调用 ex11_4，并将部分计算结果填入表 11.2 的第二列（全部数据结果在可执行程序后看到），图像见图 11.6。

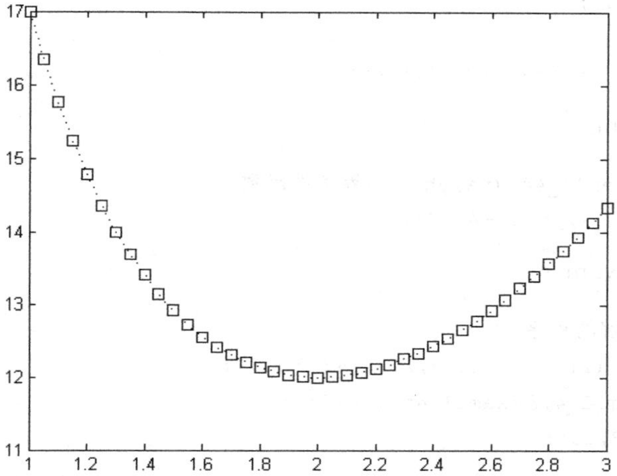

图 11.6　非线性差分法求得的数值解

表　11.2

x_i	nonldiff 求得的解 y_i	bvp4c 求得的解 $y(x_i)$	误差 $\lvert y(x_i)-y_i\rvert$
1.0	17	17	0
1.1	15.75521720547762	15.75545185125664	$2.3465\ 10^{-4}$
1.2	14.77293600635110	14.77332884850315	$3.9284\ 10^{-4}$
1.3	13.99718995534462	13.99768734684667	$4.9739\ 10^{-4}$
1.4	13.38800423812315	13.38856743994675	$5.6320\ 10^{-4}$
1.5	12.91606470924931	12.91666459199580	$5.9988\ 10^{-4}$
1.6	12.55938618266195	12.55999956954205	$6.1339\ 10^{-4}$
1.7	12.30115669974786	12.30176429461330	$6.0759\ 10^{-4}$
1.8	12.12830042201960	12.12888631266103	$5.8589\ 10^{-4}$
1.9	12.03049437658239	12.03104655441500	$5.5218\ 10^{-4}$
2.0	11.99948019727375	11.99999105769038	$5.1086\ 10^{-4}$
2.1	12.02857252456872	12.02903845730523	$4.6593\ 10^{-4}$
2.2	12.11230148798508	12.11272140248220	$4.1991\ 10^{-4}$
2.3	12.24614846136047	12.24652187957938	$3.7342\ 10^{-4}$
2.4	12.42634788511998	12.42667351719498	$3.2563\ 10^{-4}$

续表

x_i	nonldiff 求得的解 y_i	bvp4c 求得的解 $y(x_i)$	误差 $\|y(x_i)-y_i\|$
2.5	12.64973665581807	12.65001203294172	2.7539 10^{-4}
2.6	12.91363827559598	12.91386037666472	2.2210 10^{-4}
2.7	13.21577274902304	13.21593908115546	1.6633 10^{-4}
2.8	13.55418578981121	13.55429530818083	1.0952 10^{-4}
2.9	13.92719267575279	13.92724618200477	5.3506 10^{-5}
3.0	14.333333333	14.33333333333	0

用 MATLAB 的函数 bvp4c 计算。

```
function dy=exam11_4(x,y)           %将边值问题定义为微分方程组
    dy=zeros(2,1);
    dy(1)=y(2);
    dy(2)=(32+2*x^3-y(1)*y(2))/8;
```

存为 exam11_4.m。

```
function res=exam11_4bv(ya,yb) %边界条件函数
    res=[ya(1)-17,yb(1)-43/3];
```

存为 exam11_4bv.m。

```
%用函数 bvp4c 求解的程序
solinit=bvpinit(linspace(1,3,20),[43/3 17]);
sol=bvp4c(@exam11_4,@exam11_4bv,solinit)
xx=linspace(1,3,20);
yy=deval(sol,xx)
figure
plot(xx,yy(1,:)','r:*');
```

存为 example11_4.m。在 MATLAB 命令窗口调用 example11_4，并将部分计算结果填入表 11.2 的第三列（全部数据结果在可执行程序后看到），图像见图 11.7。

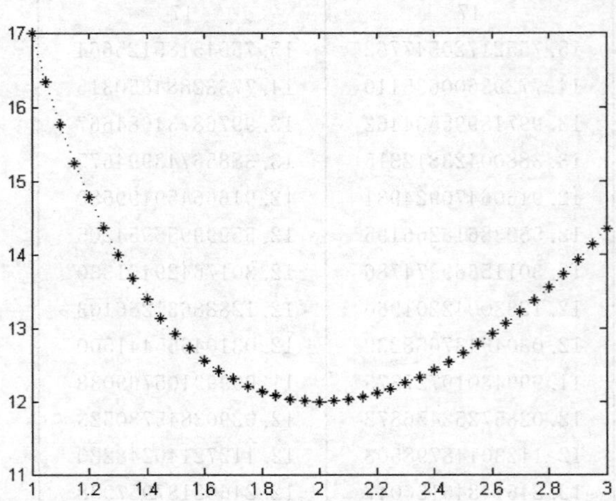

图 11.7 bvp4c 程序求得的数值解

第12章 偏微分方程的数值解法

应用科学、物理、工程领域中的许多问题可建立偏微分方程的数学模型。由于大多数偏微分方程的理论解很难得到或不能解析地表示出来，因而求其数值解就显得尤为重要。

数值求解偏微分方程定解问题的主要方法有两种：差分法和有限元法。它们的共同特点是将连续的偏微分方程进行离散化，从而用适当形式将其化为线性代数方程组，并通过求解线性代数方程组给出其数值解。本章主要讨论有限差分法，它们以函数的一阶导数和二阶导数的近似公式为基础。

在本章我们考虑一般的二阶偏微分方程：

$$\begin{cases} A\dfrac{\partial^2 u}{\partial x^2}+B\dfrac{\partial^2 u}{\partial x\partial y}+C\dfrac{\partial^2 u}{\partial y^2}=f\left(x,y,u,\dfrac{\partial u}{\partial x},\dfrac{\partial u}{\partial y}\right), \\ x_0\leqslant x\leqslant x_f,\quad y_0\leqslant y\leqslant y_f, \end{cases} \tag{12.1}$$

边界条件为

$$\begin{cases} u(x,y_0)=b_{y0}(x),\quad u(x,y_f)=b_{yf}(x), \\ u(x_0,y)=b_{x0}(y),\quad u(x_f,y)=b_{xf}(y)。 \end{cases} \tag{12.2}$$

这些偏微分方程可分成三类：

如果 $B^2-4AC<0$，称为椭圆型方程；

如果 $B^2-4AC=0$，称为抛物型方程；

如果 $B^2-4AC>0$，称为双曲型方程。

12.1 椭圆型方程

常见的椭圆型偏微分方程包括 Laplace 方程、Poisson 方程和 Helmholtz 方程。**Helmholtz** 方程的形式为

$$\frac{\partial^2 u}{\partial x^2}+\frac{\partial^2 u}{\partial y^2}+g(x,y)u(x,y)=f(x,y)。 \tag{12.3}$$

定义在区域 $D=\{(x,y)\mid x_0\leqslant x\leqslant x_f, y_0\leqslant y\leqslant y_f\}$ 上，具有边界条件

$$\begin{aligned} u(x,y_0)&=b_{y0}(x),\quad u(x,y_f)=b_{yf}(x), \\ u(x_0,y)&=b_{x0}(y),\quad u(x_f,y)=b_{xf}(y)。 \end{aligned} \tag{12.4}$$

如果(12.3)式中的 $g(x,y)=0$,且 $f(x,y)=0$,则称(12.3)式为 **Laplace** 方程;如果(12.3)式中的 $g(x,y)=0$,则称(12.3)式为 **Poisson** 方程。

为了应用差分方法,将区域 D 分别沿 x 轴方向、y 轴方向 M 等分和 N 等分,步长分别为 $\Delta x=(x_f-x_0)/M$,$\Delta y=(y_f-y_0)/N$,然后用三点二阶中心差分代替二阶导数,

$$\left.\frac{\partial^2 u(x,y)}{\partial x^2}\right|_{x_j,y_i} \approx \frac{u_{i,j+1}-2u_{i,j}+u_{i,j-1}}{\Delta x^2},\quad \left.\frac{\partial^2 u(x,y)}{\partial y^2}\right|_{x_j,y_i} \approx \frac{u_{i+1,j}-2u_{i,j}+u_{i-1,j}}{\Delta y^2},$$

其中 $x_j=x_0+j\Delta x$,$y_i=y_0+i\Delta y$,$u_{i,j}=u(x_j,y_i)$,因此,对每个内点(x_j,y_i),$1\leqslant i\leqslant N-1$,$1\leqslant j\leqslant M-1$,我们得到差分方程

$$\frac{u_{i,j+1}-2u_{i,j}+u_{i,j-1}}{\Delta x^2}+\frac{u_{i+1,j}-2u_{i,j}+u_{i-1,j}}{\Delta y^2}+g_{i,j}u_{i,j}=f_{i,j},\tag{12.5}$$

其中 $u_{i,j}=u(x_j,y_i)$,$g_{i,j}=g(x_j,y_i)$,$f_{i,j}=f(x_j,y_i)$。为了采用迭代法,我们需将差分方程和边界条件改写成如下形式:

$$u_{i,j}=r_y(u_{i,j+1}+u_{i,j-1})+r_x(u_{i+1,j}+u_{i-1,j})+r_{xy}(g_{i,j}u_{i,j}-f_{i,j}),\tag{12.6}$$

$$u_{i,0}=b_{x0}(y_i),\quad u_{i,M}=b_{xf}(y_i),\quad u_{0,j}=b_{y0}(x_j),\quad u_{N,j}=b_{yf}(x_j),\tag{12.7}$$

其中

$$r_x=\frac{\Delta x^2}{2(\Delta x^2+\Delta y^2)},\quad r_y=\frac{\Delta y^2}{2(\Delta x^2+\Delta y^2)},\quad r_{xy}=\frac{\Delta x^2\Delta y^2}{2(\Delta x^2+\Delta y^2)}。\tag{12.8}$$

可取边界值的平均值作为 $u_{i,j}$ 的初始值。

1. 功能

用差分法求解椭圆型偏微分方程(12.3)、(12.4)的数值解。

2. 计算方法

采用迭代法,用(12.6)式~(12.8)式求解。

3. 使用说明

```
[u,x,y]=helmtz(f,g,bx0,bxf,by0,byf,Dom,M,N,tol,maxiter)
```

f,g 及边界函数 bx0 等需要用 inline 函数或 M 文件定义,求解区域 Dom=$[x_0,x_f,y_0,y_f]$,M=x 轴方向的节点数,N=y 轴方向的节点数,tol=容差,maxiter=最大迭代次数。输出解的近似值。

4. MATLAB 程序

```
function [u,x,y]=helmtz(f,g,bx0,bxf,by0,byf,Dom,M,N,tol,maxiter)
x0=Dom(1);
xf=Dom(2);
y0=Dom(3);
yf=Dom(4);
dx=(xf-x0)/M;
x=x0+[0:M]*dx;
dy=(yf-y0)/N;
y=y0+[0:N]'*dy;
%边界条件
for m=1:N+1
    u(m,[1,M+1])=[feval(bx0,y(m)),feval(bxf,y(m))];
```

```
end                                        %左右边
for n=1:M+1
    u([1,N+1],n)=[feval(by0,x(n));feval(byf,x(n))];
end                                        %底/上
%边界的平均值作为初始值
bvaver=sum([sum(u(2:N,[1,M+1])),
sum(u([1,N+1],2:M)')]);
u(2:N,2:M)=bvaver/(2*(M+N-2));
for i=1:N
    for j=1:M
        F(i,j)=feval(f,x(j),y(i));
G(i,j)=feval(g,x(j),y(i));
    end
end
dx2=dx*dx;
dy2=dy*dy;
dxy2=2*(dx2+dy2);
rx=dx2/dxy2;
ry=dy2/dxy2;
rxy=rx*dy2;
for itr=1:maxiter
    for j=2:M
        for i=2:N
              u(i,j)=ry*(u(i,j+1)+u(i,j-1))+rx*(u(i+1,j)+u(i-1,j))…
                      +rxy*(G(i,j)*u(i,j)-F(i,j));           %Eq.(12.6)
        end
    end
    if itr>1& max(max(abs(u-u0)))<tol
        break;
    end
  u0=u;
end
```

例 12.1 求解在区域 $R=\{(x,y)\mid 0\leqslant x\leqslant 4,0\leqslant y\leqslant 4\}$ 内的 Laplace 方程 $\nabla^2 u=0$ 的近似解,边界值为

$$u(0,y)=\mathrm{e}^y-\cos y,\quad u(4,y)=\mathrm{e}^y\cos 4-\mathrm{e}^4\cos y,$$

$$u(x,0)=\cos x-\mathrm{e}^x,\quad u(x,4)=\mathrm{e}^4\cos x-\mathrm{e}^x\cos 4。$$

解 建立 f,g 及边界函数 $bx0$ 等脚本文件,然后代入程序计算。

```
f=inline('0','x','y');
g=inline('0','x','y');
x0=0;xf=4;M=20;
y0=0;yf=4;N=20;
bx0=inline('exp(y)-cos(y)','y');
bxf=inline('exp(y)*cos(4)-exp(4)*cos(y)','y');
```

```
by0=inline('cos(x)-exp(x)','x');
byf=inline('exp(4)*cos(x)-exp(x)*cos(4)','x');
D=[x0 xf y0 yf];
maxiter=500;
tol=1e-6;
[U,x,y]=helmtz(f,g,bx0,bxf,by0,byf,D,M,N,tol,maxiter)
clf,mesh(x,y,U),axis([0 4 0 4-60 60])
```

存为 ex12_1.m。在 MATLAB 命令窗口调用 ex12_1,有如下结果(因为数据较多,故略去,全部数据结果可在 MATLAB 命令窗口执行 ex12_1 后看到,此处只给出图像结果(见图 12.1))。

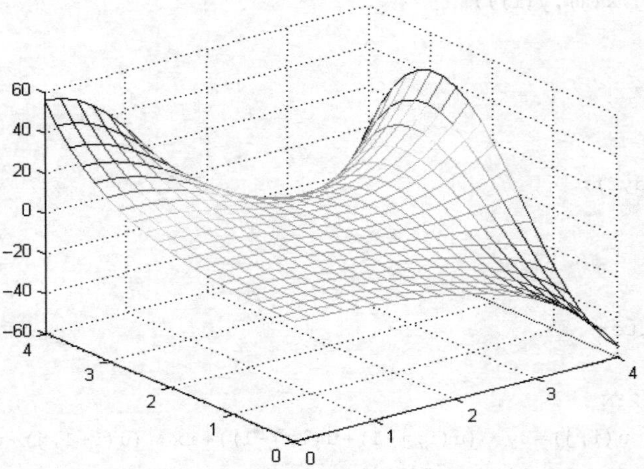

图 12.1 差分法求得的 $u=u(x,y)$

例 12.2 求解 Poisson 方程:$\frac{\partial^2 u}{\partial x^2}+\frac{\partial^2 u}{\partial y^2}=xe^y, 0<x<2, 0<y<1$,边界条件为

$$u(0,y)=0,\quad u(2,y)=2e^y,\quad 0\leqslant y\leqslant 1,$$
$$u(x,0)=x,\quad u(x,1)=e^x,\quad 0\leqslant x\leqslant 2。$$

解 建立如下脚本文件。

```
f=inline('x*exp(y)','x','y');
g=inline('0','x','y');
x0=0;xf=2;M=6;
y0=0;yf=1;N=5;
bx0=inline('0','y');
bxf=inline('2*exp(y)','y');
by0=inline('x','x');
byf=inline('x*exp(1)','x');
D=[x0 xf y0 yf];
maxiter=500;
tol=1e-8;
[U,x,y]=helmtz(f,g,bx0,bxf,by0,byf,D,M,N,tol,maxiter)
```

```
clf,mesh(x,y,U),axis([0 2 0 1 0 6])
```

存为 ex12_2.m。在 MATLAB 命令窗口调用 ex12_2,将上述程序计算的结果 $u_{i,j}$ 填入表 12.1(图像为图 12.2)。此方程的精确解为 $u(x,y)=xe^y$,将 $u_{i,j}$ 与 $u(x_j,y_i)$ 比较,可求得其绝对误差,详见表 12.1。

表 12.1

x_j	y_i	$u_{i,j}$	$u(x_j,y_i)$	$\lvert u_{i,j}-u(x_j,y_i)\rvert$
0.333333	0.2	0.40726460624	0.4071342527	$1.3035354\ 10^{-4}$
0.333333	0.4	0.49748323107	0.4972748993	$2.0833177\ 10^{-4}$
0.333333	0.6	0.60759606791	0.6073729333	$2.2313461\ 10^{-4}$
0.333333	0.8	0.74200705900	0.7418469760	$1.6008300\ 10^{-4}$
0.666667	0.2	0.81452373424	0.8142685053	$2.5522894\ 10^{-4}$
0.666667	0.4	0.99495755459	0.9945497987	$4.0775589\ 10^{-4}$
0.666667	0.6	1.21518316070	1.214745867	$4.3729370\ 10^{-4}$
0.666667	0.8	1.48400852864	1.483693952	$3.1457664\ 10^{-4}$
1	0.2	1.22176619538	1.221402758	$3.6343738\ 10^{-4}$
1	0.4	1.49240470531	1.491824698	$5.8000731\ 10^{-4}$
1	0.6	1.82274269744	1.822118800	$6.2389744\ 10^{-4}$
1	0.8	2.22599269399	2.225540928	$4.5176599\ 10^{-4}$
1.333333	0.2	1.62896367616	1.628537011	$4.2666516\ 10^{-4}$
1.333333	0.4	1.98977828918	1.989099597	$6.7869218\ 10^{-4}$
1.333333	0.6	2.43022654962	2.429491733	$7.3481662\ 10^{-4}$
1.333333	0.8	2.96792824893	2.967387904	$5.4034493\ 10^{-4}$
1.666667	0.2	2.03604231766	2.035671263	$3.7105466\ 10^{-4}$
1.666667	0.4	2.48695838184	2.486374497	$5.8388484\ 10^{-4}$
1.666667	0.6	3.03750549703	3.036864667	$6.4083003\ 10^{-4}$
1.666667	0.8	3.70972406398	3.709234880	$4.8918398\ 10^{-4}$

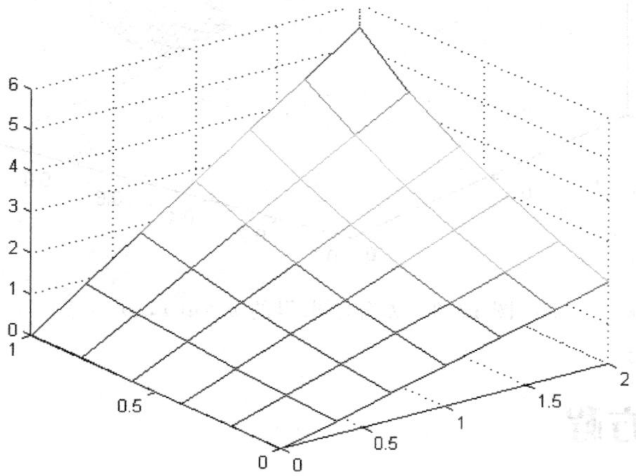

图 12.2 差分法求得的 $u=u(x,y)$

例 12.3 求解 Helmholtz 方程:

$$\frac{\partial^2 u(x,y)}{\partial x^2}+\frac{\partial^2 u(x,y)}{\partial y^2}+4\pi(x^2+y^2)u(x,y)=4\pi\cos(\pi(x^2+y^2)),\quad 0\leqslant x\leqslant 1,0\leqslant y\leqslant 1,$$

边界条件为

$$u(0,y)=\sin(\pi y^2),\quad u(1,y)=\sin(\pi(y^2+1)),$$
$$u(x,0)=\sin(\pi x^2),\quad u(x,1)=\sin(\pi(x^2+1))。$$

解 建立如下脚本文件,然后运行程序计算。

```
f=inline('4*pi*cos(pi*(x^2+y^2))','x','y');
g=inline('4*pi*(x^2+y^2)','x','y');
x0=0;xf=1;M=40;
y0=0;yf=1;N=40;
bx0=inline('sin(pi*y^2)','y');
bxf=inline('sin(pi*(y^2+1))','y');
by0=inline('sin(pi*x^2)','x');
byf=inline('sin(pi*(x^2+1))','x');
Dom=[x0 xf y0 yf];
maxiter=500;tol=1e-8;
[U,x,y]=helmtz(f,g,bx0,bxf,by0,byf,Dom,M,N,tol,maxiter)
clf,mesh(x,y,U),axis([0  1  0  1-1  1])
```

存为 ex12_3.m。在 MATLAB 命令窗口调用 ex12_3,有如下结果(因为数据较多,故略去,全部数据结果可在 MATLAB 命令窗口执行 ex12_3 后看到,此处只给出图像结果(见图 12.3))。

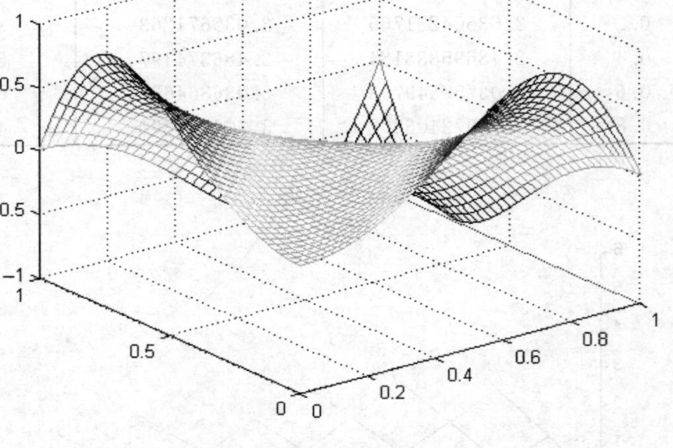

图 12.3 差分法求得的 $u=u(x,y)$

12.2 抛物型方程

最简单的抛物型方程是一维热传导方程,表示为

$$\frac{\partial u(x,t)}{\partial t}=A\frac{\partial^2 u(x,t)}{\partial x^2},\quad 0\leqslant x\leqslant x_f,0\leqslant t\leqslant T, \tag{12.9}$$

其中 $A>0$,初始条件为

$$u(x,0)=f(x),\quad 0\leqslant x\leqslant x_f,\tag{12.10}$$

边界条件

$$u(0,t)=b_0(t),\quad u(x_f,t)=b_{xf}(t),\quad 0\leqslant t\leqslant T。\tag{12.11}$$

12.2.1 显式向前 Euler 方法

将区间$[0,x_f]M$等分,步长$\Delta x=x_f/M$,区间$[0,T]N$等分,步长$\Delta t=T/N$,如图12.4所示。从最下面的行($t=t_1=0$)开始,初始值为$u(x_i,t_1)=f(x_i)$。下面介绍在连续行$\{u(x_i,t_j):i=1,2,\cdots,M+1\}$内,其中$j=2,3,\cdots,N+1$,求解网格节点$u(x,t)$的数值近似值的方法。

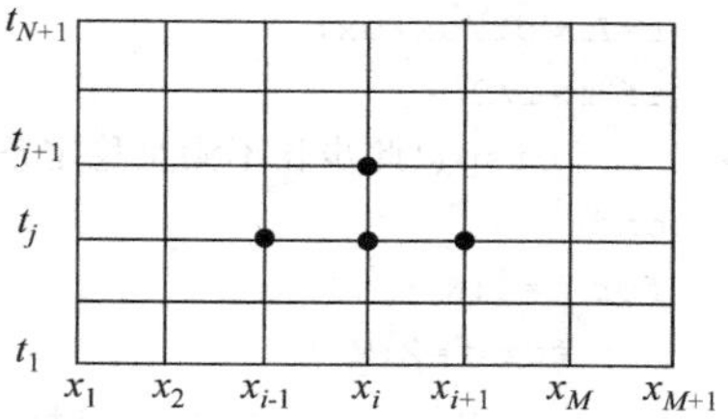

图12.4 在区域内求解$u_t(x,t)=Au_{xx}(x,t)$的网格

求解$u_t(x,t)$和$u_{xx}(x,t)$的差分公式为

$$u_t(x,t)=\frac{u(x,t+\Delta t)-u(x,t)}{\Delta t}+O(\Delta t),\tag{12.12}$$

$$u_{xx}(x,t)=\frac{u(x-\Delta x,t)-2u(x,t)+u(x+\Delta x,t)}{(\Delta x)^2}+O(\Delta x^2)。\tag{12.13}$$

将(12.12)式和(12.13)式中的$O(\Delta t)$和$O(\Delta x^2)$略去,并用近似值$u_{i,j}$代替$u(x_i,t_j)$,则有

$$\frac{u_{i,j+1}-u_{i,j}}{\Delta t}=A\frac{u_{i-1,j}-2u_{i,j}+u_{i+1,j}}{\Delta x^2}。\tag{12.14}$$

将$r=A\dfrac{\Delta t}{\Delta x^2}$代入(12.14)式,可得到显式向前差分公式

$$u_{i,j+1}=(1-2r)u_{i,j}+r(u_{i-1,j}+u_{i+1,j})。\tag{12.15}$$

设j行的近似值$u_{i-1,j},u_{i,j},u_{i+1,j}$已知,通过(12.15)式可得到网格中的第$j+1$行$u_{i,j+1}$。注意显式向前差分公式(12.15)的稳定是$r$满足$0\leqslant r\leqslant\dfrac{1}{2}$。

1. 功能

用显式向前差分法求解抛物型偏微分方程(12.9)~(12.11)的数值解。

2. 计算方法

采用迭代法,用(12.15)式求解。

3. 使用说明

```
[u,xx,tt]=forwdparab(A,xf,T,fun,bx0,bxf,M,N)
```

x_f为x变化范围的右端点,T为t变化范围的右端点,初始条件(函数)fun及边界函数bx0,bxf需要用inline函数或M文件定义,$M=x$轴方向的节点数,$N=y$轴方向的节点数。输出解的近似值。

4. MATLAB 程序

```
function [u,xx,tt]=forwdparab(A,xf,T,fun,bx0,bxf,M,N)
dx=xf/M;xx=[0:M]'*dx;
dt=T/N;tt=[0:N]*dt;
for i=1:M+1
    u(i,1)=feval(fun,xx(i));
```

```
    end
    for j=1:N+1
        u([1,M+1],j)=[feval(bx0,tt(j));feval(bxf,tt(j))];
    end
    r=A*dt/dx/dx;
    if r>1/2
        disp('此步长不满足稳定条件,请重新选择步长(即M,N的值)');
    end
    for j=1:N
      for i=2:M
        u(i,j+1)=r*(u(i+1,j)+u(i-1,j))+(1-2*r)*u(i,j);          %Eq.(12.15)
      end
    end
```

例 12.4 考虑热传导方程$\frac{\partial u(x,t)}{\partial t}-\frac{\partial^2 u(x,t)}{\partial x^2}=0, 0\leqslant x\leqslant 1, 0\leqslant t\leqslant 0.5$,初始条件为$u(x,0)=\sin(\pi x), 0\leqslant x\leqslant 1$,边界条件为$u(0,t)=0, u(x_f,t)=0, 0<t$。

此问题的解是$u(x,t)=e^{-\pi^2 t}\sin(\pi x)$,分别对$M=10, N=500$(此时,$\Delta x=0.1, \Delta t=0.001, r=0.1$)和$M=10, N=50$(此时,$\Delta x=0.1, \Delta t=0.01, r=1$),用向前差分法求$t=0.5$时的近似解。

解 建立如下脚本文件:

```
A=1;xf=1;T=0.5;M=10;N=500;
fun=inline('sin(pi*x)','x');
bx0=inline('0','t');
bxf=inline('0','t');
[u,x,t]=forwdparab(A,xf,T,fun,bx0,bxf,M,N)
```

存为 ex12_4.m。在 MATLAB 命令窗口调用 ex12_4,将部分结果$u(i,501)$填入表 12.2 中,图像结果见图 12.5。更改 ex12_4.m 中的$N=50$,再次执行 ex12_4,将部分结果$u(i,51)$填入表 12.2 中,并计算$u(x_i,0.5)$的值,由于此处的$r=1$不满足稳定条件,所以此处算得的值$u(i,51)$与精确值$u(x_i,0.5)$的误差很大,见表 12.2。

表 12.2

x_i	$u(x_i,0.5)$	$u(i,501)$ $\Delta t=0.001$	$\lvert u(x_i,0.5)-u(i,501)\rvert$	$u(i,51)$ $\Delta t=0.01$	$\lvert u(x_i,0.5)-u(i,51)\rvert$
0.0	0	0	0	0	0
0.1	0.0022224142	0.0022590306	$3.66164\ 10^{-5}$	$0.38431872\ 10^{6}$	$0.384319\ 10^{6}$
0.2	0.0042272830	0.0042969315	$6.96485\ 10^{-5}$	$-0.7270430\ 10^{6}$	$0.72704\ 10^{6}$
0.3	0.0058183559	0.0059142189	$9.58630\ 10^{-5}$	$0.99216768\ 10^{6}$	$0.992168\ 10^{6}$
0.4	0.0068398875	0.0069525812	$1.12694\ 10^{-4}$	$-1.15373957\ 10^{6}$	$1.153740\ 10^{6}$
0.5	0.0071918834	0.0073103765	$1.18493\ 10^{-4}$	$1.19839883\ 10^{6}$	$1.198399\ 10^{6}$
0.6	0.0068398875	0.0069525812	$1.12694\ 10^{-4}$	$-1.1257490\ 10^{6}$	$1.12575\ 10^{6}$
0.7	0.0058183559	0.0059142189	$9.58630\ 10^{-5}$	$0.94687804\ 10^{6}$	$0.946878\ 10^{6}$
0.8	0.0042272830	0.0042969315	$6.96485\ 10^{-5}$	$-0.6817534\ 10^{6}$	$0.68175\ 10^{6}$
0.9	0.0022224142	0.0022590306	$3.66164\ 10^{-5}$	$0.35632818\ 10^{6}$	$0.356328\ 10^{6}$
1.0	0	0	0	0	0

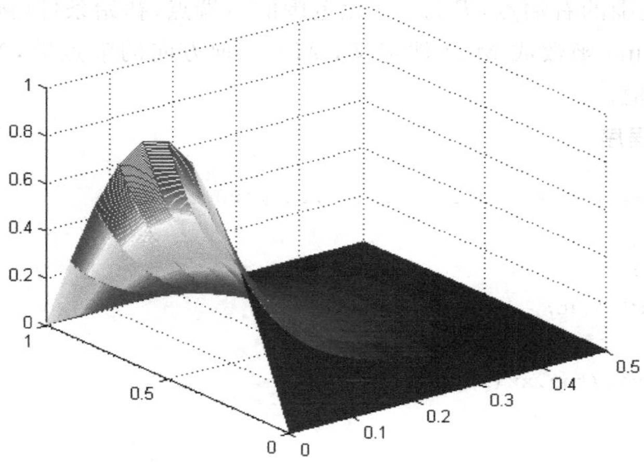

图 12.5 $r=0.1$,向前差分法

12.2.2 隐式向后 Euler 方法

如果用向后差分公式,则有

$$\frac{u_{i,j}-u_{i,j-1}}{\Delta t}=A\frac{u_{i-1,j}-2u_{i,j}+u_{i+1,j}}{\Delta x^2}, \tag{12.16}$$

$$u_{i,j-1}=-ru_{i-1,j}(1+2r)u_{i,j}-ru_{i+1,j}, \tag{12.17}$$

其中 $r=A\frac{\Delta t}{\Delta x^2}, i=1,2,\cdots,M-1$。

如果 $u(0,j), u(M,j)$ 可由边界条件取得,则上述方程可写为线性方程组:

$$\begin{pmatrix} 1+2r & -r & & \vdots & & \\ -r & 1+2r & -r & \vdots & & \\ & -r & 1+2r & \vdots & & \\ \cdots & \cdots & \cdots & \vdots & \cdots & \cdots \\ & & & \vdots & 1+2r & -r \\ & & & \vdots & -r & 1+2r \end{pmatrix}\begin{pmatrix} u(1,j) \\ u(2,j) \\ u(3,j) \\ \vdots \\ u(M-2,j) \\ u(M-1,j) \end{pmatrix}$$

$$=\begin{pmatrix} u(1,j-1)+ru(0,j) \\ u(2,j-1) \\ u(3,j-1) \\ \vdots \\ u(M-2,j-1) \\ u(M-1,j-1)+ru(M,j) \end{pmatrix}。 \tag{12.18}$$

1. 功能

用隐式向后差分法求解抛物型偏微分方程(12.9)~(12.11)的数值解。

2. 计算方法

求解线性方程组(12.18)。

3. 使用说明

```
[u,xx,tt]=backdparab(A,xf,T,fun,bx0,bxf,M,N)
```

x_f 为 x 变化范围的右端点，T 为 t 变化范围的右端点，初始条件(函数)fun 及边界函数 bx0，bxf 需要用 inline 函数或 M 文件定义，$M=x$ 轴方向的节点数，$N=y$ 轴方向的节点数。输出解的近似值。

4. MATLAB 程序

```
function [u,xx,tt]=backdparab(A,xf,T,fun,bx0,bxf,M,N)
dx=xf/M;
xx=[0:M]'*dx;
dt=T/N;tt=[0:N]*dt;
for i=1:M+1
    u(i,1)=feval(fun,xx(i));
end
for j=1:N+1
    u([1,M+1],j)=[feval(bx0,tt(j));feval(bxf,tt(j))];
end
r=A*dt/dx/dx;
aa(1:M-2)=-r;
cc=aa;
bb(1:M-1)=1+2*r;
for j=2:N+1
    dd=[u(2,j-1)+r*u(1,j);u(3:M-1,j-1);r*u(M+1,j)+u(M,j-1)];
    u(2:M,j)=tridi(aa,bb,cc,dd);            %追赶法解三对角方程组,参见 11.2 节
end
```

12.2.3 Crank-Nicholson 方法

由 John Crank 和 Phyllis Nicholson 发明的隐式差分格式是基于求解网格中在行之间的点$(x,t+\Delta t/2)$处的方程(12.9)的数值近似解。而且求解 $u_t(x,t+\Delta t/2)$的近似值公式是从中心差分公式得到的，表示为

$$u_t\left(x,t+\frac{\Delta t}{2}\right)=\frac{u(x,t+\Delta t)-u(x,t)}{\Delta t}+O(\Delta t^2)。\tag{12.19}$$

$u_{xx}(x,t+\Delta t/2)$的近似值是 $u_{xx}(x,t)$和 $u_{xx}(x,t+\Delta t)$近似值的平均值，精度为 $O(\Delta x^2)$：

$$u_{xx}\left(x,t+\frac{\Delta t}{2}\right)=\frac{1}{2\Delta x^2}(u(x-\Delta x,t+\Delta t)-2u(x,t+\Delta t)+u(x+\Delta x,t+\Delta t)$$
$$+u(x-\Delta x,t)-2u(x,t)+u(x+\Delta x,t))+O(\Delta x^2)。\tag{12.20}$$

将(12.19)式、(12.20)式代入(12.9)式，并忽略误差项 $O(\Delta t^2)$和 $O(\Delta x^2)$，然后可得到采用符号 $u_{i,j}=u(x_i,t_j)$表示的隐式差分公式：

$$-ru_{i-1,j+1}+(2+2r)u_{i,j+1}-ru_{i+1,j+1}=ru_{i-1,j}+2(1-r)u_{i,j}+ru_{i+1,j},\tag{12.21}$$

其中 $r=A\dfrac{\Delta t}{\Delta x^2}$，$i=1,2,\cdots,M-1$。(12.21)式右边的项都是已知的，因此可以写成矩阵形式

$$\boldsymbol{Au}^{(j+1)}=\boldsymbol{B},\tag{12.22}$$

其中

$$
\boldsymbol{A}=\begin{pmatrix}
2+2r & -r & & \vdots & & \\
-r & 2+2r & -r & \vdots & & \\
 & -r & 2+2r & \vdots & & \\
\cdots & \cdots & \cdots & \vdots & \cdots & \cdots \\
 & & & \vdots & 2+2r & -r \\
 & & & \vdots & -r & 2+2r
\end{pmatrix},\quad
\boldsymbol{u}^{(j+1)}=\begin{pmatrix}
u(1,j+1)\\ u(2,j+1)\\ u(3,j+1)\\ \vdots \\ u(M-2,j+1)\\ u(M-1,j+1)
\end{pmatrix},
$$

$$
\boldsymbol{B}=\begin{pmatrix}
ru(0,j)+r[u(0,j-1)+u(2,j-1)]+(2-2r)u(1,j-1)\\
r[u(1,j-1)+u(3,j-1)]+(2-2r)u(2,j-1)\\
r[u(2,j-1)+u(4,j-1)]+(2-2r)u(3,j-1)\\
\vdots\\
r[u(M-3,j-1)+u(M-1,j-1)]+(2-2r)u(M-2,j-1)\\
ru(M,j)+r[u(M-2,j-1)+u(M,j-1)]+(2-2r)u(M-1,j-1)
\end{pmatrix}。
$$

1. 功能

用 Crank-Nicholson 法求解抛物型偏微分方程(12.9)～(12.11)的数值解。

2. 计算方法

求解线性方程组(12.22)。

3. 使用说明

```
[u,xx,tt]=crank_nich(A,xf,T,fun,bx0,bxf,M,N)
```

x_f 为 x 变化范围的右端点，T 为 t 变化范围的右端点，初始条件(函数)fun 及边界函数 bx0，bxf 需要用 inline 函数或 M 文件定义，M=x 轴方向的节点数，N=y 轴方向的节点数。输出解的近似值。

4. MATLAB 程序

```
function [u,xx,tt]=crank_nich(A,xf,T,fun,bx0,bxf,M,N)
dx=xf/M;
xx=[0:M]'*dx;
dt=T/N;
tt=[0:N]*dt;
for i=1:M+1
    u(i,1)=feval(fun,xx(i));
end
for j=1:N+1
    u([1,M+1],j)=[feval(bx0,tt(j));feval(bxf,tt(j))];
end
r=A*dt/dx/dx;
aa(1:M-2)=-r;
cc=aa;
bb(1:M-1)=2+2*r;
for j=2:N+1
    dd=[r*u(1,j);zeros(M-3,1);r*u(M+1,j)]…
       +r*(u(1:M-1,j-1)+u(3:M+1,j-1))+(2-2*r)*u(2:M,j-1);
```

```
u(2:M,j)=tridi(aa,bb,cc,dd);              %追赶法解三对角方程组,参见 11.2 节
end
```

例 12.5 考虑热传导方程$\frac{\partial u(x,t)}{\partial t}-\frac{\partial^2 u(x,t)}{\partial x^2}=0,0\leqslant x\leqslant 1,0\leqslant t\leqslant 0.5$,初始条件为$u(x,0)=\sin(\pi x),0\leqslant x\leqslant 1$,边界条件为$u(0,t)=0,u(x_f,t)=0,0<t$。

此问题的解是$u(x,t)=\mathrm{e}^{-\pi^2 t}\sin(\pi x)$,对$M=10,N=50$(此时,$\Delta x=0.1,\Delta t=0.01,r=1$),分别用向后差分法和 Crank-Nicholson 法求$t=0.5$时的近似解。

解 在例 12.4 中曾求解过此题,由于它不满足向前差分法的稳定条件,所以求出的数值与精确值的误差很大。现在用向后差分法和 Crank-Nicholson 法再次求解。建立如下脚本文件:

```
A=1;xf=1;T=0.5;M=10;N=50;
fun=inline('sin(pi*x)','x');
bx0=inline('0','t');
bxf=inline('0','t');
[u2,x,t]=backdparab(A,xf,T,fun,bx0,bxf,M,N)
clf,mesh(t,x,u2)
figure
[u3,x,t]=crank_nich(A,xf,T,fun,bx0,bxf,M,N)
clf,mesh(t,x,u3),axis([0,0.5,0,1,0,1])
uu=inline('sin(pi*x)*exp(-pi^2*t)','x','t');            %精确解
err1=uu(x,t)-u2;
figure
clf,mesh(t,x,err1)                          %精确值与向后差分法求的近似值的误差
err2=uu(x,t)-u3;
figure
clf,mesh(t,x,err2)                          %精确值与Crank-Nicholson法求的近似值的误差
```

存为 ex12_5.m。在 MATLAB 命令窗口调用 ex12_5,可看到全部数据,由于数据较多,故此处略去大部分数据。只将部分结果$u(i,51)$填入表 12.3 中,并计算$u(x_i,0.5)$,结果如表 12.3 所示。由于隐式向后差分法和 Crank-Nicholson 法是无条件稳定的,所以此处求得的值与精确比较接近,而且 Crank-Nicholson 法的精度更高(见图 12.6~图 12.9)。

表 12.3

x_i	$u(x_i,0.5)$ (精确值)	$u(i,51)$ $\Delta t=0.01$ (向后差分法)	$\lvert u(x_i,0.5)-u(i,51)\rvert$ (误差)	$u(i,51),\Delta t=0.01$ (Crank-Nicholson 法)	$\lvert u(x_i,0.5)-u(i,51)\rvert$ (误差)
0.0	0	0	0	0	0
0.1	0.0022224142	0.0028980166	$6.756024\ 10^{-4}$	0.0023051234	$8.27092\ 10^{-5}$
0.2	0.0042272830	0.0055123552	0.00128507	0.0043846052	$1.57322\ 10^{-4}$
0.3	0.0058183559	0.0075871061	0.00176875	0.0060348913	$2.165354\ 10^{-4}$
0.4	0.0068398875	0.0089191781	0.00207929	0.0070944403	$2.545528\ 10^{-4}$

续表

x_i	$u(x_i,0.5)$（精确值）	$u(i,51)$ $\Delta t=0.01$（向后差分法）	$\|u(x_i,0.5)-u(i,51)\|$（误差）	$u(i,51),\Delta t=0.01$（Crank-Nicholson 法）	$\|u(x_i,0.5)-u(i,51)\|$（误差）
0.5	0.0071918834	0.0093781789	0.00218630	0.0074595359	$2.676525\ 10^{-4}$
0.6	0.0068398875	0.0089191781	0.00207929	0.0070944403	$2.545528\ 10^{-4}$
0.7	0.0058183559	0.0075871061	0.00176875	0.0060348913	$2.165354\ 10^{-4}$
0.8	0.0042272830	0.0055123552	0.00128507	0.0043846052	$1.573222\ 10^{-4}$
0.9	0.0022224142	0.0028980166	$6.756024\ 10^{-4}$	0.0023051234	$8.27092\ 10^{-5}$
1.0	0	0	0	0	0

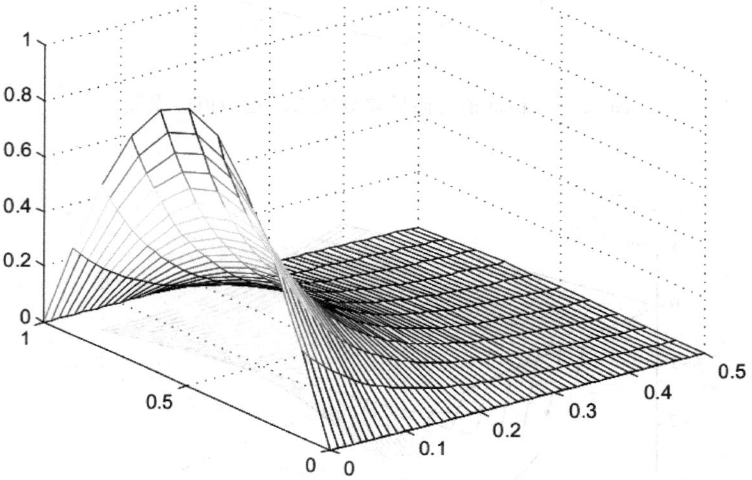

图 12.6　向后差分法

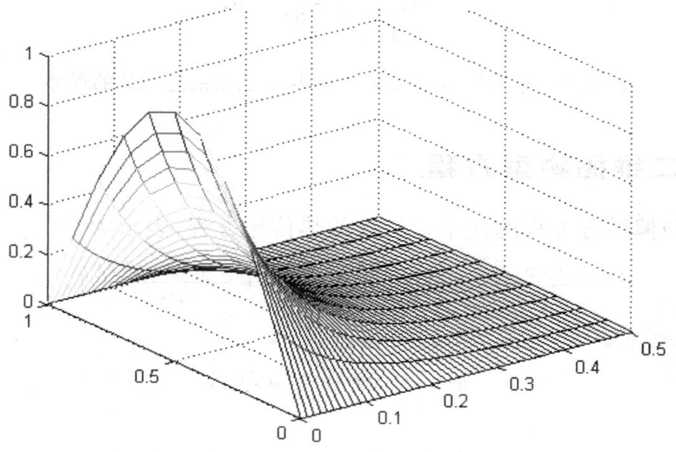

图 12.7　Crank-Nicholson 法

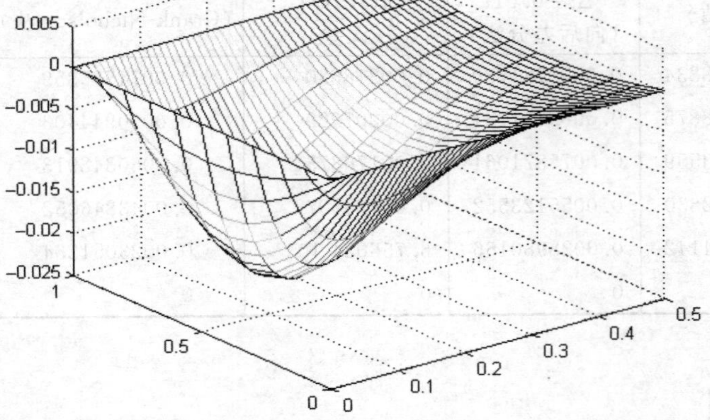

图 12.8　精确值与向后差分法求的近似值的误差

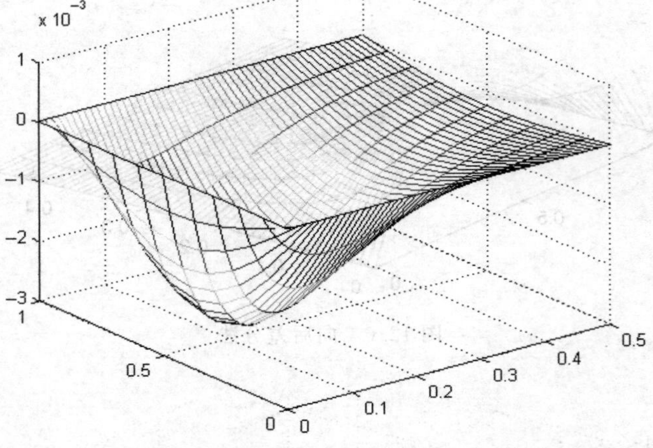

图 12.9　精确值与 Crank-Nicholson 法求的近似值的误差

12.2.4　二维抛物型方程

另一个抛物型偏微分方程的例子是二维的热传导方程，表示为

$$\frac{\partial u(x,y,t)}{\partial t}=A\left(\frac{\partial^2 u(x,y,t)}{\partial x^2}+\frac{\partial^2 u(x,y,t)}{\partial y^2}\right), \tag{12.23}$$

$x_0\leqslant x\leqslant x_f, y_0\leqslant y\leqslant y_f, 0\leqslant t\leqslant T$。初始条件为

$$u(x,y,0)=f(x,y), \tag{12.24}$$

边界条件

$$\begin{aligned} u(x_0,y,t)&=b_{x0}(y,t), \quad u(x_f,y,t)=b_{xf}(y,t),\\ u(x,y_0,t)&=b_{y0}(x,t), \quad u(x,y_f,t)=b_{yf}(x,t)。\end{aligned} \tag{12.25}$$

同 Crank-Nicholson 法一样，一阶导数用中点在$(t_k+t_{k+1})/2$的三点中心差分代替，u_{xx}和u_{yy}由三点中心差分代替，则有

$$A\left(\frac{u_{i,j+1}^{k+1}-2u_{i,j}^{k+1}+u_{i,j-1}^{k+1}}{\Delta x^2}+\frac{u_{i+1,j}^{k}-2u_{i,j}^{k}+u_{i-1,j}^{k}}{\Delta y^2}\right)=\frac{u_{i,j}^{k+2}-u_{i,j}^{k+1}}{\Delta t}。\tag{12.26}$$

它可写为如下的差分公式：

$$-r_y(u_{i-1,j}^{k+1}+u_{i+1,j}^{k+1})+(1+2r_y)u_{i,j}^{k+1}=r_x(u_{i,j-1}^{k}+u_{i,j+1}^{k})+(1-2r_x)u_{i,j}^{k},\quad j=1,2,\cdots,M_x-1,\tag{12.27a}$$

$$-r_x(u_{i,j-1}^{k+2}+u_{i,j+1}^{k+2})+(1+2r_x)u_{i,j}^{k+2}=r_y(u_{i-1,j}^{k+1}+u_{i+1,j}^{k+1})+(1-2r_y)u_{i,j}^{k+1},\quad i=1,2,\cdots,M_y-1,\tag{12.27b}$$

其中，$r_x=\frac{A\Delta t}{\Delta x^2}$，$r_y=\frac{A\Delta t}{\Delta y^2}$，$\Delta x=\frac{x_f-x_0}{M_x}$，$\Delta y=\frac{y_f-y_0}{M_y}$，$\Delta t=\frac{T}{N}$。

1. 功能

求解二维抛物型偏微分方程(12.23)～(12.25)的数值解。

2. 计算方法

求解线性方程组(12.27)。

3. 使用说明

```
[u,xx,yy,tt]=heat2parab(A,Dom,T,fxy0,bxyt,Mx,My,N)
```

x_0，x_f 为 x 变化范围的左右端点，y_0，y_f 为 y 变化范围的左右端点，Dom=[x_0，x_f，y_0，y_f]，T 为 t 变化范围的右端点，初始条件(函数)fxy0 及边界函数 bxyt 需要用 inline 函数或 M 文件定义，$Mx=x$ 轴方向的节点数，$My=y$ 轴方向的节点数，$N=t$ 轴方向的节点数。输出最后时刻解的近似值。

4. MATLAB 程序

```
function [u,xx,yy,tt]=heat2parab(A,Dom,T,fxy0,bxyt,Mx,My,N)
dx=(Dom(2)-Dom(1))/Mx;
xx=Dom(1)+[0:Mx]*dx;
dy=(Dom(4)-Dom(3))/My;
yy=Dom(3)+[0:My]'*dy;
dt=T/N;
%初始化
for j=1:Mx+1
  for i=1:My+1
      u(i,j)=fxy0(xx(j),yy(i));
  end
end
rx=A*dt/(dx*dx);
ry=A*dt/(dy*dy);
aay(1:Mx-2)=-ry;              %(12.27a)式
ccy=aay;
bby(1:Mx-1)=1+2*ry;
aax(1:My-2)=-rx;              %(12.27b)式
ccx=aax;
bbx(1:My-1)=1+2*rx;
for k=1:N
```

```
    uu1=u;
    tt=k*dt;
    for i=1:My+1
        u(i,1)=feval(bxyt,xx(1),yy(i),tt);                      %边界条件
        u(i,Mx+1)=feval(bxyt,xx(Mx+1),yy(i),tt);
    end
    for j=1:Mx+1
        u(1,j)=feval(bxyt,xx(j),yy(1),tt);
        u(My+1,j)=feval(bxyt,xx(j),yy(My+1),tt);
    end
    if mod(k,2)==0
        for i=2:My
            jj=2:Mx;
            ddy=[ry*u(i,1) zeros(1,Mx-3) ry*u(i,Mx+1)]…
+rx*(uu1(i-1,jj)+uu1(i+1,jj))+(1-2*rx)*uu1(i,jj);
            u(i,jj)=tridi(aay,bby,ccy,ddy)';                    %(12.27a)式
        end
    else
        for j=2:Mx
            ii=2:My;
            ddx=[rx*u(1,j);zeros(My-3,1);rx*u(My+1,j)]…
                +ry*(uu1(ii,j-1)+uu1(ii,j+1))+(1-2*ry)*uu1(ii,j);
            u(ii,j)=tridi(aax,bbx,ccx,ddx);                     %(12.27b)式
        end
    end
end
```

例 12.6 考虑方程$\dfrac{\partial u(x,y,t)}{\partial t}=10^{-5}\left(\dfrac{\partial^2 u(x,y,t)}{\partial x^2}+\dfrac{\partial^2 u(x,y,t)}{\partial y^2}\right)$，$0\leqslant x\leqslant\pi/2$，$0\leqslant y\leqslant\pi/2$，$0\leqslant t\leqslant 100$。初始条件为 $u(x,y,0)=\sin x+\sin y$，边界条件：当 $x=0$，$x=\pi/2$，$y=0$，$y=\pi/2$ 时，$u(x,y,t)=\mathrm{e}^{-0.00001t}(\sin x+\sin y)$。取 $M_x=10$，$M_y=10$，$N=20$，求时刻 $T=100$ 时的近似解。

解 此问题的精确解就是 $u(x,y,t)=\mathrm{e}^{-0.00001t}(\sin x+\sin y)$。建立如下脚本文件：

```
A=0.00001;
fxy0=inline('sin(x)+sin(y)','x','y');
bxyt=inline('exp(-0.00001*t)*(sin(x)+sin(y))','x','y','t');
Dom=[0 pi/2 0 pi/2];
T=100;
Mx=10;
My=10;
N=20;
[u,x,y,t]=heat2parab(A,Dom,T,fxy0,bxyt,Mx,My,N)
mesh(x,y,u),axis([0 pi/2 0 pi/2 0 2])
```

存为 ex12_6.m。在 MATLAB 命令窗口调用 ex12_6，可看到全部数据，由于数据较

多,故此处略去大部分数据。只将部分结果填入表 12.4 中,并计算对应的精确解的值,可见计算的近似值是比较精确的(见图 12.10)。

表 12.4

x_i	y_i	$u(x_i,y_i,100)$(精确解)	$u_{i,i}$(近似值)	$\lvert u(x_i,y_i,100)-u_{i,i}\rvert$(误差)
0.0	0.0	0	0	0
π/20	π/20	0.3125562177	0.3125568470	6.2930 10^{-7}
π/10	π/10	0.6174162638	0.6174175318	1.2680 10^{-6}
3π/20	3π/20	0.9070734726	0.9070753359	1.86330 10^{-6}
π/5	π/5	1.174395522	1.1743979344	2.41240 10^{-6}
π/4	π/4	1.412800055	1.4128029582	2.90320 10^{-6}
3π/10	3π/10	1.616416764	1.6164200844	3.32040 10^{-6}
7π/20	7π/20	1.780231927	1.7802355835	3.65650 10^{-6}
2π/5	2π/5	1.900211871	1.9002157721	3.90110 10^{-6}
9π/20	9π/20	1.973402292	1.9734061873	3.89530 10^{-6}
π/2	π/2	1.998001000	1.9980001000	0

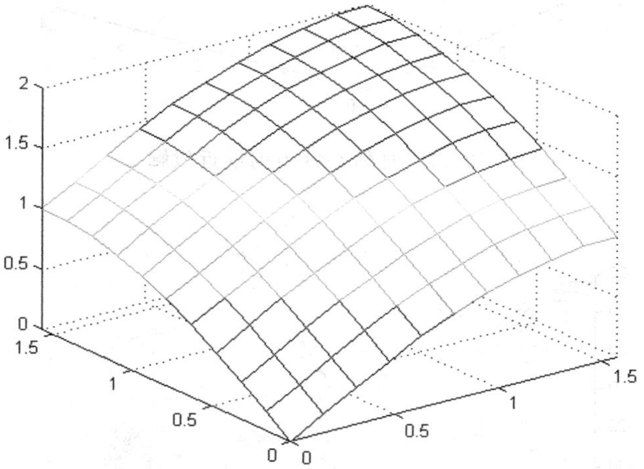

图 12.10 时刻 $t=100$ 时的近似解

例 12.7 考虑方程$\frac{\partial u(x,y,t)}{\partial t}=10^{-4}\left(\frac{\partial^2 u(x,y,t)}{\partial x^2}+\frac{\partial^2 u(x,y,t)}{\partial y^2}\right)$,$0\leqslant x\leqslant 4$,$0\leqslant y\leqslant 4$,$0\leqslant t\leqslant 6000$。初始条件为 $u(x,y,0)=0$,边界条件:当 $x=0$,$x=4$,$y=0$,$y=4$ 时,$u(x,y,t)=e^y\cos x-e^x\cos y$。取 $M_x=50$,$M_y=40$,$N=50$,分别求时刻 $T=100$ 和最后时刻 $T=6000$ 时的近似解。

解 建立如下脚本文件:

```
A=1e-4;
fxy0=inline('0','x','y');
bxyt=inline('exp(y) * cos(x)-exp(x) * cos(y)','x','y','t');
Dom=[0 4 0 4];
T=6000;
Mx=50;
My=40;
N=50;
```

```
[u1,x,y,t]=heat2parab(A,Dom,100,fxy0,bxyt,Mx,My,N);
    mesh(x,y,u1)
    figure
    [u2,x,y,t]=heat2parab(A,Dom,6000,fxy0,bxyt,Mx,My,N);
    mesh(x,y,u2)
```

将以上脚本文件存为 ex12_7.m。在 MATLAB 命令窗口调用 ex12_7,可看到全部数据,由于数据较多,只给出图像结果(见图 12.11、图 12.12)。

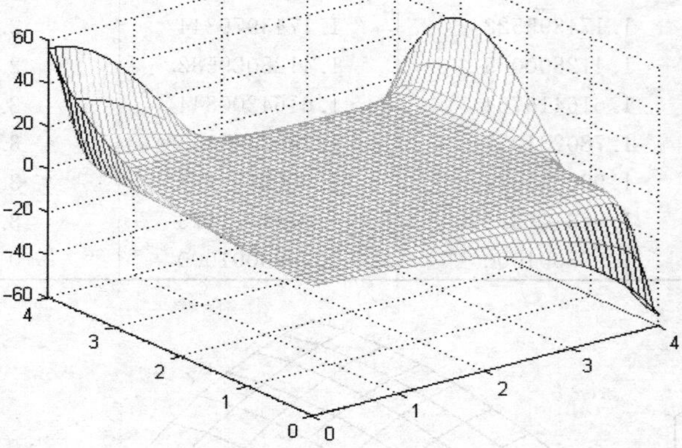

图 12.11　时刻 $t=100$ 时的近似解

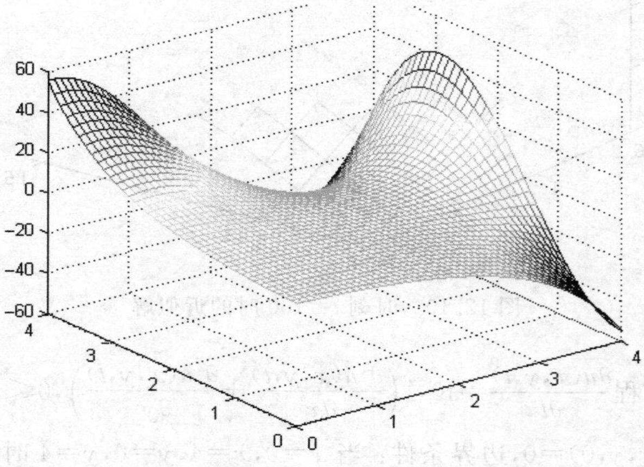

图 12.12　时刻 $t=6000$ 时的近似解

12.3 双曲型方程

12.3.1 一维波动方程

双曲型偏微分方程的一个例子是一维波动方程,表示为

$$\frac{\partial^2 u(x,t)}{\partial t^2}=A\frac{\partial^2 u(x,t)}{\partial x^2},\quad 0\leqslant x\leqslant x_f,\quad 0\leqslant t\leqslant T, \tag{12.28}$$

其边界条件和初始条件为

$$u(0,t)=b_0(t),\quad u(x_f,t)=b_{xf}(t),$$
$$u(x,0)=f(x),\quad \left.\frac{\partial u}{\partial t}\right|_{t=0}=g(x)。\tag{12.29}$$

1. 功能

求解一维波动方程(12.28)～(12.29)的数值解。

2. 计算方法

与抛物型偏微分方程一样，用三点中心差分近似二阶导数，则有

$$\frac{u_{i,j+1}-2u_{i,j}+u_{i,j-1}}{\Delta t^2}=A\frac{u_{i+1,j}-2u_{i,j}+u_{i-1,j}}{\Delta x^2},$$

其中

$$\Delta x=\frac{x_f}{M},\quad \Delta t=\frac{T}{N}。\tag{12.30}$$

由此可得如下差分方法：

$$u_{i,j+1}=r(u_{i-1,j}+u_{i+1,j})+(2-2r)u_{i,j}-u_{i,j-1},\tag{12.31}$$

其中 $r=A\dfrac{\Delta t^2}{\Delta x^2}$。由于 $u_{i,-1}=u(x_i,-\Delta t)$未知，所以我们无法从(12.31)式直接求得 $u_{i,1}=r(u_{i-1,0}+u_{i+1,0})+(2-2r)u_{i,0}-u_{i,-1}$。对初始条件的导数利用中心差分近似，有 $g(x_i)=\dfrac{u_{i,1}-u_{i,-1}}{2\Delta t}$，由此替换(12.31)式中的 $u_{i,-1}$，可得

$$u_{i,1}=\frac{r}{2}(u_{i-1,0}+u_{i+1,0})+(1-r)u_{i,0}+g(x_i)\Delta t。\tag{12.32}$$

利用(12.32)式求得 $u_{i,1}$，然后用(12.31)式求 $u_{i,j+1}(j=1,2,\cdots)$。需注意以下事实：(i)r 必须满足 $r\leqslant 1$ 才能保证稳定性；(ii)解的精度随 r 的增大(Δx 的减小)而增高。因此，选择 $r=1$ 是合理的。

3. 使用说明

```
[u,xx,tt]=hypbwave(A,xf,T,bx0,bxf,fx,gx,M,N)
```

x_f 为 x 变化范围的右端点，T 为 t 变化范围的右端点，初始条件函数 fx,gx 及边界函数 bx0,bxf 需要用 inline 函数或 M 文件定义，M＝x 轴方向的节点数，N＝t 轴方向的节点数。输出近似解。

4. MATLAB 程序

```
function [u,xx,tt]=hypbwave(A,xf,T,bx0,bxf,fx,gx,M,N)
dx=xf/M;
xx=[0:M]' * dx;
dt=T/N;
tt=[0:N] * dt;
for i=1:M+1
    u(i,1)=feval(fx,xx(i));
end
for j=1:N+1
    u([1,M+1],j)=[feval(bx0,tt(j));feval(bxf,tt(j))];
```

```
end
r=A*(dt/dx)^2;
u(2:M,2)=r*(u(1:M-1,1)+u(3:M+1,1))/2+(1-r)*u(2:M,1)+dt*feval(gx,xx(2:M));
                                                                  %(12.32)式
for j=3:N+1
    u(2:M,j)=r*(u(1:M-1,j-1)+u(3:M+1,j-1))+(2-2*r)*u(2:M,j-1)-u(2:M,j-2);
                                                                  %(12.31)式
end
```

例 12.8 求波动方程$\frac{\partial^2 u(x,t)}{\partial t^2}-\frac{\partial^2 u(x,t)}{\partial x^2}=0,0<x<1,0<t<1$,边界条件：$u(0,t)=u(1,t)=0,0<t$,初始条件：$u(x,0)=\sin(2\pi x),\frac{\partial u}{\partial t}(x,0)=2\pi\sin(2\pi x),0\leqslant x\leqslant 1$ 的近似解(取 $M=10,N=10$)，并对 $t=0.3$ 时的近似解与精确解 $u(x,t)=\sin(2\pi x)(\cos(2\pi t)+\sin(2\pi t))$进行比较。

解 建立边界和初始条件函数及脚本文件。

```
fx=inline('sin(2*pi*x)','x');
gx=inline('2*pi*sin(2*pi*x)');
bx0=inline('0');
bxf=inline('0');
A=1;
xf=1;
M=10;
T=1;
N=10;
[u,x,t]=hypbwave(A,xf,T,bx0,bxf,fx,gx,M,N);
figure(1),clf
surf(t,x,u)
figure(2),clf
for n=1:N                                                         %动画
    plot(x,u(:,n)),axis([0,xf,-2 2]),pause(0.5)
end
uxt=inline('sin(2*pi*x)*(cos(2*pi*t)+sin(2*pi*t))','x','t');     %解析解
M=10;
N=10;
for i=0:M
    for j=0:N
        u1(i+1,j+1)=uxt(i/M,j/N);                          %解析解在节点处的值(精确解)
    end
end
maxerr=max(max(abs(u-u1)))                                 %近似解与精确解的最大误差
```

存为 ex12_8.m。在 MATLAB 命令窗口调用 ex12_8,可看到全部数据。由于数据较多,所以此处给出图像结果(图 12.13、图 12.14),并将部分数据结果填入表 12.5,并计算对应的精确解的值,可见计算的近似值有不小的误差(最大误差为 0.0623743019)。可通过增加 M,N 的值来提高精度,例如,若取 $M=N=100$,则近似值与精确值在节点处的最大误差为

6.5828e－004。

表 12.5

x_i	$t=0.3$	$u(x_i,0.3)$	$u_{i,4}$	$\lvert u(x_i,0.3)-u_{i,4}\rvert$
0	0.3	0	0	0
0.1	0.3	0.37738136237	0.4159308009	0.03854943853
0.2	0.3	0.6106158710	0.6729901729	0.0623743019
0.3	0.3	0.6106158710	0.6729901729	0.0623743019
0.4	0.3	0.3773813624	0.4159308009	0.0385494385
0.5	0.3	0	0	0
0.6	0.3	－0.3773813624	－0.4159308009	0.03854943853
0.7	0.3	－0.6106158710	－0.6729901729	0.0623743019
0.8	0.3	－0.6106158710	－0.6729901729	0.0623743019
0.9	0.3	－0.3773813624	－0.4159308009	0.03854943853
1.0	0.3	0	0	0

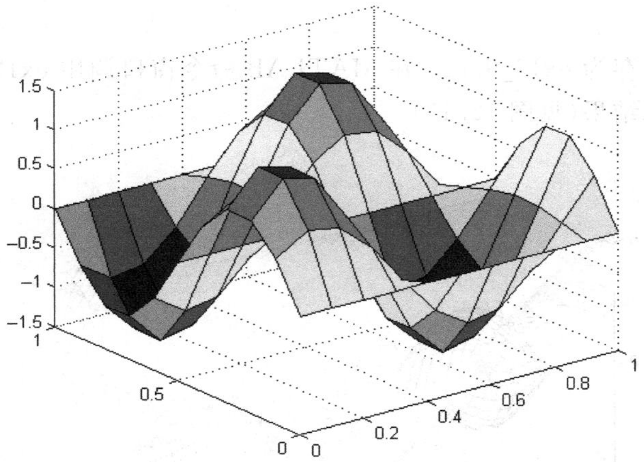

图 12.13 波动方程所表示的振弦

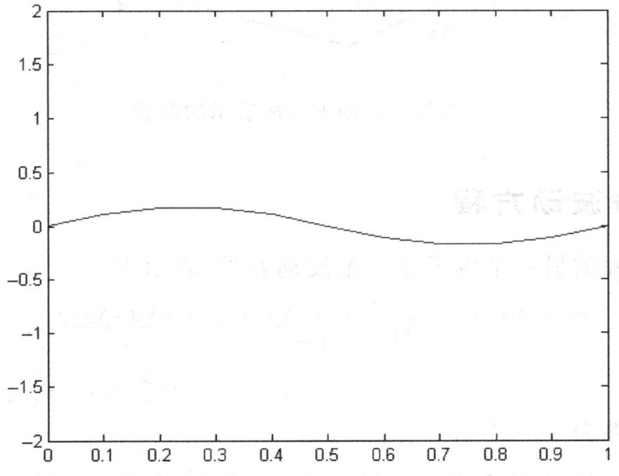

图 12.14 瞬图

例 12.9 求解波动方程$\frac{\partial^2 u(x,t)}{\partial t^2}-\frac{\partial^2 u(x,t)}{\partial x^2}=0,0<x<\pi,0<t<2\pi$,边界条件：$u(0,t)=u(1,t)=0,0<t$,初始条件：$u(x,0)=\begin{cases}\frac{\sin(2x)}{2}, & 0\leqslant x<\frac{\pi}{2},\\ 0, & \frac{\pi}{2}\leqslant x\leqslant\pi,\end{cases}\quad \frac{\partial u}{\partial t}(x,0)=0$。

解 建立如下脚本文件：

```
fx=inline('sin(2*x)/2.*(0<=x & x<=pi/2)','x');
gx=inline('0');
bx0=inline('0');
bxf=inline('0');
A=1;xf=pi;M=40;
T=2*pi;N=80;
[u,x,t]=hypbwave(A,xf,T,bx0,bxf,fx,gx,M,N);
figure,clf
mesh(t,x,u)
```

将以上脚本文件存为 ex12_9.m。在 MATLAB 命令窗口调用 ex12_9,由于数据较多,所以此处只给出图像结果(见图 12.15)。

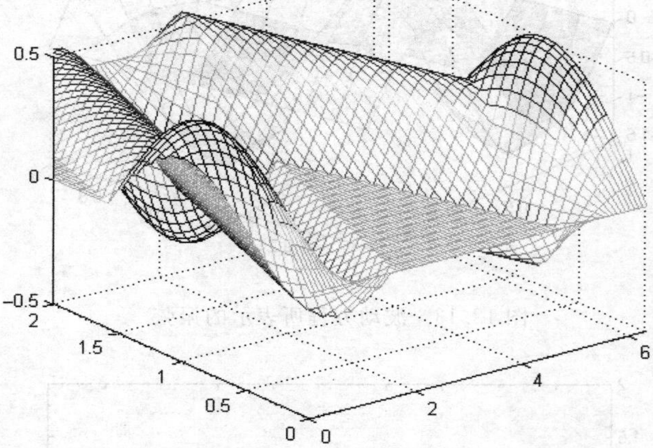

图 12.15 波动方程所表示的振弦

12.3.2 二维波动方程

双曲型偏微分方程的另一个例子是二维波动方程,表示为

$$\frac{\partial^2 u(x,y,t)}{\partial t^2}=A\left(\frac{\partial^2 u(x,y,t)}{\partial x^2}+\frac{\partial^2 u(x,y,t)}{\partial y^2}\right),$$
$$0\leqslant x\leqslant x_f,\quad 0\leqslant y\leqslant y_f,\quad 0\leqslant t\leqslant T,\tag{12.33}$$

其边界条件和初始条件为

$$u(0,y,t)=b_{x0}(y,t),\quad u(x_f,y,t)=b_{xf}(y,t),$$
$$u(x,0,t)=b_{y0}(x,t),\quad u(x,y_f,t)=b_{yf}(x,t),$$

$$u(x,y,0)=f(x,y),\left.\frac{\partial u}{\partial t}\right|_{t=0}=g(x,y)。\tag{12.34}$$

1. 功能

求解二维波动方程(12.33)～(12.34)的数值解。

2. 计算方法

与一维波动方程一样，用三点中心差分近似二阶导数，则有

$$\frac{u_{i,j}^{k+1}-2u_{i,j}^{k}+u_{i,j}^{k-1}}{\Delta t^2}=A\left(\frac{u_{i,j+1}^{k}-2u_{i,j}^{k}+u_{i,j-1}^{k}}{\Delta x^2}+\frac{u_{i+1,j}^{k}-2u_{i,j}^{k}+u_{i-1,j}^{k}}{\Delta y^2}\right),\tag{12.35}$$

其中 $\Delta x=\frac{x_f}{M_x},\Delta y=\frac{y_f}{M_y},\Delta t=\frac{T}{N}$。由此可得如下差分方法：

$$u_{i,j}^{k+1}=r_x(u_{i,j+1}^{k}+u_{i,j-1}^{k})+2(1-r_x-r_y)u_{i,j}^{k}+r_y(u_{i+1,j}^{k}+u_{i-1,j}^{k})-u_{i,j}^{k-1},\tag{12.36}$$

其中 $r_x=A\frac{\Delta t^2}{\Delta x^2},r_y=A\frac{\Delta t^2}{\Delta y^2}$。由于 $u_{i,j}^{-1}=u(x_j,y_i,-\Delta t)$未知，所以我们无法从(12.36)式直接求得($k=0$)：

$$u_{i,j}^{1}=r_x(u_{i,j+1}^{0}+u_{i,j-1}^{0})+2(1-r_x-r_y)u_{i,j}^{0}+r_y(u_{i+1,j}^{0}+u_{i-1,j}^{0})-u_{i,j}^{-1}。\tag{12.37}$$

对初始条件的导数利用中心差分近似，有

$$g(x_j,y_i)=\frac{u_{i,j}^{1}-u_{i,j}^{-1}}{2\Delta t},\tag{12.38}$$

由此替换(12.37)式中的 $u_{i,j}^{-1}$，可得

$$\begin{aligned}u_{i,j}^{1}&=\frac{1}{2}[r_x(u_{i,j+1}^{0}+u_{i,j-1}^{0})+r_y(u_{i+1,j}^{0}+u_{i-1,j}^{0})]\\&\quad+(1-r_x-r_y)u_{i,j}^{0}+g(x_j,y_i)\Delta t。\end{aligned}\tag{12.39}$$

利用(12.39)式求得 $u_{i,j}^{1}$，然后用(12.36)式求 $u_{i,j}^{k+1}(k=1,2,\cdots)$。差分法稳定的充分条件是

$$r=\frac{4A\Delta t^2}{\Delta x^2+\Delta y^2}\leqslant 1。$$

3. 使用说明

```
[u,xx,yy,tt]= hypbwave2(A,xf,yf,T,bxyt,fxy,gxy,Mx,My,N)
```

x_f 为 x 变化范围的右端点，y_f 为 y 变化范围的右端点，T 为 t 变化范围的右端点，初始条件函数 fxy，gxy 及边界函数 bx0，bxf，by0，byf 需要用 M 文件定义，bxyt＝[bx0，bxf，by0，byf]，$Mx/My=x/y$ 轴方向的节点数，$N=t$ 轴方向的节点数。输出最后时刻 T 的近似解。

4. MATLAB 程序

```
function [u,xx,yy,tt]=hypbwave2(A,xf,yf,T,bxyt,fxy,gxy,Mx,My,N)
dx=xf/Mx;xx=[0:Mx]*dx;dy=yf/My;
yy=[0:My]'*dy;dt=T/N;tt=[0:N]*dt;
u=zeros(My+1,Mx+1);ut=zeros(My+1,Mx+1);
for j=2:Mx
    for i=2:My
        u(i,j)=feval(fxy,xx(j),yy(i));
        ut(i,j)=feval(gxy,xx(j),yy(i));
```

```
        end
    end
    rx=A*(dt/dx)^2;ry=A*(dt/dy)^2;
    uu1=u;
    for k=0:N
        tt=k*dt;
        for i=1:My+1                                           %边界条件
            u(i,[1,Mx+1])=[feval(bxyt{1},yy(i),tt),feval(bxyt{2},yy(i),tt)];
        end
        for j=1:Mx+1
            u([1,My+1],j)=[feval(bxyt{3},xx(j),tt);feval(bxyt{4},xx(j),tt)];
        end
        if k==0
            for i=2:My
                for j=2:Mx                                     %Eq.(12.39)
                    u(i,j)=0.5*(rx*(uu1(i,j-1)+uu1(i,j+1))…
                        +ry*(uu1(i-1,j)+uu1(i+1,j)))+(1-rx-ry)*u(i,j)+dt*ut(i,
j);
                end
            end
        else
            for i=2:My
                for j=2:Mx                                     %Eq.(12.36)
                    u(i,j)=rx*(uu1(i,j-1)+uu1(i,j+1))…
                        +ry*(uu1(i-1,j)+uu1(i+1,j))+2*(1-rx-ry)*u(i,j)-uu2(i,j);
                end
            end
        end
    uu2=uu1;uu1=u;
    mesh(xx,yy,u),axis([0,2,0,2,-0.1,0.1]),pause;
    %画出每一时刻 k*dt 时波动方程所表示的振弦,执行此程序后,按任意键继续
    %axis([…])方括号内的数据是例 12.10 的数据,对不同的问题需要更换相应的数据
    end
```

例 12.10 求解波动方程 $\frac{\partial^2 u(x,y,t)}{\partial t^2}=\frac{1}{4}\left(\frac{\partial^2 u(x,y,t)}{\partial x^2}+\frac{\partial^2 u(x,y,t)}{\partial y^2}\right)$, $0<x<2$, $0<y<2$, $0<t<2$,边界条件:$u(0,y,t)=u(2,y,t)=0$, $u(x,0,t)=u(x,2,t)=0$,初始条件:$u(x,y,0)=0.1\sin(\pi x)\sin(\pi y/2)$, $\frac{\partial u}{\partial t}(x,y,0)=0$。

解 建立如下函数文件,运行后有如下图形结果。

```
function ex12_10
fxy=inline('0.1*sin(pi*x)*sin(pi*y/2)','x','y');
gxy=inline('0','x','y');
A=0.25;xf=2;yf=2;T=2;
Mx=30;My=30;N=30;
```

```
bxyt={@bx012_10,@bxf12_10,@by012_10,@byf12_10};
                    %要用 function 定义 bx0 等边界函数,然后加函数句柄@放在{ }方括号内
[u,xx,yy,tt]=hypbwave2(A,xf,yf,T,bxyt,fxy,gxy,Mx,My,N)
function w=bx012_10(y,t)
    w=0;
function w=bxf12_10(y,t)
    w=0;
function w=by012_10(x,t)
    w=0;
function w=byf12_10(x,t)
    w=0;
```

存为 ex12_10.m。在 MATLAB 命令窗口调用 ex12_10,由于数据较多,所以此处只给出图像结果(见图 12.16)。

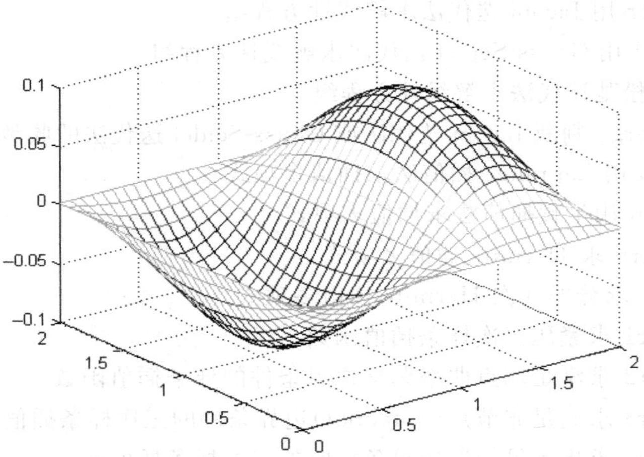

图 12.16 $t=2.0$ 时刻波动方程所表示的振弦

程序索引

参考文献

[1] 林成森. 数值分析[M]. 北京：科学出版社，2007.
[2] 《现代应用数学手册》编委会. 现代应用数学手册——计算与数值分析卷[M]. 北京：清华大学出版社，2005.
[3] John H M，Kurtis D F. 数值方法(MATLAB 版)[M]. 4 版. 周璐，陈渝，钱方，等，译. 北京：电子工业出版社，2005.
[4] 翟瑞彩，谢伟松. 数值分析[M]. 天津：天津大学出版社，2000.
[5] Michael T H. 科学计算导论 [M]. 2 版. 北京：清华大学出版社，2001.
[6] Won Y Y，Wenwu C，Tae-Sang C，John M. Applied Numerical Methods Using MATLAB [M]. Inc.，New Jersey：John Wiley & Sons，2005.
[7] Shoichiro N. 科学计算引论——基于 MATLAB 的数值分析[M]. 2 版. 梁恒，刘晓艳，等，译. 北京：电子工业出版社，2002.
[8] 林成森. 数值计算方法(上、下册)[M]. 2 版. 北京：科学出版社，2005.
[9] Gerald R. 数值方法和 MATLAB 实现与应用[M]. 伍卫国，万群，张辉，等，译. 北京：机械工业出版社，2004.
[10] Richard L B，Douglas F J. Numerical Analysis (7th ed) [M]. Pacific Grove：Brooks/Cole Thomson，2001.
[11] 何光渝. Visual C++ 常用数值算法程序集[M]. 北京：科学出版社，2002.
[12] 徐士良. 常用算法程序集(C 语言描述)[M]. 3 版. 北京：清华大学出版社，2004.
[13] 徐士良. 计算机常用算法[M]. 2 版. 北京：清华大学出版社，1995.
[14] Erwin K. Advanced Engineering Mathematics(9th ed)[M]. John Wiley & Sons，Inc. 2006.
[15] Wilkinson J H. 代数特征值问题[M]. 石钟慈，邓健新，译. 北京：科学出版社，2001.
[16] 张光澄，等. 非线性最优化计算方法[M]. 北京：高等教育出版社，2005.
[17] 施吉林，刘淑珍，陈桂芝. 计算机数值方法[M]. 北京：高等教育出版社，2001.
[18] 薛定宇，陈阳泉. 高等应用数学问题的 MATLAB 求解[M]. 北京：清华大学出版社，2004.
[19] Autar K K，Egwu E K. Numerical Methods with Applications[M]. Lulu. com，2008.
[20] 李庆扬，莫孜中，祁力群. 非线性方程组的数值解法[M]. 北京：科学出版社，1987.
[21] William H P，Saul A T，et al. NUMERICAL RECIPES-The Art of Scientific Computing (3th ed) [M]. Cambridge University Press，2007.
[22] Peter Stone's Maple Worksheets. http://www.peterstone.name/Maplepgs/maple_index.html
[23] Holistic Numerical Methods Institute-Transforming Numerical Methods Education for the STEM undergraduate. http://numericalmethods.eng.usf.edu/index.html
[24] Applied Numerical Analysis Class Notes [Library last updated on July 1，2009]. http://www.cbu.edu/~wschrein/pages/M329Notes.html
[25] Numerical Computing with MATLAB[2004]. http://www.mathworks.com/moler/chapters.html
[26] George H B. On Halley's Variation of Newton's Method[J]. The American Mathematical Monthly，1977，84(9)：726-728.
[27] Liang F，Li S and Guoping H. An efficient Newton-type method with fifth-order convergence for solving nonlinear equations[J]. Computational & Appied Mathematics，2008，27(3)：269-274.
[28] Osama Y A，Rokiah R A，Eddie S I. On Cases of Fourth-Order Runge-Kutta Methods[J].

European Journal of Scientific Research, 2009, 31(4): 605-615.

[29] Noorhelyna R, Rokiah R A. Solving Lorenz System by Using Runge-Kutta Method[J]. European Journal of Scientific Research, 2009, 32(2): 241-251.

[30] Amat S, Busquier S, Gutiérrez J M. Geometric constructions of iterative functions to solve nonlinear equations[J]. Journal of Computational and Applied Mathematics, 2003, 157: 197-205.

[31] Kasturiarachi A B. Leap-frogging Newton's method[J]. Int. J. Math. Educ. Ssci. Technol., 2002, 33(4): 521-527.

[32] Jafar B, Masumeh P. A Maple Program for Solving Systems of Linear and Nonlinear Integral Equations by Adomian Decomposition Method[J]. Int. J. Contemp. Math. Sciences, 2007, 2(29): 1425-1432.

[33] Jafar B, Behzad G. A modification on Newton's method for solving systems of nonlinear equations [J]. World Academy of Science, Engineering and Technology, 2009, 58: 897-901.

[34] Cao Y J, Wu Q H. Teaching Genetic Algorithm Using MATLAB[J]. Int. J. Elect. Enging. Educ., 1999, 36: 139-153.

[35] 王斌. 非线性方程组的 BFS 秩 2 拟 Newton 方法及其在 MATLAB 中的实现[J]. 云南民族大学学报：自然科学版, 2009, 18(3): 213-217.

[36] 夏省祥, 于正文. 三次样条函数的自动求法[J]. 山东建筑工程学院学报, 2003, 18(4): 86-89.

[37] 雷英杰, 张善文, 李续武, 等. MATLAB 遗传算法工具箱及应用[M]. 西安：西安电子科大学出版社, 2005.

[38] 姚东, 王爱民, 冯峰, 等. MATLAB 命令大全[M]. 北京：人民邮电出版社, 2000.

[39] 苏金明, 阮沈勇. MATLAB 6.1 实用指南(上)[M]. 北京：电子工业出版社, 2002.